教育部高等学校电子信息类专业教学指导委员会规划教材
高等学校电子信息类专业系列教材

Development Guide of Embedded Flight Control System For Multi-Rotor UAV

多旋翼无人飞行器嵌入式飞控开发指南

林庆峰　谌利　奚海蛟　编著
Lin Qingfeng　Chen Li　Xi Haijiao

清華大學出版社
北京

内 容 简 介

随着集成电路、微控制器以及微机电技术的发展，多旋翼无人飞行器的控制技术得到了蓬勃的发展。随着大疆、派诺特、3DR 等国内外一系列无人机公司推出针对普通大众的消费级无人机产品，无人机作为一个普通消费应用也得到了大众的认可和接受，越来越多的工程技术人员将多旋翼无人飞行器作为一个经典的控制系统来进行学习和研究。本书主要围绕多旋翼无人机的飞控系统设计，从嵌入式的基础知识开始，深入浅出地介绍了无人机的基本知识和硬件构成，重点介绍了无人机的飞控系统原理、基础和开发流程，针对飞行器系统的状态解算介绍了几种不同的解算方法，并给出相应的实际代码例程。本书从各方面对无人机系统的设计进行阐述，并提供了最前沿的知识和信息，既有初学者希望了解的基础知识，也有行业研究者所希望深入了解的算法分析，以及室内定位 SLAM 原理等。

除了正文部分，本书还提供了丰富的附录，包括四旋翼无人机的组装、无刷电机与电调的相关知识、无人机实验室的相关研发调试设备，以及业界流行的开源飞控的相关知识，甚至包括无人机的相关应用，让读者能够更全面地熟悉和了解整个无人机行业的生态系统。

本书特别适合作为高等院校自动化、计算机、电子工程等相关专业“多旋翼无人飞行器设计”课程的教材，也可供从事嵌入式系统开发与应用的工程技术人员参考。

图书在版编目(CIP)数据

多旋翼无人飞行器嵌入式飞控开发指南/林庆峰，谌利，奚海蛟编著. —北京：清华大学出版社，2017(2024.1 重印)
(高等学校电子信息类专业系列教材)
ISBN 978-7-302-47256-8

Ⅰ. ①多… Ⅱ. ①林… ②谌… ③奚… Ⅲ. ①无人驾驶飞机—飞行控制—系统开发—指南 Ⅳ. ①V279-62

中国版本图书馆 CIP 数据核字(2017)第 125959 号

责任编辑： 盛东亮
封面设计： 李召霞
责任校对： 李建庄
责任印制： 曹婉颖

出版发行： 清华大学出版社
网　　址： https://www.tup.com.cn，https://www.wqxuetang.com
地　　址： 北京清华大学学研大厦 A 座　　**邮　　编：** 100084
社 总 机： 010-83470000　　**邮　　购：** 010-62786544
投稿与读者服务： 010-62776969，c-service@tup.tsinghua.edu.cn
质量反馈： 010-62772015，zhiliang@tup.tsinghua.edu.cn
课件下载： https://www.tup.com.cn，010-83470236
印 装 者： 三河市龙大印装有限公司
经　　销： 全国新华书店
开　　本： 185mm×260mm　　**印　　张：** 23.5　　**字　　数：** 570 千字
版　　次： 2017 年 9 月第 1 版　　**印　　次：** 2024 年 1 月第 11 次印刷
定　　价： 69.00 元

产品编号：074966-01

高等学校电子信息类专业系列教材

推荐序

FOREWORD

旧时王谢堂前燕，飞入寻常百姓家

说起无人机，不知道大家是怎么想的？回忆起我小的时候，读到有关无人机的新闻无不是“高大上”的，比如我们英勇的中国人民空军艺高胆大，击落美帝入侵我国神圣领空的“火蜂”无人侦察机，又如以色列空军使用无人机为诱饵，诱使叙利亚雷达开机，导致叙利亚军在贝卡谷地的SAM-6防空导弹阵地受到毁灭性打击等。这些新闻让当时的我产生一种异常科幻，远离现实生活的感觉。我一直认为，无人机主要就是在军事上起作用的，是国家的秘密武器，平常人是没有机会接触的。

随着时光的流逝，科技进步的速度大大超越了老百姓的想象。我国人民群众的荷包也逐渐鼓起来，人们从跑到门外接公用电话，到家里安装程控电话，到功能手机，再到最新的大屏智能手机，光从通信方式的变迁就能看出来科技进步的速度。更让人欣喜的是，以前高不可攀的无人机，也开始走进了我们的生活。虽然电视上，无人机中的高端产品，类似美国的“捕食者”“全球鹰”，还在世界各个热点地区大放异彩，但是有一些平易近人的无人机产品，却在我们日常工作和生活中越来越多地崭露头角，给我们提供更多的便利和创意。举个例子，我们公司每年的集体照，现在都是用无人机从上方拍摄的，方便我们组成各种造型。

无人机产业的商用化意味着今后对无人机行业人才的需求量会大大上升，这也为我国的教育工作者提出了新的要求，如何让广大院校师生能高效地学习无人机相关知识，帮助他们提高掌握核心的技术能力，是一个很有挑战性的课题。最近我有幸拜读了北京航空航天大学林庆峰老师等专家创作的《多旋翼无人飞行器嵌入式飞控开发指南》这本书，让我眼前一亮，以前的疑问有了答案。我也很荣幸受邀写这本书的序言，这本书正好起到由浅入深，循序渐进的教学育人作用，感觉林老师及其团队为目前无人机人才的培养，提供了一个非常好的工具。

现在无人机的性能越来越强大，需要有各种传感器输入数据，还需要网络进行连接，更需要对电机进行控制，要完成这些工作，软件、硬件结合的嵌入式开发是必不可少的，而作为嵌入式开发的核心，主控芯片的选择是着先需要考虑的。林老师及其团队在书中以ST公司的搭载ARM Cortex-M4内核的STM32F4 MCU为例，深入浅出地介绍了嵌入式开发中需要使用到的软、硬件相关知识，非常实用，通俗易懂。而且在进行嵌入式开发的时候，可以有效结合ARM和ST的相关生态资源，免费获得大量的参考资料，可以让学习事半功倍，节省读者的宝贵时间。

我们希望今后和林老师及其团队能更深入地进行合作，提供更先进的CPU技术以应用在我国的高等教育中，让大家能第一时间学习行业内最先进的技术，让我们培养的人才真正成为世界一流的人才，让无人机技术进一步发展，让曾经高不可攀的无人机，变成像手机一样的生活必需品，更多地走入大家的日常生活，实现更多的应用场景。如果读者准备开始无人机技术的学习或者无人机项目的开发，可以考虑阅读本书，相信会有帮助。

ARM中国教育生态总监　陈炜

序

FOREWORD

我国电子信息产业销售收入总规模在2013年已经突破12万亿元，行业收入占工业总体比重已经超过9%。电子信息产业在工业经济中的支撑作用凸显，更加促进了信息化和工业化的高层次深度融合。随着移动互联网、云计算、物联网、大数据和石墨烯等新兴产业的爆发式增长，电子信息产业的发展呈现了新的特点，电子信息产业的人才培养面临着新的挑战。

（1）随着控制、通信、人机交互和网络互联等新兴电子信息技术的不断发展，传统工业设备融合了大量最新的电子信息技术，它们一起构成了庞大而复杂的系统，派生出大量新兴的电子信息技术应用需求。这些"系统级"的应用需求，迫切要求具有系统级设计能力的电子信息技术人才。

（2）电子信息系统设备的功能越来越复杂，系统的集成度越来越高。因此，要求未来的设计者应该具备更扎实的理论基础知识和更宽广的专业视野。未来电子信息系统的设计越来越要求软件和硬件的协同规划、协同设计和协同调试。

（3）新兴电子信息技术的发展依赖于半导体产业的不断推动，半导体厂商为设计者提供了越来越丰富的生态资源，系统集成厂商的全方位配合又加速了这种生态资源的进一步完善。半导体厂商和系统集成厂商所建立的这种生态系统，为未来的设计者提供了更加便捷却又必须依赖的设计资源。

教育部2012年颁布了新版《高等学校本科专业目录》，将电子信息类专业进行了整合，为各高校建立系统化的人才培养体系，培养具有扎实理论基础和宽广专业技能的、兼顾"基础"和"系统"的高层次电子信息人才给出了指引。

传统的电子信息学科专业课程体系呈现"自底向上"的特点，这种课程体系偏重对底层元器件的分析与设计，较少涉及系统级的集成与设计。近年来，国内很多高校对电子信息类专业课程体系进行了大力度的改革，这些改革顺应时代潮流，从系统集成的角度，更加科学合理地构建了课程体系。

为了进一步提高普通高校电子信息类专业教育与教学质量，贯彻落实《国家中长期教育改革和发展规划纲要（2010—2020年）》和《教育部关于全面提高高等教育质量若干意见》（教高【2012】4号）的精神，教育部高等学校电子信息类专业教学指导委员会开展了"高等学校电子信息类专业课程体系"的立项研究工作，并于2014年5月启动了《高等学校电子信息类专业系列教材》（教育部高等学校电子信息类专业教学指导委员会规划教材）的建设工作。其目的是为推进高等教育内涵式发展，提高教学水平，满足高等学校对电子信息类专业人才培养、教学改革与课程改革的需要。

本系列教材定位于高等学校电子信息类专业的专业课程，适用于电子信息类的电子信息工程、电子科学与技术、通信工程、微电子科学与工程、光电信息科学与工程、信息工程及其相近专业。经过编审委员会与众多高校多次沟通，初步拟定分批次（2014—2017年）建设约100门课程教材。本系列教材将力求在保证基础的前提下，突出技术的先进性和科学的前沿性，体现创新教学和工程实践教学；将重视系统集成思想在教学中的体现，鼓励推陈出新，采用"自顶向下"的方法编写教材；将注重反映优秀的教学改革成果，推广优秀的教学经验与理念。

为了保证本系列教材的科学性、系统性及编写质量，本系列教材设立顾问委员会及编审委员会。顾问委员会由教指委高级顾问、特约高级顾问和国家级教学名师担任，编审委员会由教育部高等学校电子信息类专业教学指导委员会委员和一线教学名师组成。同时，清华大学出版社为本系列教材配置优秀的编辑团队，力求高水准出版。本系列教材的建设，不仅有众多高校教师参与，也有大量知名的电子信息类企业支持。在此，谨向参与本系列教材策划、组织、编写与出版的广大教师、企业代表及出版人员致以诚挚的感谢，并殷切希望本系列教材在我国高等学校电子信息类专业人才培养与课程体系建设中发挥切实的作用。

吕志伟 教授

前言

PREFACE

莱特兄弟发明飞机的17年后(即1920年),多旋翼无人飞行器诞生,此后便经历了漫长的沉默期和酝酿期。随着现代控制理论和技术的发展,以及集成电路、嵌入式微处理器和微机电技术的成功应用,在多旋翼飞行器软硬件和算法两方面均发展成熟的情况下,众多和无人机产业相关的公司如雨后春笋般涌现,同时风险投资等各类资本也都纷纷涌入无人机产业。随着多旋翼无人飞行器在民用及消费类市场的普及和应用,整个行业对无人机相关专业领域的人才需求也呈爆发式增长。无人机系统作为一个先进复杂的现代控制系统,涵盖了材料、通信、电子、控制、数字信号处理和传感器技术等各方面的专业技术应用,因此也需要各个专业领域的技术人才,很多高校也同时开设了相关专业。

现在,国内外与多旋翼无人飞行器相关的研究论文尤其是针对飞控系统的论文非常丰富,但是国内针对飞控系统的教材和书籍以介绍理论知识居多,偏向应用的资料不够丰富,而应用级别的教材书籍正是广大无人飞行器爱好者和基础研究人员迫切需要的资料。正是在这个背景下,北京航空航天大学的林庆峰老师、北京云班科技有限公司与武汉飞航科技有限公司共同合作推出了这本开发指南,希望能够结合国内外的研究成果和各自的研究技术及产品,为业界提供一个基础学习和入门的资料。

本书为读者提供了可以从零基础开始学习的多旋翼无人飞行器的基础知识,包括无人机所涉及的机架、动力系统、飞控系统、遥控遥测系统、传感器、卫星导航定位系统、光流定位系统、无线图传系统和地面测控站等方面的基础知识,这些内容主要在第1章介绍,是针对航模爱好者与初学者的入门参考资料。需要了解飞控系统硬件设计的读者可以重点阅读第2章,该章深入浅出地介绍无人机飞控系统的硬件设计,处理器的选型和应用。在此基础上,读者可以进一步学习无人机飞控系统软件开发的详细流程与方法,包括嵌入式实时操作系统的相关知识、飞控系统的各种传感器的数据采集和处理、自动控制的核心(即控制系统的状态估计在无人机系统中的应用和开发),以及PID线性控制规律的设计核心方案,这些内容主要在第6章、第7章和第8章中介绍,这一部分也是本书的重点内容。此外,通过本书,读者还能够了解到无人机的自主导航的相关知识,包括室内导航和室外导航的一些核心知识,以及避障系统的相关介绍。本书还介绍了针对无人机地面测控站设计的核心技术、遥测数据链路的通信原理设计、飞控参数存储加载与更新以及其他一些辅助功能的相关介绍。此外,本书还对无人机飞控系统的应用调试与检测设备进行了详细的介绍,因此对于希望学习了解无人机飞控软件算法并且需要进行深入研究的读者和爱好者,本书都是一种非常有价值的参考书籍。

本书主要由北京航空航天大学林庆峰老师、北京云班科技有限公司及武汉飞航科技有限公司研发人员编写而成,所有作者均有多年从事无人机设计研发及应用方面的经验。除三位主要作者的工作之外，本书还凝聚了北京云班科技有限公司与武汉飞航科技有限公司技术团队的众多工程师的辛勤劳动，他们是徐凡、郑森林、徐仕斌、吴志雄、雷航、王飞、魏德明、毕野、杨金星、奚天麒、张玮和张伟，在此对他们一一表示感谢。此外，本书还得到了郑州航空工业管理学院电子通信工程学院的陈宇老师的支持和指导。本书所介绍和阐述的飞控系统和其他各部分无人机设备及检测设备均由武汉飞航科技有限公司提供，所介绍的实验案例均可在该公司的光标系列飞控设备上运行。

由于编者水平所限，并且时间仓促，书中难免存在不妥之处，恳请广大读者批评指正。为便于读者学习，有关图书内容及相关资源可联系本书作者，添加微信号 feihangkeji2018 或用微信扫描下方二维码即可联系作者。

编著者

2017 年 3 月

目录
CONTENTS

第1章 多旋翼无人机基础知识

CHAPTER 1

1.1 无人机的介绍

无人机，也称无人飞行器（Unmanned Aerial Vehicle，UAV），是一种配备了数据处理系统、传感器、自动控制系统和通信系统等必要机载设备的飞行器，能够进行一定的稳态控制和飞行，且具备一定的自主飞行能力而无须人工干预。无人机技术是一项涉及多个技术领域的综合技术，它对通信技术、传感器技术、人工智能技术、图像处理技术、模式识别技术和控制理论都有较高的要求。图1-1所示是一些全球著名的军用无人机。

(a) 美国“全球鹰”无人机

(b) 美国“捕食者”无人机

(c) 美国“影子200”无人机

图1-1　全球著名的军用无人机

无人飞行器与它所配套的地面站测控系统、存储、拖运、发射、回收和信息处理等维护保障部分一起形成一个完整的系统，统称无人飞行器系统。图1-2所示是一款军用的无人飞行器系统。

相比于有人飞行器，无人飞行器的特点主要有以下几个方面：

(1) 无人驾驶，无驾驶舱。

(2) 有自动驾驶仪、程序控制装置等设备。

(3) 体积小，造价低，使用及维护成本低。

(4) 对于军用领域可降低人员战损。

(5) 可应用于枯燥、恶劣及危险的环境。

(6) 地面、舰艇上或母机遥控站人员通过雷达等设备对其进行跟踪、定位、遥控、遥测和数字传输。

(7) 可在无线电遥控下像普通飞行器一样起飞或用助推火箭发射升空，也可由母机带到空中投放飞行。

图1-2　美国“火力侦察兵”无人直升机

(8) 回收时，可采用与普通飞机着陆过程一样的方式自动着陆，也可通过遥控用降落伞或拦网回收，且可反复使用多次。

按照飞行平台构型的不同，无人飞行器可以分为以下几种类型：

1）固定翼无人飞行器

固定翼无人飞行器如图 1-3 所示。飞行器通过其机翼的翼形上下边产生的大气动压力差而获得升力，进而维持飞行器的控制飞行。

图 1-3 固定翼无人飞行器

固定翼无人飞行器的优点是续航时间最长、飞行效率最高且载荷最大；但缺点也很明显，即起飞需要助跑，降落需要滑行，对场地要求较高。

2）无人飞艇

无人飞艇一般采用充气囊结构作为飞行器的升力来源。充气囊一般充有比空气密度小的氢气或者氦气。20 世纪 30 年代德意志帝国的兴登堡号飞艇（航空器注册编号为 D-LZ 129）是当时世界最大的飞行器，由于使用氢气作为充气囊气体，导致在 1937 年 5 月 6 日准备降落时发生大火完全烧毁。如今载人飞艇都采用氦气作为充气囊气体。图 1-4 所示是 2016 年试飞的英国 HAV（Hybrid Air Vehicles）公司打造的全球最大飞行器天空登陆者（Airlander），外形类似飞机、飞艇和直升机的混合体，长达 91m。由于其外形酷似人类臀部，因此被外界称为“飞天屁股”。该飞行器的建造资费超过了 5000 万美元。

飞艇的优点是留空时间较长，甚至可以长达数月之久，悬停方便，并且安全可靠，控制也较简单。它的缺点是飞行速度较低，并且由于充气成本过高而导致飞行成本过高。

3）伞翼无人飞行器

伞翼无人飞行器采用伞形机翼作为飞行器的主要升力来源，具有成本低廉和维护简易等优势，一般是运动和旅游项目的首选飞行器。伞翼无人飞行器的外观如图 1-5 所示。

图 1-4 无人飞艇

图 1-5 伞翼无人飞行器

伞翼机的特点是轻巧，速度较慢，成本也较低，适合于低空飞行，广泛应用于低空农林作业、巡线、探矿、运动和娱乐等。它的缺点是不能在较高的高度飞行，动力较小，易受强风影响，机体过轻，易受侧风影响。

4）扑翼无人飞行器

扑翼无人飞行器基于仿生学原理，配备的活动机翼能够模拟飞鸟的翅膀上下扑动从而产生升力和向前的推动力，又称振翼机，如图 1-6 所示。

5）旋翼无人飞行器

旋翼无人飞行器配备有单个或多个朝正上方安装的螺旋桨，由螺旋桨的动力系统产生向下气流，并对飞行器产生升力。旋翼无人飞行器又分为单旋翼、共轴双旋翼以及多旋翼无人飞行器，其中单旋翼飞行器即平常所说的直升机，多旋翼无人飞行器如图 1-7 所示。多旋翼无人飞行器是本书将重点介绍的无人飞行器。它的特点是可以垂直起降，对场地要求很低。相比于单旋翼飞行器，多旋翼飞行器的机械结构简单，易维护保养，控制简单。它的缺点是载重比较低，续航时间也比较短。

图 1-6　扑翼无人飞行器

图 1-7　六旋翼无人飞行器

多旋翼无人机由于成本低廉以及维护操控简单，近几年来在民用领域得到了快速的发展，主要应用于影视航拍、城市管理与规划、消防救援、交通安防巡查、灾害救援、农林植保、电力巡线以及探矿测绘等方面。图 1-8 体现了多旋翼无人机的广泛应用。

(a) 影视拍摄　(b) 城市规划　(c) 消防救援

(d) 农林植保　(e) 灾害救援　(f) 电力巡线

(g) 地图测绘

图 1-8　多旋翼飞行器的应用场景

1.2 无人机的分类与管理

根据中国无人机驾驶航空器体系，按照无人机的基本起飞重量指标可以分为四个等级：

(1) 微型无人机，重量小于等于 7kg。

(2) 轻型无人机，重量大于 7kg，但小于等于 116kg，并且全马力飞行中，校正空速小于 100km/h，升限小于 3000m。

(3) 小型无人机，重量小于等于 5700kg，且是除微型及轻型无人机以外的其他无人机。

(4) 大型无人机，重量大于 5700kg 的无人机。

中国的空域目前由军队管理，而民用航空领域则由民航总局向军队申请划分空域及航道。民航总局针对私人飞行器的管理专设“中国航空器拥有者及驾驶员协会(Aircraft Owners and Pilots Association of China，AOPA)”来规范指导私人飞行器领域的发展，因此在中国民航领域对飞行器的管理主要分为三个层次等级。

第一个等级是在室内飞行的无人机、视距内飞行的微型无人机以及非人口稠密区域的试验无人机，这一等级的无人机都是由飞行器的拥有者自行管理，自行负责。

第二个等级是在视距外飞行的无人机，或者在视距内但是被隔离(即操控者无法直接目视到)的无人机，包括微型和轻型无人机，以及小于 $4600m^3$ 以下的飞艇，这一等级的无人机的飞行活动都由 AOPA 协会负责管理。AOPA 协会针对所负责管理的无人机推出了优云无人机监控系统 U-cloud，在这套系统中，飞行器拥有者可以进行飞行任务等级与空域申请，并且在飞行器上加装优云监控设备，以便系统采用电子围栏技术实时监控管理飞行器的飞行任务活动。

第三个等级即除第一和第二等级以外的其他所有飞行器，这些飞行器的活动均由民航总局局方直接负责管理。

这里所介绍的管理办法是本书编写时的规定，由于中国民用航空领域近年来发展迅速，国家也有意大力扶持拓展该领域的经济活动，因此会不断出台新的政策和规定。有意详细了解最新的管理信息的读者可以到 AOPA 协会的官方网站(http://www.aopa.org.cn/)进行查询。

1.3 无人机与航空模型的区别

要了解无人机与航空模型的区别首先要清楚两者的定义。

国际航联指定的竞赛规则里明确规定航空模型是一种重于空气、有尺寸限制的带有或不带有发动机的可遥控的不能载人的航空器。无人机则是利用无线电遥控设备和自备的程序控制装置操纵的不载人飞行器。带有自主控制，系统稳定的模型飞行器，可在视距内和视距外飞行。

无人机与航空模型的区别在于，航模是比例遥控直接控制的飞行器，不具备任何智能控制。姿态稳定系统的模型飞行器，只在视距内飞行控制。航空模型属于一种专业体育运动，并不像其他无人机那样能执行特定的飞行任务(例如农林植保、巡线及侦查、航拍等活动)。

在中国，无人机与航空模型分属两个不同的管理体系。航空模型活动的管理和组织主要由国家体育总局直属单位国家体育总局航空无线电模型运动管理中心的中国航空运动协会(Aero Sports Federation of China,ASFC)负责,官方网站是 http://www.asfc.org.cn。而无人机则是由前面提到的 AOPA 协会负责。两个协会都有对应的航模及无人飞行器驾驶员合格证书的考评和管理体系,但是各自所适用的范围不同。ASFC 的驾驶员证书主要适用于体育运动赛事和表演的领域,而 AOPA 的驾驶员证书适用于从事特定商业活动的无人机飞行。因此,飞行器使用者需要针对自己所应用的领域选择不同的飞行活动并申请证照。

1.4 多旋翼无人机的发展历史

多旋翼无人机技术的起源最早可以追溯到 20 世纪初飞机刚发明的年代。虽然近 5 年多旋翼无论在技术本身还是在应用方面都呈现出了爆发式发展态势,然而就在 10 年前该技术还处于起步复兴期,而在更早的 90 年代之前则基本处于沉寂期。这几年多旋翼技术的迅速发展得益于电子技术、微机械技术以及计算机技术的迅猛发展。

由于技术条件的限制,早期的多旋翼飞行器均属于载人飞行器。我们知道 1903 年 12 月 17 日,美国莱特兄弟实现了人类历史上的第一次飞行,而在仅仅 4 年之后的 1907 年,法国飞机制造工程师 Breguet 兄弟在 Charles Richet 教授的指导下,设计了第一款实际的旋翼直升机 Breguet-Richet Gyroplane。图 1-9 所示是 Gyroplane 的外观结构图。

图 1-9 Breguet-Richet 研制的第一款载人直升机 Gyroplane

由于设计本身的问题,Gyroplane 飞行并不成功。1920 年,法国工程师 Etienne Oehmichen 设计并制造了多旋翼的飞行器,经过一系列实验,于 1923 年实现飞行并创造了直升机领域的世界纪录——留空时间达到 14 分钟。图 1-10 所示为 Oehmichen No. 2。

图 1-10 Oehmichen No. 2

后来陆续有各国开始研究多旋翼飞行器,1956 年 3 月在长岛,D. H. Kaplan 吸收了 Oehmichen 的设计理念,第一次采用 H 型的四旋翼排列设计的四旋翼载人飞行器

Convertawings Model“A”,试飞取得巨大成功,实现了悬停以及各种俯仰和横滚动作,如图 1-11 所示。

图 1-11 Convertawings Model“A”

20 世纪 50 年代初,美国陆军陆续进行了各种旋翼飞行器的实验,但真正应用到实际产品中的较少。

到 20 世纪 90 年代初,随着电机小型化技术和半导体技术的成熟,得益于 MEMS 微机电技术的惯性导航系统,多旋翼飞行器小型化成为可能,因此无人驾驶的飞行器得到了发展和应用。一系列针对多旋翼系统建模以及控制理论的研究和论文相继发表,基于经典控制理论和现代控制理论的真正稳定的多旋翼模型控制技术有了长足进展。这一时期,Keyence Gyrosaucer Ⅱ E-570 登陆日本,如图 1-12(a)所示。美国工程师 Dammar 开发了以微型电机为动力的四旋翼无人机 Roswell Flyer(如图 1-12(b)所示),后更名为 Draganflyer,并在 2004 年和 2006 年分别推出了 Draganflyer Ⅳ,以及搭载稳定航拍视频系统 SAVS 的产品。

(a) Gyrosaucer Ⅱ

(b) Draganflyer

图 1-12 90 年代四旋翼无人机

2010 年法国派诺特(Parrot)公司推出了消费级四旋翼玩具 AR Drone,实现光流定点室内悬停,采用手机平板电脑等控制一键起飞等先进的控制理念和技术,极大简化了操控技术,为无人机开辟了消费级领域这一巨大的应用市场。2013 年,中国大疆创新技术有限公司推出了精灵系列一体四旋翼无人机,更加速了消费级无人机应用市场的发展,至此,无人机产品在消费级和各行业的应用开始爆发。

同期,基于开源理念的多旋翼飞控软件开始逐渐增多,例如著名的 APM、PX4、Pixhawk、MWC、Openpilot、Paparazzi 和 KKMulticopter 等,为越来越多的专业和非专业人员学习研究多旋翼的飞行控制算法理论奠定了基础。2012 年 2 月,宾夕法尼亚大学的 Kumar 教授在 TED 上进行了关于四旋翼的灵活性和编队协作等方面的演讲，这成为多旋翼技术发展历史中一个里程碑事件。

随着芯片处理能力的进一步提高，以及更新的算法研究和人工智能技术的发展，目前多旋翼研究开始向智能化和编队集群等方向发展，多种新技术尤其是图像处理、视觉技术和虚拟现实技术等都开始陆续集成到机载系统和地面系统中。

1.5 多旋翼无人机的组成

1.5.1 机架系统

多旋翼无人机无论尺寸大小，都包含一些基本的构成组件，在此基础上再根据各自不同的应用场景和任务以及特性等增加额外的辅助设备及任务载荷。

机架是指多旋翼飞行器的机身架，是整个飞行系统的飞行载体。为了减轻飞行器的机身重量，一般飞行器都会使用高强度重量轻的材料，例如复合材料碳纤维和 PA66＋30GF 等材料。由于多旋翼无人机的控制特性比较简单，因此很多机架生产厂商基于美观和特殊用途，可以将机架设计成各式各样千奇百怪的形态，只要基本符合左右对称和前后对称的几何结构原理即可。

一般多旋翼飞行器可以分为一体机和组装机。一体机一般都是品牌厂商直接设计的一体成型的机架，不易拆卸，它的优点是美观、可靠、性能一致性较好，一般价格相对较高，主要面向的是普通消费者玩家或者初学者，例如大疆创新的精灵系列。一体机的缺点是更换零件比较麻烦，维修成本较高，一般都需要找原厂维修，无法自行更换零件。而组装机一般会提供可以自行组装的散件，主要面向的是有一定技术背景的高级玩家和一些科研机构等，它的特点是可组装、可塑性强，可外挂各种实验负载，方便维修以及更换升级零件。但一般需要有较深厚的经验，并且系统的稳定性可能会受到装配校准等问题的影响。

图 1-13 所示是飞航科技出品的 F450 四旋翼无人机飞行器。

图 1-13 飞航科技的 F450 四旋翼飞行器

常用的通用机架为 F450、F550、F700、F330、S500、H150、QAV250 和 QAV280 等。

一般数字代表机架对角线的距离，单位是毫米(mm)。因此该数值越大，意味着机架尺寸也越大，需要更大的动力系统，同时也可以承载更大的飞行载荷。机架的形态尽管各式各样，但有以下几个必要的部件。

1）中心板（HUB）

一般中心板采用碳纤、玻纤或者 FR4 等材料，分为 2～4 层不等，也可根据应用要求增加。每层分别用于安装不同的设备和器件，包括飞控模块、GPS 模块、光流模块、超声波模块、任务载荷模块、云台和摄像头模块等。有的机架直接采用 FR4 的 PCB 板材作为中心板，融合了分电板的功能，从而减少分电板部件。

2）机臂（ARM）

机臂一般采用碳管和 PA 等材料，保证轻质牢固的特点。机臂一端固定在中心板上，另一端安装动力电机或油机。也有的小型多旋翼采用中心板与机臂一体设计的结构，省去了连接部分的结构和固定。图 1-14 所示是 F450 机架的中心板和机臂。附录 1 给出了 F450 四旋翼飞行器的组装说明书。

图 1-14　F450 机架的中心板和机臂

3）脚架

脚架即飞行器的起落架，用于将飞行器垫起一定高度，以便为云台等挂载设备腾出空间，还可以提供降落缓冲，保障机体安全。脚架的位置有时候会挡住云台摄像头的镜头，导致摄像头画面中出现脚架的图像，因此有的比较高级的飞行器都会采用可收放的脚架，在飞行器起飞之后，能够抬起脚架。有的甚至以机臂实现起落架的功能，实现起落架收放。图 1-15 所示就是大疆“悟”系列的可收放脚架构型。

(a) 起落架放下

(b) 起落架收起

图 1-15　可收放脚架构型

1.5.2　动力系统

动力系统是整个多旋翼飞行器的飞行动力来源，它主要包含了桨叶和电机（或油机）。对于飞行器而言，动力系统来源分为电动和油动。电动采用电机配备电池系统，维护简单，噪声相对较小，也更轻巧，成本较低，但续航时间和载重都比较低，续航一般不超过 30 分钟到 1 小时，如果还需要更长的续航时间则电源系统的成本会呈指数增长，效费比较低，因此长航时的飞行器一般采用油动。电动无人机主要应用在消费类领域和个人航拍等方面。相比之下油动无人机采用专用燃油发动机和专用燃油作为动力系统，功率较大，因此配备大油箱的情况下续航时间可以较长，载重也比较高，但油动无人机噪声较高，污染也较大，维护起来比较麻烦，成本也不低，一般在农林植保和长航时巡线执勤等领域上用得比较多。本书后面所涉及的内容如没有特别标注一般是指电动动力无人机。

电动无人机的电机是将电能转换成机械能，带动旋翼（螺旋桨桨叶）旋转，一般分为有刷直流电机和无刷直流电机。

1）有刷直流电机

有刷电机是早期电机，将磁铁固定在电机外壳或者底座，成为定子；然后将线圈绕组，成为转子，模型车用有刷电机常见都是3组绕线。有刷电机内部集成了电刷进行电极换相，保持电机持续转动。在有刷电机中，为了减轻质量，一般转子都采用无铁芯设计，仅由绕线组构成，因此称为Coreless Motro，即空心杯电机，也称无铁芯电机。当然空心杯电机也有无刷空心杯电机。空心杯电机一般用在微型四轴无人机上。空心杯电机的主要特点是功耗低、灵敏、转子电感小、转速稳定、响应好且效率较高，最大效率可达70%甚至90%以上。空心杯电机的型号一般用数字表示，即机身的直径和高度。例如，820电机表示8mm×20mm，即直径8mm，高20mm。图1-16所示是一般的空心杯电机以及应用空心杯电机的飞航科技出品一款掌上可编程微型四轴无人机。

(a) 拆开底座的空心杯电机

(b) 飞航科技的Fi-Air创客无人机

图1-16　空心杯电机及应用

2）无刷直流电机

无刷直流电机，顾名思义，是不带电刷的，由于省去了电刷，因此不会有电刷损耗，也没有了有刷电机运转时产生的电火花，极大降低了电磁打火对机载电子设备的干扰。无刷直流电机采用绕组作为定子，而转子由永磁铁构成。无刷直流电机由于没有电刷，噪音低，运转顺畅，且工作寿命长，维护成本低。并且由于无刷直流电动机是以自控式运行，所以不会像变频调速下重载启动的同步电机那样在转子上另加启动绕组，从而不会在负载突变时产生震荡和失步，图1-17所示是一款无刷直流电机。

电机的主要性能指标和参数有如下几点：

（1）尺寸

尺寸一般用4个数字表示，其中前两位是电机转子的直径，后两位是电机转子的高度。简单地说，前两位越大，电机越大，后两位越大，电机越高。又高又大的电机，功率就更大，适合做大四轴。例如，2212电机表示电机转子的直径是22mm，电机转子的高度是12mm。

（2）标称空载kV值

无刷电机kV值定义为“转速/伏特”，表示输入电压增加1伏特，无刷电机空转转速增加的转速值。例如，1000kV电机，外加1V电压，电机空转时每分钟转1000转；外加2V电

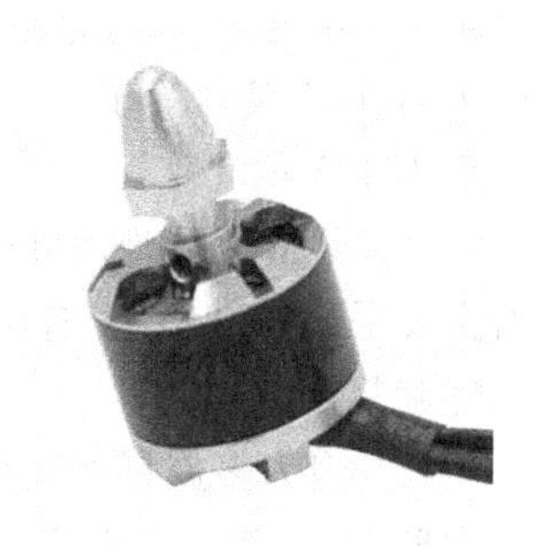

图1-17　无刷直流电机

压，电机空转为2000转。单从kV值，无法评价电机的好坏，因为不同KV值有适用不同尺寸的桨。

(3) 标称空载电流和电压

在空载试验时，对电动机施加标称空载电压，使其不带任何负载空转，定子三相绕组中通过的电流，称为标称空载电流。

(4) 最大电流

最大电流是指在电机正常运行情况下，所能承受的电流的一个极限值。在一般情况下只允许短时间出现，否则会使设备发生故障，缩短设备的使用寿命，在长时间的运行于最大电流时，会导致电机发生故障。

电机的最大工作电流是电机所能工作的最大工作电流，一般可以达到额定电流的1.2倍左右，在超过额定功率的情况下电机可以持续工作，此时的电流为最大电流。

(5) 内阻

电机电枢本身存在内阻，虽然该内阻很小，但是由于电机电流很大，有时甚至可以达到几十安培，所以该小内阻不可忽略。

动力系统的组成中另一个非常重要的部分就是螺旋桨，螺旋桨是通过自身旋转，将电机转动功率转化为动力的装置。在整个飞行系统中，螺旋桨主要提供飞行所需的动能。多旋翼无人机的螺旋桨作为直接产生推力的部件，一般采用尼龙、轻质塑料或者碳纤材料甚至木质材料。在多旋翼飞行器上，为了抵消电机的反扭矩，不同的轴旋转方向不同，一般相邻两个轴的电机旋转方向相反，为了实现无论正反旋转都产生向上的升力的目的，需要配备不同旋转方向的螺旋桨，从上向下看桨叶顺时针旋转时桨的迎风面在前称为**正桨**，从上向下看桨叶逆时针旋转时桨的迎风面在前称为**反桨**。图1-18所示是多旋翼无人机常用的桨叶。

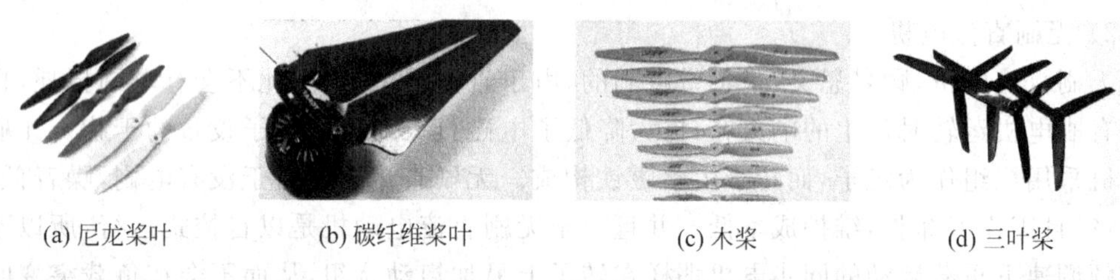

(a) 尼龙桨叶　(b) 碳纤维桨叶　(c) 木桨　(d) 三叶桨

图1-18　一般的桨叶形态

螺旋桨的参数说明如下：

(1) 型号螺旋桨的螺旋每旋转一周，向前推进的距离，称为螺距。桨叶迎风角越大，螺距越大；角度为0，则螺距为0。螺旋桨的型号一般用4位数字表示，前两位代表桨直径，单位为英寸，1英寸等于254mm，后两位代表桨叶螺距。例如1045桨，即表示直径为10英寸，螺距为4.5英寸。

(2) 桨叶数分为两叶桨和三叶桨，一般两叶桨直径较大，三叶桨直径较小。四旋翼飞行器主要采用两叶桨，也有微型多旋翼为了提高升力，采用三叶桨的，但一般三叶桨用于舰船的螺旋桨上。

(3) 因为多旋翼所使用的螺旋桨都具有一定的柔性，所以超过一定转速后，螺旋桨就会发生形变，效率也因而降低。安全转速的计算，要保证在所有可能工况下不超过最高允许转速。以最常用的10寸桨为例，多旋翼桨最大桨速为10500rpm。慢飞桨(Slow Flyer Propellers)

最大桨叶转速只有 65000/prop diameter(inches)。因此，选择螺旋桨要注意应用场合。

螺旋桨和电机的旋转是飞行器上振动的主要来源，如果螺旋桨本身设计不合理，质量不对称的恶化，会增大整机的振动。因此一般调节螺旋桨都需要采用螺旋桨平衡调节器进行微调，如图 1-19 所示。此外螺旋桨应该匹配机架信号和机体重量，并且在顺时针和逆时针旋转时具有相同的韧性。从这个角度来说，碳纤维的螺旋桨韧性、刚度以及性价比都比较合适。

图 1-19 螺旋桨平衡器

对于动力系统来说，根据冲量与动量定律，螺旋桨产生的平均拉力 $F=mv/t$，m 为螺旋桨转动一圈的排风量，v 是风速，t 为转动一圈的时间。排风量与螺距有关，但排风量越大，则要求的排风的力量也越大；但电机总功率一定的时候，力量越大，转速越慢。

一般电机与螺旋桨会有一个最佳配合的表格。电机生产厂家会在电机出厂时进行检测，给出该电机匹配的桨叶尺寸，以及在各输入电压情况下的输出能量。最常用的能效比称为力效，即每输入 1W 功率的情况下输出的拉力大小。表 1-1 是 PC2212 KV910 电机在配合 9545 桨叶，11.1V 输入电压时的工作参数。

表 1-1 PC2212 KV910 电机+9545 桨 11.1V 电压工作参数

油门 Throttle	电流 Amps(A)	功率 Watts(W)	拉力 Thrust(G)	转速 RPM	力效率 Efficiency(G/W)
50%	1.6	17.76	176	4400	9.91
65%	3	33.3	289	5500	8.68
75%	4.3	47.73	385	6400	8.07
85%	5.8	64.38	475	7000	7.38
100%	8.1	89.91	617	7800	6.86

一般来说，低速大螺旋桨比高速小桨的力效更高，但是产生的振动会更大。

1.5.3 动力电源与充电系统

由于电动多旋翼飞行器上电机的工作电流非常大，需要采用能够支持高放电电流的动力可充电锂电池供电。放电电流的大小通常用放电倍率来表示，即 C 值。C 值表示电池的放电能力，也是放电快慢的一种度量，这是普通锂电池与动力锂电池最大的区别。放电电流能力，也分为持续放电电流和瞬间放电电流。

锂离子电池的充放电倍率，决定了我们可以以多快的速度，将一定的能量存储到电池里，或者以多快的速度，将电池里的能量释放出来。当然，放电倍率越快，所能支撑的时间越短。电池的容量 1 小时放电完毕，称为按 1C 放电，5 小时放电完毕，则称为 1/5=0.2C 放电。例如 1000mA·h 电池如果是 5C 的放电倍率，那么该电池的持续放电电流可以达到 5A，但持续的时间则只有 1 小时/5=12 分钟。容量 5000mA·h 的电池如果最大放电倍率为 20C，则其最大放电电流为 5000mA×20C=100A。电池的放电电流不能超过最大的电流限制，否则容易烧坏电池。放电倍率与放电电流和额定容量的关系可以表示如下：

放电倍率(C)=充放电电流(A)/额定容量(mA·h)

多旋翼上的锂电池与普通应用在手机和充电宝等电子设备上的锂电池在特性和内部构造上是不一样的。为了提高放电倍率，可在阳极采用不同的活性材料，扩大锂离子的迁移速度，从而提高放大倍率，这类锂离子电池称为锂聚合物电池。图 1-20 所示是锂离子电池的内部结构和外观。

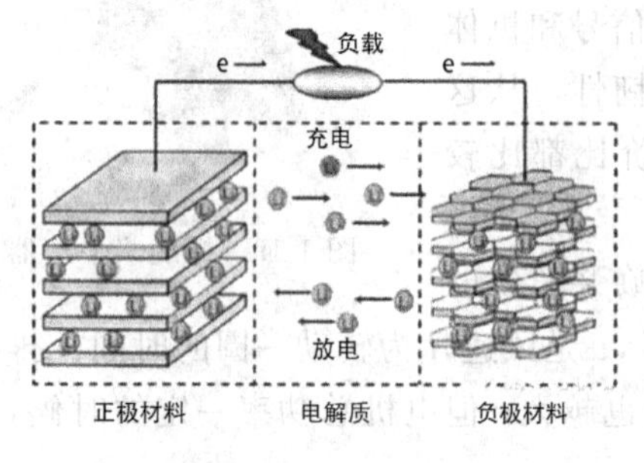

(a) 锂离子电池内部原理

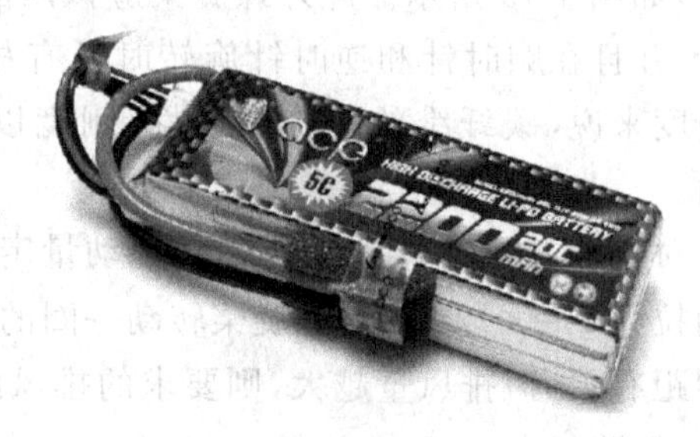

(b) 锂离子电池外观

图 1-20 锂离子电池

除了放电倍率的参数特性外，锂离子电池还有几个很重要的参数：

(1) 电池容量，表示电池内存储的电量，单位为毫安时（mA·h），如 1000mA·h 和 2200mA·h。1000mA·h 的电池以 1000mA 放电的话，可持续 1 小时，以 500mA 放电的话，可持续 2 小时。

(2) xSyP，锂离子电池一般制作成标准的电芯，单颗电芯的电压为 3.7～4.2V，成品锂离子电池都由若干电芯串联或者并联组合而成。锂离子电池型号一般表示为 xSyP，xy 为数字，例如 3S1P 和 4S1P 等。x 表示电池串联的个数，单节电池电压为标准的 3.7V，因此 xS 的电池电压为 3.7x，例如 3S 电池电压为 11.1V。y 表示电池的并联个数，并联并不影响电压，但可提高更大的电流，一般默认为 1P。

(3) 内阻，锂离子电池的欧姆内阻主要是由电极材料、电解液、隔膜电阻及各部分零件的接触电阻组成，与电池的尺寸、结构和装配等有关。电流通过电极时，电极电势偏离平衡电极电势的现象称为电极的极化。极化电阻是指电池的正极与负极在进行电化学反应时极化所引起的内阻。电池的内阻不是常数，在充放电过程中随时间不断变化，这是因为活性物质的组成、电解液的浓度和温度都在不断地改变。欧姆内阻遵守欧姆定律，极化内阻随电流密度增加而增大，但不是线性关系，而是常随电流密度的对数增大而线性增加。不同类型的电池内阻不同；相同类型的电池，由于内部化学特性的不一致，内阻也不一样。电池的内阻很小，一般用毫欧的单位来定义。内阻是衡量电池性能的一个重要技术指标，正常情况下，内阻小的电池的大电流放电能力强，内阻大的电池放电能力弱。

锂离子电池在无人机系统中占用非常重要的地位，尤其在实际飞行过程中，随着电池的放电，电量逐渐减小。研究表明在某些区域，电池剩余容量与电池电流基本呈线性下降关系。而在电池放电后期，电池容量随电流的变化可能是急剧下降，所以一般会设置航模电池安全电压，例如 3.4V 或其他电压。因此，飞控系统需要能够实时监测电量，并确保无人机在电池耗完前有足够的电量返航。另外，不仅在放电过程中电压会下降，而且由于电池本身具有内阻，其放电电流越大，自身由于内阻导致的压降就越大，所以输出的电压就越小。特别需要注意的是在电池使用过程中，不能使电池电量完全放完，不然会对电池造成电量无法恢复的损伤。

随着放电过程的进行，电池的放电能力在下降，其输出电压会缓慢下降，所以导致其剩余容量与放电时间并非是线性关系。在实际多旋翼飞行过程中，有两种方式检测电池的剩余容量是否满足飞行安全的要求。一种方式是检测电池单节电压，这种方式应用比较广泛，可通过传感器实时检测电池电压，衡量电池剩余电量的大小。另一种方式是实时检测电池输出电流作积分计算，这种方法的可实现性较弱，相应传感器的使用目前尚未普及。

此外从无人机锂离子电池的发展来看，锂电池的智能化是一个重要的发展趋势。目前笔记本电脑、手机以及很多移动设备，都已经采用智能锂电池。无人机的动力电池也正在向智能锂电池的方向发展。无人机锂离子电池的智能化发展主要需要解决以下几个方面的问题：

（1）应用一定的算法计算真实的电池电量，并检测单芯电池的电量，解决电池过放问题。

（2）记录电池的历史数据和充放电数据，统计寿命，解决充电和保存问题。

（3）解决电极触点腐蚀老化问题。

（4）解决电池版权问题。

2016年11月10日工业和信息化部发布的《锂电池综合标准化技术体系》提出：到2020年，锂离子电池标准的计数水平达到国际水平，初步形成科学合理、技术先进、协调配套的锂离子电池综合标准化技术体系，制修订标准80项，总体上满足锂离子电池产业的发展需求。

在锂离子电池标准技术体系化对锂离子电池的基础通用、材料部件、制造与检测设备、电池产品等都作出了标准化的规定。电池产品标准按用途主要分为消费型锂离子电池、动力型锂离子电池、储能型锂离子电池和其他类型锂离子电池。每种电池都涉及了包括锂离子电池的安全、寿命和性能等标准。有理由相信锂离子电池的几个问题会很快得以解决。

1.5.4 电子调速器

电子调速器（Electronic Speed Controller，ESC）使用飞控输出的PWM弱电信号，为无刷电机提供可控的动力电流输出。飞控板提供的控制信号电的驱动能力无法直接驱动无刷电机，需要通过电调最终控制电机的转速。电调的作用就是将多旋翼飞行控制单元的控制信号快速转变为电枢电压大小和电流的大小，以控制电机的转速。此外带有BEC功能的电调还可以为系统提供5V电源供电。图1-21所示是无人机用电调。

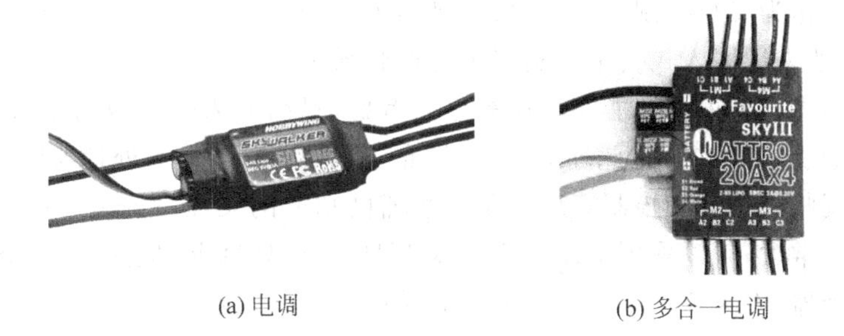

(a) 电调　　(b) 多合一电调

图1-21　电调

电调的主要参数有：

1）电流

无刷电调最主要的参数是电调的电流，通常以安培来表示，如10A、20A和30A。更具体地，无刷电调有持续电流和X秒内瞬时电流两个重要参数，前者表示正常时的电流，后者表示X秒内能容忍的最大电流。选择电调型号的时候一定要注意电调最大电流的大小是否满足要求，是否留有足够的安全裕度容量，以避免电调上的功率管被烧坏。不同电机需要配备不同电流的电调，安培数不足会导致电调甚至电机烧毁。市面上的中型电调电流规格大多以整十安培为型号分类，其中50A电调，其最大电流可能不到50A，可能只有45A，此时，如果电流超过45A可能就会损坏电调。所以，一般在选取电调的时候会考虑增加一定的安全裕度。

2）内阻

电调具有相应内阻，需要注意其发热功率。有些电调电流可以达到几十安培，发热功率是电流平方的函数，所以电调的散热性能也十分重要，因此大规格电调内阻一般都比较小。

一般电调出厂之后都需要进行行程校准，这个过程相当于让电调知道所用的PWM输入信号的最小和最大占空比，并在这个范围之内进行线性对应关系转换。厂家都会提供行程校准的方法，一般通过控制电调驱动电机发出一定频率的音频声音来进行标定确认。此外，本书附录2对电机与电调的一些知识进行了更详细的收集和整理。

1.5.5 飞行控制系统

无人旋翼机系统与定翼机系统最大的区别就是旋翼机本身是一个不稳定系统，也就是说在对系统没有任何输入控制的情况下，系统会逐渐发散导致不稳定，乃至坠机；而定翼机本身是一个天然的稳定系统，也就是说当没有任何系统和控制输入的时候，系统也能够自行保持稳定飞行。

飞行控制系统是飞行器的控制中枢，其核心是一个CPU，采用微处理器作为处理中枢，再通过串行总线（例如SPI、I^2C和UART等）扩展连接高精度传感器，主要由陀螺仪（飞行姿态感知）、加速度计、气压计、GPS、指南针模块（可选配），以及控制电路等组成。实现了传统的IMU惯性测量单元的进行状态和姿态估算，同时实现一定的控制系统算法以及导航算法，按照一定的控制输入信号，实现精准的定位悬停和平稳飞行等运动。在尺寸载荷等要求不太严格的轻型和大中型无人机系统中，可以采用处理能力和可靠性更高的工业计算机（例如PC104）来作为飞行控制系统中枢；而对于微型无人机系统，由于载荷、尺寸和功率等方面的限制，一般采用嵌入式技术来实现飞行控制系统。

从处理器的内核与处理性能和功耗等方面考虑，目前嵌入式领域的主流芯片都是采用ARM公司内核的嵌入式芯片，此外Intel也发布了以Atom架构为处理器的飞控系统平台。对于仅需要实现状态估计和控制算法以及一些辅助功能的飞控系统平台而言，其需要的处理性能并不是非常大，可以采用ARM Cortex-M4F系列处理器，但建议使用带有硬件浮点运算单元的处理器，因为算法本身需要大量的浮点运算。如果仅用软件浮点来处理，则需要对算法进行一定的优化和简化。但是一些高端的飞控平台，需要实现视觉算法和图像处理，例如光流、视觉避障、视觉跟随、视频拍摄以及存储。视觉同步定位与构图等需要大数据量和媒体流处理能力的功能和算法时，Cortex-M系列则显得力不从心，此时一般需要采用Cortex-A系列应用级处理器多核心芯片来实现，有的是把控制部分与图像处理等部分分在不同的芯片上完成，有的则直接集成在一个处理器内的不同核心上实现。例如高通推出的骁龙 Snapdragon 801 无人机飞控模块(如图 1-22 所示)。高通的骁龙 801 芯片上集成了 CPU、GPU、DSP、WLAN 功能和硬件视频编解码功能等,因此通过该应用处理器即可实现无人机实时飞控,4K 视频拍摄,基于 WiFi 和蓝牙的视频流传输以及 GNSS 定位等功能。

图 1-22　高通 Snapdragon Flight 模块

如 1.4 节所介绍的,基于开源理念的无人机飞控系统越来越多,例如 APM、PX4、Pixhawk、MWC、Openpilot、Paparazzi 和 Kkmulticopter 等,为专业和非专业人员学习研究多旋翼的飞行控制算法理论提供了很好的平台。图 1-23 所示是几款常见的飞控平台。

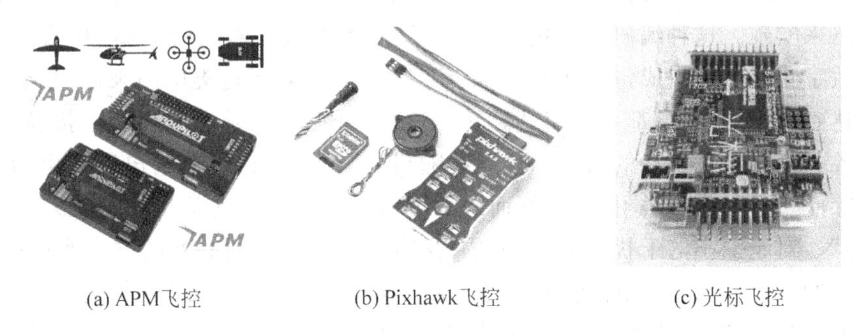

(a) APM飞控　　(b) Pixhawk飞控　　(c) 光标飞控

图 1-23　常用的无人机飞控平台

本书后面介绍的飞控算法主要基于 Cortex-M4F 内核的 STM32F407 芯片,但也很容易移植到 Cortex-A 系列处理器中。

1.5.6　遥控器和遥控接收机

无人机的遥控器和遥控接收机是遥控链路的重要组成部分,它负责将地面操控人员的控制指令传送到机载飞控上,以便飞控按照指令执行。微型航模级别的无人机一般选用便携式的比例遥控器(如图 1-24 所示),这类遥控器的特点是轻便,易于使用,操作简单,但遥控距离一般较短,适用于目视距离的操控。对于大型的无人机系统则一般采用测控地面站来交互,这类地面站可通过大功率扩频通信机甚至卫星链路来进行通信,实现超视距控制,一般遥控距离可达 30km 甚至全球控制,地面站可以采用虚拟现实系统来实时重构飞行器状态。

比例遥控发射电路的工作原理是通过操纵发射机上的手柄,采样电位器阻值的变化信息并送入编码电路。编码电路将其转换成一组脉冲编码信号,这组脉冲编码信号可以采用 PPM 调制信号或者 PCM 调制信号两种调制方式,然后再经过高频调制电路载波调

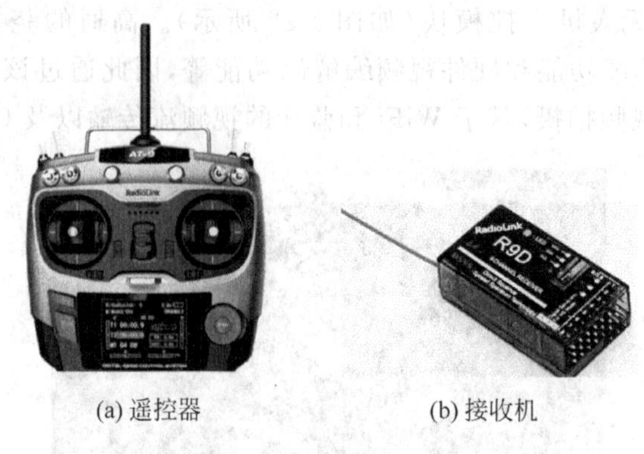

(a) 遥控器　　(b) 接收机

图 1-24　比例遥控器和接收机

制，再经过高频放大电路发射出去。目前比例遥控设备中最常用的信号编码方式有以下两种：

(1) PPM 调制脉冲位置调制(Pulse-position Modulation)，也叫脉位调制。这种调制采用脉冲信号的宽度位置来表示舵量，每个通道由 8 个型号脉冲组成，脉冲个数不变，脉冲宽度相同，只是脉冲的相位不同，由相位来代表所传递的编码信息。PPM 的编码方式一般采用积分电路来实现。这种编码方式的优点是简单，成本低。通常的 PPM 接收解码电路都由通用的数字集成电路组成，如 CD4013 和 CD4015 等。对于这类电路来说，只要输入脉冲的上升沿达到一定的高度，都可以使其翻转。这样，一旦输入脉冲中含有干扰脉冲，就会造成输出混乱。由于干扰脉冲的数量和位置是随机的，因此在接收机输出端产生的效果就是"抖舵"。除此之外，因电位器接触不好而造成编码波形的畸变等原因，也会影响接收效果，造成"抖舵"。对于窄小的干扰脉冲，一般的 PPM 电路可以采用滤波的方式消除；而对于较宽的干扰脉冲，滤波电路就无能为力了。这就是为什么普通的 PPM 比例遥控设备，在强干扰的环境下或超出控制范围时会产生误动作的原因。尤其是在有同频干扰的情况下，模型往往会完全失控。

(2) PCM 调制，即脉冲编码调制(Pulse Code Modulation)，也叫脉码调制，这种调制是将若干通道的舵量大小以二进制数字来进行编码，形成数据帧。PCM 的编码通常可以使用模/数(A/D)和数/模(D/A)转换技术来实现。在这里，每一个通道都是由 8 个信号脉冲组成，其脉冲个数永远不变，只是脉冲的宽度不同。宽脉冲代表"1"，窄脉冲代表"0"。

相比于 PPM 调制，由于 PCM 调制在信道中传播的数据帧进行信道编码，因此具有很强的抗干扰能力，此种编码脉冲在传送过程中如果产生了干扰脉冲，解码电路中的单片机就会自动将与"0"或"1"脉冲宽度不相同的干扰脉冲自动清除。如果干扰脉冲噪声与"0"或"1"脉冲的宽度恰好近似或者将逻辑"0"脉冲干扰变形成逻辑"1"脉冲，解码电路的单片机也可以通过信道数据检验校核的方式，将其滤除，这样就消除了各种干扰造成误动作的可能。PCM 编码的优点不仅在于其很强的抗干扰性，而且也可以很方便地利用计算机编程，不增加或少增加成本，实现各种智能化设计。例如，比例遥控设备可以采用个性化设计，在编解码电路中加上地址码，实现真正意义上的一对一控制。另外也可以通过数字编码技术实现开关通道数的极大扩展，甚至可以实现一路 PCM 编码信号传输 256 路开关信号，而且这种开关电路的抗干扰能力相当强，控制精度很高。PCM 编码与 PPM 编码方式相比具有很大的优越性，严格意义上说，只有 PCM 编码才称得上是真正的数字比例遥控。值得指出的是：各个厂家生产的不同型号的 PCM 比例遥控设备，其编码方式都不相同。因此，同样是 PCM 设备，只要是不同厂家生产的，即使是相同频率，产生互相干扰也较小，但是会影响控制距离。

最常用的射频调制方式也有两种，即 FM 调频和 AM 调幅。比较常见的组合是 PPM/AM(脉位调制编码/调幅)、PPM/FM(脉位调制编码/调频)和 PCM/FM(脉冲调制编码/调频)三种形式。

便携遥控器的通信链路射频由无线电管理委员会管理和分配，占用可用的开放民用频段为 72MHz、2.4GHz 和 5.8GHz。遥控器的主要参数包含：

(1) 通道数即遥控的控制通道路数，一般至少要求 4 通道(即油门、航向、俯仰和横滚)，需要进行模式切换时，增加开关通道。

(2) 频点即遥控信号的射频载波频率，主要有 72M、2.4G 和 5.8G，一般以 2.4G 居多。

(3) 美国手/日本手即油门位置，美国手表示左手控制油门，日本手表示右手控制油门。

(4) 遥控距离，一般大于 400m，但操控手在 100m 以上基本看不清飞行器姿态，很难控制。

1.5.7 遥测链路数传系统

无人机的遥测链路主要用于地面控制人员对无人机实时飞行状态的感知与定位。遥测链路由数传模块和地面站两部分组成。数传模块包含机载收发模块和地面站收发模块，如图 1-25 所示。

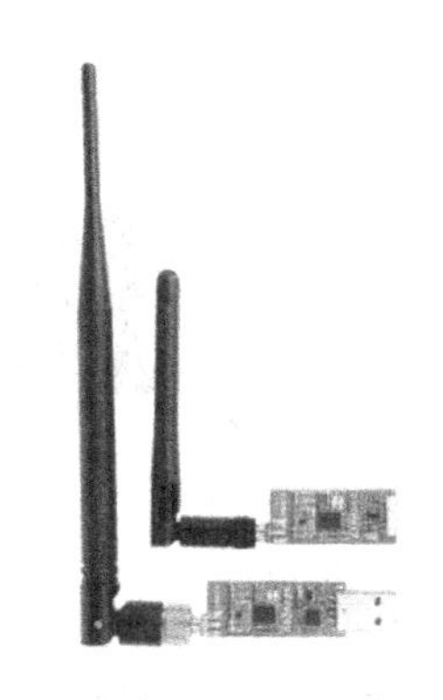

图 1-25 遥测数传模块发射与接收

3DR 公司针对数传系统推出了 3DR Radio Telemetry 模块，是比较常用的通信数传模块。模块支持 MAVLink 协议传输和状态报告，以及无线透传。它的机载端使用标准的 TTL 串行通信口与飞控系统连接，地面端模块使用 USB CDC 接口与地面站计算机连接。射频频率为 915MHz 和 433MHz 两个频点，空速可达 250kbps，内带错误校验机制，可纠正约 25%的数据错误。3DR 无线收发模块是开源设计，网上可以下载到它的原理图和 PCB 设计文件以及烧写固件代码。模块有专门的配置软件，可以配置一些基本的参数，例如波特率、信道、错误检测、发射功率和接收灵敏度等，如图 1-26 所示。3DR Radio Telemetry 模块主要适合近距离小范围的微型无人机的数传应用，它的传输功率约 20dbm(100mW，加增程功放的模块可以到 500mW)，接收灵敏度为－121dBm，传输距离约 100m，理想环境下可达 800m。

如果需要更远距离的数传距离，例如几公里甚至几十公里，则需要使用大功率的数传电台。例如加拿大 Microhard 公司的数传电台 N920F-ENC(如图 1-27 所示)。

N920 采用跳频扩频(FHSS)技术提高抗噪声抗干扰能力，发射功率为 1W，可以实现达百公里的数据传输，且通信信道带宽达 12Mbps。可以支持点对点通信链接、中继转发以及星形组网等连接方式。

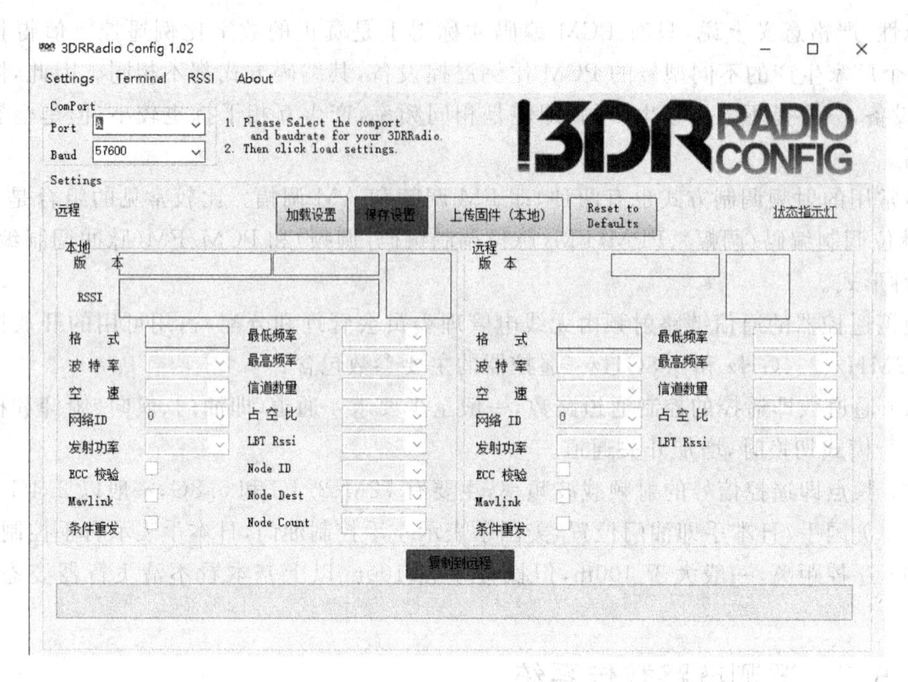

图 1-26　3DR Radio Telemetry 模块配置工具

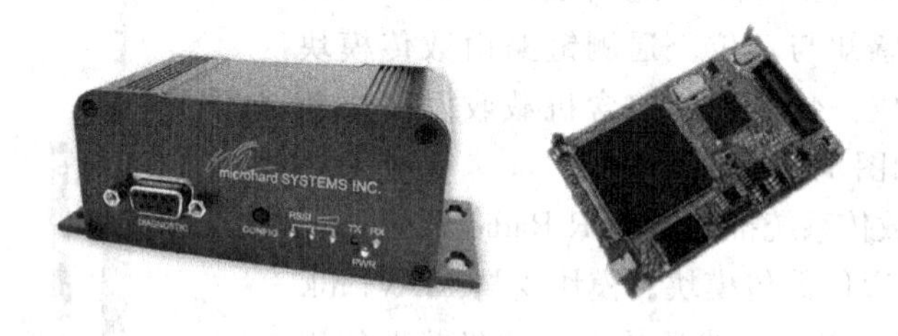

图 1-27　数传电台

1.5.8　光流定位系统

光流(Optic Flow)，从本质上说，就是在三维空间中视觉感应可以感觉到的运动模式，即光线的流动。例如，当我们坐在车上的时候往窗外观看，可以看到外面的树木和房屋不断地作后退运动，这种运动模式是物体表面在一个视角下由视觉感应器(人眼或者摄像头等)感应到的物体与背景之间的相对位移。光流系统不但可以提供物体相对的位移速度，还可以提供一定的角度信息，而由相对位移的速度信息，可以通过积分获得相对位置信息。

在无人飞行器中可以安装下视光流传感器。图 1-28 是一款 PX4/Pixhawk 兼容的光流传感器 PX4Flow。无人机中应用的光流传感器实际上采用的是一个摄像头，再配备陀螺仪检测视角，可以获取飞行器相对于大地的速度信息和位置信息，这个定位信息可以作为飞行器闭环控制的输入信息，实现无 GPS 情况下的室内定位和室外定位控制。第 5 章会针对光流系统进行详细的介绍和阐述。

图 1-28　PX4Flow 光流传感器

1.5.9　全球卫星导航系统

全球卫星导航系统(the Global Navigation Satellite System,GNSS),主要是基于天地的卫星系统通过四点定位和多普勒效应的原理来对地球上的卫星信号接收机提供精准的全球高精度定位服务。常见的系统有美国的GPS、中国的北斗BDS、俄罗斯的GLONASS、欧洲的伽利略GALILEO和日本的GZSS等卫星系统。

GPS系统是美国从20世纪70年代开始研制并组建的卫星系统,可以利用导航卫星进行目标的测距和测速,具备在全球任何位置进行实时的三维导航定位的能力,是目前应用最广泛的精密导航定位系统。GPS全球定位系统由空间卫星、地面站以及用户接收机三部分组成定位网络,其中空间系统由21颗任务卫星以及3颗备份卫星组成,按照不同的运行轨道环绕地球飞行,环绕周期为12小时,这样的设计能够保证在地球任何一个地方的任何一个时刻都可以同时接收到4颗以上的卫星定位信号,从而保证地面接收机的准确定位,由于采用完全被动接收机制,理论上来说该系统的用户接收数量是无限的。

北斗系统是中国为了实现区域及全球卫星导航定位系统的自主权与主导地位而建设的一套卫星定位系统,用于航空航天、交通运输、资源勘探和安防监管等导航定位服务。北斗系统由5颗静止同步轨道卫星和30颗非同步轨道卫星组成,是中国独立自主研制建设的新一代卫星导航系统。

除GPS与北斗系统之外,GLONASS是俄罗斯在苏联时期建立的卫星定位系统,但由于缺乏资金维护,目前系统的可用卫星从最初的24颗卫星减少到2015年的17颗可用在轨卫星,导致系统的可用性和定位精度逐步下降。而欧盟的伽利略导航卫星系统是由欧洲自主的、独立的民用全球卫星导航系统,不过目前为止该系统还只是计划方案,计划总共包含27颗工作卫星,3颗为候补卫星,此外还包含2个地面控制中心,但由于该计划由欧盟共同经营,同时与内部私企合营,各部分利益难以平衡,计划实施则一再推迟,目前还无法独立使用。

现在的很多导航卫星接收机和接收模块,都能够兼容GPS、北斗、GLONASS等多种卫星信号来实现多系统定位,很多移动电话中集成的定位模块都已经支持了多系统定位。甚至一些高端的芯片例如Broadcom推出的定位芯片及模块可以支持混合定位的功能,即它可以从接收的不同定位系统中的卫星信道直接提取出能量最高、信噪比最高的多颗卫星信道直接进行定位算法运算,实现快速精准的定位。

通常手机中集成的卫星导航芯片或集成在基带芯片中(例如高通的基带芯片),或采用独立的芯片实现(例如Broadcom的BCM477x系列芯片),由于它需要采用基带处理器来进行卫星信号的解码与定位计算,该方案能够实现低功耗和低成本的定位系统。在无人机应用领域,无人机系统需要实现室外定位以及航线飞行,必须要通过精准的定位系统来获得自身的位置信息,因此同样需要配备卫星导航接收机。与手机中集成的卫星导航芯片不同,无人机系统由于没有高速处理芯片,因此一般需要采用独立的卫星导航模块来实现模块内的数据处理解码与定位计算等所有功能,而它的输出格式则是直接通过串口输出的NEMA格式数据。详细信息可以参考第9章相关章节。常用的卫星导航模块系统是ublox出品的NEO系列,图1-29所示是ublox的NEO-M8N系列卫星导航模块。

图1-29　ublox的M8N卫星导航接收机

1.5.10 高度计

由于全球定位系统GNSS的缺陷，它的高度信息极为不准确，通常偏差达几十米甚至更大，无人机系统的高度测量需要额外的设备来辅助。常用的高度传感器主要包含超声波传感器和气压高度传感器，此外还有激光高度计和微波雷达高度计等。

不同的高度计采用的测量高度的原理不同，应用的领域也不同，超声波高度计主要通过换能晶片在电压的激励下发生振动，从而发射位于超声波频段的机械波能量，同时配备的超声波接收器能接收返回的超声波能量，以测量传感器到反射物之间的绝对距离。一般的无人机系统都会在机架底部正下方配备一个超声波传感器设备，用于测量无人机到地面的绝对距离。在第5章会详细介绍超声波传感器的数据采集和使用。超声波传感器的数据的优点是可以得到绝对的距离，并且在一定的范围内（通常1.5～2m以内）精度较高，因此可以用来作为自主起飞和着陆的高度数据来源；但它的缺点是超过一定测量范围后，数据的误差非常大，甚至没有意义，因此仅适用于近距离的测量。此外超声波传感器的原理导致它的音频能量发射有一定的散射波瓣，造成其测量在方向上容易有一定的误差。此外换能器的特性受温度变化影响剧烈，因此超声波的测量精度与温度有强耦合关系，一般需要通过软件算法进行温度补偿。

气压高度计(Barometric Altimeter)的原理是地球上测量的大气压力在一定范围内是与相对海拔高度呈对应关系的。一般认为海平面上的大气压为一个标准大气压，在此基础上，随着高度增加，气压减小，气压-高度对应关系如式(1-1)所示。

$$(\text{kPa A}) = 101.325 \times (1 - 0.02257 \times \text{海拔})^{5.256} \tag{1-1}$$

这只是一个简化公式，它并没有考虑温度和空气密度变化等其他环境因素。气压高度计输出的是相对海平面的海拔高度，并且它受外界影响的误差会很大。在第5章会详细介绍气压高度计的原理和数据处理过程，其中飞思卡尔的气压传感器内部集成了精度更高并且带温度补偿的压高公式。气压高度计和超声波高度计都用于高度测量和定高飞行模式中，一般气压高度计用于无人机飞行在超过超声波高度计测量范围以外的情景。

激光高度计是采用激光作为光源测量发射与接收反射光的时间差来计算距离高度的传感器。由于采用激光作为光源，它的精度和分辨率较高，测量距离最远可达100米甚至数百米，但它的成本较高，一般的模块都要几千元，且光线容易受到空气灰尘干扰以及反射面的干扰。

此外，GPS全球定位系统可以通过解析GPGGA中的数据高度来获得GPS采集到的高度数据，但是GPS全球定位系统的卫星信号可提供不太准确的GPS高度数据，GPS的高度误差较大（一般在10～100m的误差），飞控算法可以采取数据融合的方式将不同的传感器之间的数据进行处理，从而吸收各传感器之间的优势以获得更高精度的高度数据。

1.5.11 导航系统

目前在无人机上采用的导航系统技术主要包括惯性导航、卫星导航、多普勒导航、地形辅助导航以及地磁导航等。每一种导航系统都有各自的优缺点，在无人机导航中，选择适合的导航系统尤为重要。

1. 惯导系统

惯性导航系统(Inertial Navigation System,INS)是内部集成惯性测量单元(对于微型无人机通常指微机械惯性测量单元)作为敏感元器件的导航参数解算系统,它不依赖于GPS等外部定位信息,也不向外部发射能量。惯导系统的基本原理是基于牛顿力学定律和欧拉方程,通过测量载体在惯性参考系中的加速度和角速度信息,对这些数据进行时间积分,从而解算出载体在惯性参考系中的速度位置以及姿态角信息。

惯导系统属于航位推算方式,即从前一时刻已知点信息通过传感器的测量数据来推算出下一时刻点的信息,因此可以实现递归推算。惯导系统不依赖于外部信息,不易受到外界的电磁干扰,可以全天候全时间全方位地工作,产生的导航信息连续性也较好,短时间内的连续精度也较高。它的缺点是由于采用时间积分的航位推算,推算过程的误差和积分误差无法消除,并且随着时间的增加会累积,造成全局发散的情况,因此在惯导系统单独工作时定位误差会逐渐增大,长期精度很差。GPS定位信息精度较高,但是定位数据更新率太低,不适合飞行器的快速定位和控制需求,并且容易受到外界干扰等因素影响。因此一般需要通过GPS等额外的定位信息对惯导系统定期进行校准和数据融合,结合两个系统的优势,补足各自缺陷,这就是GPS/INS组合导航系统。

2. GNSS导航

GNSS导航系统,就是以全球人造卫星为基础,对无人机不断定位从而实现导航功能。在GNSS导航电文中包含有卫星星历、工作状况、时钟改正、经纬度和天线离水平面高度等信息。无人机接收到导航电文时,提取出卫星时间并将其与自己的时钟作对比便可得知卫星与无人机之间的伪距离,再利用导航电文中卫星星历数据推算出卫星发射电文时所处位置。

GNSS导航的优点是全天候、连续性高精度导航与定位能力;但是由于无人机GNSS接收机中使用的时钟与卫星搭载时钟不可能同步,并且容易受到电磁干扰的影响,如果飞行器需要快速更新导航信息的话,GNSS的更新频率将无法满足。GNSS在文章1.5.9节已作深入介绍,这里不再赘述。

3. 多普勒导航

多普勒导航系统利用多普勒效应测定多普勒频移,从而计算出无人机当前的速度和位置来进行导航(见无线导航)。多普勒雷达测得飞机速度信号与航向姿态系统测得的飞机的航向、俯仰、滚转信号一并输入导航计算机,计算出飞机的地速矢量并对地速进行连续积分等运算,得出飞机当前的位置,再利用该位置信号进行航线等计算,实现飞机的引导。

多普勒导航的优点是自主性好,反应速度快,抗干扰性强,测速精度高,能适用于各种气候条件和地面条件。缺点是工作时必须发射点播,因此其隐蔽性不好;系统工作容易受到地形的影响,在沙漠或者水平面上工作时,因其电波的反射性不好而会降低性能;并且精度受到天线姿态的影响,测量有积累误差,系统会随着飞行距离的增加而使误差增大。

4. 地形辅助导航

地形辅助导航是指飞行器在飞行过程中,利用预先存储的飞行路线中某些地区的特征数值,与实际飞行过程中测量的数值进行不断比较来实施导航修正的一种方法。

地形辅助导航的优点是没有误差,隐蔽性好,抗干扰性强。其缺点是计算量大,实时性受到制约;工作性能受到地形影响,适用于地形起伏大的环境,不适合于平原或者海面使用;同时还受到天气气候的影响,在大雾、多云或者雪天气候下导航效果不佳;另外,它还要求飞行器按照事先规定的路线飞行,极大影响了无人飞行器的适用性。

5. 地磁导航

地磁是地球天然的固有资源，早期航船就利用指北针来进行导航。由于地磁场为矢量场，在地球的任一空间上的地磁量都是不同的，并且与该地点的经纬度存在对应关系，因此在理论上确定该地点的地磁场矢量就能实现全球定位。

地磁导航在跨海制导方面有一定的优势，其缺点是地磁匹配需要存储大量的地磁数据，并且需要高性能的处理器来进行数据匹配。

1.5.12 无线图传系统

无线图像传输系统，简称图传系统，从应用层来看分为固定点的图像监控传输系统和移动视频图像传输系统。无人飞行器的无线图传系统属于移动视频图像传输系统，它作为飞行器的重要任务载荷部分，提供机载设备的图像系统的数据链路通道。它负责将机载图像采集数据实时无损/有损地传输到地面接收设备上，供实时观察和存储，以及图像分析等后续处理。无线图传主要应用的开放的载波频段有 2.4G、3.5G、5.8G，还有 26G 等应用频段。其中，2.4GHz 的图传设备主要采用扩频通信技术或者基于 IEEE 802.11b/g/n 的 WiFi 标准。此外，2.4G 频段上还有蓝牙和 ZigBee 等协议，这导致该频段的信号非常拥挤，存在潜在的速率、干扰、安全和相互兼容等方面的问题。3.5G 的无线接入主要是一对多的微波通信技术，采用 FDD 双工，基于 DOCSO 协议，带宽相对较低，不太适合大规模的图传应用。5.8G 频段由 WLAN 的 802.11n/ac 协议支持，可以基于 WLAN 进行组网方式的图像传输。

基于不同的开放频段，图传系统在传输技术体制上可以大致分为模拟传输、GSM/GPRS/CDMA、数字微波、扩频微波、无线网和 OFDM(正交频分复用)等。

模拟图传系统如图 1-30 所示，主要是直接图像数据模拟信号进行中频调制和 FM 载波调制并传输的方式。应该说模拟图传由于上变频和下变频都通过模拟器件来进行，而数字图传则需要经过一系列的码同步和校验等，一般认为模拟图传延迟要比数字图传低。但是随着数字技术的发展和高频处理器的性能提升，数字图传的延迟已经能下降到低于 300ms 的性能，高端的数字图传甚至可以降低到 100ms 以内。目前模拟图传主要应用在 FPV 第一人称视角的穿越机上，它的主要优势就是价格便宜，响应速度快，而 FPV 穿越机对图像系统的容错要求低，不注重画质的特点正适合这种特点。但由于模拟图传本身应用的是单载波技术，它需要在目视距离环境下传输，在信号被阻挡以及移动的情况下衰减会很大。

GSM/GPRS/3G/4G CDMA 技术是公用的移动通信技术，网络覆盖全，技术成熟，并且可以跨区远距离传输，但它的传输速率受限，带宽较低，无法传输高质量高解析度的图像数据，并且传输的实时性会受到公共网络负载情况的影响，容易导致较长的传输延迟。

数字微波与扩频微波具有高带宽的特点，可以提供高速率的传输信道，但也是基于单载波调制技术，传输路径也容易受限。

OFDM 调制技术属于数字无线图传技术，它是真正的多载波技术，子载波数量达到 1704 载波(2K 模式)，甚至 8K 模式，同时也真正在实际使用中实现了“抗阻挡”、“非视距”、“动中通”的高速数据传输(2～20Mbps)，有一定的“绕射”和“穿透”性能。图 1-31 所示是大疆创新的一款早期数字图传模块。数字图传通过增加功率可以实现较远距离的传输，一般 1W 功率的传输距离可以达到 10 公里，并且还可以进行功率提升实现更远距离的传输。但数字图传的成本较高，一般用在高端航拍机或者工业应用的无人机系统中。

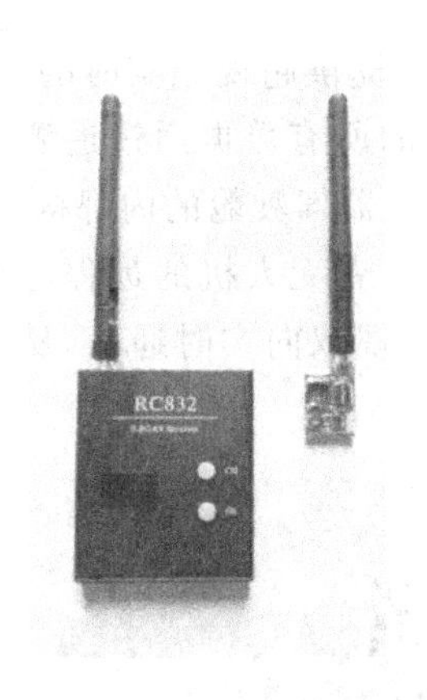

图 1-30　一款常用的模拟图传接收机(左)和发射机(右)系统

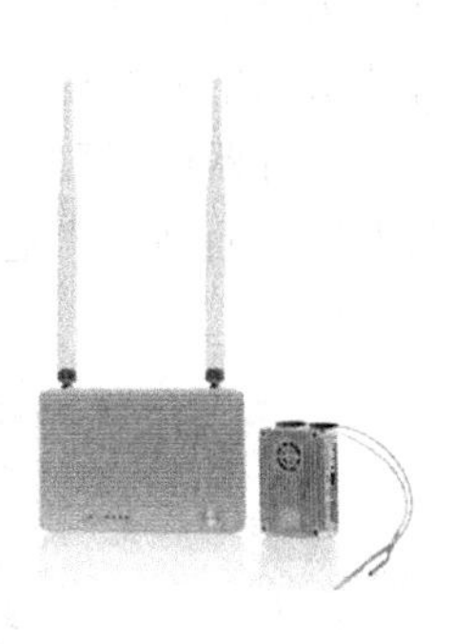

图 1-31　DJI Lightbridge 数字图传模块

1.5.13　地面站控制系统

由于无人机的操控人员无法在机上监控飞行器的状态，只能在地面上监测无人机的飞行状态并控制其飞行任务，因此无人机地面站系统对地面操控人员来说就是无人飞行器重要的维护保障平台。它通过与无人飞行器建立空地双向通信链路，实现对机载系统的遥测与遥控。遥测通道主要负责实时监视飞行器的各种飞行状态和飞行数据，包含但不限于飞行器的姿态信息、速度信息、位置信息、传感器数据、飞行模式、图像采集信息、温度信息和各机载设备的健康信息等，同时还可以为地面人员提供指令输入接口，让操控人员可以向飞行器发送各种指令数据，包含飞行模式切换、起降指令、任务执行指令，甚至飞控参数调整指令等。本书第 10 章将详细介绍天地链路以及通信信道的设计与实现方案。

地面站根据应用需求有多种不同的形态和特征。一般小型的无人机可以直接在手机或者平板上连接一个数传模块实现简易的地面站功能，这种类型的地面站系统由于接收机的功率所限，它的测控距离仅十几米到几十米远。而稍大型的乃至工业无人机可以配便携式地面站，图 1-32 所示是一款飞航科技的便携地面站系统。军用无人机、需要执行视距外飞行任务以及远程操控的飞行器则会采用更大型的地面测控站作为飞行器的维护保障系统，如图 1-33 所示。

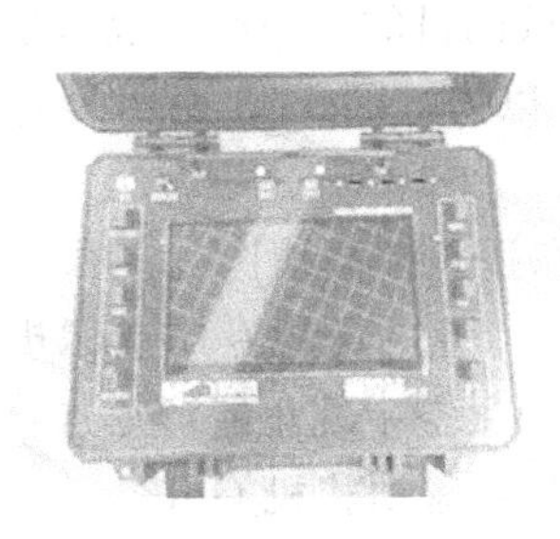

图 1-32　飞航科技的便携地面站系统

图 1-33　军用地面站系统

对于远距离超视距无人机的维护保障系统，它需要提供超视距实时的操控手段，一般需要采用虚拟现实技术实现离舱驾驶系统，将飞行器上的所有数据通过遥测信道传到地面上并且在地面站系统中完全还原显示出来，并呈现出飞行器驾驶舱的内部构造，让地面操控员感觉如同坐在飞行器内驾驶一样。图 1-34 是美国捕食者无人机的远程地面站离舱驾驶系统。这种无人机地面站通常通过卫星链路与无人机实现双向实时通信，从而实现全球飞行和全球任务执行。

图 1-34 捕食者无人机离舱驾驶系统

1.5.14 任务载荷云台和摄像头

无人机除了用作军用靶机以外，还可以执行通信中继、航拍勘测、抢险救灾、气象探测和农林植保等任务，这些任务都需要无人机系统搭载额外的任务载荷，而无人机提供的是一个载体的功能。

有些任务载荷，例如航拍系统，需要保持姿态的稳定以实现视角和镜头的稳定。因此这类的任务载荷一般都是安装在一个两轴或者三轴的稳定云台上。云台是安装固定摄像头的支撑设备，高级的云台带有自稳系统，它内部集成了两轴或者三轴自由度的高精度伺服舵机，此外还集成了三轴陀螺仪和加速度计传感器，能够实时感知安装台的姿态，形成闭环控制，抵消机体振动的干扰，保证载荷的平稳姿态。云台还提供舵机控制信号接口，接收高精度的控制信号，用户可以通过地面站或者遥控器控制云台的三轴转动，从而带动摄像头改变视角，达到全方位拍摄、跟踪监视目标以及自动扫描监视区域的目的。一般来说水平旋转角度的范围是 0°～360°，垂直旋转角度和倾斜旋转角度在 90°以内。图 1-35 所示是一个三轴的稳定云台。

摄像头是很多航拍无人机上的必备部件，用于拍摄动态视频和高清图片。很多专业的摄影无人机能够提供大载荷的运载能力，从而能够挂载比较专业的影视专用摄像机进行电影电视拍摄。例如影片《阿凡达》就采用了大量的无人机来拍摄空中视角的影片素材。对于一些小型的无人机，则可搭载较轻的摄像头设备。例如著名的运动相机 GoPro。GoPro 相机是一款小型的可防水防震的极限运动专用相机，它集成了 500 万像素的视觉传感器，可拍

图 1-35　三轴稳定云台

摄 1080p 30fps/960p 48fps/720 60fps，内置 WiFi 无线传输功能，也带有模拟视频和数字视频输出功能。图 1-36 所示是一个 GoPro 相机的外形。

对于更轻巧的无人机以及专注运动和速度的 FPV 穿越机，GoPro 显得较为笨重，此类飞行器会搭载更轻型的微型摄像头，如图 1-37 所示。一般为 700 线的水平清晰度，总像素约 60 万，带有 PAL/NTSC 制式的模拟信号输出接口。这类摄像头虽然轻巧，但画质并不高，因此主要用于对图像清晰度要求不高的 FPV 穿越机。

图 1-36　GoPro HERO4 运动相机

图 1-37　700 线微型摄像头

1.5.15　避障系统

无人机避障技术是随着无人机智能化发展和自主飞行的需求而应运而生并发展起来的一项技术。越来越多的高级无人机系统都开始将避障技术作为一项标准配置。避障技术的原理与主动测高的原理类似，它主要也是通过主动测高测距传感器来实时获取飞行器周边障碍物与飞行器之间的距离，感知周边物体并自动规划飞行路线以避开障碍物飞行。无人机系统采取避障系统主要是为了减少人为控制失误，减少因操作失误带来的不必要的损失。避障是无人机是否智能或智能化的关键。在大疆的新一代无人机精灵 4 以及零度所发布的 Xplorer，都配备了新的避障技术方案。

无人机避障技术主要分成三个部分，即感知部分、绕飞部分、构图及路径规划部分。感知部分指的是传感器感知障碍物的部分。这一阶段采用的传感器技术包含超声避障传感器、激光雷达测距传感器、微波雷达传感器以及双目视觉传感器等更为复杂的视觉图像处理传感技术，甚至几种传感技术的结合。

超声波传感技术原理来自于蝙蝠的避障系统。蝙蝠通过喉咙中的生理构造产生频率大于 30kHz 的超声波，当超声波碰撞到障碍物时反射回来，由蝙蝠的听觉系统接收到，从而判断出障碍物的距离，以调整飞行路线。超声波技术是最简单最低成本的测距技术，已经大量应用在汽车上的倒车雷达。超声波技术测高传感器对反射物体的材质有一定的要求，否则会显著降低传感器的精度，第 2.3.6 节将进行详细的介绍。

激光雷达测距技术 TOF(TOF 是 time of flight 的缩写，即飞行时间)简单地说就是把超声波测距技术中的超声波换成激光，同样也是通过测量反射激光来计算出到障碍物的距离；所谓飞行时间法 3D 成像，是通过给障碍物连续发射激光脉冲，再通过激光传感器接收反射光线，通过探测光脉冲的飞行时间来计算障碍物的距离。图 1-38 所示是一款 LiDAR (LightDetectionAndRanging)激光雷达。激光雷达系统的有效距离，在室内测量距离最大可达 10m，室外强光干扰时一般在 5～6m 左右。在悬停状态下，激光雷达会保持快速旋转，每秒 50 次完成对周围有效半径内的 360°范围快速扫描，并发现障碍。

图 1-38　LiDAR 激光探测雷达

与超声波相同，光波也会受到干扰，并且城市环境下楼宇间的光污染给 TOF 避障系统带来了难题。系统发出的光，必须避开太阳光的主要能量波段，从而避免太阳光的直射、反射等对避障系统造成干扰。此外该原理需要非常精准的时间测量，需要采用专用处理芯片，并且这种专用芯片成本也非常昂贵。

视觉避障是随着计算机图像图形学处理技术发展起来的一种新的避障技术。在 2016 年美国 CES 展上，昊翔(Yuneec)和 Intel 与共同研发合作的 Typhoon H 面世，并在 CES 上演示了非常酷炫的跟随和自主障碍躲避技术，而且当时市面上还没有一款真正能够实现自主避障的消费级产品，大疆的精灵 4 也还没发布。昊翔 Typhoon-H 采用了 RealSense 的单目＋结构光技术，即单镜头图像采集器配合结构光发射器以构成带有深度信息的成像系统，通过算法从成像信息中提取出距离信息，因此省去了激光雷达的机械扫描。简单而言 RealSense 的硬件主要由“3 只眼睛”和“1 个大脑中枢”构成，即 1 个色彩视觉传感器(Color Image Sensor)、1 个红外视觉传感器(IR Image Sensor)以及 1 个红外激光发射光源投射器(IR Laser Projector)，再加上 1 个实时图像处理器(Image Processor)构成，如图 1-39 所示。

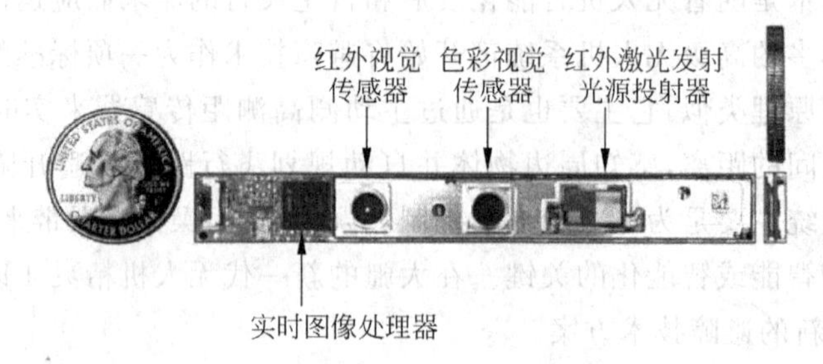

图 1-39　Intel 的 RealSense 技术

Intel在RealSense技术中使用了"主动立体成像原理",通过模仿人眼双目的视差原理,由红外激光发射光源投射器打出一束"结构光",并在图像传感器上追踪这束光源在障碍物表面反射出来的光线位置,再通过三角定位原理计算出占该物体反射表面到视觉传感器之间的深度信息。RealSense最初应用在空间视觉定位领域,主要配备在笔记本和体感游戏等智能设备上,实现近距离的3D建模以及近距离精准定位和测量。Intel对其应用的定位也主要是手部和关节的运动跟踪、面部识别与分析、语音识别、背景消除、目标定位与跟踪、增强现实以及3D扫描等方面。

但是,由于这种结构光技术采用了主动发射光源的办法,其使用的主动结构光同样很容易受到外界光线的影响,尤其是室外环境下的自然光,因此仅适用于较暗的室内环境中。

或许是研发人员还未完成完整的室内避障功能,CES展上当时演示的无人机系统仍然在飞行器上加装了Vicon(运动捕捉系统)才得以实现惊艳的室内避障。

这种双目视觉传感器提取深度信息的技术,也越来越被高端的无人机避障系统所采用。例如大疆创新在2016年推出的精灵4无人机系统中,就采用了双目视觉的前视与下视两组视觉处理系统,其中前视视觉传感系统用于前飞避障。与此相比,昊翔的Typhoon H虽然只搭载了一台RealSense实感3D摄像头,并且尽管RealSense的视角范围约为60°,但是在SMART模式下,RealSense摄像头的一端会通过系统软件自动始终对准无人机的飞行方向,也就是说,通过软件的辅助实现了所谓的"全向避障"功能。

其他的避障系统,则会采用前述几种技术的组合,在精度与效率上提升优势,例如大疆2015年推出的官方智能避障系统Guidance,如图1-40所示。

图1-40 DJI的Guidance智能避障系统

这套Guidance系统拥有5组传感器,可以在前、后、左、右和下5个方向上进行障碍物体识别,而识别的机制融合了超声波和机器视觉两种技术,除了常规的超声波模块以外,5个方向上还专门放置了摄像头用于获取视觉图像,然后直接传输到机载的Intel凌动(Atom)Bay Trail处理器中进行计算处理。这种复合型避障系统,相对单独的传感工作模式来说技术含量更高,工作效率上也有一定的优势。Guidance系统配合大疆的Matrice 100无人机开发平台使用,可以为更多与物联网有关的商业化应用场景带来帮助,如停车场管理。在室内如地下停车场中光照条件一般不太好,超声波与机器视觉加起来,几乎可以在任何照度下对多种材质进行较好的识别,从而对无人机在地下停车场封闭环境中的飞行提供更好的指导,识别的有效范围可以显著提升,准确度往往可以达到厘米级。

避障技术已经成为无人机领域发展的一个最重要的标志性技术,也成为商家必争之地。美国时间2016年4月1日大疆向美国加州中区联邦地方法院,就侵犯获得授权的专利问题起诉昊翔国际有限公司及昊翔美国公司。大疆在起诉书中指控昊翔公司的产品和技术侵犯是"目标跟踪的系统和方法"和"机器视觉+红外混合的自动避障系统"。昊翔的Yuneec Typhoon H虽然在自动避障技功能采用了Intel的RealSense技术,但自动避障功能属于涉案专利,会触及大疆的相关专利。RealSense在Typhoon H上的有效距离大概为5米左右,Typhoon H在进行相关的预设功能时,都能实现自主路径规划的效果,这和大疆的避障系统还是不太相同,除了检测到障碍物之外,它能够主动寻找路径绕过障碍物,也就是"智能路径规划”,简单来说是通过 3D 建模之后图像识别判断路径的,这一点是精灵 4 不具备的。但缺点是避障时会导致无人机的飞行性能被动地拉低,不允许有较大的速度和反应。

但即便在智能避障功能上略胜一筹,Typhoon H 还是少了一样精灵 4 的功能——智能跟随能力,同样也没有室内的跟随能力。Typhoon H 要实现跟随功能主要依赖 GPS,所以被跟随的对象手里必须拿着东西——遥控器或者 Typhoon Wizard。

最近 MIT 计算机科学与人工智能实验室(CSAIL)提出了新的无人机避障系统,可以让无人机在“模拟森林”中转圈或者以 8 字形轨迹飞行。在团队发布的测试视频中,无人机在应用了该系统后可以使用机载传感器和测量设备寻找出可以飞行的自由空间,而不是识别障碍物后再进行躲避。无人机可以在 10 平方英尺的空间内以每秒 1 米的速度飞行。CSAIL 对于这一问题已经研究了数年,教授 Nick Roy 一直在打磨无人机实时建图避障的算法。去年 11 月,由博士生 Andrew Barry 领导的团队发表了一则实验视频展示了其算法,实验中无人机可以在树林中以每小时 48 公里的速度飞行。而这次新研发出的软件,可以让无人机在更复杂、障碍更密集,甚至是陷阱式的环境下飞行。目前,研究团队已经对带有这种软件的四轴飞行器和固定翼飞行器进行了成功的测试。研究人员表示,该项技术的潜在应用很多,如可以成为探索仪,去到人类难以到达的地方,可以去洞穴里面进行研究或是搜索救援。

此前无人机一般是通过光流、IMU(惯性测量)和超声波三个单元综合对室内无人机进行定位,这些方式都是为了能够保证无人机在室内更好地飞行,避免撞击。CSAIL 提出的这种不考虑障碍物,而是寻找可飞行路线的方法,也是一种新颖避障策略的尝试。

1.5.16 虚拟现实和增强现实系统

虚拟现实(Virtual Reality)是近几年来随着计算机技术和图像视觉技术的发展而兴起的一项新的应用技术。虚拟现实可以通过计算机图形学的软件创建一套完全虚拟的视觉听觉甚至触觉的效果,它利用计算机生成一种模拟环境提供多源信息融合的交互式三维动态视觉和行为系统仿真,让体验者可以完全沉浸在虚拟的世界之中。它是计算机图形学人机交互、立体成像、多媒体技术传感网络和仿真建模技术等多种科学技术交叉融合的应用研究领域。与虚拟现实不同的是,增强现实所强调的是计算机系统对现有物理世界视觉的感知并在此基础上叠加其他需要实时生成的图像与信息,相当于对现实场景的信息增强。

在无人机领域,虚拟现实与增强现实有着巨大的应用前景和潜力,例如应用于如下几方面:

(1) 应用于无人机第一人称视角 FPV 控制飞行。这种应用主要对应于增强现实系统,操控者可以通过增强现实眼镜,实时接收飞行器上的机载摄像头采集的画面,并以第一人称视角的方式来控制飞行器的机动运行。在增强现实系统中可以为飞行环境增加各种飞行元素,提高飞行乐趣和竞技手段。图 1-41 所示是一款第一人称视角 FPV 对战无人机的增强现实场景。

(2) 应用于无人飞行器操控模拟训练器。由于无人机属于昂贵且易损设备,并且操作手一般需要具备一定的操作经验,因此初学者上手时摔机的风险就比较大,一旦摔机,损失也较大。一个比较好的办法就是使用基于虚拟现实系统的无人飞行器模拟训练器。通过虚拟现实技术的模拟训练器,可以完整再现无人机实际飞行的效果和场景,能够让训练者体会

图 1-41　FPV 无人机的增强现实场景

操纵与飞行器反馈之间的关系和力度，更好地练习反应和熟练度。图 1-42 所示是一款无人机的模拟训练器的实际使用场景。

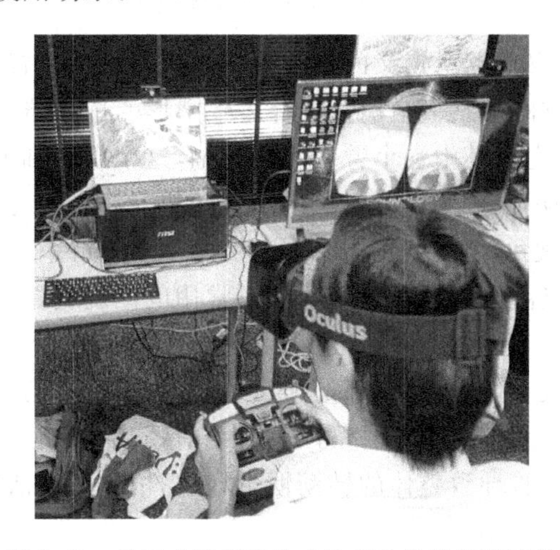

图 1-42　基于虚拟现实技术的无人机模拟训练器

(3) 应用于无人机仿真建模系统。与无人机模拟训练器系统架构类似，但是它更关注飞行器的物理建模与真实情况的匹配度，并且能够输出更多的建模参数与反馈参数，它面向的是飞行器建模研究和飞控算法的理论研究等课题。

(4) 应用于无人机离舱驾驶系统。如 1.5.13 节介绍的地面站系统，高级军用无人机为了实现视距外操控无人机，它一般会将遥测数据回传到地面站同时根据遥测信息再采用虚拟现实技术还原出飞行器的飞行状态等信息。

1.6　多旋翼飞行器的结构和飞行原理

1.6.1　多旋翼飞行器的机身布局

按照多旋翼机身和机臂的拓扑布局结构的不同，多旋翼飞行器的机身布局可以分为星形结构和环形结构。星形结构的特点是所有的机臂按照星形与中心板(Hub)组合在一起，中心板作为负责承载所有机载的系统，并连接所有机臂，而机臂则主要承载动力系统。飞行器的重心也位于中心板上。星形布局的结构如图 1-43 所示。

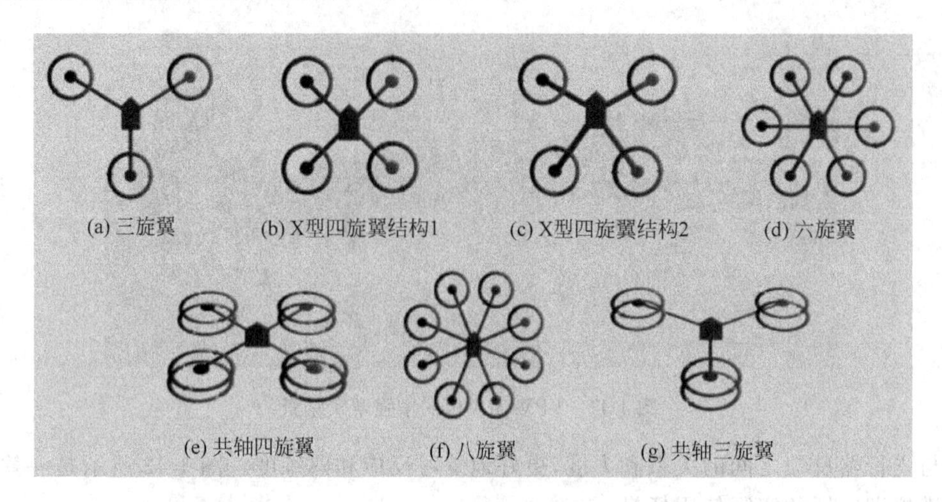

图 1-43 各种星形拓扑结构

在星形结构中，按照飞行器所定义的机头方向与机臂相对位置的不同，还分为十字形和 X 字形。十字形的机头方向与某一个机臂重合。十字形的拓扑结构好处是操控会稍简单一点，因为在做姿态运动时它以其中一个臂作为旋转轴，这个旋转轴上的机臂的电机不需要调整转速，但它的缺点也很明显，因为通常机载的前视相机对准机头方向，在十字形的设计中相机容易被机臂遮挡，影响视角。而 X 字形则采用两个机臂中间线作为机头方向，如图 1-42(b)所示，前视相机的视线不容易被遮挡，是目前比较常用的四旋翼拓扑结构。

除了星形拓扑结构外，还有环形的拓扑结构，如图 1-44 所示。这种拓扑结构的特点是机臂不是直接连在中心板上，而是通过环形连接组合而成，这种结构强度很高，比较牢固，这样可以减少机架的整机产生的振动，但整体重量会有所增加，此外由于质量密度分散在外围，到重心之间的距离增加，导致整体的转动惯量增加，机体的灵活性也降低。

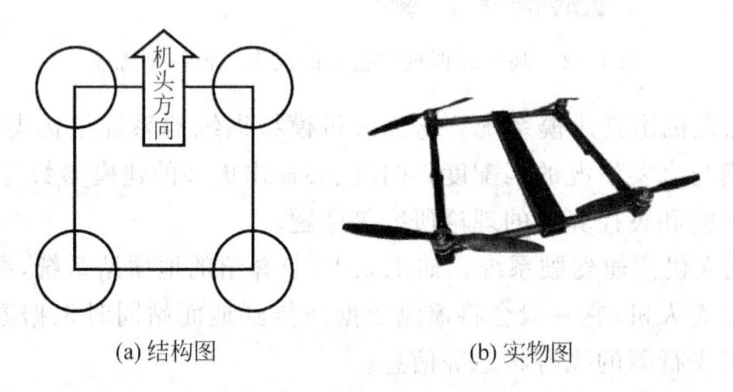

图 1-44 环形结构四旋翼飞行器

在设计多旋翼飞行器的机体结构时，整机的重心设计是非常需要注意的一点。由于飞行器的动力系统对称分布，要求重心必须要设计到机体中心轴上。当重心位于桨盘下方的时候，重心相对桨盘产生的力矩与外界干扰产生的力矩相反，将会对干扰振动产生抑制作用，因此重心越低，飞行器的稳定性越好。但重心过低也会造成飞行器在受到阵风影响时，机体姿态角发散，因此一般设计要求重心靠近桨盘平面稍偏下的位置。而对于机载飞控系统的惯性测量传感器，也要求尽可能地靠近机身几何中心位置，从而能够精准地反应机体的运动状态。在第 2 章硬件设计中也会进一步阐述。

1.6.2　多旋翼飞行器的旋翼结构

相比于单旋翼飞行器，多旋翼飞行器拥有两个或两个以上的旋翼。其中，两个旋翼的飞行器包含共轴双旋翼、交错双旋翼和直列双旋翼飞行器。图 1-45 所示是双旋翼飞行器的外观。

(a) 共轴双旋翼

(b) 交错双旋翼

(c) 并列双旋翼

(d) 直列双旋翼

图 1-45　双旋翼飞行器

为了保持飞行器的平衡稳定，一般旋翼的个数为偶数，并且采用围绕机体重心对称分布布局。当然也有特殊的三旋翼飞行器，但是要保持它的航行稳定性需要特殊的算法考虑。

最常见的是四旋翼、六旋翼和八旋翼，随着旋翼的增加，机架尺寸也会显著增大，旋翼对角线的长度也增大，同时飞行器的额定设计载荷也会进一步增大。图 1-46 所示是多旋翼飞行器。

(a) 三旋翼

(b) 四旋翼

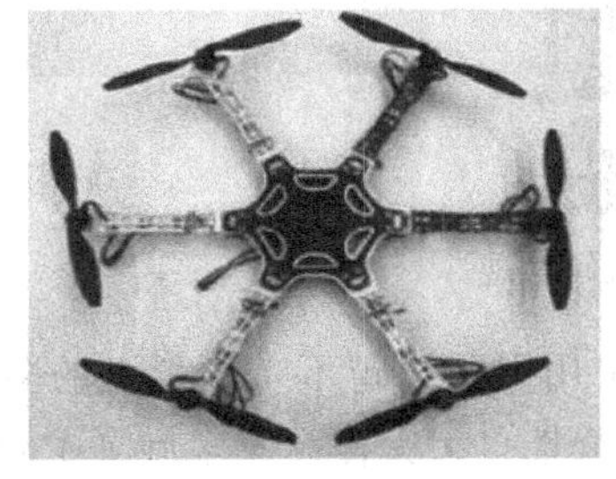

(c) 六旋翼

(d) 八旋翼

图 1-46　多旋翼飞行器

除了旋翼的个数和安装位置，每个旋翼位置还可以配置成单桨与共轴双桨的方式。共轴双桨的结构示意图如图 1-47 所示。采用共轴双桨的好处是在不增加整机尺寸的基础上提升整体升力，增加整机载荷能力；缺点是能耗比增加，因为上下桨叶形成风力耦合，整体升力小于两个桨单独升力之和，降低了单桨的力效比，相关文献研究表明，共轴双桨的力效仅相当于单桨力效的 1.6 倍。

共轴多旋翼飞行器从提升载荷和升力的角度来说有很大的优势。亿航研制的 184 飞行器就是一款典型的共轴四旋翼飞行器，如图 1-48 所示。这是一款载客无人机，它的整机最大输出功率 106 千瓦，续航时间 23 分钟，额定载重 100 千克，平均巡航速度 100 公里/小时。

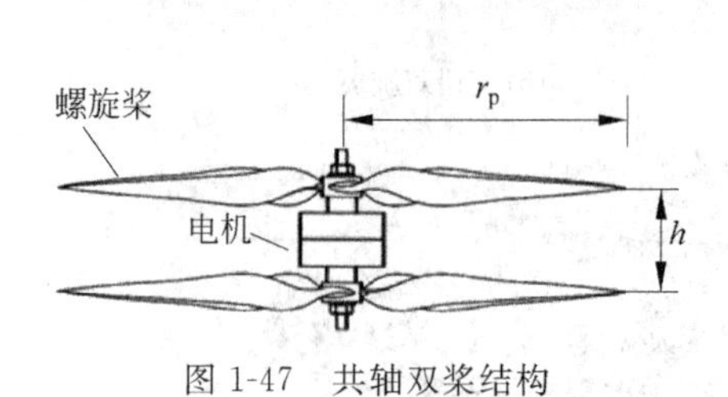

图 1-47　共轴双桨结构

图 1-48　亿航 184 载客无人机

1.6.3　多旋翼飞行器的飞行原理

多轴飞行器之所以在消费类和民用领域呈现爆发式增长，其中一个重要的原因是它的运动飞行原理和机械构成简单，飞控算法简单。作为飞行器在空中飞行，它的基本动作主要就是悬停、上升、下降、前后飞行、左右飞行以及偏航运动等自由度的控制。此外，与定翼机的原理结构不同，多旋翼飞行器可以实现侧滑飞行，因此极大提高了它的机动性能力。

我们知道一般的直升机的旋翼采用较复杂的倾斜盘机械结构（如图 1-49 所示）来调整桨叶总距和倾斜盘角度，其中总距用来调整旋翼的螺距从而改变升力，倾斜盘用来改变桨盘的倾斜角度，从而控制旋翼产生的拉力朝指定的方向变动，进一步控制机体向各个方向运动。

图 1-49　直升机倾斜盘

多旋翼没有采用这种复杂的机械结构，而是采用固定总距不带倾斜盘的多轴旋翼来进行控制，因此维护成本大大降低，系统可靠性与安全性也大大提高。多旋翼主要靠调节多个旋翼之间的转速差，获得各旋翼拉力相对于质心的力矩，从而来改变飞行器的姿态，并产生相应的飞行位移运动。这里以四旋翼飞行器为例分别介绍各种运动下的控制情况，四旋翼与六旋翼甚至八旋翼在飞行原理上没有本质区别，只是在电机拉力分配的时候有所不同。首先如图 1-50 所示定义四旋翼飞行器的四个轴编号和旋转方向。

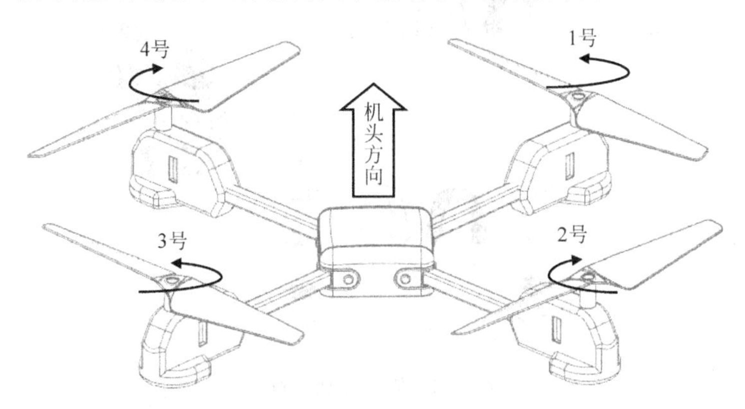

图 1-50　四旋翼电机编号

从图 1-50 中可以看出，4 个旋翼中对角线上的两个旋翼旋转方向相同，两组对角线上的旋翼旋转方向相反，其中 2、4 号旋翼按照顺时针方向旋转，如第 1.5.2 节所介绍的螺旋桨类型，这里选用的是顺桨；而 1、3 号旋翼按照逆时针方向旋转，采用的是反桨。这样四个轴上的电机产生的拉力均向上，并且两组对角线上产生的反扭矩可以相互抵消，使机体航向保持稳定。

1）悬停

在飞行器悬停时，桨盘面垂直于重力，4 个旋翼产生的合拉力抵消重力，产生的滚转和横滚力矩为 0，产生的反扭矩也相互抵消。

2）升降

在悬停的基础上，4 个旋翼同时提升相同的转速，产生的合拉力大于重力，此时飞行器产生上升运动，如图 1-51 所示。

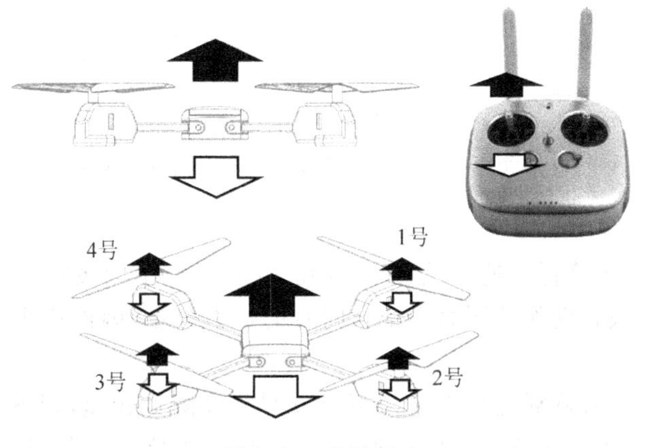

图 1-51　升降运动

当 4 个旋翼同时降低转速时，产生的合拉力小于重力，此时飞行器产生下降运动。

3）前后飞行

当 1 号和 4 号旋翼降低转速，2 号和 3 号旋翼提升转速，则飞行器产生俯仰力矩，从而产生低头动作，低头动作的同时由于有向前的拉力，因而产生前进运动，如图 1-52 所示。

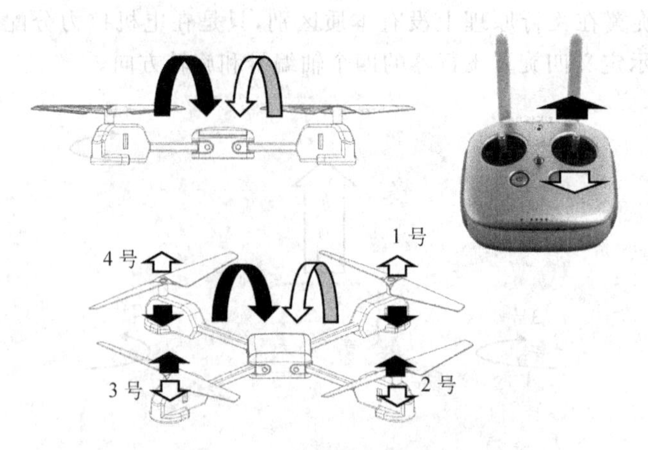

图 1-52 俯仰运动示意图

反之 1 号和 4 号旋翼提升转速，而 2 号和 3 号旋翼降低转速，则飞行器产生抬头力矩，并产生抬头动作，同时由于有向后的拉力分量，产生后退运动。

需要注意的是在俯仰还是横滚等倾斜运动的时候，提升转速的旋翼与降低转速的旋翼变化值并不能完全相等。这是因为合拉力在倾斜方向上产生了分量，导致在重力方向上的分量减小，因此合拉力需要增大，才能保证重力方向上的分量仍然能够保持与重力相等，如图 1-53 所示。

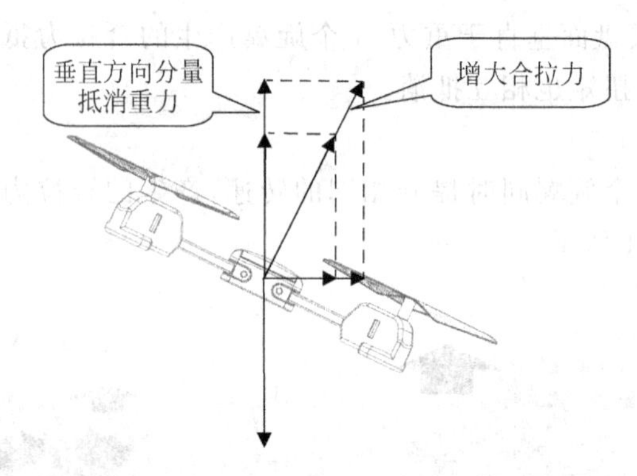

图 1-53 机体倾斜时需要补偿拉力以抵消重力

4）左右飞行

当 1 号和 2 号旋翼降低转速，3 号和 4 号旋翼提升转速，则飞行器产生横滚力矩，从而产生向右滚转动作，滚转动作的同时由于有向右的拉力分量，因而产生向右飞行的运动，如图 1-54 所示。

反之，当 1 号和 2 号旋翼提高转速，3 号和 4 号旋翼降低转速，则飞行器产生横滚力矩，从而产生向左滚转动作，滚转动作的同时由于有向左的拉力分量，因而产生向左飞行的运动。

5）偏航飞行

当 1 号和 3 号旋翼降低转速，2 号和 4 号旋翼提升转速，则飞行器的两组对角线产生反扭力矩差，且逆时针方向的反扭矩大于顺时针方向的反扭矩，从而产生逆时针方向的偏航动作，如图 1-55 中的空心箭头所示。

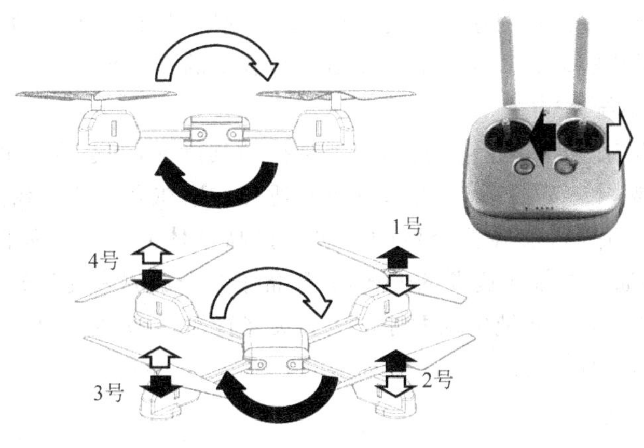

图 1-54　横滚运动示意图

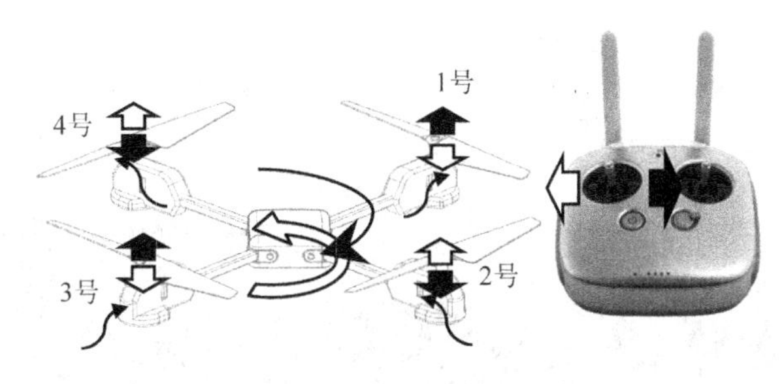

图 1-55　偏航运动示意图

反之当 1 号和 3 号旋翼提升转速，2 号和 4 号旋翼降低转速，则飞行器的两组对角线同样产生反扭力矩差，且时针方向的反扭矩小于顺时针方向的反扭矩，从而产生顺时针方向的偏航动作，如图 1-55 中的实心箭头所示。

1.6.4　多旋翼的优缺点

多旋翼飞行器近十年来的蓬勃发展，与计算机科学和人工智能及基础半导体科学都密切相关，在面向中小型飞行应用和消费类产品领域应用中，多旋翼相比于固定翼以及单/双旋翼直升机有许多无可比拟的优势。

(1) 尺寸——由于机械和结构设计上的简单，使得多旋翼的小型化非常容易，甚至可以制造出手掌大小的四旋翼飞行器。

(2) 易控性——多旋翼飞行器的飞行控制原理简单，各轴之间的控制和运动规律可以相互独立，耦合性不强，例如可以进行侧滑飞行，操控简单，飞行轨迹易于控制。

(3) 可靠性——由于多旋翼飞行器的机械简单，没有直升机的倾斜盘等复杂的结构，且无轴承磨损件，因此飞行器的可靠性极大增加。

(4) 成本——相比直升机与定翼机，多旋翼的简单机械和结构使得生产制造成本较低，并且维护使用方面的成本也很低，因此特别适合中小型规模飞行器的应用以及消费类电子产品的使用，多旋翼可以理解为通过软件的复杂性来获得硬件机械的简单性。

当然多旋翼飞行器也有它的应用的局限性：

(1) 由于采用多个电机作为动力系统，它的能效比较低，功率消耗较大，因此导致续航时间较短，并且由于是专门针对小型飞行器的，载荷受限，所能带载的动力电池容量也受到限制，进一步限制了续航能力。对于需要长航时大载重的多旋翼飞行器，一般都采用燃油动力系统来代替电动系统。

(2) 由于螺旋桨桨叶尺寸越大，发动机越难推动其旋转，并且在大负荷的情况下，桨叶上下挥舞会导致大桨叶容易折断，因此多旋翼不适合应用在大尺寸大载荷的飞行器上，针对大载重的应用，只能通过增加旋翼个数的办法来提高整体升力。例如图 1-48 所示的亿航 184 载客飞行器，就通过共轴 4 旋翼的方式，共配备了 8 个旋翼来提升升力。另外图 1-56 所示的 Volocopter，世界第一架纯电动两座的多旋翼飞行器，一共配备了 18 个旋翼装置，大大提升了飞行器的升力和稳定性。

图 1-56　Volocopter 十八旋翼飞行器

1.7　开源飞控简介

开源(Open Source)，指软件项目上的公共协作；开源被非盈利组织(Open Source Initiative 协会)注册为认证标记，并对其进行了正式的定义，用于描述那些源码可以被公共使用的软件，使用、发行和修改也不受许可证的限制。

每一个开源的项目均拥有独立的论坛，对此项目感兴趣的程序员可以下载这些代码，对其修改，然后上传自己的成果，论坛的管理者从众多的代码中挑选合适的代码改进程序并发布新版本，如此良性循环，形成开源项目“共同开发，共同分享”的思想。

1. 开源飞控

开源飞控是指在开源基础思想上添加自动飞行控制器项目，而开源分享的内容包括开源软件和开源硬件；在软件中包含有飞控硬件中的固件和地面站软件。爱好者可以参与软件的研发，也可以参与硬件的开发；爱好者也可以自制或者购买硬件来开发，让更多的人享受到开源项目的研发成果。

开源项目的使用性具有商业性，每个开源飞行控制项目都会给出官方的法律条款，用于界定开发者和使用者的权限，并且不同项目的法律界线是不一样的。

飞行控制系统在经过平稳飞行和模块化可拓展发展后，快速地进入了以开源飞控为主题的开源硬件、开源软件、开发环境和论坛社区，采用全集成的硬件架构，将全部的传感器、主控单元甚至 GPS 等设备模块全部集成在一块电路板上，提高整体系统的可靠性与稳定性。当开发系统与整体性能提升到一定程度后，开源飞行控制项目就会向人工智能方面进行革新，加入集群飞行、图像识别、空间定位和自动避障等高级的飞行控制模式，开发过程向平台化发展。

2. 开源与闭源

说起无人飞行器，就会涉及开源飞控与闭源飞控的话题，对于 DIY 使用者而言，怎样能够简单地使用它，并且能够获取更好的售后服务是众多使用者共同的话题。但是闭源飞控提供的功能有限，无法自己添加特殊的需求，由于源码没有开放无法进行修改，因此闭源飞控存在着各种各样的局限性。

开源飞控方面，上手难度较大，硬件售后服务有限，有时候需要自己动手维护、修理和调整等繁琐的操作步骤。但是作为一名开发者兼使用者来说，源码开放可以帮助自己动手拓展飞行器的功能。现在很多开源飞控平台具有很多资源，硬件强悍，软件程序健壮，可以通过 QQ、Wiki 和论坛等途径获取到相关的技术支持，制作一架属于自己的飞行器。表 1-2 为闭源飞控与开源飞控之间的对比。

表 1-2　闭源与开源对比

项　目	闭　源	开　源
飞控成本	由于开发商宣传等附加的成本添加到飞控上，因此价格比较高	开发以实用为目的，成本仅仅为硬件成本和时间成本
材料	开发商以最大利益为目的，材料方面不明	开发者无利益驱使，根据自身能力选购材料
易用性、难度	容易上手、软硬件拓展受到开发商的限制；使用方面有配套的说明书	上手难度稍大；软硬件拓展性强，资料以及技术支持可以依靠 Wiki、QQ 和论坛
维护、售后	具有较好的售后，但是主控权在开发商	有限的硬件软件售后，有时候需要自己动手
使用群体	使用者	开发者、使用者
外观	美观、简洁、好看、单一	可按照自己喜好进行设计
bug 处理	多数 bug 由用户发现，其大多 bug 发现成本由用户埋单	有众多爱好者维护程序，软件更新迭代快，稳定版 bug 较少，最新版 bug 较多

3. 流行的飞控开源平台

1) ArduPilot Mega(APM)

APM 是在 2007 年由 DIY 无人机社区(DIY Drones)推出的飞控产品，是当今最为成熟的开源硬件项目，APM 基于 Arduino 的开源平台，其开发环境 Arduino IDE 能够在全球三大主流的操作系统(Windows、Linux 和 Mac)平台上进行开发，使用的 Arduino 语言类似于 C 和 C++，可使程序员减少开发成本。其开源软件 Mission Planner 能够让使用者迅速配置 APM 的设置，接收并且显示传感器数据，从而快速配置出一架能够稳定飞行的无人飞行器，但是其开源软件 Mission Planner 仅仅只能支持 Windows 操作系统，软件如图 1-57 所示。

目前 APM 成为开源飞控成熟的标杆，其飞行器能够支持多旋翼、固定翼、直升机、飞机和漫游车等无人设备。在多旋翼方面，它支持四旋翼、六旋翼和八旋翼，外置 GPS 传感器之

图 1-57 开源软件 Mission Planner

后能够增稳，完成自主降落和自主航拍等丰富的飞行模式。在配置外置的超声波传感器与光流传感器后，可以在室内实现定高和定点飞行。

2）PX4 和 Pixhawk

PX4 是一个软硬件开源项目，致力于为学术、爱好和工业团体提供一款低成本、高性能的高端自驾仪。这个项目源于苏黎世联邦理工大学的计算机视觉与几何实验室、自主系统实验室和自动控制实验室的 Pixhawk 项目。PX4FMU 自驾仪模块运行高效的实时操作系统(RTOS)，NuttX 提供可移植操作系统接口(POSIX)类型的环境。例如，printf、pthreads、/dev/ttyS1、open 和 poll 等。软件可以使用 USB bootloader 更新。

PX4 通过 MAVLink 同地面站通信，兼容的地面站有 QGroundControl 和 Mission Planner，软件全部开源且遵守 BSD 协议。

Pixhawk 采用 168MHz 的运算频率，并且整合硬件浮点运算核心的 Cortex-M4 的单片机作为主控芯片，内置两套陀螺仪加速度计 MEMS 传感器，互为补充矫正；内置三轴磁场传感器并可以外接一个三轴磁场传感器，同时可以外接两个 GPS 传感器，在故障的时候自动切换。飞控的开放性非常好，几百项参数全部开放给开发者调整，依靠基础模式简单地调试后也可以飞行，并且可以支持 Mission Planner 进行参数调整，图 1-58 所示为 Pixhawk 控制器。

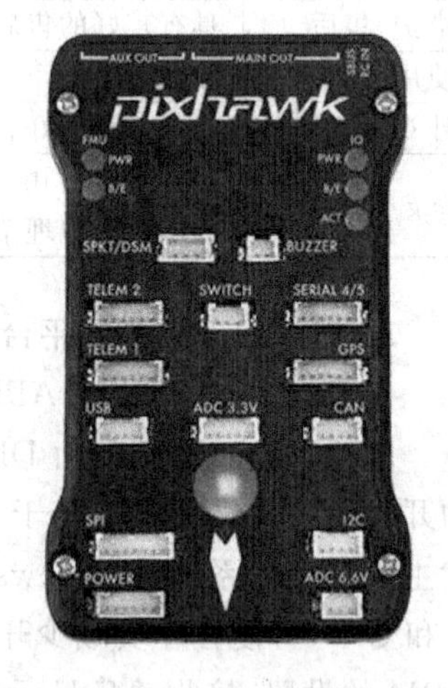

图 1-58 Pixhawk 控制器

3）Paparazzi(PPZ)

Paparazzi 是一个软硬件全开源的项目，它起始于 2003 年，旨在通过社区的意见和鼓励建立一个非常强大和灵活的自动驾驶系统。

Paparazzi 是一套完整成熟的解决方案，它不仅仅覆盖了飞行器的软硬件，包括电压调节器、GPS 接收机、自动驾驶软件及算法；同时也包含地面站的相关软硬件，包括各种调制解调器和天线等设备。从功能上讲它已经十分接近于一个小型无人机系统了。

Paparazzi 是在普通飞行器上添加自动飞控板、相关的传感器、无线 Modem，同时配置有地面控制站(PC、调制解调器和天线)，最后实现自动驾驶飞行或者接受地面站的指令自主调整姿态飞行的目的。

PPZ 不同于普通的纯粹以代码为中心的开源软件项目，它利用了 GitHub 托管代码和硬件原理图、CAD 设计稿等资料。PPZ 把它的主网站构建成一个 Wiki，任何人都可以注册账号后上去编辑和完善条目，补充和分享自己的经验。但其编译环境使用的是 Ubuntu 操作系统，全部开发换进和地面站软件均继承在该系统下，因此上手难度大，但是在性能强大，功能丰富的面前，开发者值得去克服这个困难。

4) OpenPilot

OpenPilot 是由 OpenPilot 社区于 2009 年推出的自动驾驶仪项目。这个项目包括了 OpenPilot 自动驾驶仪和与其配套的软件。其中驾驶仪的固件部分是由 C 语言编写，而地面站则用 C++编写，可以在 Windows、Macintosh OSX 和 Linux 三个主流操作系统上运行。

OpenPilot 最大的特点是硬件架构非常简单，它采用较少的传感器来使无人飞行器达到许多功能。如 Openpilot 旗下最流行的硬件 CC3D，这块飞控板只采用一颗 32 位 STM32 单片机和一颗 MPU6000 就能够完成四旋翼、固定翼和直升机的姿态控制飞行，其电路板大小仅仅只有 35mm×35mm。

与所有开源飞控不同，它不需要 GPS 融合或者磁场参与修正，就能保持长时间的姿态控制。以上所有功能全部使用一个固件，通过设置便可更改飞机种类和飞行模式，它还支持云台增稳等功能。OpenPilot 编译完的固件容量大约只有 100KB，真正地实现了短小精悍的目的。图 1-59 所示为 OpenPilot CC3D 的外观图。

图 1-59　OpenPilot CC3D 的外观图

5) Arduino

要谈起开源飞控的发展就必须从著名的开源硬件项目 Arduino 说起。Arduino 是最早的开源飞控项目，由 Massimo Banzi、David Cuartielles、Tom Igoe、Gianluca Martino、David Mellis 和 Nicholas Zambetti 于 2005 年在意大利交互设计学院合作开发而成。Arduino 公

司首先为电子开发爱好者搭建了一个灵活的开源硬件平台和开发环境，用户可以从Arduino官方网站取得硬件的设计文档，调整电路板及元件，以符合自己实际设计的需要。

随着Arduino平台逐渐被人们所接受，并且各种原件电子拓展不断更新迭代，较为复杂的便是有MEMS传感器的飞行控制器。为了吸引爱好者和获取到更好的飞行设计源码，Arduino公司决定开放其飞控源码，这样他们便走上了开源飞控的道路。其中著名的开源飞控WMC和APM都是Arduino的直接衍生品，并且至今仍然在开发。

Arduino可以通过其配套的Arduino IDE软件查看源代码并且可以上传自己编写的代码。Arduino IDE是基于C语言和C++的Arduino语言，十分容易掌握，并且Arduino IDE可以运行在三大主流的操作系统Windows、Macintosh OSX和Linux上，图1-60所示为Arduino IDE编程界面。

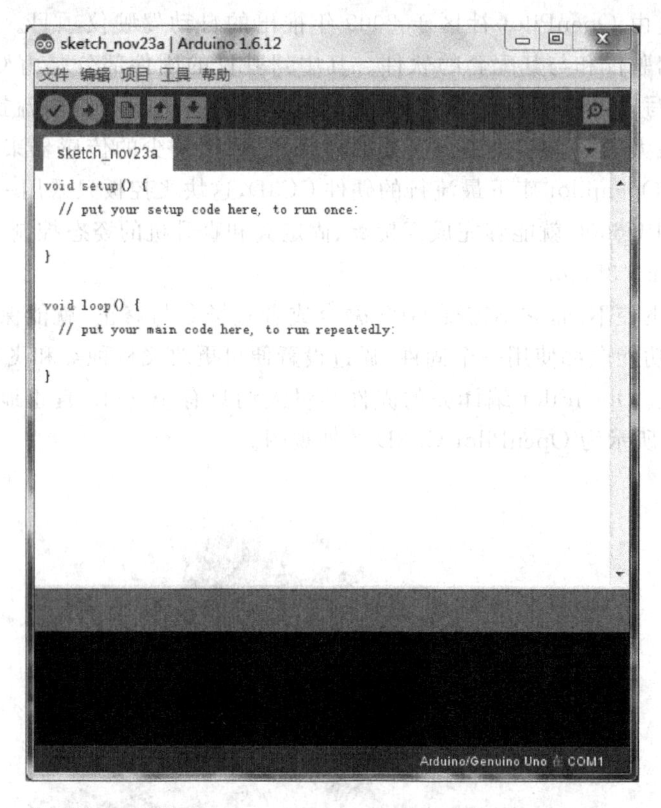

图1-60 Arduino IDE编程界面

4. 开源飞控算法

1）捷联式惯导系统

导航的目的是为了实时获取无人机的姿态、速度和位置参数。光电码盘可用来测量无人机的转动角度，测速电机可用来测量无人机的角速度，测速计可用来测量无人机的速度，但是以上各种测量手段均不能单独同时测量无人机的线运动和角运动，而惯性导航就可做到这一点。因为惯性导航系统不需要物理参照，所以它被称为DOF系统（Degree of Freedom，自由度），此外惯性导航还不会受到设备外部自然和人为的干扰，特别适合在恶劣环境下的使用。

20 世纪 90 年代以后，随着微机电系统(MEMS)技术的发展，惯性敏感元件实现了体积小型化，提高了可靠性，并适合批量生产，从此捷联式惯导系统进入了微机电领域，并开始向民用领域广泛渗透，出现在机器人系统和新一代的交通工具中。进入 21 世纪后，捷联式惯导系统几乎完全取代了平台式惯导系统。

2) Kalman(卡尔曼)滤波算法

信号在传输与检测过程中不可避免地会受到来自外界的干扰与设备内部噪声的影响，为获取准确的信号，就要对信号进行滤波。所谓滤波就是指从混合在一起的诸多信号中提取出有用信号的过程。举个例子，大家熟知的低通滤波器就是利用信号所处频带的不同，设置具有相应频率特性的滤波器，使得有用的低频信号尽量无衰减地通过，而去除高频杂波。

而卡尔曼滤波是 Kalman 于 1960 年提出的从与被提取信号有关的观测量中通过算法估计所需信号的一种滤波算法，他创新地将状态空间的概念引入随机估计理论中，将信号过程看作是具有白噪声影响的线性系统输入输出过程，在估计过程中利用系统的多种方程构造滤波算法。此外，卡尔曼滤波的输入输出是由时间更新和观测更新算法联系在一起的，根据系统状态方程和观测方程估计出所需处理的信号。那么为什么卡尔曼滤波会应用到惯性导航系统中呢？这主要是因为惯性导航系统的"纯惯性"传感器不足以达到所需的导航精度，为了补偿导航系统的不足，常常使用其他导航设备来提高导航精度，以减小导航误差。因此开发人员想到了卡尔曼滤波算法，利用该算法，可以将来自惯性导航系统与其他导航装置的数据(如惯性导航系统计算的位置对照 GPS 接收机给出的位置信息)加以混合利用，估计和校正未知的惯性导航系统误差(本书第 6 章将深入介绍这种滤波算法)。

3) 飞行 PID 算法

虽然现代控制理论发展日臻完善，人们通过科学研究获得了诸多具有优异控制效果的算法和理论，但在工程应用领域，基于经典 PID 的控制算法仍然是最简单、最有效的控制方案。目前，在几款主流的开源飞控中，都是采用 PID 控制算法来实现无人机的姿态和轨迹控制。

PID 控制器是一种线性控制器，它主要根据给定值和实际输出值构成控制偏差，然后利用偏差给出合理的控制量。

那么 PID 控制器算法能解决什么问题呢？以多旋翼为例，在没有控制系统的情况下，直接用信号驱动电机带动螺旋桨旋转产生控制力，会出现动态响应太快，或者太慢，或者控制过冲或不足的现象，多旋翼根本无法顺利完成起飞和悬停动作。为了解决这些问题，就需要在控制系统回路中加入 PID 控制器算法。在姿态信息和螺旋桨转速之间建立比例、积分和微分的关系，通过调节各个环节的参数大小，使多旋翼系统控制达到动态响应迅速，既不过冲也不欠缺的状态。

第2章

CHAPTER 2

飞行控制系统核心硬件

2.1 ARM Cortex-M4 架构

如1.5.5节所介绍的，无人机飞控系统可以采用基于ARM体系架构的嵌入式处理器来实现，本书将着重介绍基于ARM Cortex-M4架构的无人机飞控系统。

2.1.1 ARM内核

ARM是32位嵌入式微处理器的行业领先提供商，到目前为止，已推出各种各样基于通用体系结构的处理器，这些处理器具有高性能且处于行业领先地位，而且系统成本也有所降低。ARM与业界最广泛的体系（拥有超过750个可提供硅、工具和软件的合作伙伴）相结合，已推出一系列的20多种处理器且可以解决几乎每个应用难题。图2-1直观地展示了ARM不同系列处理器在性能、功能和兼容性之间的关系。

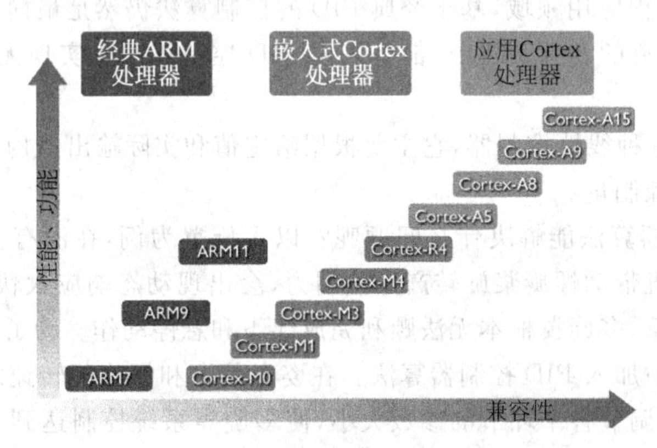

图2-1　ARM不同系列处理器之间的关系

2.1.2 Cortex-M4内核

基于ARMv7架构以上的Cortex系列主要分为A（应用处理器）、R（实时处理器）和M（微控制器）三大应用系列。其中，Cortex-M系列处理器主要是针对微控制器领域开发的。在该领域中，既需进行快速且具有高确定性的中断管理，又需将逻辑门数和功耗控制在最低。Cortex-M处理器是一系列可向上兼容的高能效、易于使用的处理器，这些处理器旨在帮助开发人员满足将来的嵌入式应用的需要。这些需要包括以更低的成本提供更多功能、不断增加连接、改善代码重用性和提高能效。Cortex-M 系列针对成本和功耗敏感的 MCU 和终端应用(如智能测量、人机接口设备、汽车和工业控制系统、大型家用电器、消费性产品和医疗器械)的混合信号设备进行过优化。总之,Cortex-M 系列是必须考虑不同的成本、能耗和性能的各类可兼容、易于使用的嵌入式设备(如微控制器)的理想解决方案,其中就包含了飞控的控制部分。Cortex-M 的特点如下:

(1) 更低的功耗:以更低的频率或更短的活动时段运行,支持基于架构的睡眠模式,比 8/16 位设备的工作方式更智能,睡眠时间更长。

(2) 更小的代码(更低的硅成本):高密度指令集,比 8/16 位设备每字节完成更多操作,更小的 RAM、ROM 或闪存要求。

(3) 易于使用:多个供应商之间的全球标准,代码兼容性,统一的工具和操作系统支持。

(4) 更有竞争力的产品:Powerful Cortex-M processor,每 MHz 提供更高的性能,能够以更低的功耗实现更丰富的功能。

ARM Cortex-M4 处理器由 ARM Cortex-M 系列中较高端的嵌入式处理器(目前更高端的是 Cortex-M7 系列),以将 32 位控制和领先的数字信号处理技术相集成,针对数字信号控制市场,因而要求处理器高效,且具备易于使用的控制与信号处理功能。Cortex-M4 系列产品同时具有高性能、低功耗和低成本等特点,是电机控制、汽车、电源管理、嵌入式音频和工业自动化市场的理想选择。Cortex-M4 处理器已具有适用于数字信号控制市场的多种高效信号处理功能。Cortex-M4 处理器采用扩展的单周期乘法累加(MAC)指令、优化的 SIMD 运算、饱和运算指令和一个可选的单精度浮点单元(FPU)。表 2-1 列出了 Cortex-M4 针对算法实现的数学运算单元的技术。

表 2-1　信号处理技术

硬件体系结构	单周期 16、32 位 MAC
用于指令提取的 32 位 AHB-Lite 接口 用于数据和调试访问的 32 位 AHB-Lite 接口	大范围的 MAC 指令 32 或 64 位累加选择 指令在单个周期中执行
单周期 SIMD 运算	单周期双 16 位 MAC
4 路并行 8 位加法或减法 2 路并行 16 位加法或减法 指令在单个周期中执行	2 路并行 16 位 MAC 运算 32 或 64 位累加选择 指令在单个周期中执行
浮点单元	其他
符合 IEEE 754 标准 单精度浮点单元 用于获得更高精度的融合 MAC	饱和数学 桶形移位器

Cortex-M4 处理器是针对微控制器市场而设计的,具有显著的特性,其中包括:

(1) Cortex-M4 是一个 32 位处理器内核。

(2) 内部的数据路径是 32 位的,寄存器是 32 位的,存储器接口也是 32 位的。

(3) 采用哈佛架构。

(4) 支持小端模式和大端模式。

(5) Thumb 指令集与 32 位性能相结合的高密度代码。Cortex-M4 处理器实现了一个版本以 Thumb-2 技术为基础的 Thumb 指令集，确保高密度代码并减少了对程序存储器的要求，拥有 8 位和 16 位微控制器。

(6) 针对成本敏感的设备，Cortex-M4 处理器实现紧耦合的系统组件，降低处理器的面积，减少开发成本。

(7) ROM 系统更新的代码重载的能力。

(8) 该处理器可提供卓越的电源效率，通过高效的指令集和广泛的优化设计提供高端的处理硬件，包括可选的符合 IEEE 754 的单精度 FPU、一系列单周期和 SIMD 乘法和乘法累加能力、饱和算法和专用硬件除法。

(9) 饱和算法进行信号处理。

(10) 硬件除法和快速数字信号处理为导向的乘法累加。

(11) 集成超低功耗的睡眠模式和一个可选的深度睡眠模式。

(12) 快速执行代码会使用较慢的处理器时钟，或者增加睡眠模式的时间。

(13) 为保证平台的安全性和稳固性，集成了 MPU(存储器保护单元)；而且为了让比较复杂的应用使用更多的存储系统功能，在需要的情况下也可以使用外部的 cache。

(14) Cortex-M4 内部还附赠了很多调试组件，用于在硬件水平上支持调试操作，如指令断点和数据观察点等。另外，为支持更高级的调试，还有其他可选组件，包括指令跟踪和多种类型的调试接口。广泛实施定义的调试和跟踪功能，对于 Serial Wire Debug(SWD，串行线调试方式)和 Serial Wire Trace(串行线跟踪方式)进行调试、跟踪和代码分析所需引脚数量减少，显著改善了中断处理和系统的调试功能。

(15) 拥有独立的指令总线和数据总线，可以让取指与数据访问并行不悖。这样一来数据访问不再占用指令总线，从而提升了性能。为实现该特性，Cortex-M4 内部含有几条总线接口，每条都为自己的应用场合优化过，并且它们可以并行工作，但是另一方面，指令总线和数据总线共享同一个存储器空间(一个统一的存储器系统)。

Cortex-M4 作为飞控硬件平台核心的一个重要的优势在于它紧密耦合集成了可嵌套矢量中断控制器(NVIC)。NVIC 是 Cortex-M 处理器不可或缺的部分，它为处理器提供了卓越的中断处理能力。

Cortex-M 处理器使用一个矢量表，其中包含要为特定中断处理程序执行的函数的地址，接受中断时，处理器会从该矢量表中提取地址。

为了减少门数并增强系统灵活性，Cortex-M 处理器使用一个基于堆栈的异常模型。出现异常时，系统会将关键通用寄存器推送到堆栈上。完成入栈和指令提取后，将执行中断服务例程或故障处理程序，然后自动还原寄存器以使中断的程序恢复正常执行。使用此方法，便无须编写汇编器包装器了(而这是对基于 C 语言的传统中断服务例程执行堆栈操作所必需的)，从而使得应用程序的开发变得非常容易。NVIC 支持中断嵌套(入栈)，从而允许通过运用较高的优先级来较早地为某个中断提供服务。

Cortex-M 处理器在硬件中完成对中断的响应。Cortex-M 系列处理器的中断响应是从发出中断信号到执行中断服务例程的周期数，它包括：

(1) 检测中断；

(2) 背靠背或晚到中断的最佳处理；

(3) 提取矢量地址；

(4) 将易失的寄存器入栈；

(5) 跳转到中断处理程序。

这些任务在硬件中执行，并且包含在为 Cortex-M 处理器报出的中断响应周期时间中。在其他许多体系结构中，这些任务必须在软件的中断处理程序中执行，从而引起延迟并导致过程十分复杂。

表 2-2 列出了 Cortex-M4 内核的重要组成部分。

表 2-2　Cortex-M4 的组成

缩　写	含　义
CM4Core	Cortex-M4 处理器的中央处理核心。在 Cortex-M3 的基础上支持了带有 SIMD 指令集系统的 DSP 处理单元
FPU(Floating Point Unit)	• 全称为浮点运算单元(可选组件) • 在 Cortex-M4F 的处理器中，扩展了 FPv4-SP 浮点运算 • 完全支持单精度进行加、减、乘、除、累加和平方根运算。它还提供了定点、浮点数据格式和浮点常数指令之间的转换 • 符合 ANSI/IEEE 标准 754-2008，IEEE 标准二进制浮点算术，称为 IEEE 754 标准 • 包含 32 个单精度扩展寄存器，可以访问 16 个双字寄存器的加载(load)、存储(store)和移动操作
NVIC (Nested Vectored Interrupt Controller)	• 全称为嵌套向量中断控制器 • 是一个嵌入式的中断控制器，支持低延迟中断处理 • 是一个在 Cortex-M4 中内建的中断控制器 • 中断的具体路数由芯片厂商定义 • NVIC 是与 CPU 紧耦合的，它还包含了若干个系统控制寄存器 • 支持中断嵌套。NVIC 还采用了向量中断的机制，在中断发生时，它会自动取出对应的服务例程入口地址，并且直接调用，无须软件判定中断源，为缩短中断延时做出了非常重要的贡献
SysTick 定时器	• 系统滴答定时器，系统计时器 • 是基本的 24 位倒计时定时器 • 可作为一个实时操作系统(RTOS)的节拍定时器，或作为一个简单的计数器 • 用于在每隔一定的时间产生一个中断，即使是系统在睡眠模式下也能工作 • 它使得 OS 在各 Cortex-M4 器件之间的移植中不必修改系统定时器的代码，移植工作变得更加容易 • 在 NVIC 内部的实现
MPU 内存保护单元	• 存储器保护单元(可选组件) • 通过定义不同的内存区域的属性来提高系统可靠性 • 它提供了多达 8 个不同的区域(Regions)和一个可选的预定义的背景区域(Predefined Background Region) • 例如，它可以让某些区域在用户级下变成只读，从而阻止了一些用户程序破坏关键数据

续表

缩　　写	含　　义
Bus Matrix	• 总线矩阵 • 是 Cortex-M4 内部总线系统的核心 • 是一个 AHB 总线网络，Advanced High-performance Bus 主要用于高性能模块(如 CPU、DMA 和 DSP)等之间的连接 • 通过它可以实现不同的总线主设备同时访问不同的总线从设备而互相不影响，即互不独占总线 • 提供了附加的数据传送管理设施，包括一个写缓冲以及一个按位操作的逻辑(位带，bit-band)
AHB2APB Bridge	• 把 AHB 转换为 APB(Advanced Peripheral Bus，即外围总线，主要用于低带宽的周边外设之间的连接，例如 UART 串口和 Watchdog 等)的总线桥，类似于 x86 系统中的南桥芯片的地位 • 是一个总线桥，用于把若干个 APB 设备连接到 CM4 处理器的私有外设总线上(内部的和外部的) • 这些 APB 设备常见于调试组件 • Cortex-M4 还允许芯片厂商把附加的 APB 设备挂在这条 APB 总线上，并通过 APB 接入其外部私有外设总线
SW/JTAG-DP	• 串行线调试端口/串行线 JTAG 调试端口 • 通过串行线调试协议或者传统的 JTAG 协议(专用于 SWJ-DP)，都可以实现与调试接口的连接 • 作为 AHB 总线的主设备与 AHB 访问端口(AHB-AP)协同工作，以使外部调试器可以发起 AHB 上的数据传送，从而执行调试活动 • 在处理器核心的内部没有 JTAG 扫描链，大多数调试功能都是通过在 NVIC 控制下的 AHB 访问来实现的 • SWJ-DP 支持串行线协议和 JTAG 协议，而 SW-DP 只支持串行线协议
AHB-AP 桥接模块	• 用于桥接 SW-DP/SWJ-DP 到 AHB 总线互联矩阵，从而发起 AHB 访问 • AHB 访问端口通过访问部分寄存器，提供了对 Cortex-M4 所有存储器的访问机能 • 该功能块由 SW-DP/SWJ-DP 通过一个通用调试接口(DAP，DAP 是 SW-DP/SWJ-DP 与 AHB-AP 之间的总线接口)来控制 • 当外部调试器需要执行动作的时候，就要通过 SW-DP/SWJ-DP 来访问 AHB-AP，再由 AHB-AP 产生所需的 AHB 数据传送
DWT 数据观察跟踪单元	• 数据观察点及跟踪单元 • 这是一个处理数据观察点功能的模块，当一个数据地址或数据的值匹配了观察点时，就称产生了一次匹配命中事件 • 匹配命中事件可以用于产生一个观察点事件，后者能激活调试器以产生数据跟踪信息，或者让 ETM 联动(以跟踪在哪条指令上发生了匹配命中事件)
ITM 仪器化跟踪宏单元	• 仪器化跟踪宏单元 • 软件可以控制该模块直接把消息送给 TPIU • 可以让 DWT 匹配命中事件通过 ITM 产生数据跟踪包，并把它输出到一个跟踪数据流中

续表

缩　写	含　义
TPIU 跟踪端口的接口单元	• 所有跟踪单元发出的调试信息都要先送给它，它再转发给外部跟踪捕获硬件 • 用于和外部的跟踪硬件(如跟踪端口分析仪)交互 • 在 Cortex-M4 的内部，跟踪信息都被格式化成“高级跟踪总线(ATB)包”，TPIU 重新格式化这些数据，从而让外部设备能够捕捉到它们
ETM 嵌入式跟踪宏单元	• ETM 与内核紧密耦合，可实现实时指令跟踪(可选组件)
FPB Flash 地址重载及断点单元	• 提供 Flash 地址重载和断点功能。Flash 地址重载是指当 CPU 访问某条指令时，若该地址在 FPB 中“挂了号”，则将把该地址重映射到另一个地址，后者亦在编程 FPB 时指出；实际上是从映射过的地址处取指(通常映射前的地址是 Flash 中的地址，映射后的地址是 SRAM 中的地址，所以才是“Flash”地址重载) • 匹配的地址还能用来触发断点事件 • Flash 地址重载功能对于测试工作非常有用。例如，通过使用 FPB 来改变程序流程，就可以给那些不能在普通情形下使用的设备添加诊断程序代码
ROM Table	• 简单的 ROM 查找表，存储了配置信息 • 提供了内核的一些基本信息，包括在这块 Cortex-M4 芯片中包含的系统设备和调试组件，以及它们的位置，相关寄存器在存储器中的地址 • 对于一些可选组件，以及由制造商另行添加的组件，各芯片制造商可能需要定制它们芯片的调试功能，此时就必须在 ROM 表中给出这些额外的信息，这样调试软件才能判定正确的存储器映射，进而可以检测可用的调试组件是何种类型
WIC (Wakeup Interrupt Controller)	• 唤醒中断控制器(可选组件) • 一个可选的外围设备，可以检测中断并且从深度睡眠模式唤醒处理器 • WIC 是不可编程的，并没有任何寄存器或用户接口，它的运作完全由硬件信号决定 • 当 WIC 使能并且处理器进入深度睡眠模式时，在系统中的电源管理单元会使 Cortex-M4 处理器大部分处于断电状态。这有 SysTick 定时器停止的副作用。当 WIC 的接收中断，它需要一个时钟周期数，以唤醒处理器和恢复其状态，才可以处理中断，这意味着深度睡眠模式增加了中断延迟 • 如果处理器检测到连接了调试器，会禁用 WIC • 启用的 WIC 只有在 SCR DEEPSLEEP 位设置为 1
NMI	非屏蔽中断
I Code Bus(I)	• 基于 AHB-Lite 总线协议的 32 位总线 • 其访问的地址空间范围位于 0x0000 0000～0x1FFF FFFF • 取指令的专用通道，可以提升系统取指的性能，只能发起读操作，写操作被禁止 • 每次取一个长字(32 位)，可能为一个或两个 16 位 Thumb 指令或者一个完整的或部分的 32 位 Thumb2 指令 • 内核中包含的 3 个长字的预取指缓存可以用来缓存从 I-code 总线上取得的指令或者拼接 32 位 Thumb2 指令

续表

缩　写	含　义
Decode Bus(D)	• 基于 AHB-Lite 总线协议的 32 位总线 • 访问空间为 0x0000 0000～0x1FFF FFFF (512M) • 内核访问数据的总线，以及调试模块的访问数据接口，任何在该空间的读写数据的操作都在这个总线上发起，内核相比调试模块有更高的访问优先级，数据访问可发起单个或顺序读取 • 非对齐的访问会被总线分割为几个对齐的访问
System Bus	• 基于 AHB-Lite 总线协议的 32 位总线 • 访问空间为 0x2000 0000～0xDFFF FFFF 和 0xE010 0000～0xFFFF FFFF • 它是内核访问指令、数据，以及调试模块的访问接口，访问的优先级为数据最高，其次为指令和中断矢量，调试接口访问优先级最低，此外访问 bit-banding 的映射区会自动转换成对应的位访问 • 同 D-code 总线一样，所有的非对齐的访问会被总线分割为几个对齐的访问

注：

(1) 其中 FPU、MPU、ETM 和 WIC 都是可选组件。

(2) NVIC 包括 NMI(非屏蔽中断)，可以提供多达 256 个中断优先级；处理器核心和 NVIC 的紧密集成提供了快速执行 ISRs(Interrupt Service Routines，中断服务程序)，极大减少了中断延迟，这是通过硬件堆栈寄存器，暂停多个负载和存储多个操作的能力。中断处理程序不需要隐藏汇编代码，而是在 ISRs 中移除代码；尾链的优化，也极大降低了从一个 ISR 到另一个切换的开销。为了优化低功耗设计，NVIC 还集成了睡眠模式，包括一个可选的深度睡眠功能。这使得整个设备被迅速关闭，同时仍保留程序的状态。

(3) 系统级接口。

Cortex-M4 处理器提供了多个接口，使用 AMBA 技术提供高速，低延迟的内存访问。它支持未对齐的数据访问和原子位操作，实现快速的外围控制，系统的自旋锁和线程安全的布尔量数据处理。

Cortex-M4 处理器有一个可选的存储器保护单元(MPU)，在内存中允许控制个别地区使应用程序能够利用多个权限级别，分离和保护以任务对任务基础上的代码、数据和堆栈。这样的要求成为许多嵌入式应用如汽车的关键。

(4) SW/JTAG-DP、AHB-AP、DWT、ITM、TPIU、ETM、FPB 和 ROM Table 组件一般用于调试，通常不会在应用程序中使用它们。

(5) 可选的集成配置调试。

Cortex-M4 的处理器可以实现一个完整的硬件调试的解决方案。Cortex-M4 是处理器和内存高可靠性的系统，它们之间通过传统的 JTAG 端口或 2 引脚 SWD(Serial Wire Debug，串行线调试)进行连接，这种连接非常适合微控制器和其他 small package 设备。

对于系统跟踪处理器集成了一个 ITM(Instrumentation Trace Macrocell，仪器跟踪宏单元)，ITM 中包含数据观察点和分析单元。为了使系统能够使用简单，并且具有低成本的分析功能，产生了一个 SWV(Serial Wire Viewer，串行线查看器)，它通过一个单一的引脚可以导出一个的软件生成的消息流、数据跟踪和分析信息(Profiling Information)。

ETM(Embedded Trace Macrocell,嵌入式跟踪宏单元)提供了指令跟踪捕捉,在一个芯片所占的硅片面积远小于传统跟踪单位时,使许多低成本 MCUs 来实现完整的指令跟踪。

FPB(Flash Patch and Breakpoint Unit,Flash 地址重载及断点单元)提供了多达 8 个硬件断点比较器。在代码内存区域中,FPB 的比较器还提供了 8 个字的程序代码在代码存储区域重新映射功能。这使应用程序存储在一个基于 ROM 的微控制器中,如果在设备中一个小的可编程存储单元是可利用的,ROM 就可以被重载,例如 Flash。在初始化期间,应用程序在 ROM 中的检测与可编程的内存是否需要擦除有关。如果擦除是必需的,应用程序的 FPB 重新映射一个地址号。当这些地址被访问时,在一个指定的 FPB 配置中访问被重定向到新的映射表中,这意味着非可修改的 ROM 中的内容可能被重载。

(6) SCB(System Control Block,系统控制模块)是程序员模型接口的处理器。它提供了系统执行信息和系统控制,包括配置、控制和报告系统异常。

2.1.3 以 ARM Cortex-M4 为核心的微控制器

ARM Cortex-M4 内核是微控制器的中央处理单元(CPU),配合外围设备模块和组件,形成完整的基于 Cortex-M4 的微控制器,如图 2-2 所示。在芯片制造商得到 Cortex-M4 处理器内核的使用授权后,它们就可以把 Cortex-M4 内核用在自己的硅片设计中,添加存储器、外设、I/O 和其他功能块。不同厂家设计出的单片机会有不同的配置,存储器容量、类型和外设等都各具特色。由于基于统一的内核架构,事实上本书后面所介绍的飞控软件和算法虽然以 ST 的 STM32F407 为基础,但它们很容易移植到其他公司的同内核平台芯片上。很多与外设无关的代码部分不需要任何改变即可移到其他平台上,仅需要关注外围设备相关部分的驱动代码即可。

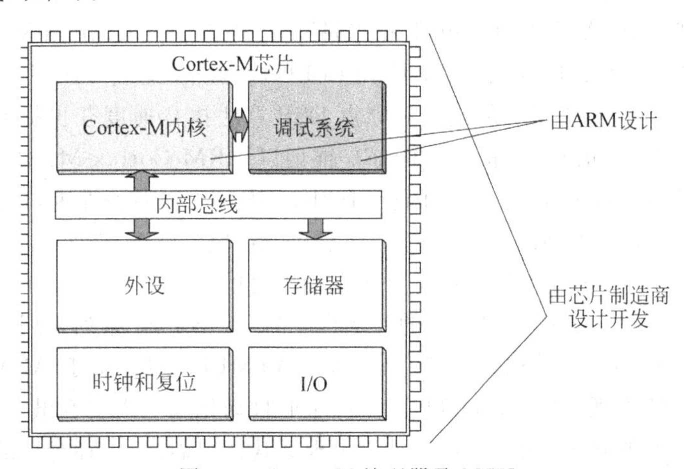

图 2-2 Cortex-M 处理器及 MCU

(1) 飞思卡尔(现并入恩智浦)基于 ARM Cortex M4 内核的 Kinetis K60 微控制器系列。Kinetis 微控制器组合产品由多个基于 ARM@CortexTM_M4 内核且引脚、外设和软件均兼容的微控制器系列产品组成。该产品组合采用创新的 90nm 薄膜存储(TFS)Flash 技术,具有特有的 FlexMemory(EEPROM)能力,并提供业界领先的低功耗技术和适合混合信号处理的一体化模拟外设。K60 系列微控制器产品增加了支持 IEEE@1588 协议的以太接口,支持设备充电检测功能的全速和高速 USB 2.0 OTG,硬件加密和篡改检测功能。同时,K60系列产品集成了一套丰富的模拟、通信、定时和控制等外设,并且提供从256KB Flash/100LQFP封装到1MB Flash/256MAPBGA封装的产品系列。此外,高存储密度的K60系列产品还包含一个可选的单精度浮点单元、NAND Flash控制器和DRAM控制器。

(2) ST基于ARM Cortex-M4内核的STM32 F4微控制器系列,具有高达168MHz的主频,在此主频工作下的基准测试功耗为38.6mA。

(3) TI基于ARM Cortex-M内核的新型低功耗、浮点Stellaris Cortex-M4F微控制器系列。新型Stellaris MCU是全球首批采用65nm工艺制造的MCU,可实现更高的速度、更大的内存和更低的功耗。

(4) 恩智浦半导体NXP Semiconductors N.V.推出LPC4000微控制器,该系列产品采用ARM Cortex-M4和Cortex-M0双核架构的非对称数字信号控制器。LPC4000系列控制器为DSP和MCU应用开发提供了单一的架构和环境。利用双核架构和恩智浦特有的可配置外设,LPC4000可以帮助客户实现多种开发应用,如马达控制、电源管理、工业自动化、机器人、医疗、汽车配件和嵌入式音频。

(5) ATMEL(Atmel Corporation)基于Cortex-M4的SAM4S16。第五代Cortex-M4快闪微控制器将使Atmel的ARM-based MCU数量达到近200款,最高内建闪存达2MB、并包括192KB SRAM和高速USB等多种外围。新款ARM Cortex-M4 MCU中还有几款具备浮点运算单元(FPU),将产品范围扩展到了数字信号控制器(DSC)领域。SAM4S16组件以最高120MHz的速率运作,具有1024KB闪存和128KB SRAM,以及完整的外围功能集,如全速USB、高速SDIO/SD/MMC、UART、TWI、SPI、I2S、12位ADC和DAC,以及一个支持PSRAM、LCD模块、NOR闪存和NAND闪存的外部总线接口。该组件具有世界上最佳的硬件程序代码保护功能,并且支持提供触控按键(Button)、滑动式控制钮(Slider)和转盘(Wheel)功能的ATMELQTouch技术,针对工业市场。SAM4系列中的成员有数款带有Cortex-M4处理器和浮点运算单元(FPU)。经由运行ARM DSP的软件库,ATMELCortex-M4 SAM4系列的定点和浮点DSP算法执行速度获得提升,比Cortex-M3 SAM3系列分别加快2倍和10倍。ATMEL推出以ARM Cortex-M4处理器为基础的快闪微控制器,新组件将提供高达2MB闪存、192KB SRAM和多种外围,包括配备片上收发器的高速USB OTG、以太网络、CAN和一个支持PSRAM、LCD模块、NOR闪存和NAND闪存的外部总线接口。所有组件均整合有业界最先进的安全特性,采用创新的硬件程序代码锁安全技术,保护带有客户知识产权的片上程序内存。SAM4系列采用ATMELQTouch技术,提供触控按键、滑动式控制钮和转盘功能。ATMEL表示,基于ARM技术的SAM4组件专为医疗、电源管理、马达控制、智慧抄表、工业自动化和嵌入式音讯领域的应用而量身定制,提供了可扩展的解决方案,可让设计人员根据其特定需求,选择合适的性价比组合。

2.2 STM32F4系列微控制器

意法半导体(STMicroelectronics)推出的基于ARM Cortex-M4F系列的微控制器采用了意法半导体最新的NVM工艺和ART加速器,处理性能可以达到1.25DMIPS。本书介绍的飞航科技公司的光标飞控即是基于意法半导体公司的STM32F407系列微控制器芯片,芯片集成功能如图2-3所示。

图 2-3 STM32F4 系列处理器

它的特性有以下几个方面：

(1) 集成了新的 DSP 和 FPU 指令；

(2) 210DMIPS@168MHz；

(3) 由于采用了 ST 的 ART 加速器，程序从 Flash 运行相当于 0 等待；

(4) 多达 1MB Flash；

(5) 192KB SRAM：128KB 在总线矩阵上，64KB 在专为 CPU 使用的数据总线上；

(6) 支持 SWD 2 线调试接口。

高级外设接口如下：

(1) USB OTG 高速 480Mb/s；

(2) IEEE1588，以太网 MAC 10/100；

(3) PWM 高速定时器：168MHz 最大频率；

(4) 加密/哈希硬件处理器：32 位随机数发生器(RNG)；

(5) 带有日历功能的 32 位 RTC：<1μA 的实时时钟，1 秒精度；

(6) 低电压：1.8～3.6V VDD，在某些封装上，可降低至 1.7V；

(7) 全双工 I2S；

(8) 12 位 ADC：0.41μs 转换/2.4Msps(7.2Msps 在交替模式)；

(9) 高速 USART，可达 10.5Mb/s；

(10) 高速 SPI，可达 37.5Mb/s；

(11) Camera 接口，可达 54Mb/s。

无人机飞控系统所使用的外设模块和硬件接口并不需要很多，主要有以下几种：

(1) I2C；

(2) UART；

(3) SPI；

(4) PWM 输入捕获和输出比较；

(5) AD 模数转换；

(6) SWD/JTAG 调试口；

(7) GPIO。

从上面的列表可以看出，飞控系统所使用的微控制器的接口并不是非常另类或者特殊的接口，因此基本上很多 ARM Cortex-M4F 架构的各处理器都可以用来作为飞控系统的微控制器处理中枢。这里特别强调了 M4F 是因为如 1.5.5 节所介绍的，硬件浮点运算单元对于飞控系统的算法非常重要，如果要实现复杂的飞控算法并且能达到一定的控制频率精度，很大程度上需要直接在硬件浮点单元上而非软件浮点模拟上实现，如果一定要在没有硬件浮点运算单元的微控制器上实现，那么算法需要进行一定的定点化处理和简化。例如，市面上也有使用 STM32F103 为微控制器的核心。

2.3 飞行控制系统硬件架构设计与原理

本书基于飞航科技的嵌入式飞行控制模块"光标"飞控，介绍飞行控制系统的硬件基本组成。"光标"飞行控制系统的核心采用意法半导体公司的 STM32F407，主频运行在 168MHz，内存 SRAM 为 192KB，Flash 有 512KB。"光标"飞行控制的外观如图 2-4 所示。"光标"飞行控制不仅提供了无人机飞行控制的必要接口，还提供了嵌入式开发板的丰富外设接口和传感器芯片组，并且有全套的飞控源码资料以及嵌入式开发板实验案例，既方便嵌入式初学者的入门学习，又可以供无人机爱好者和算法研究人员进行深入的无人机飞行控制系统研究。

图 2-4 "光标"无人机飞控

"光标"飞控的系统结构如图 2-5 所示。

从系统硬件框图中可以看到 STM32F407 是作为整个系统的核心处理器部件，此外还包含了其他功能和接口模块。

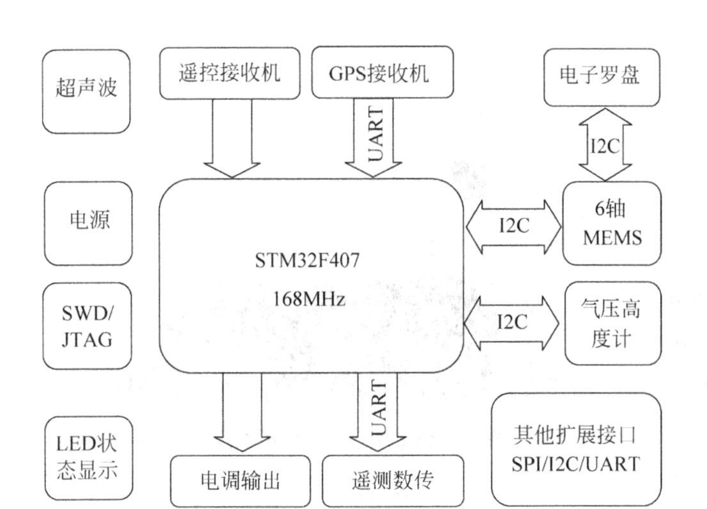

图 2-5 “光标”飞行控制系统的硬件框架

2.3.1 遥控接收机接口

在 1.5.6 节介绍过，比例遥控器有两种编码模式，即 PCM 和 PPM，而遥控器的接收机的输出则对应着三种接口类型，一种是 PWM 通信接口，一种是 PPM 通信接口，一种是 S-bus。

PWM(Pulse Width Modulation，脉宽调制)信号在无人机系统中主要用于控制舵机，它主要通过周期性的脉冲高电平宽度组成的方波来代表控制信号，如图 2-6 所示。

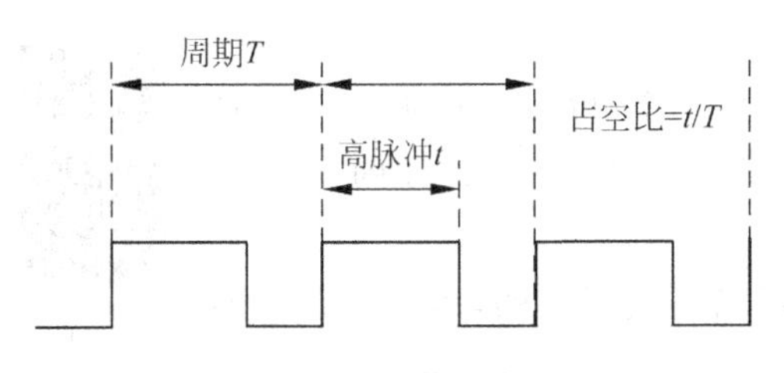

图 2-6 PWM 信号占空比

PWM 信号是比较早期也比较常见的遥控信号方式，一般由遥控接收机接收到 PPM 或者 PCM 编码信号后，接收机内部解码出每个通道的控制量，然后按照 PWM 信号重构每个通道并输出。所以采用 PWM 信号的接口需要较多的物理引脚。因为每个通道都需要一组 PWM 信号，此外标准的一组 PWM 信号总线定义由 3 根线组成，分别是 PWM 信号线、5V 电源线和地线。遥控接收机即是通过这个接口的 5V 电源线和地线来从飞控系统上获得电源。如图 2-7 所示，“光标”飞控最多支持 12 路 PWM 遥控输入信号。图 2-8 所示是遥控接收机输出的实测波形。

一般直接控制舵机的常见 PWM 信号的周期有 50Hz 和 300Hz 两类。50Hz 的 PWM 信号采集器在早期使用模拟电路直接采集，而 300Hz 的 PWM 信号采集是采用数字电路。现在，不管哪种信号一般都是采用数字电路采集，因此，50Hz 用于老式舵机。很明显，频率越高，系统型号的刷新率越高，因此高频 PWM 信号对于高速伺服机构更加有优势。现在高级的比例遥控器都是可以对信号频率进行配置，支持 50～399Hz 之间的连续调整。PWM

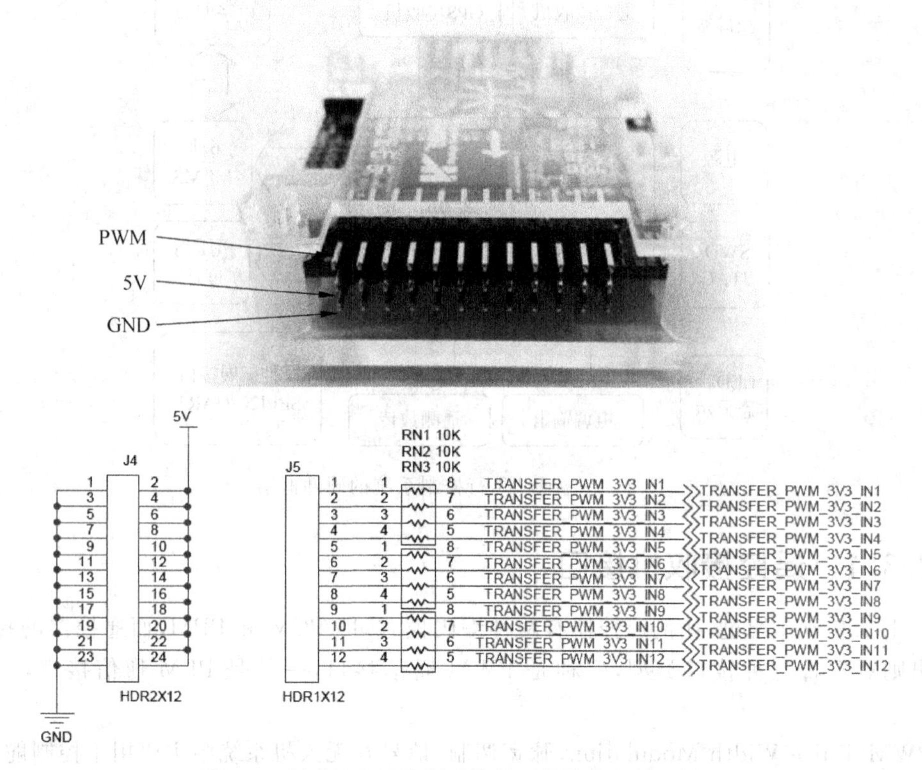

图 2-7 "光标"飞行控制系统的遥控接收机输入接口

信号的优点如下：

（1）传输过程高电平采用全电压传输，非 0 即 1，具有数字信号的特性，即可以拥有数字信号的抗干扰能力。

（2）脉宽的宽度是可以连续调节的，因为它传输的是连续模拟信息。

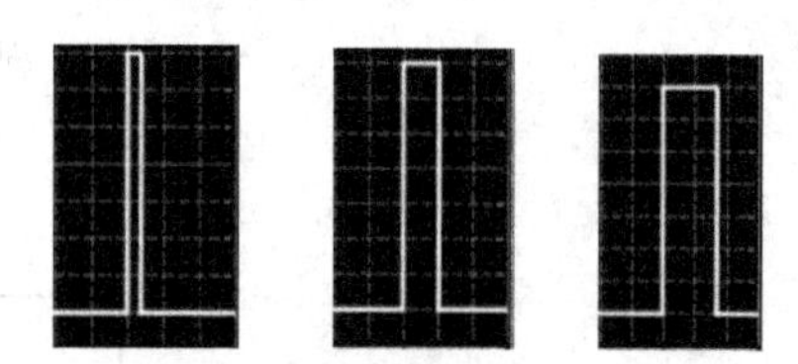

图 2-8 接收机输出波形

（3）PWM 信号的产生和采集解析比较简单，只需要一定的数字电路或者定时器即可，基本不需要占用 CPU 的运算逻辑资源。

（4）传输的信号量与电压本身无关，因此对电压上的噪声纹波等不敏感。

PPM 信号接口，对应 1.5.6 节所介绍的 PPM（Pulse-position Modulation，脉冲位置调制）信号传输，它同 PWM 的调制方式相同，采用高脉冲的宽度代表了传输信息量的大小。但它与 PWM 信号的不同之处是它仅在一路物理总线上传输所有的通道的信息量，因此 PPM 的优势在于无论多少个控制通道，只需要一路通信线即可。PPM 最早诞生是用于遥控器的教练器和训练器之间的连接，通过 PPM 总线，教练器可以完全接管训练器的所有遥控通道。由 PPM 信号可以很容易地转换提取出多通道的 PWM 信号，如图 2-9 所示。

图 2-10 所示是实际测量的转换后 6 通道 PWM 逻辑时序图。

S-bus 信号接口，是日本双叶电子工业株式会社（Futaba）所定义的一种遥控器专用串行总线，它实际上是一种数字总线，采用数字传输方式，这样可以非常方便地在嵌入式系统

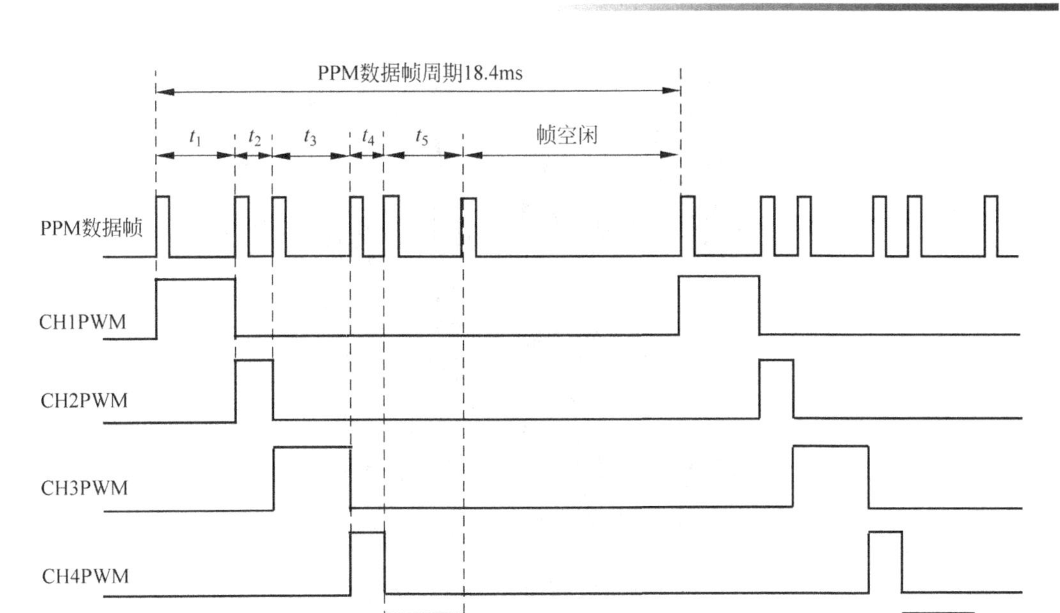

图 2-9　PPM 信号到 PWM 信号的转换

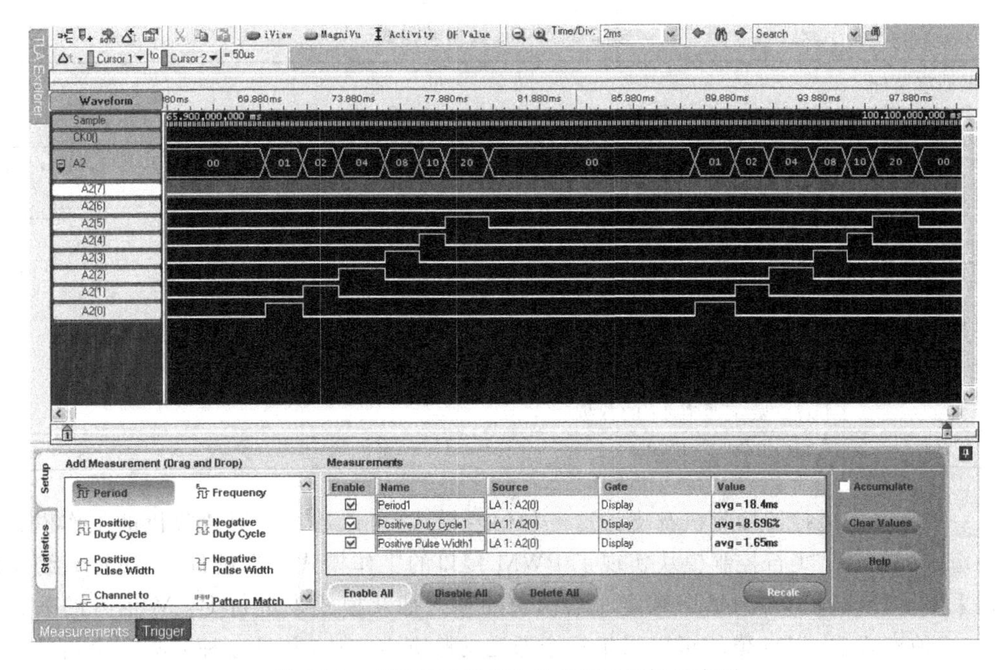

图 2-10　多通道遥控接收机 PWM 逻辑时序图

中适配，并且抗干扰性大大提高。由于 S-bus 是一种总线，这意味着一套总线可以扩展连接多个舵机设备，而不需要消耗过多的物理连线，如图 2-11 所示。

S-bus 的接口物理层实际上符合通用串行通信口的标准，TTL 电平使用负逻辑(即低电平是逻辑“1”，高电平是逻辑“0”)，波特率使用标准 100K。S-bus 的数据帧格式有 25 个字

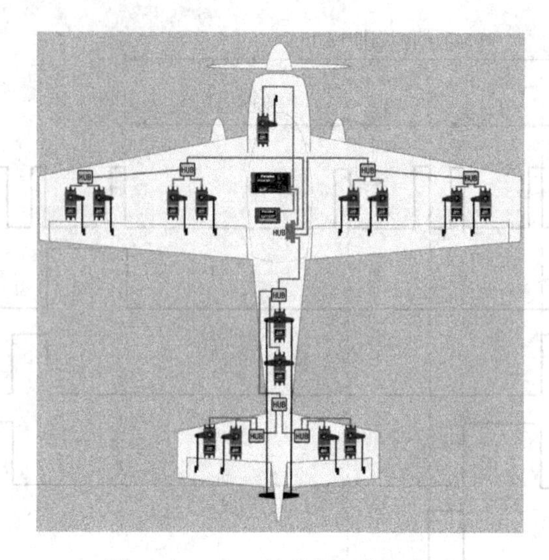

图 2-11 S-bus 的总线架构示意图

节。每个字节 12 比特，包含 1 个起始位“0”，8 个数据位，1 个奇偶校验位，两个终止位“1”。数据位采用 LSB First 方式发送，即最低有效为先发。25 字节的数据帧格式在表 2-3 中列出。

表 2-3 S-bus 数据帧格式

数据帧字节序	功　能
0	帧头，0b1111_0000
1～22	1～16 通道的控制数据，每个通道 11bit 数据位，取值范围 0～2047，共 176bit，分成 22 个字节帧传输
23	数字通道和功能字节 bit0，1，2，3—保留 bit4—失效保护使能 bit5—丢帧信息，相当于接收机的红灯 bit6—数字通道 18 的数据 bit7—数字通道 17 的数据
24	帧尾，0b0000_0000

一般高端的遥控器接收机都支持这三种信号模式，可以通过配置接收机的工作模式来进行切换。“光标”飞行控制模块实现了 PWM 接口的工作模式。在硬件上，飞控系统实际上是采用了 STM32F407 的 TIM 定时器模块的输入捕获模式来进行 PWM 信号的采集分析，在这种模式下，TIM 模块可以采集每个通道的脉宽占空比，并且这种采集完全由硬件自动完成，而无须 CPU 干预，即不消耗 CPU 资源，仅在捕获完成后自动触发中断来计算脉宽。本书的第 4 章将针对 PWM 的输入捕获软件代码进行详细的阐述。

2.3.2 电调输出接口

飞行控制系统的执行机构一般是无刷直流电机或者空心杯电机，无刷直流电机需要通过电子调速器(见 1.5.4 节)进行驱动，因此飞控系统通过控制输出 PWM 信号控制电子调速器，从而控制电机转速。在“光标”飞控系统中，硬件上采用了 STM32F407 处理器的 8 路 TIM 输出 PWM 通道，如图 2-12 所示。

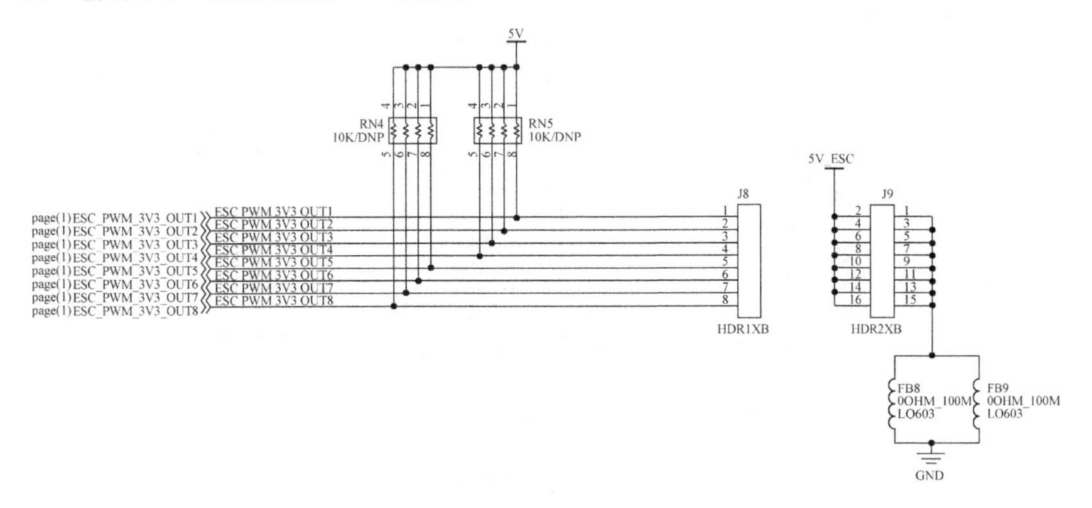

图 2-12 飞控的 8 路 PWM 输出接口

采用 TIM 的输出比较模式(Output Compare)直接控制 PWM 定时器输出，这样做的好处是输出控制信号无须消耗 CPU 的运算资源，在第 4 章的 4.4 节将详细介绍 PWM 输出软件驱动的具体设计方案。

2.3.3 传感器接口

如图 2-5 所示，飞控系统上集成的板载传感器主要有 6 轴 MEMS 微机械传感器，即加三轴速度计和三轴陀螺仪，三轴磁力计，气压高度计，这种配置称为 10DOF(Degrees of Freedom)。

其中光标飞控中采用的陀螺仪加速度计是集成一体的芯片 MPU6050，也有很多独立的陀螺仪和加速度计，这取决于设计者愿意采用哪种方案，以及传感器的噪声等级是否符合系统的要求等。MPU6050 提供了 SPI 接口和 I2C 接口两套总线访问方式。在光标飞控中为了能够共享总线，采用了 I2C 总线接口。将 MPU6050 挂载在 I2C1 总线上，如图 2-13 所示。MPU6050 的工作原理和软件驱动及数据处理将在第 5 章详细阐述。

气压高度计是通过测量大气压力来间接获取气压高度的传感器，本例采用飞思卡尔(现恩智浦)半导体公司的 MPL3115 气压高度计来实现该数据的测量。其内部集成了一个微机械的气压传感器，配备一个 24 位高精度 ADC 模拟/数字转换器，并采用 I2C 接口总线与主机连接，如图 2-14 所示。MPL3115 测量时的工作电流仅 40μA，能够达到 10cm 的理论测量精度。

磁力计是通过芯片内部的微磁性材料来测量空间三维的磁场强度的传感器，在“光标”飞控中主要采用的是霍尼韦尔公司的 HMC5883L 来进行测量，也是通过 I2C 总线外挂的，如图 2-15 所示。“光标”飞控通过可选贴的 0 欧姆电阻来选择磁力计挂在 MPU6050 的 I2C 从设备总线上，或者直接与 MPU6050 共享 STM32 主芯片的 I2C 总线。如果挂在 MPU6050 设备的从设备总线上，MPU6050 内部的微控制器可以自动进行磁力计传感器的数据获取。

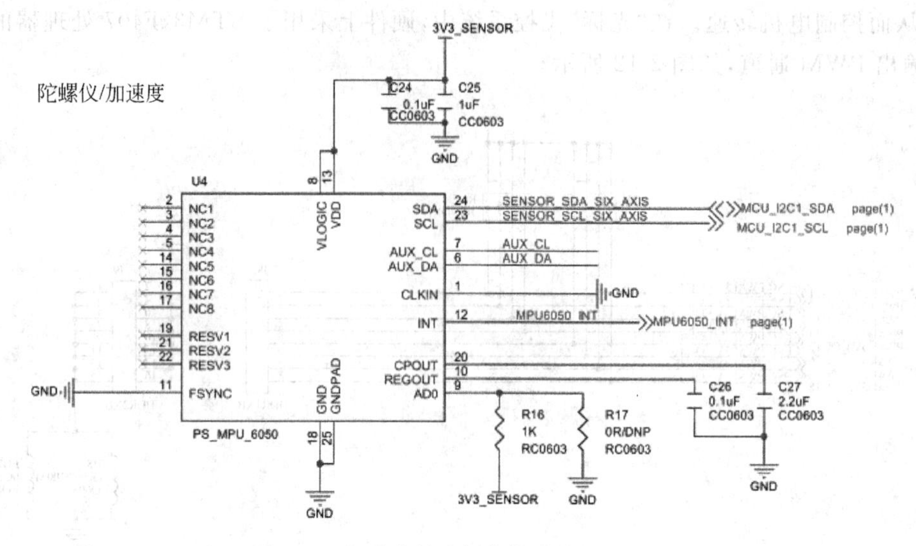

图 2-13 加速度计陀螺仪传感器的原理图

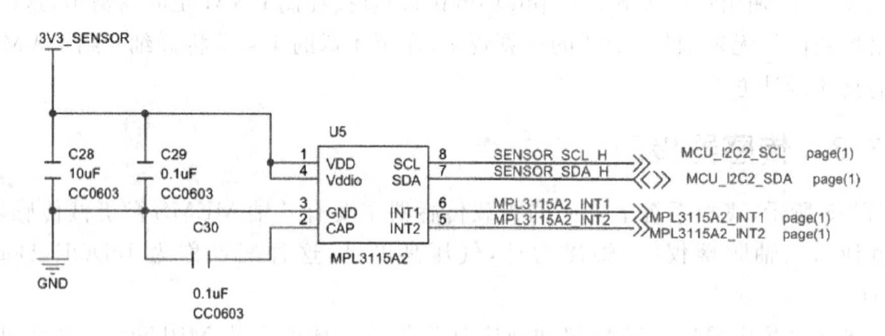

图 2-14 气压高度计的原理图

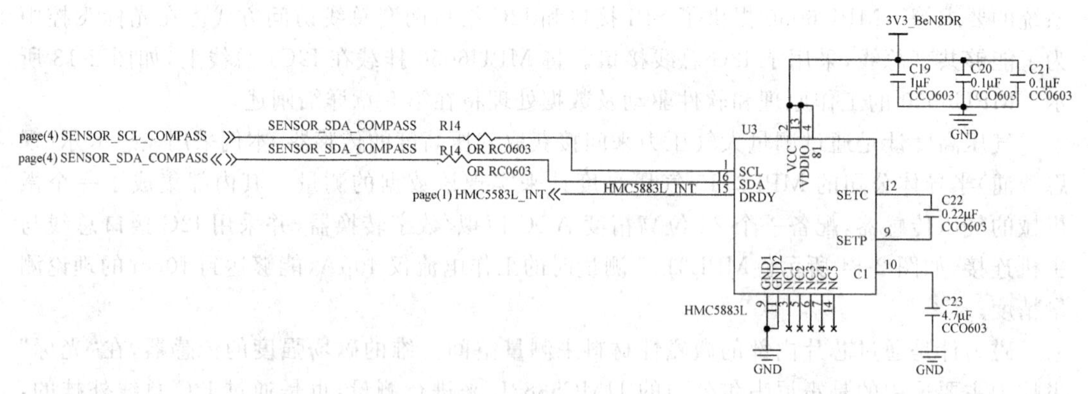

图 2-15 磁力计原理图

磁场容易受到外围环境的干扰以及电机的影响。因此对于磁力计的安装一般采用板载与外挂结合的方式来处理。在系统没有受到强烈外部干扰的时候，可以仅使用板载磁力计的测量数据，但是如果板载其他设备严重影响到板载磁力计的测量时，则需要使用外挂磁力计设备。很多外挂 GPS 模块都会同时集成磁力计传感器，这样通过 GPS 天线支架就可以尽可能地将磁力计移出受干扰的机体区域。

对于一些电力巡线专用的无人机系统，由于电力线的强磁干扰较为严重，这种情况下使用磁力计来进行航向判别就不再准确，此时可以考虑其他航向测量系统，例如双 GPS 航向定位法等方式。

2.3.4 GNSS 接口

GNSS(Global Navigation Satellite System)全球导航卫星系统主要包含美国的 GPS 全球定位系统、俄罗斯的 GLONASS、欧洲的 GALILEO、中国的北斗卫星导航系统，以及一些区域增强系统等。无人机在室外无人自主驾驶飞行时必须要通过 GNSS 系统来获得自己的位置信息，同时计算与规划航线之间的关系，并转换成飞行器的控制信号，从而控制飞行器按照既定的飞行路线飞行。因此飞控系统一般都集成有 GNSS 模块的接口。GNSS 模块一般都采用标准串口(波特率 57600)与主控设备互连。“光标”飞控提供了 2mm 间距带胶壳固定的插座，该接口直接挂载到 STM 主控芯片的 UART4 串口上，如图 2-16 所示。这个接口的引脚定义与 APM 开源飞控的 GPS 接口完全兼容，因此可以直接使用 APM 的 GPS 模块，也可以稍作改动兼容 Pixhawk 的 GPS 模块。

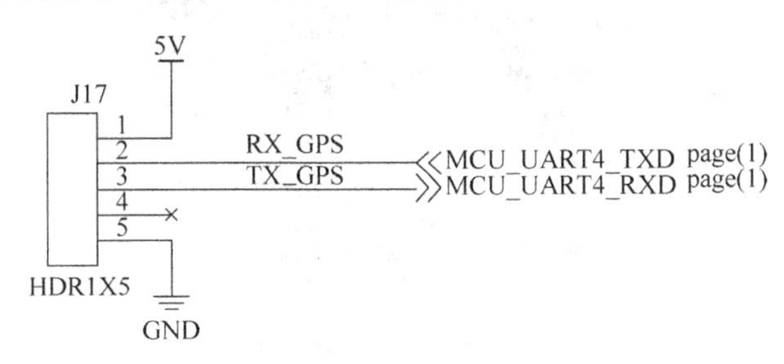

图 2-16 GNSS 模块接口

2.3.5 SWD 调试口

SWD(Serial Wire Debug)即串行总线调试口，是 ARM 公司在 CoreSight 调试访问接口技术中定义的 2 线制的调试规范。SWD 接口相对于传统处理器调试接口 JTAG 规范(需要 5 个引脚)的优势非常明显，它占用较少的芯片引脚，同时提供高速的调试性能，尤其对于仅有较少引脚封装体积较小的微控制器系列。

SWD 模式比 JTAG 在高速模式下更加可靠。在大数据量的情况下，JTAG 下载程序会失败，但是 SWD 失败的几率会小很多。在调试仿真的时候用 JLINK 的 Cortex-M4 方式已经足够，并且在 MDK 下的功能已经做得非常好，用标准 20 脚的 JTAG 下载，速度非常快，一般初学者都是这样做的。但是 SWD 方式似乎速度更快、更加方便、简捷，对于项目中对板子空间要求严格、I/O 口资源紧张的用户来说更加有利，正常的 JTAG 需要 20 引脚，而 JLINK 的 SWD 只需要 2 根线(SWDIO 和 SWCLK)就够了(加上电源线也就 4 根)，这样就节省了 3 个 I/O 口(JTDI、JTDO 和 JNTRST)，并且可节省一部分板子的空间。

SWD 具有以下特性：

(1) 仅占用两个接口：时钟线 CLK 和数据线 DIO；

(2) 可以与芯片内部的 JTAG TAP 控制器通信并测试；

(3) 能够作为芯片内部的 AMBA 总线的主设备访问系统内存空间和外设以及调试寄存器；

(4) 高性能的传输速率：4MB/s,50MHz；

(5) 低功耗,不需要额外供电。

"光标"飞控的板载接口提供了 5 线的 SWD 接口,物理外观如图 2-17 所示,它的引脚定义如图 2-18 所示。除了 SWD 接口本身的 2 线外,还可以通过外部的 SWD 调试器给飞控系统供电,从而免除了额外供电的必要。

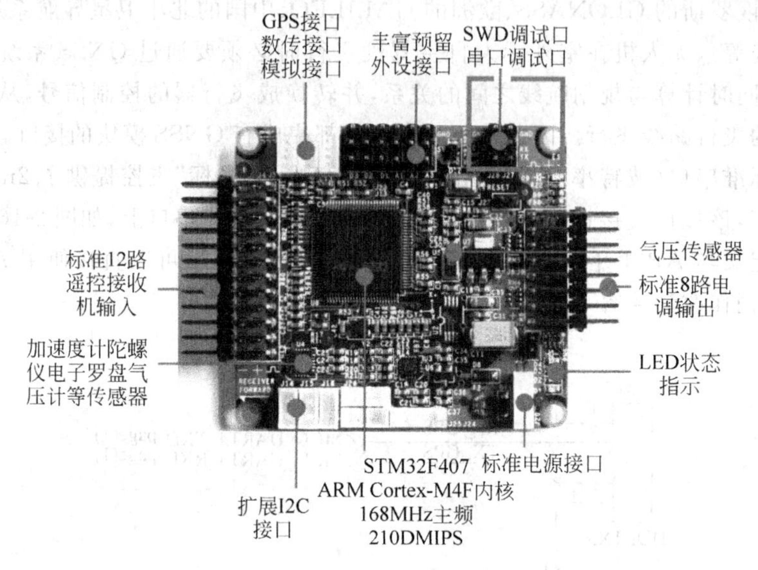

图 2-17 SWD 调试口

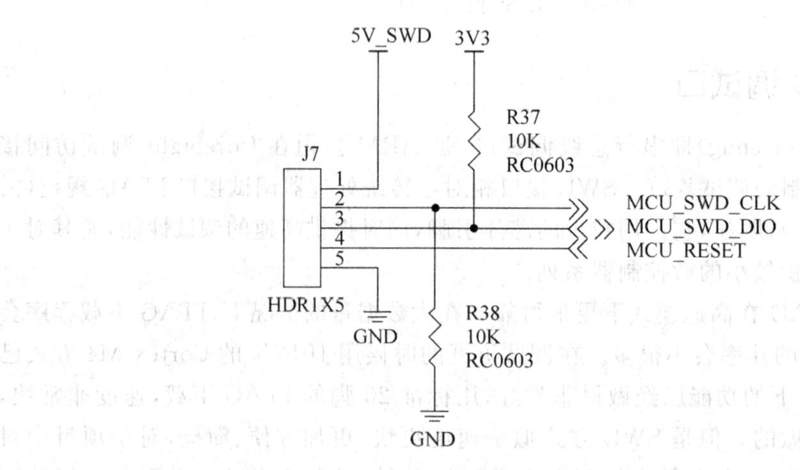

图 2-18 SWD 调试接口引脚定义

现在市面上 ARM 内核处理器的主流的调试器 JLINK、ULINK 以及 ST 公司自己的开源调试器 STLINK 均支持 SWD 的工作模式。因此只需要把调试器与板载 SWD 接口相应的引脚连接起来(CLK、DAT 和 GND),在集成开发环境中配置调试器的工作模式为 SWD

模式，即可正常工作。图 2-19 所示是在 Keil 开发环境中配置 JLINK 调试器为 SWD 模式的方法。

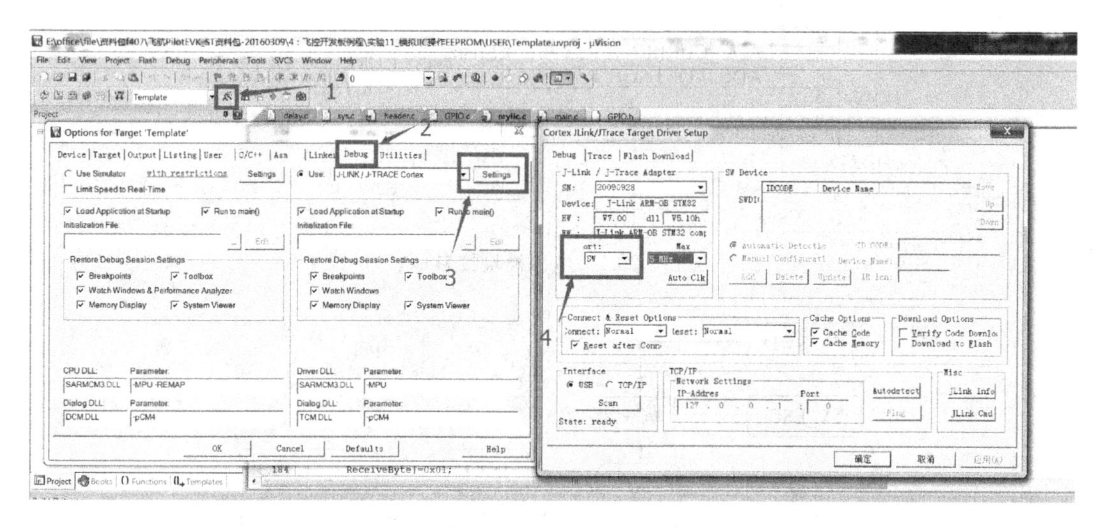

图 2-19 JLINK 的配置

2.3.6 超声波接口

“光标”飞控的板载超声波接口是串口，引脚定义如图 2-20 所示。

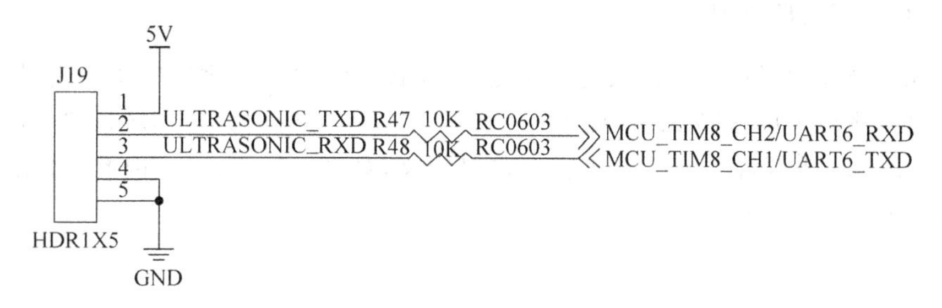

图 2-20 超声波模块接口

超声波具体介绍请参考 5.9 节和 5.10 节。

2.3.7 系统供电

在无人机飞控系统中有多种供电模式和方式，例如可以通过带有 BEC 功能的电子调速器模块直接输出 5V 直流电源，还有专用的电源模块可以从 2～6S(7.4～22.2V，详见 1.5.3 节)的无人机电池直接转换。采用电源模块的好处是高级电源模块还配备了电压和电流采样电阻，可以实时获取电池的供电电压以及全系统的电流功耗等数据，如图 2-21 所示。除以上两种方式外，“光标”飞控模块还配备了直接通过 SWD 接口和 U 转串口模块接口取电的方式。为了防止同时从几个接口接入电源导致倒灌，可使用跳线进行电源接口的选择。图 2-22 所示是“光标”模块的电源拓扑结构。

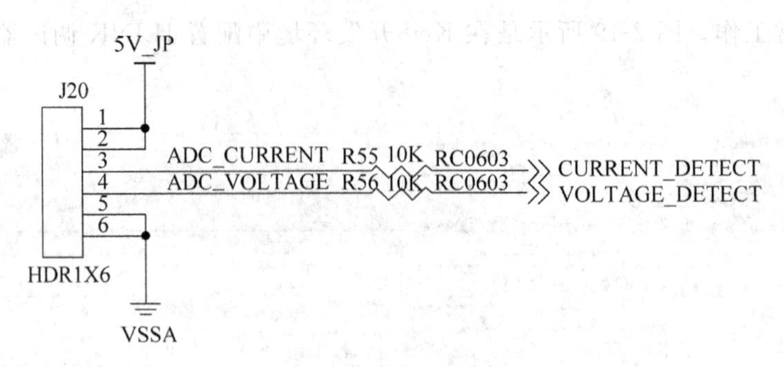

图 2-21 电源模块接口

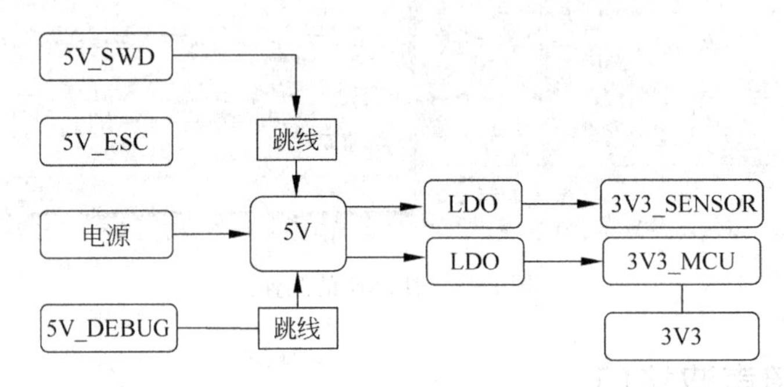

图 2-22 “光标”飞控的电源拓扑结构

2.3.8 遥测数传

第 1.5.7 节介绍了遥测数传系统的功能，在飞控系统中，遥测数传模块采用串行通信口连接。“光标”飞控采用 STM32 系统的 UART3 串口作为遥测数传模块接口，并且采用与 APM 及 Pixhawk 等开源飞控系统兼容的接口定义，如图 2-23 所示。因此，可以直接支持 3DR Radio Telemetry 模块。

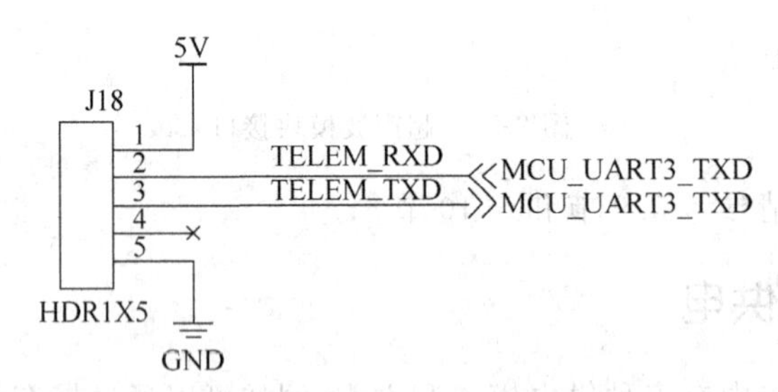

图 2-23 遥测数传模块接口

2.3.9 其他功能和扩展接口

飞行控制系统一般还需要提供各种其他的功能和扩展接口。图 2-24 所示是“光标”系统配备的 EEPROM 模块，挂载在 STM32 系统的 I2C2 号总线上。EEPROM 模块的功能主要是保存系统的传感器校准参数、系统配置和软件配置等信息。当然 STM 芯片的内置 Flash 也包含了文件系统可以用来存储信息，这给予了用户多种存储方案。

EEPROM

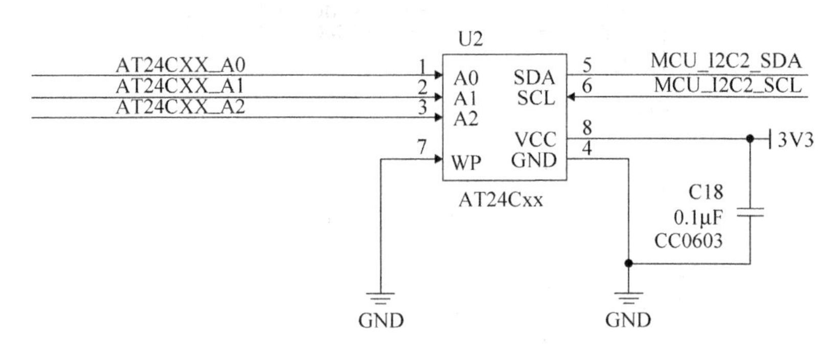

图 2-24 EEPROM 模块

“光标”飞控还提供了 4 个可以显示系统状态的 LED 指示灯，通过 STM32 系统的 GPIO 来控制 LED 的亮灭以及闪烁以指示系统状态，如图 2-25 所示。默认的飞控软件采用 LED 的 GPIO 来测量每个实时任务的运行时间，以便监控任务状态。具体软件驱动可参见第 11 章的介绍。

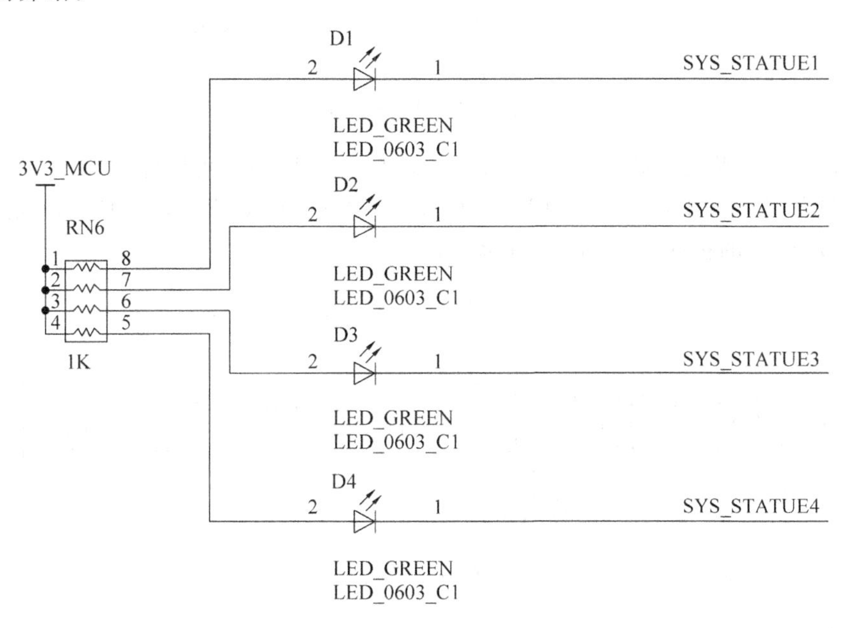

图 2-25 LED 显示接口

J6 提供了系统的控制终端，使用 STM32 的 UART1 串口终端来实现，如图 2-26 所示。通过该调试串口，用户可以在飞控软件中添加自己的调试打印语句，并通过该串口连接的电脑串口终端软件显示出来。

STM32F407 芯片本身还带有一个 USBOTG 的接口，即可以作 USB 主设备，也可以作 USB 从设备，在“光标”飞控系统中同样将其引出来，可以进行高速数据的传输，作为在地面阶段的调试口使用，如图 2-27 所示。

此外“光标”飞控还提供了一些用于进行通用嵌入式开发的扩展口，可以进行普通的嵌

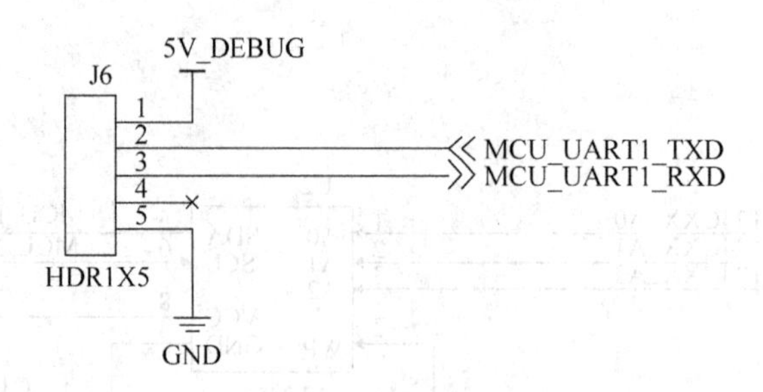

图 2-26　调试串口

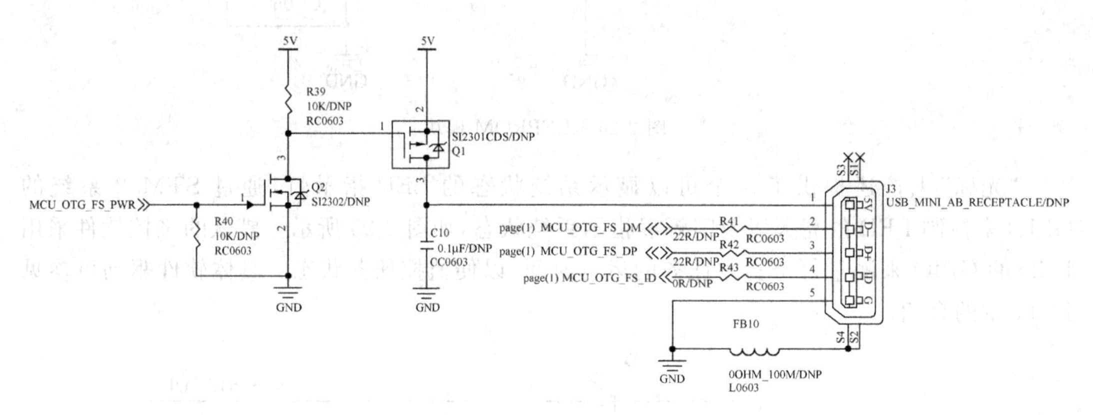

图 2-27　USB 接口

入式教学研究和实验等。如图 2-28 所示,J24 是 SPI 总线接口,可以外扩 SPI 接口的传感器和其他从设备,J25 和 J26 是系统的 UART2 和 UART5 TTL 串行通信口,J13 是模拟信号的扩展和数字 IO 的扩展,J15 和 J16 是系统的 I2C 总线端口。

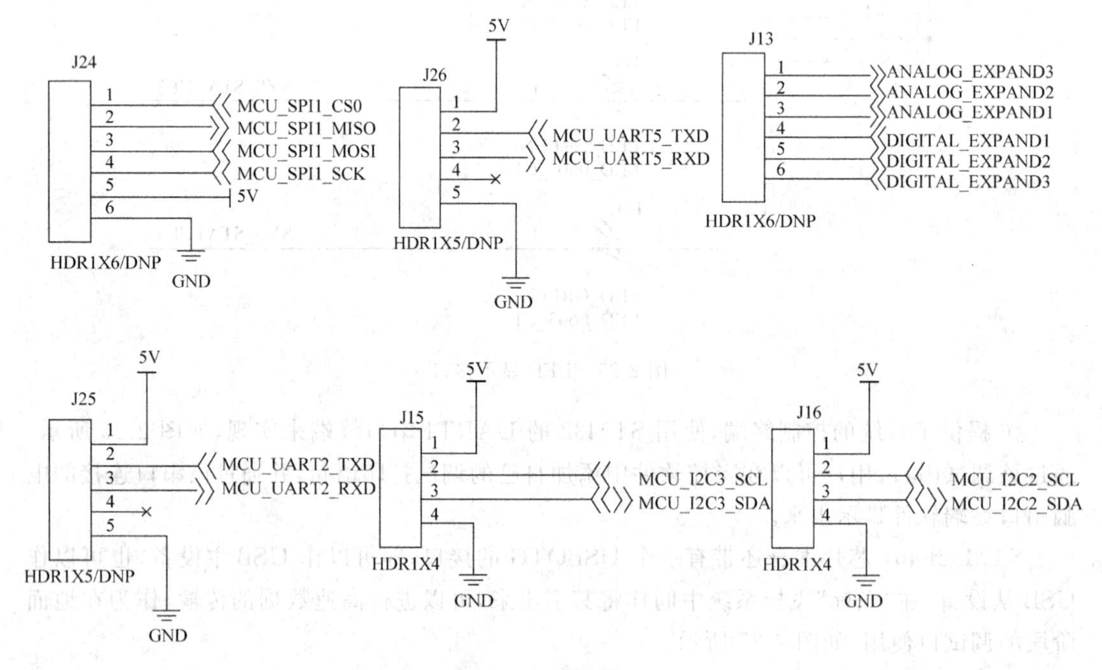

图 2-28　其他接口

2.4 "光标"飞控 PCB 的布局设计

"光标"飞控板的布局如图 2-29 所示。

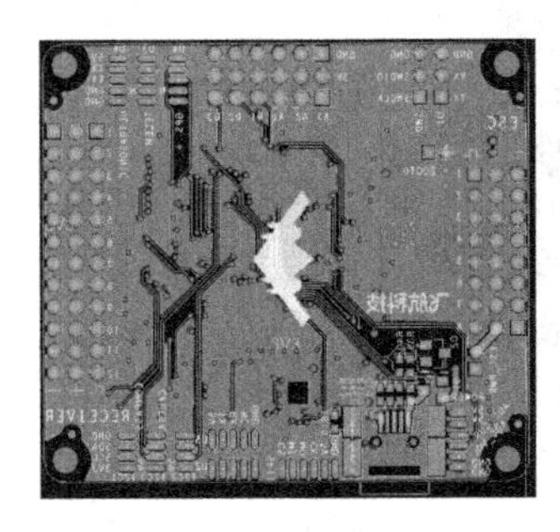
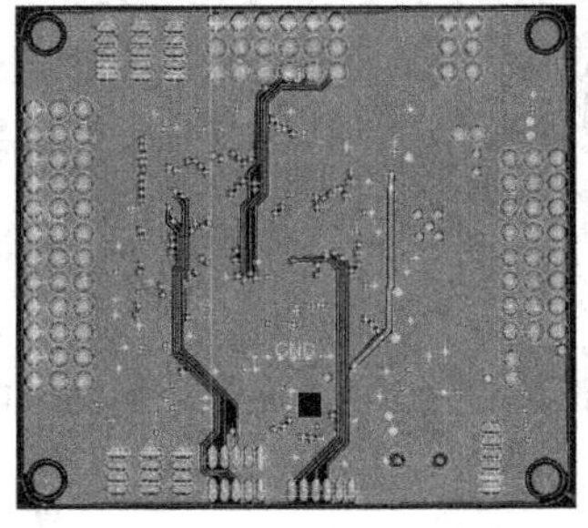
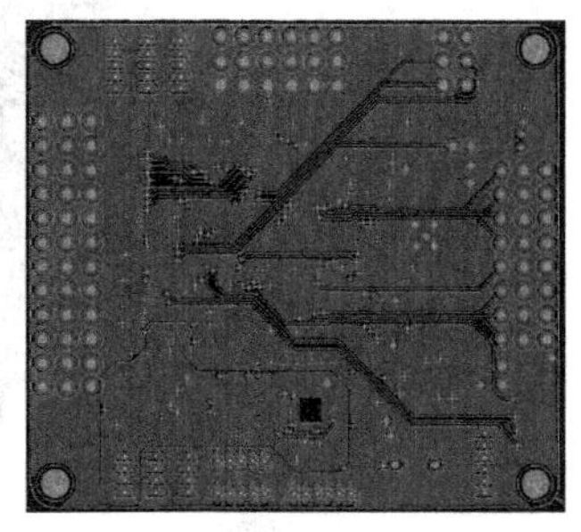

图 2-29 "光标"飞控板的布局

在本节主要讲解布局时需要注意的事项，有以下几点基本原则：

(1) 遵循"先大后小，先易后难"的布局原则，即重要的单位电路、核心元器件应该优先布局。

(2) 布局应该参考原理框图，根据单板的主信号流向规律安排主要元器件。

(3) 布局应该尽量满足如下几个要求：①总的连线应当尽可能短，关键信号线最短；②高电压、大电流信号与小电流信号，低电压的弱信号完全分开；③模拟信号与数字信号分开；④高频信号与低频信号分开；⑤高频元器件的间隔要充分。

(4) 相同构造电路部分，尽可能采用"对称"标准布局。

(5) 按照均匀分布、重心平衡、板面美观的标准优化布局。

2.5 飞控系统硬件设计注意事项

进行无人机飞控系统的硬件设计时，要考虑以下几个方面：

(1) 传感器选型要分析好测量的量程是否符合飞行环境和算法的需要，例如工作温度、封装尺寸、功耗、供电和接口等方面。

(2) 传感器的测量精度和噪声是否能够达到软件算法的需求。

(3) 传感器的响应频率是否能够达到算法的刷新需求。

(4) 对于飞控系统的外接模块接口，考虑到飞行器机载环境的恶劣和震动影响，必须要选择坚固的插头、插座及线缆，一般飞控系统中普遍采用 2mm 间距的带胶壳固定的插头插座，如图 2-30 所示。

很多开源飞控都采用统一的这类接口来进行兼容，因此外部购买的如 GPS 模块和电子罗盘模块等都可以在不同的飞控上兼容挂载。

(5) 对于六轴 MEMS 微机械姿态传感器，由于飞行控制系统主要需要测量整个机体的质心加速度信息以及机体围绕质心旋转的角速度信息，因此六轴的最佳位置是放在机体的质心位置，如图 2-31 所示。

(6) 无人机由于电机和螺旋桨的高速运动，会产生机体高速震动。该震动主要来源于

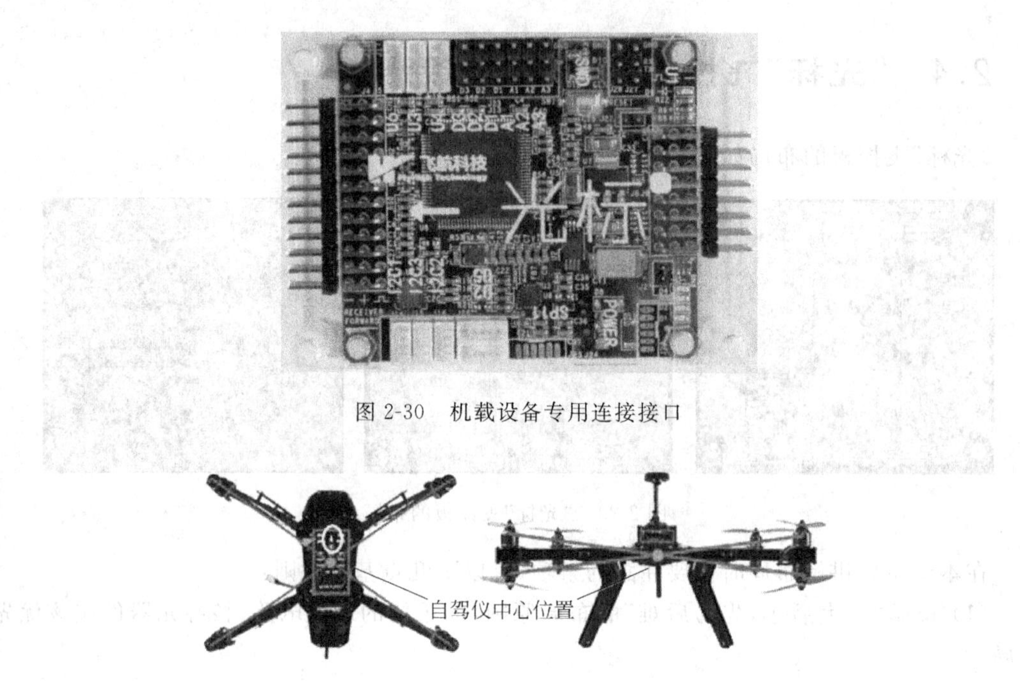

图 2-30　机载设备专用连接接口

图 2-31　飞控系统的 MEMS 传感器安装位置

机架本身的设计误差和实际应用变形，此外还有电机与螺旋桨的不对称。飞控系统上的 MEMS 传感器对震动非常敏感，并且这些传感器的数据直接影响到系统姿态估计和速度位置估计，同时这些估计又影响到飞行器的自稳、定高、定点、导航和自主等飞行模式下的控制算法。因此该震动对于飞控算法来说是有害噪声，需要加以抑制。抑制震动噪声主要通过硬件方式和软件数字滤波的方式来处理。硬件上的办法是对 MEMS 微机械传感器模块进行减震处理，例如加减震板或者减震海绵及垫片等设备。图 2-32 所示是一些比较常见的物理减震方法，均来源于网络资源。

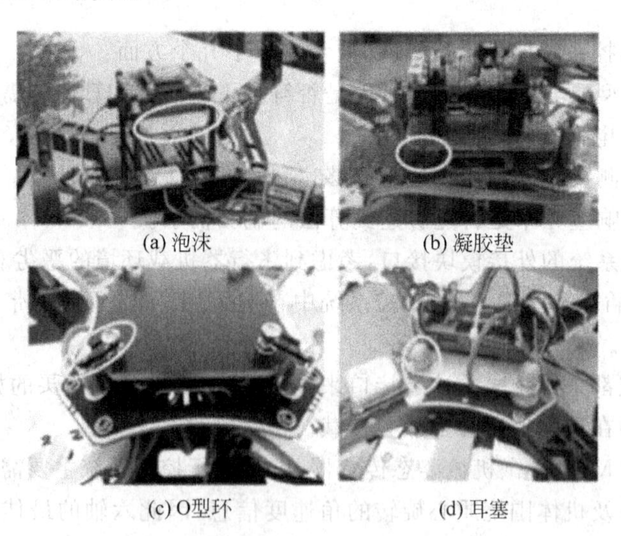

(a) 泡沫　(b) 凝胶垫

(c) O型环　(d) 耳塞

图 2-32　减震方法

“光标”飞控的无人机教学平台采用如图 2-33 所示的减震板方式来处理。

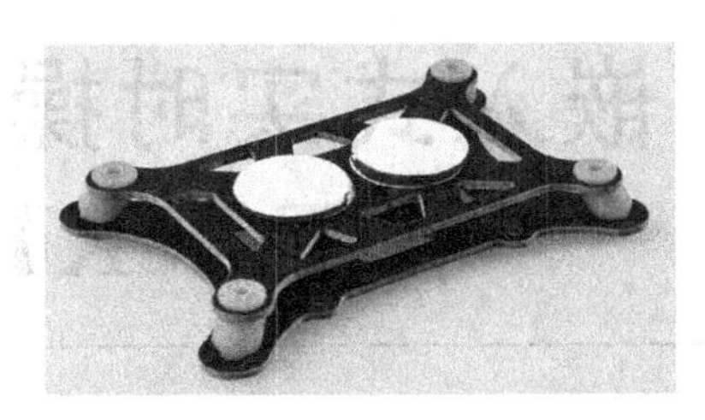

图 2-33 “光标”飞控无人机的减震板

(7) 传感器的测量数据会受到环境温度的影响,因此一般需要尽可能地保持传感器工作于恒温环境下,例如使用加热电阻对传感器加热使其处于恒温工作状态,或者在软件中进行温度标定制定温度补偿曲线。

(8) 气压传感器容易受无人机本身螺旋桨产生的风的影响,因此一般可以在气压传感器上增加挡风的配件,例如用海绵或者棉花等。

第3章 嵌入式实时操作系统和FreeRTOS

CHAPTER 3

3.1 实时操作系统简介

3.1.1 实时操作系统的定义

实时操作系统(RTOS)是指当外界事件或数据产生时,能够接受该事件或数据并以足够快的速度予以处理,其处理的结果又能在规定的时间之内控制生产过程或对处理系统做出快速响应,调度一切可利用的资源完成实时任务,并控制所有实时任务协调一致运行的操作系统。

实时操作系统是保证在一定时间限制内完成特定功能的操作系统。实时操作系统有硬实时和软实时之分,硬实时要求在规定的时间内必须完成操作,这是在操作系统设计时保证的;软实时则只要按照任务的优先级,尽可能快地完成操作即可。我们通常使用的操作系统在经过一定改变之后就可以变成实时操作系统。

3.1.2 实时操作系统的特征

1. 高精度计时

系统计时精度是影响实时性的一个重要因素。在实时应用系统中,经常需要精确确定实时地操作某个设备或执行某个任务,或精确地计算一个时间函数,这不仅依赖于一些硬件提供的时钟精度,也依赖于实时操作系统实现的高精度计时功能。

2. 多级中断机制

一个实时应用系统通常需要处理多种外部信息或事件,但处理的紧迫程度有轻重缓急之分,有的必须立即作出反应,有的则可以延后处理,因此需要建立多级中断嵌套处理机制,以确保对紧迫程度较高的事件及时进行响应和处理。

3. 实时调度机制

实时操作系统不仅要及时响应实时事件中断,同时也要及时调度运行实时任务。但是,处理机调度并不能随心所欲地进行,因为涉及两个进程之间的切换,只能在确保“安全切换”的时间点上进行。实时调度机制包括两个方面,一是在调度策略和算法上保证优先调度实时任务;二是建立更多“安全切换”时间点,保证及时调度实时任务。

实时操作系统的特点:①异步的事件响应;②切换时间和中断延迟时间确定;③优先级中断和调度;④抢占式调度。

3.2　实时操作系统在飞控系统中的重要性

飞行控制系统是无人机的重要组成部分，是飞行控制算法的运行平台，其性能好坏直接关系着无人机能否安全可靠地飞行。随着航空技术的发展，无人机飞行控制系统正向着多功能、高精度、小型化和可复用的方向发展。高精度要求无人机控制系统的精度高，稳定性好，能够适应复杂的外界环境，因此控制算法比较复杂，计算速度快，精度高；小型化则对控制系统的重量和体积提出了更高的要求，要求控制系统的性能越高越好，体积越小越好。此外，无人机飞行控制系统还要具有实时、可靠、低成本和低功耗的特点。

近年来，实时操作系统在多媒体通信、在线事务处理、生产过程控制和交通控制等各个领域得到了广泛的应用。并且，实时操作系统将实时多任务机制以功能(函数)调用的方式提供给用户，它的系统调用是标准化、规格化的，这使得开发人员不必再考虑多个实时任务的同步问题，从而将更多的精力致力于应用程序的开发。

3.3　FreeRTOS 实时操作系统

3.3.1　FreeRTOS 简介

FreeRTOS 是一款由 Real Time Engineers Ltd 出品的市场领先的 RTOS，如图 3-1 所示，现在已经支持 35 种处理器架构。2015 年，FreeRTOS 的下载量超过 12 万次，平均每 4.2 分钟就有一次下载，而且商业使用不需要用户公开源代码，也不存在任何版权问题，开源免费。

图 3-1　FreeRTOS Logo

FreeRTOS(读作"free-arr-toss")是一个嵌入式系统使用的开源实时操作系统。FreeRTOS 设计小巧、简单和易用，能支持许多不同硬件架构以及交叉编译器。就像所有操作系统一样，FreeRTOS 的主要工作是执行任务，大部分 FreeRTOS 的代码都涉及优先权、调度以及执行用户自定义任务；但又与所有其他操作系统不同，FreeRTOS 是一款运行在嵌入式系统上的实时操作系统。

3.3.2　FreeRTOS 的特点

FreeRTOS 的主要特点如下：

(1) 支持抢占式调度、合作式调度和时间片调度。

(2) SafeRTOS 作为 FreeRTOS 的衍生品大大提高了 FreeRTOS 在代码完整性方面的能力。

(3) 用于低功耗的 Tickless 模式。

(4) 支持 35 种系统架构。

(5) FreeRTOS-MPU 支持 M3/M4/M7 内核的 MPU(内存保护单元)。

(6) 设计简单易用，典型的内核使用大小范围为 4～9K。

(7) 移植非常简单，主要用 C 语言编写。

(8) 同时支持合作式和抢占式任务。

(9) 支持消息队列、二值信号量、计数信号量、递归信号量和互斥信号量，可用于任务与任务间的消息传递和同步，以及任务与中断间的消息传递和同步。

(10) 支持优先级继承方式的互斥信号量。

(11) 拥有高效的软件定时器。

(12) 拥有强大的跟踪执行函数。

(13) 拥有堆栈溢出检查。

(14) 提供丰富的、配置完整的工程例子。

(15) 提供论坛技术支持，有可选的商业支持和许可版本。

(16) 任务的数量不限。

(17) 任务优先级数量不限。

(18) 多个任务可以分配相同优先级，即支持时间片调度。

(19) 具有免费的开发工具。

(20) 具有免费的嵌入式软件源码。

(21) 免版权费。

3.3.3 FreeRTOS 架构概述

FreeRTOS 是一个相对较小的应用程序。最小化的 FreeRTOS 内核仅包括 3 个(.c)文件和少数头文件，共不到 9000 行代码，还包括了注释和空行。一个典型的编译后(二进制)代码映像小于 10KB。

FreeRTOS 的代码可以分解为三个主要区块：任务、通信和硬件接口。

1) 任务

大约有一半的 FreeRTOS 的核心代码用来处理多数操作系统首要关注的问题，即任务。任务是给定优先级的用户定义的 C 函数。task.c 和 task.h 完成了所有有关创建、调度和维护任务的繁重工作。

2) 通信

任务很重要，不过任务间的互相通信更为重要！大约 40%的 FreeRTOS 核心代码是用来处理通信的，queue.c 和 queue.h 就是负责处理 FreeRTOS 的通信的。任务和中断使用队列互相发送数据，并且使用信号灯和互斥来发送临界资源的使用情况。

3) 硬件接口

接近 9000 行的代码拼凑起基本的 FreeRTOS，是硬件无关的，不论 FreeRTOS 是运行在不起眼的 8051，还是最新、最炫的 ARM 内核上。大约有 6%的 FreeRTOS 的核心代码，在硬件无关的 FreeRTOS 内核与硬件相关的代码间扮演着垫片的角色。

表 3-1 为 FreeRTOS 的软件层。

表 3-1 FreeRTOS 的软件层

FreeRTOS 用户任务和中断服务程序(ISR)代码
FreeRTOS 硬件无关的代码
FreeRTOS 硬件相关的代码
硬件

在本书的第12章有介绍基于STM32F4以及FreeRTOS的基础程序开发例程，可以结合本章来学习阅读。

3.4 调度策略

3.4.1 FreeRTOS支持的调度方式

FreeRTOS操作系统支持三种调度方式：抢占式调度、时间片调度和合作式调度。实际应用主要是抢占式调度和时间片调度，合作式调度用到的很少。

1) 抢占式调度

每个任务都有不同的优先级，任务会一直运行直到被高优先级任务抢占或者遇到阻塞式的API函数，如vTaskDelay。

2) 时间片调度

每个任务都有相同的优先级，任务会运行固定的时间片个数或者遇到阻塞式的API函数，如vTaskDelay，才会执行同优先级任务之间的任务切换。

3.4.2 调度器简介

简单而言，调度器使用相关的调度算法来决定当前需要执行的任务。所有的调度器有以下共同的特性：

(1) 调度器可以区分就绪态任务和挂起任务(由于延迟、信号量等待、邮箱等待和事件组等待等原因而使得任务被挂起)。

(2) 调度器可以选择就绪态中的一个任务并激活它(通过执行这个任务)，当前正在执行的任务是运行态的任务。

(3) 不同调度器之间最大的区别就是如何分配就绪态任务间的完成时间。

嵌入式实时操作系统的核心就是调度器和任务切换。调度器的核心是调度算法；任务切换的实现在不同的嵌入式实时操作系统中区别不大，基本相同的硬件内核架构，任务切换也是相似的。

3.4.3 抢占式调度器

在实际应用中，不同的任务需要不同的响应时间。例如，我们在一个应用中需要使用电机、键盘和LCD显示。电机比键盘和LCD需要更快速的响应，如果使用合作式调度器或者时间片调度，那么电机将无法得到及时的响应，这时抢占式调度是必须的。

如果使用了抢占式调度，最高优先级的任务一旦就绪，总能得到CPU的控制权。例如，当一个运行着的任务被其他高优先级的任务抢占，当前任务的CPU使用权就被剥夺了，或者说被挂起了，那个高优先级的任务立刻得到了CPU的控制权并得到运行。又如，如果中断服务程序使一个高优先级的任务进入就绪态，中断完成时，被中断的低优先级任务被挂起，优先级高的任务开始运行。

使用抢占式调度器，使得最高优先级的任务在什么时候可以得到CPU的控制权并运行是可知的，同时使得任务级响应时间得以最优化。

FreeRTOS抢占式调度器的实现：如果用户在FreeRTOS的配置文件FreeRTOSConfig.h

中禁止使用时间片调度，那么每个任务必须配置不同的优先级。当 FreeRTOS 多任务启动执行后，基本会按照如下的方式去执行：

1）首先执行最高优先级的任务 Task1，Task1 会一直运行直到遇到系统阻塞式的 API 函数，如延迟、事件标志等待和信号量等待，Task1 任务会被挂起，也就是释放 CPU 的执行权，让低优先级的任务得到执行。

2）FreeRTOS 操作系统继续执行任务就绪列表中下一个最高优先级的任务 Task2，Task2 的执行过程中有两种情况：

（1）Task1 由于延迟时间到，接收到信号量消息等方面的原因，使得 Task1 从挂起状态恢复到就绪态，在抢占式调度器的作用下，Task2 的执行会被 Task1 抢占。

（2）Task2 会一直运行直到遇到系统阻塞式的 API 函数，如延迟、事件标志等待和信号量等待，Task2 任务会被挂起，继而执行就绪列表中下一个最高优先级的任务。

如果用户创建了多个任务并且采用抢占式调度器的话，基本都是按照上面两条来执行。根据抢占式调度器，当前的任务要么被高优先级任务抢占，要么通过调用阻塞式 API 来释放 CPU 使用权让低优先级任务执行，没有用户任务执行时就执行空闲任务。

抢占式调度在 FreeRTOS 中的运行过程如图 3-2 所示。

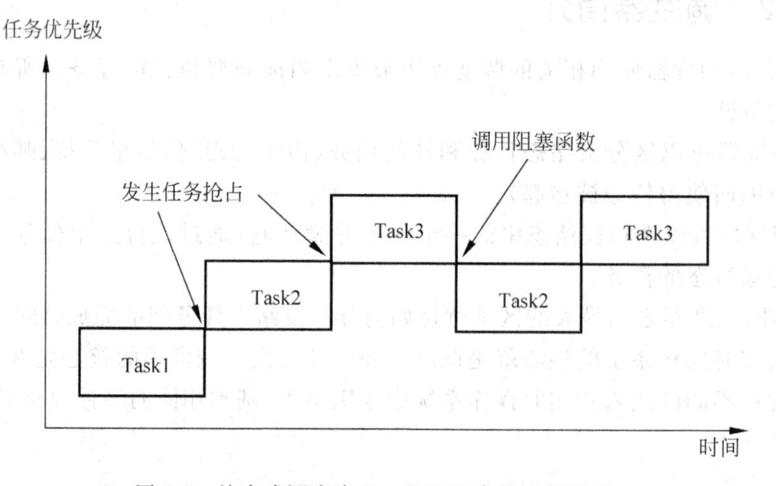

图 3-2　抢占式调度在 FreeRTOS 中的运行过程

运行条件（这里仅对抢占式调度进行说明）：

（1）创建 3 个任务 Task1、Task2 和 Task3。

（2）Task1 的优先级为 1，Task2 的优先级为 2，Task3 的优先级为 3。对于 FreeRTOS 操作系统，设置的数值越小任务优先级越低，故 Task3 的优先级最高，Task1 的优先级最低。

（3）此框图是 FreeRTOS 操作系统运行过程中的一部分。

运行过程描述如下：

（1）此时任务 Task1 在运行中，运行过程中由于 Task2 就绪，在抢占式调度器的作用下任务 Task2 抢占 Task1 的执行。Task2 进入到运行态，Task1 由运行态进入到就绪态。

（2）任务 Task2 在运行中，运行过程中由于 Task3 就绪，在抢占式调度器的作用下任务 Task3 抢占 Task2 的执行。Task3 进入到运行态，Task2 由运行态进入到就绪态。

（3）任务 Task3 运行过程中调用了阻塞式 API 函数，如 vTaskDelay，任务 Task3 被挂起,在抢占式调度器的作用下查找到下一个要执行的最高优先级任务是 Task2,任务 Task2 由就绪态进入到运行态。

(4) 任务 Task2 在运行中,运行过程中由于 Task3 再次就绪,在抢占式调度器的作用下任务 Task3 抢占 Task2 的执行。Task3 进入到运行态,Task2 由运行态进入到就绪态。

3.4.4 时间片调度器

在小型的嵌入式 RTOS 中,最常用的时间片调度算法就是 Round-robin 调度算法。这种调度算法可用于抢占式或者合作式的多任务中。另外,时间片调度适用于不要求任务实时响应的情况。

实现 Round-robin 调度算法需要给同优先级的任务分配一个专门的列表,用于记录当前就绪的任务,并为每个任务分配一个时间片(也就是需要运行的时间长度,时间片用完后就进行任务切换)。

在 FreeRTOS 操作系统中只有同优先级任务才会使用时间片调度,另外还需要用户在 FreeRTOSConfig. h 文件中使能如下宏定义:

```
#define configUSE_TIME_SLICING 1
```

默认情况下,此宏定义已经在 FreeRTOS. h 文件里面使能了,用户可以不用再在 FreeRTOSConfig. h 文件中单独使能。

时间片调度在 FreeRTOS 中的运行过程如图 3-3 所示。

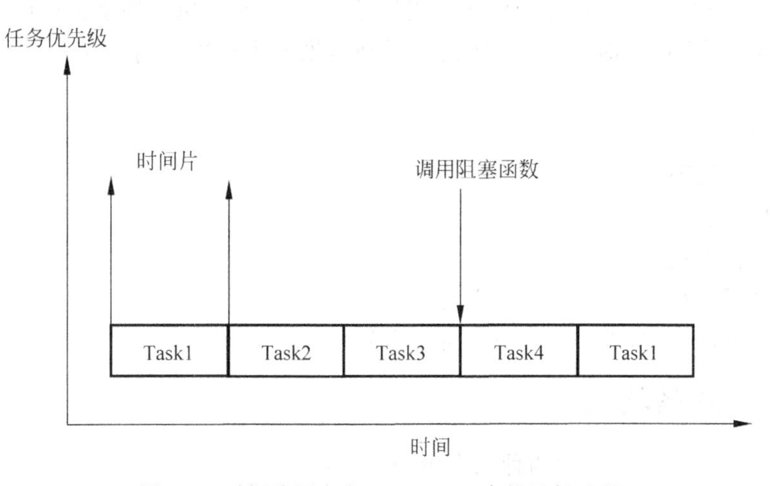

图 3-3 时间片调度在 FreeRTOS 中的运行过程

运行条件(这里仅对时间片调度进行说明):

(1) 创建 4 个同优先级任务 Task1、Task2、Task3 和 Task4。

(2) 每个任务分配的时间片大小是 5 个系统时钟节拍。

运行过程描述如下:

(1) 先运行任务 Task1,运行够 5 个系统时钟节拍后,通过时间片调度切换到任务 Task2。

(2) 任务 Task2 运行够 5 个系统时钟节拍后,通过时间片调度切换到任务 Task3。

(3) 任务 Task3 在运行期间调用了阻塞式 API 函数,调用函数时,虽然 5 个系统时钟节拍的时间片大小还没有用完，此时依然会通过时间片调度切换到下一个任务 Task4（注意，没有用完的时间片不会再使用，下次任务 Task3 得到执行时还是按照 5 个系统时钟节拍运行）。

（4）任务 Task4 运行够 5 个系统时钟节拍后，通过时间片调度切换到任务 Task1。

3.5 任务及任务优先级

3.5.1 任务和协程（Co-routines）

应用程序可以使用任务也可以使用协程，或者两者混合使用，但是任务和协程使用不同的 API 函数，因此在任务和协程之间不能使用同一个队列或信号量传递数据。

通常情况下，协程仅用在资源非常少的微处理器中，特别是 RAM 非常稀缺的情况下。目前协程很少被使用到，因此对于协程 FreeRTOS，这里既没有把它删除也没有进一步开发。

简而言之，使用 RTOS 的实时应用程序可认为是一系列独立任务的集合。每个任务在自己的环境中运行，不依赖于系统中的其他任务或者 RTOS 调度器。在任何时刻，只有一个任务得到运行，RTOS 调度器决定运行哪个任务。调度器会不断地启动、停止每一个任务，宏观看上去就像整个应用程序都在执行。作为任务，不需要对调度器的活动有所了解，在任务切入切出时保存上下文环境（寄存器值和堆栈内容）是调度器主要的职责。为了实现该目的，每个任务都需要有自己的堆栈。当任务切出时，它的执行环境会被保存在该任务的堆栈中，这样当再次运行时，就能从堆栈中正确地恢复上次的运行环境。以下为几点任务概要：

（1）简单；

（2）没有使用限制；

（3）支持完全抢占；

（4）支持优先级；

（5）每个任务都有自己的堆栈，消耗 RAM 较多；

（6）如果使用抢占，必须小心考虑可重入问题。

3.5.2 任务状态

一个任务的状态可为下面四种状态中的一个：

（1）运行：如果一个任务正在执行，就说这个任务处于运行状态，此时它占用处理器。

（2）就绪：就绪的任务已经具备执行的能力（不同于阻塞和挂起），但是因为有一个同优先级或者更高优先级的任务处于运行状态而还没有真正执行。

（3）阻塞：如果任务当前正在等待某个时序或外部中断，就说这个任务处于阻塞状态。例如一个任务调用 vTaskDelay()后会阻塞到延时周期到为止，任务也可能阻塞在队列或信号量事件上。进入阻塞状态的任务通常有一个“超时”周期，当事件超时后解除阻塞。

（4）挂起：处于挂起状态的任务同样对调度器无效。仅当明确地分别调用 vTaskSuspend()和 xTaskResume() API 函数后，任务才会进入或退出挂起状态。不可以指定超时周期事件（不可以通过设定超时事件而退出挂起状态）。

3.5.3　任务优先级

每个任务都要指定一个优先级，FreeRTOS 中任务的最高优先级是通过 FreeRTOSConfig.h 文件中的 configMAX_PRIORITIES 进行配置的，用户实际可以使用的优先级范围是 0 到 configMAX_PRIORITIES−1。例如配置此宏定义为 5，那么用户可以使用的优先级号是 0、1、2、3、4，不包含 5，对于这一点，初学者要特别注意。

用户配置任务的优先级数值越小，那么此任务的优先级就越低，空闲任务的优先级是 0。建议用户配置宏定义 configMAX_PRIORITIES 的最大值不要超过 32，即用户任务可以使用的优先级范围是 0～31。因为对于 CM 内核的移植文件，如果用户任务的优先级并非大于等于 32 的话，portmacro.h 文件中的宏定义 configUSE_PORT_OPTIMISED_TASK_SELECTION 会优化优先级列表中要执行的最高优先级任务的获取算法(对于 CM 内核的移植文件，此宏定义默认是使能的，当然用户也可以在 FreeRTOSConfig.h 文件中进行配置)。相比通用的最高优先级任务获取算法，这两种方式的对比如下：

1) 通用方式，配置宏定义 configUSE_PORT_OPTIMISED_TASK_SELECTION 为 0。

(1) 所有平台的移植文件都可以配置为 0，因为这是通用方式。

(2) 纯 C 语言编写，比专用方式效率低。

(3) 可用的优先级数量不限制。

2) 专用方式，进行优化，配置宏定义 configUSE_PORT_OPTIMISED_TASK_SELECTION 为 1。

(1) 部分平台支持。

(2) 这些平台架构有专用的汇编指令，如 CLZ(Count Leading Zeros)指令，通过这些指令可以加快算法的执行速度。

(3) 比通用方式高效。

(4) 有最大优先级数限制，通常限制为 32 个。

(5) 如果用户在 FreeRTOSConfig.h 文件中配置宏定义 configUSE_TIME_SLICING 为 1，或者没有配置此宏定义，时间片调度都是使能的。另外，只要芯片资源允许，可以配置任意多个同优先级任务。注意：没有定义 configUSE_TIME_SLICING，也能使用时间片调度是因为此宏定义默认已经在 FreeRTOS.h 文件中使能。

(6) FreeRTOS 中处于运行状态的任务永远是当前能够运行的最高优先级任务。

3.5.4　任务优先级分配方案

初学者有时候会纠结任务优先级设置为多少合适，因为任务优先级设置多少是没有标准的。这里推荐一个任务优先级设置方案，如图 3-4 所示。

(1) IRQ 任务：IRQ 任务是指通过中断服务程序进行触发的任务，此类任务应该设置为所有任务里面优先级最高的。

(2) 高优先级后台任务：如按键检测、触摸检测、USB 消息处理和串口消息处理等，都可以归为这一类任务。

(3) 低优先级的时间片调度任务：如 emWin 的界面显示和 LED 数码管的显示等不需

要实时执行的任务都可以归为这一类任务。实际应用中用户不必拘泥于将这些任务都设置为优先级1的同优先级任务，可以设置多个优先级，只需注意这类任务不需要高实时性。

(4) 空闲任务：空闲任务是系统任务。

特别注意：IRQ任务和高优先级任务必须设置为阻塞式(调用消息等待或者延迟等函数即可)，只有这样，高优先级任务才会释放CPU的使用权，从而低优先级任务才有机会得到执行。

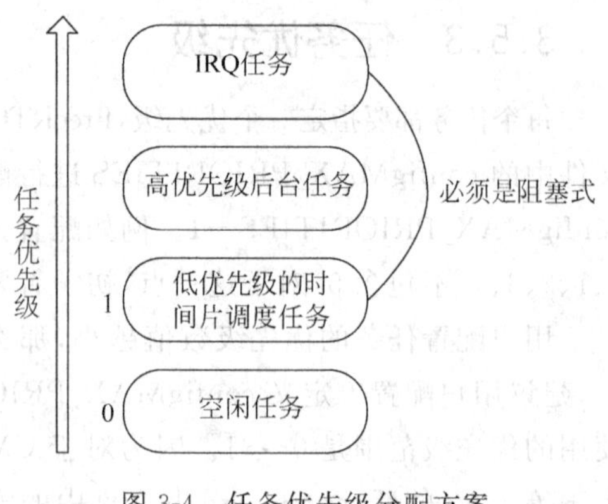

图3-4 任务优先级分配方案

这里的优先级分配方案只是本书推荐的一种方式，实际项目也可以不采用这种方法。调试出适合项目需求的优先级分配方案才是最好的。

3.6 任务间通信——信号量

3.6.1 信号量的概念及其作用

信号量(Semaphore)是20世纪60年代中期Edgser Dijkstra发明的。使用信号量的最初目的是为了给共享资源建立一个标志，该标志表示该共享资源被占用的情况。这样，当一个任务在访问共享资源之前，就可以先对这个标志进行查询，从而在了解资源被占用的情况之后，再来决定自己的行为。

实际应用中，信号量的作用又该如何体现呢？例如有个30人的电脑机房，那么就可以创建信号量的初始化值是30，表示30个可用资源(不理解的初学者可能会惊讶于信号量还有初始值？是的，信号量说白了就是共享资源的数量)，另外我们要求一个同学使用一台电脑，这样每有一个同学使用一台电脑，那么信号量的数值就减1，直到30台电脑都被占用，此时信号量的数值就是0。如果此时还有几个同学没有电脑可以使用，那么这几个同学就得等待，直到有同学离开。有一个同学离开，那么信号量的数值就加1，有两个离开就加2，依此类推。刚才没有电脑用的同学此时就有电脑可以用了，有几个同学用，信号量就减几，直到再次没有电脑可以用为止，以上就是使用信号量来管理共享资源的过程。

使用信号量主要实现以下两个功能：

(1) 两个任务之间或者中断函数与任务之间的同步功能，这点和前面讲到的事件标志组是类似的，其实就是共享资源为1的时候。

(2) 多个共享资源的管理，如上面举的机房上机的例子。

针对这两种功能，FreeRTOS分别提供了二值信号量和计数信号量，其中二值信号量可以理解成计数信号量的一种特殊形式，即初始化为仅有一个资源可以使用，只不过FreeRTOS对这两种信号量都提供API函数，而RTX、μCOS-Ⅱ和Ⅲ仅提供了一个信号量功能，设置不同的初始值就可以分别实现二值信号量和计数信号量。当然，FreeRTOS使用计数信号量也能够实现同样的效果。

3.6.2 FreeRTOS 任务间计数信号量的实现

任务间信号量的实现是指各个任务之间使用信号量实现任务的同步或者资源共享功能。FreeRTOS 计数信号量的实现如图 3-5 所示。

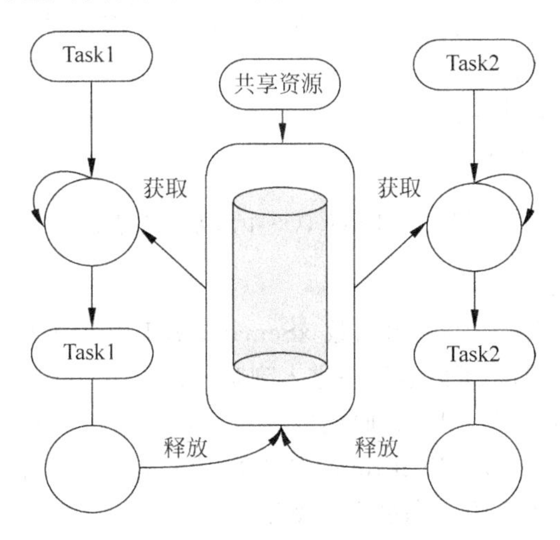

图 3-5　FreeRTOS 计数信号量的实现

运行条件：

(1) 创建 2 个任务 Task1 和 Task2。

(2) 创建计数信号量可用资源为 1。

运行过程描述如下：

(1) 任务 Task1 运行过程中调用函数 xSemaphoreTake 获取信号量资源，如果信号量没有被任务 Task2 占用，Task1 将直接获取资源。如果信号量被 Task2 占用，任务 Task1 将由运行态转到阻塞状态，等待资源可用。一旦获取了资源并使用完毕后会通过函数 xSemaphoreGive 释放掉资源。

(2) 任务 Task2 运行过程中调用函数 xSemaphoreTake 获取信号量资源，如果信号量没有被任务 Task1 占用，Task2 将直接获取资源。如果信号量被 Task1 占用，任务 Task2 将由运行态转到阻塞状态，等待资源可用。一旦获取了资源并使用完毕后会通过函数 xSemaphoreGive 释放掉资源。

以上就是一个简单的 FreeRTOS 任务间计数信号量的使用过程。

3.6.3 FreeRTOS 中断方式计数信号量的实现

FreeRTOS 中断方式信号量的实现是指中断函数和 FreeRTOS 任务之间使用信号量。信号量的中断方式主要用于实现任务同步，与前面讲到的事件标志组中断方式是一样的。

FreeRTOS 中断方式信号量的实现如图 3-6 所示。

运行条件：

(1) 创建一个任务 Task1 和一个串口接收中断。

(2) 信号量的初始值为 0，串口中断调用函数 xSemaphoreGiveFromISR 释放信号量，任务 Task1 调用函数 xSemaphoreTake 获取信号量资源。

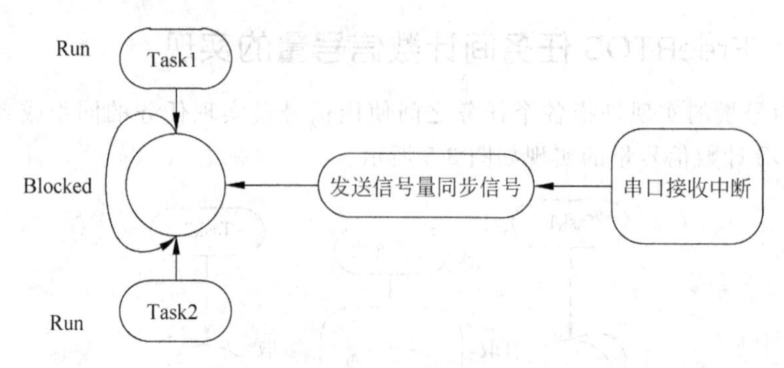

图 3-6 FreeRTOS 中断方式信号量

运行过程描述如下：

(1) 任务 Task1 运行过程中调用函数 xSemaphoreTake，由于信号量的初始值是 0，没有信号量资源可用，任务 Task1 由运行态进入到阻塞态。

(2) Task1 阻塞的情况下，串口接收到数据进入到了串口中断服务程序，在串口中断服务程序中调用函数 xSemaphoreGiveFromISR 释放信号量资源，信号量数值加 1，此时信号量计数值为 1，任务 Task1 由阻塞态进入到就绪态，在调度器的作用下由就绪态又进入到运行态，任务 Task1 获得信号量后，信号量数值减 1，此时信号量计数值又变成了 0。

(3) 再次循环执行时，任务 Task1 调用函数 xSemaphoreTake 由于没有资源可用再次进入到阻塞态，等待串口释放信号量资源，如此往复循环。

以上就是一个简单的 FreeRTOS 中断方式信号量同步过程。实际应用中，中断方式的消息机制要注意以下四个问题：

(1) 中断函数的执行时间越短越好，防止其他低于这个中断优先级的异常不能得到及时响应。

(2) 实际应用中，建议不要在中断中实现消息处理，用户可以在中断服务程序里面发送消息通知任务，在任务中实现消息处理，这样可以有效地保证中断服务程序的实时响应。同时此任务也需要设置为高优先级，以便退出中断函数后任务可以得到及时执行。

(3) 中断服务程序中一定要调用专用于中断的信号量设置函数，即以 FromISR 结尾的函数。

(4) 注意在操作系统中实现中断服务程序与裸机编程的区别。

3.6.4 计数信号量 API 函数

使用图 3-7 所示的函数可以实现 FreeRTOS 的信号量(含计数信号量、二值信号量和互斥信号量)。

具体的函数实现可以参考 FreeRTOS 在线 API 手册。这里简单介绍其中常用的 4 个信号量 API 函数。

1. 函数 xSemaphoreCreateCounting()

函数原型：

```
SemaphoreHandle_t  xSemaphoreCreateCounting(UBaseType_t uxMaxCount, UBaseType_t uxInitialCount)
```

函数描述：

xSemaphoreCreateBinary()
xSemaphoreCreateBinaryStatic()
vSemaphoreCreateBinary()
xSemaphoreCreateCounting()
xSemaphoreCreateCountingStatic()
xSemaphoreCreateMutex()
xSemaphoreCreateMutex Static()
xSemCreateRecursiveMutex()
xSemCreateRecursiveMutexStatic()
xSemaphoreDelete()
xSemaphoreGetMutexHolder()
uxSemaphoreGetCount()
xSemaphoreTask()
xSemaphoreTaskFromISR()
xSemaphoreTaskRecursive()
xSemaphoreGive()
xSemaphoreGiveRecursive()
xSemaphoreGiveFromISR()

图 3-7　信号量 API 函数

函数 xSemaphoreCreateCounting 用于创建计数信号量。

(1) 第 1 个参数用于设置此计数信号量支持的最大计数值。

(2) 第 2 个参数用于设置计数信号量的初始值。

(3) 返回值：如果创建成功会返回消息队列的句柄，如果由于 FreeRTOSConfig.h 文件中 heap 大小不足，无法为此消息队列提供所需的空间则会返回 NULL。

使用这个函数要注意以下问题：

(1) 此函数是基函数 xQueueCreateCountingSemaphore 实现的：

```
#define xSemaphoreCreateCounting(uxMaxCount, uxInitialCount)
xQueueCreateCountingSemaphore((uxMaxCount),(uxInitialCount))
```

函数 xQueueCreateCountingSemaphore 是基于消息队列函数 xQueueGenericCreate 实现的。

(2) 使用此函数要在 FreeRTOSConfig.h 文件中使能宏定义：

```
#defineconfigUSE_COUNTING_SEMAPHORES   1
```

2. 函数 xSemaphoreGive()

函数原型：

```
xSemaphoreGive(SemaphoreHandle_t xSemaphore)
```

函数描述：

函数 xSemaphoreGive 用于在任务代码中释放信号量。

(1) 第 1 个参数是信号量句柄。

(2) 返回值：如果信号量释放成功返回 pdTRUE，否则返回 pdFALSE。因为计数信号量的实现是基于消息队列，返回失败的主要原因是消息队列已经满了。

使用这个函数要注意以下问题：

（1）此函数是基于消息队列函数 xQueueGenericSend 实现的：

```
#define xSemaphoreGive(xSemaphore) xQueueGenericSend((QueueHandle_t) (xSemaphore), NULL,
semGIVE_BLOCK_TIME, queueSEND_TO_BACK)
```

（2）此函数用于任务代码中的调用，故不可以在中断服务程序中调用此函数，中断服务程序中使用的是 xSemaphoreGiveFromISR。

（3）使用此函数前，一定要保证用函数 xSemaphoreCreateBinary()、xSemaphoreCreateMutex()或者 xSemaphoreCreateCounting()创建了信号量。

（4）此函数不支持使用 xSemaphoreCreateRecursiveMutex()创建的信号量。

3. 函数 xSemaphoreGiveFromISR()

函数原型：

```
xSemaphoreGiveFromISR(
                    SemaphoreHandle_t xSemaphore,
                    BaseType_t * pxHigherPriorityTaskWoken
                )
```

函数描述：

函数 xSemaphoreGiveFromISR 用于中断服务程序中释放信号量。

（1）第 1 个参数是信号量句柄。

（2）第 2 个参数用于保存是否有高优先级任务准备就绪。如果函数执行完毕后，此参数的数值是 pdTRUE，说明有高优先级任务要执行，否则没有。

（3）返回值：如果信号量释放成功返回 pdTRUE，否则返回 errQUEUE_FULL。

使用这个函数要注意以下问题：

（1）此函数是基于消息队列函数 xQueueGiveFromISR 实现的：

```
#define  xSemaphoreGiveFromISR(xSemaphore, pxHigherPriorityTaskWoken)  xQueueGiveFromISR
((QueueHandle_t)(xSemaphore),(pxHigherPriorityTaskWoken))
```

（2）此函数用于中断服务程序中的调用，故不可以任务代码中调用此函数，任务代码中使用的是 xSemaphoreGive。

（3）使用此函数前，一定要保证用函数 xSemaphoreCreateBinary()或者 xSemaphoreCreateCounting()创建了信号量。

（4）此函数不支持使用 xSemaphoreCreateMutex()创建的信号量。

4. 函数 xSemaphoreTake()

函数原型：

```
xSemaphoreTake(
            SemaphoreHandle_t xSemaphore,
            TickType_t xBlockTime
           )
```

函数描述：

函数 xSemaphoreTake 用于在任务代码中获取信号量。

(1) 第1个参数是信号量句柄。

(2) 第2个参数表示没有信号量可用时等待信号量可用的最大等待时间，单位为系统时钟节拍。

(3) 返回值：如果创建成功会获取信号量返回 pdTRUE，否则返回 pdFALSE。

使用这个函数要注意以下问题：

(1) 此函数用于任务代码中的调用，故不可以在中断服务程序中调用此函数，中断服务程序使用的是 xSemaphoreTakeFromISR。

(2) 如果消息队列为空且第2个参数为0，那么此函数会立即返回。

(3) 如果用户将 FreeRTOSConfig.h 文件中的宏定义 INCLUDE_vTaskSuspend 配置为1且第2个参数配置为 portMAX_DELAY，那么此函数会永久等待直到信号量可用。

3.7 任务间通信—消息队列

3.7.1 消息队列的概念及其作用

消息队列(Message)就是通过 RTOS 内核提供的服务，任务或中断服务子程序可以将一个消息(注意，FreeRTOS 消息队列传递的是实际数据，并不是数据地址，RTX、uCOS-Ⅱ和 uCOS-Ⅲ传递的是地址)放入到队列。同样，一个或者多个任务可以通过 RTOS 内核服务从队列中得到消息。通常，先进入消息队列的消息先传给任务，也就是说，任务先得到的是最先进入到消息队列的消息，即遵从先进先出的原则(FIFO)，FreeRTOS 的消息队列支持 FIFO 和 LIFO 两种数据存取方式。相比于消息队列，使用全局数组主要有如下四个问题：

(1) 使用消息队列可以让 RTOS 内核有效地管理任务，而全局数组无法做到这一点，任务的超时等机制需要用户自己去实现。

(2) 使用了全局数组就要防止多任务的访问冲突，而使用消息队列则可以很好地处理这个问题，用户无须担心。

(3) 使用消息队列可以有效地解决中断服务程序与任务之间消息传递的问题。

(4) FIFO 机制更有利于数据的处理。

3.7.2 FreeRTOS 任务间消息队列的实现

任务间消息队列的实现是指各个任务之间使用消息队列实现任务间的通信。FreeRTOS 任务间消息队列的实现方式如图3-8所示。

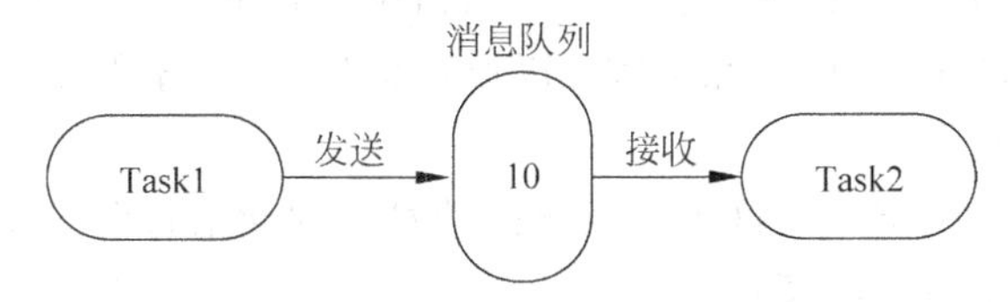

图3-8 FreeRTOS 任务间消息队列的实现

运行条件：

(1) 创建消息队列，可以存放10个消息。

(2) 创建 2 个任务 Task1 和 Task2，任务 Task1 向消息队列放数据，任务 Task2 从消息队列取数据。

(3) FreeRTOS 的消息存取采用 FIFO 方式。

运行过程主要有以下两种情况：

(1) 任务 Task1 向消息队列放数据，任务 Task2 从消息队列取数据，如果放数据的速度快于取数据的速度，那么会出现消息队列存放满的情况，FreeRTOS 的消息存放函数 xQueueSend 支持超时等待，用户可以设置超时等待，直到有空间可以存放消息或者设置的超时时间溢出。

(2) 任务 Task1 向消息队列放数据，任务 Task2 从消息队列取数据，如果放数据的速度慢于取数据的速度，那么会出现消息队列空的情况，FreeRTOS 的消息获取函数 xQueueReceive 支持超时等待，用户可以设置超时等待，直到消息队列中有消息或者设置的超时时间溢出。

3.7.3 FreeRTOS 中断方式消息队列的实现

FreeRTOS 中断方式消息队列的实现是指中断函数和 FreeRTOS 任务之间使用消息队列。FreeRTOS 中断方式消息队列的实现如图 3-9 所示。

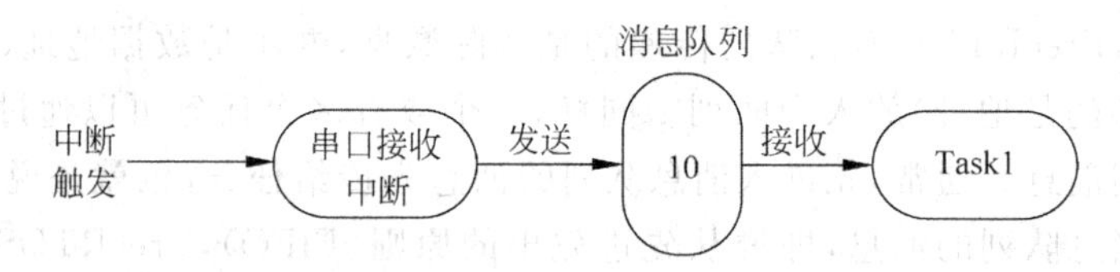

图 3-9 FreeRTOS 中断方式消息队列的实现

运行条件：

(1) 创建消息队列，可以存放 10 个消息。

(2) 创建 1 个任务 Task1 和一个串口接收中断。

(3) FreeRTOS 的消息存取采用 FIFO 方式。

运行过程主要有以下两种情况：

(1) 中断服务程序向消息队列放数据，任务 Task1 从消息队列取数据，如果放数据的速度快于取数据的速度，那么会出现消息队列存放满的情况。由于中断服务程序里面的消息队列发送函数 xQueueSendFromISR 不支持超时设置，所以发送前要通过函数 xQueueIsQueueFullFromISR 检测消息队列是否满。

(2) 中断服务程序向消息队列放数据，任务 Task1 从消息队列取数据，如果放数据的速度慢于取数据的速度，那么会出现消息队列空的情况。在 FreeRTOS 的任务中可以通过函数 xQueueReceive 获取消息，因为此函数可以设置超时等待，直到消息队列中有消息存放或者设置的超时时间溢出。

以上就是一个简单的 FreeRTOS 中断方式消息队列通信过程。实际应用中，中断方式的消息机制要注意以下三个问题：

(1) 中断函数的执行时间越短越好，防止其他低于这个中断优先级的异常不能得到及时响应。

(2) 实际应用中，建议不要在中断中实现消息处理，用户可以在中断服务程序里面发送消息通知任务，在任务中实现消息处理，这样可以有效地保证中断服务程序的实时响应。同时此任务也需要设置为高优先级，以便退出中断函数后任务可以得到及时执行。

(3) 中断服务程序中一定要调用专用于中断的消息队列函数，即以 FromISR 结尾的函数。

在操作系统中实现中断服务程序与裸机编程的区别如下：

(1) 如果 FreeRTOS 工程的中断函数中没有调用 FreeRTOS 的消息队列 API 函数，与裸机编程是一样的。

(2) 如果 FreeRTOS 工程的中断函数中调用了 FreeRTOS 的消息队列的 API 函数，退出的时候要检测是否有高优先级任务就绪，如果有就绪的任务，需要在退出中断后进行任务切换，这点与裸机编程稍有区别。

(3) 用户需要在 FreeRTOS 多任务开启前设置好优先级分组，一旦设置好就不可再修改。

3.7.4 消息队列 API 函数

使用如图 3-10 所示的函数可以实现 FreeRTOS 的消息队列。

uxQueueMessagesWaiting()
uxQueueMessagesWaitingFromISR()
uxQueueSpacesAvailable()
vQueueAddToRegistry()
vQueueDelete()
vQueueUnregisterQueue()
xQueueCreate()
xQueueIsQueueEmptyFromISR()
xQueueIsQueueFullFromISR()
xQueueOverwrite()
xQueueOverwriteFromISR()
xQueuePeek()
xQueuePeekFromISR()
xQueueReceive()
xQueueReceiveFromISR()
xQueueReset()
xQueueSend()
xQueueSendFromISR()
xQueueSendToBack()
xQueueSendToBackFromISR()
xQueueSendToFront()
xQueueSendToFrontFromISR()

图 3-10 消息队列 API 函数

具体的函数实现可以参考 FreeRTOS 在线 API 手册。这里简单介绍其中常用的 4 个消息队列 API 函数。

1. 函数 xQueueCreate()

函数原型:

```
QueueHandle_t xQueueCreate(
                           UBaseType_t uxQueueLength,
                           UBaseType_t uxItemSize
                           );
```

函数描述:

函数 xQueueCreate 用于创建消息队列。

(1) 第 1 个参数是消息队列支持的消息个数。

(2) 第 2 个参数是每个消息的大小,单位为字节。

(3) 返回值:如果创建成功会返回消息队列的句柄,如果由于 FreeRTOSConfig.h 文件中 heap 大小不足,无法为此消息队列提供所需的空间则会返回 NULL。

使用时应注意以下问题:

(1) FreeRTOS 的消息传递是数据的复制,而不是传递的数据地址。

(2) 每一次传递都是 uxItemSize 个字节。

2. 函数 xQueueSend()

函数原型:

```
BaseType_t xQueueSend(
                       QueueHandle_t xQueue,
                       const void * pvItemToQueue,
                       TickType_t xTicksToWait
                   );
```

函数描述:

函数 xQueueSend 用于任务中消息发送。

(1) 第 1 个参数是消息队列句柄。

(2) 第 2 个参数表示要传递数据的地址,每次发送都是将消息队列创建函数 xQueueCreate 所指定的单个消息大小复制到消息队列空间中。

(3) 第 3 个参数是当消息队列已经满时等待消息队列有空间时的最大等待时间,单位为系统时钟节拍。

(4) 返回值:如果消息成功发送返回 pdTRUE,否则返回 errQUEUE_FULL。

使用时应注意以下问题:

(1) FreeRTOS 的消息传递是数据的复制,而不是传递的数据地址。

(2) 此函数用于任务代码中的调用,故不可以在中断服务程序中调用此函数,中断服务程序中使用的是 xQueueSendFromISR。

(3) 如果消息队列已经满且第 3 个参数为 0,那么此函数会立即返回。

(4) 如果用户将 FreeRTOSConfig.h 文件中的宏定义 INCLUDE_vTaskSuspend 配置为 1 且第 3 个参数配置为 portMAX_DELAY,那么此发送函数会永久等待直到消息队列有空间可以使用。

(5) 消息队列还有两个函数,即 xQueueSendToBack 和 xQueueSendToFront 函数。

xQueueSendToBack 实现的是 FIFO 方式的存取，xQueueSendToFront 实现的是 LIFO 方式的读写。这里说的函数 xQueueSend 等效于 xQueueSendToBack，即实现的是 FIFO 方式的存取。

3. 函数 xQueueSendFromISR()

函数原型：

```
BaseType_t xQueueSendFromISR(
                        QueueHandle_t xQueue,
                        const void * pvItemToQueue,
                        BaseType_t * pxHigherPriorityTaskWoken
                    );
```

函数描述：

函数 xQueueSendFromISR 用于中断服务程序中的消息发送。

(1) 第1个参数是消息队列句柄。

(2) 第2个参数表示要传递数据的地址，每次发送都是将消息队列创建函数 xQueueCreate 所指定的单个消息大小复制到消息队列空间中。

(3) 第3个参数用于保存是否有高优先级任务准备就绪。如果函数执行完毕后，此参数的数值是 pdTRUE，说明有高优先级任务要执行，否则没有。

(4) 返回值：如果消息成功发送返回 pdTRUE，否则返回 errQUEUE_FULL。

使用时应注意以下问题：

(1) FreeRTOS 的消息传递是数据的复制，而不是传递的数据地址。正因为这个原因，用户在创建消息队列时单个消息大小不可太大，因为一定程度上会增加中断服务程序的执行时间。

(2) 此函数用于中断服务程序中的调用，故不可以在任务代码中调用此函数，任务代码中使用的是 xQueueSend。

(3) 消息队列还有两个函数 xQueueSendToBackFromISR 和 xQueueSendToFrontFromISR，函数 xQueueSendToBackFromISR 实现的是以 FIFO 方式的存取，函数 xQueueSendToFrontFromISR 实现的是 LIFO 方式的读写。这里说的函数 xQueueSendFromISR 等效于 xQueueSendToBackFromISR，即实现的是 FIFO 方式的存取。

4. 函数 xQueueReceive()

函数原型：

```
BaseType_t xQueueReceive(
                    QueueHandle_t xQueue,
                    void * pvBuffer,
                    TickType_t xTicksToWait
                );
```

函数描述：

函数 xQueueReceive 用于接收消息队列中的数据。

(1) 第1个参数是消息队列句柄。

(2) 第2个参数是从消息队列中复制出数据后所储存的缓冲地址，缓冲区空间要大于等于消息队列创建函数 xQueueCreate 所指定的单个消息大小，否则取出的数据无法全部存储到缓冲区，从而造成内存溢出。

(3) 第 3 个参数是消息队列为空时，等待消息队列有数据的最大等待时间，单位为系统时钟节拍。

(4) 返回值：如果接收到消息返回 pdTRUE，否则返回 pdFALSE。

使用时应注意以下问题：

(1) 此函数用于任务代码中的调用，故不可以在中断服务程序中调用此函数，中断服务程序使用的是 xQueueReceiveFromISR。

(2) 如果消息队列为空且第 3 个参数为 0，那么此函数会立即返回。

(3) 如果用户将 FreeRTOSConfig.h 文件中的宏定义 INCLUDE_vTaskSuspend 配置为 1 且第 3 个参数配置为 portMAX_DELAY，那么此函数会永久等待直到消息队列有数据。

3.8 任务间通信——互斥信号量

3.8.1 互斥信号量的概念及其作用

互斥信号量(Mutex)的主要作用是对资源实现互斥访问，使用二值信号量也可以实现互斥访问的功能。互斥信号量与二值信号量的区别在于互斥信号量可以防止优先级翻转，而二值信号量不支持。

3.8.2 优先级翻转问题

优先级翻转如图 3-11 所示。

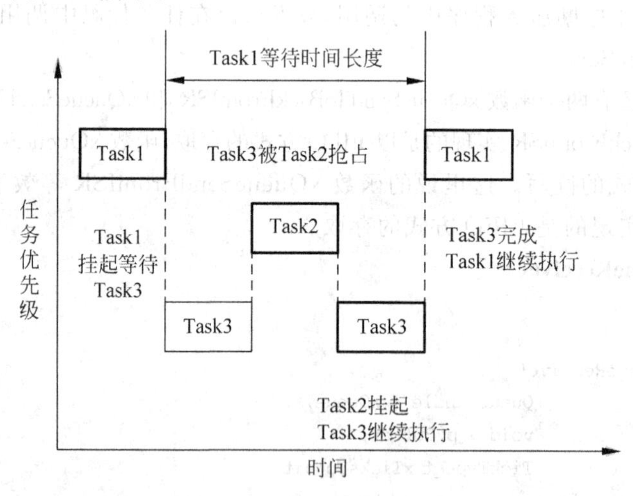

图 3-11 优先级翻转示意图

运行条件：

(1) 创建 3 个任务 Task1、Task2 和 Task3，优先级分别为 3、2、1，也就是 Task1 的优先级最高。

(2) 任务 Task1 和 Task3 互斥访问串口打印 printf,采用二值信号实现互斥访问。

(3) 起初 Task3 通过二值信号量正在调用 printf,被任务 Task1 抢占,开始执行任务 Task1,也就是图 3-11 的起始位置。

运行过程描述如下:

(1) 任务 Task1 运行的过程需要调用函数 printf,发现任务 Task3 正在调用,任务 Task1 会被挂起,等待 Task3 释放函数 printf。

(2) 在调度器的作用下,任务 Task3 得到运行,Task3 运行的过程中,由于任务 Task2 就绪,抢占了 Task3 的运行。优先级翻转问题就出在这里了,从任务执行的现象上看,任务 Task1 需要等待 Task2 执行完毕才有机会得到执行,这个与抢占式调度正好反了,正常情况下应该是高优先级任务抢占低优先级任务的执行,这里成了高优先级任务 Task1 等待低优先级任务 Task2 完成,这种情况被称为优先级翻转问题。

(3) 任务 Task2 执行完毕后,任务 Task3 恢复执行,Task3 释放互斥资源后,任务 Task1 得到互斥资源,从而可以继续执行。

以上就是一个产生优先级翻转问题的情况。

3.8.3 FreeRTOS 互斥信号量的实现

FreeRTOS 互斥信号量是怎么实现的呢?相对于二值信号量,互斥信号量解决了优先级翻转的问题。FreeRTOS 互斥信号量的实现如图 3-12 所示。

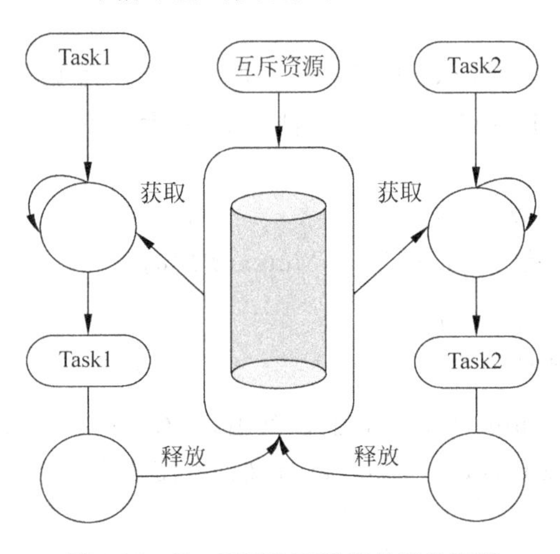

图 3-12 FreeRTOS 互斥信号量的实现

运行条件:

(1) 创建 2 个任务 Task1 和 Task2,优先级分别为 1 和 3,也就是任务 Task2 的优先级最高。

(2) 任务 Task1 和 Task2 互斥访问串口打印 printf。

(3) 使用 FreeRTOS 的互斥信号量实现串口打印 printf 的互斥访问。

运行过程描述如下:

(1) 低优先级任务 Task1 执行过程中先获得互斥资源 printf 的执行,此时任务 Task2 抢占了任务 Task1 的执行,任务 Task1 被挂起,任务 Task2 得到执行。

(2) 任务 Task2 执行过程中也需要调用互斥资源，但是发现任务 Task1 正在访问，此时任务 Task1 的优先级会被提升到与 Task2 同一个优先级，也就是优先级 3，这就是所谓的优先级继承(Priority Inheritance)，这样就有效地防止了优先级翻转的问题。任务 Task2 被挂起，任务 Task1 在新的优先级下继续执行。

(3) 任务 Task1 执行完毕并释放互斥资源后，优先级恢复到原来的水平。由于互斥资源可以使用，任务 Task2 获得互斥资源后开始执行。

以上就是一个简单的 FreeRTOS 互斥信号量的实现过程。互斥信号量仅支持在 FreeRTOS 的任务中，中断函数中不可使用。

3.8.4 互斥信号量 API 函数

使用图 3-7 的函数可以实现 FreeRTOS 的信号量(含计数信号量、二值信号量和互斥信号量)。

具体的函数实现可以参考 FreeRTOS 在线 API 手册。这里简单介绍其中常用的 3 个信号量 API 函数。

1. 函数 xSemaphoreCreateMutex()

函数原型：

```
SemaphoreHandle_t xSemaphoreCreateMutex(void)
```

函数描述：

函数 xSemaphoreCreateMutex 用于创建互斥信号量。如果创建成功会返回互斥信号量的句柄，如果由于 FreeRTOSConfig. h 文件中 heap 大小不足，无法为此互斥信号量提供所需的空间则会返回 NULL。

使用这个函数要注意以下问题：

(1) 此函数是基于函数 xQueueCreateMutex 实现的：

```
#definexSemaphoreCreateMutex()
xQueueCreateMutex(queueQUEUE_TYPE_MUTEX)
```

函数 xQueueCreateMutex 是基于消息队列函数 xQueueGenericCreate 实现的。

(2) 使用此函数要在 FreeRTOSConfig. h 文件中使能宏定义：

```
#define configUSE_MUTEXES  1
```

2. 函数 xSemaphoreGive()

函数原型：

```
xSemaphoreGive(SemaphoreHandle_t xSemaphore)
```

函数描述：

函数 xSemaphoreGive 用于在任务代码中释放信号量。

(1) 第 1 个参数是信号量句柄。

(2) 返回值：如果信号量释放成功返回 pdTRUE，否则返回 pdFALSE，因为信号量的实现是基于消息队列，返回失败的主要原因是消息队列已经满了。

使用这个函数要注意以下问题：

（1）此函数是基于消息队列函数 xQueueGenericSend 实现的：

```
#define xSemaphoreGive(xSemaphore)
xQueueGenericSend((QueueHandle_t)(xSemaphore),NULL, semGIVE_BLOCK_TIME, queueSEND_TO_BACK)
```

（2）此函数用于任务代码中的调用，故不可以在中断服务程序中调用此函数，中断服务程序中使用的是 xSemaphoreGiveFromISR。

（3）使用此函数前，一定要保证用函数 xSemaphoreCreateBinary()、xSemaphoreCreateMutex()或者 xSemaphoreCreateCounting()创建了信号量。

（4）此函数不支持使用 xSemaphoreCreateRecursiveMutex()创建的信号量。

3. 函数 xSemaphoreTake()

函数原型：

```
xSemaphoreTake(
                    SemaphoreHandle_t xSemaphore,
                    TickType_t xBlockTime
              )
```

函数描述：

函数 xSemaphoreTake 用于在任务代码中获取信号量。

（1）第 1 个参数是信号量句柄。

（2）第 2 个参数是没有信号量可用时等待信号量可用的最大等待时间，单位为系统时钟节拍。

（3）返回值：如果创建成功会获取信号量返回 pdTRUE，否则返回 pdFALSE。

使用这个函数要注意以下问题：

（1）此函数用于任务代码中的调用，故不可以在中断服务程序中调用此函数，中断服务程序使用的是 xSemaphoreTakeFromISR。

（2）如果消息队列为空且第 2 个参数为 0，那么此函数会立即返回。

（3）如果用户将 FreeRTOSConfig.h 文件中的宏定义 INCLUDE_vTaskSuspend 配置为 1 且第 2 个参数配置为 portMAX_DELAY，那么此函数会永久等待直到信号量可用。

3.9 飞控系统的任务规划与 5 环控制

飞控系统是无人机的核心控制装置，相当于无人机的大脑，是否装有飞控系统也是无人机区别于普通航空模型的重要标志。飞控系统实时采集各传感器测量的飞行状态数据、接收无线电测控终端传输的由地面测控站上行信道送来的控制命令及数据，经计算处理，输出控制指令给执行机构，实现对无人机中各种飞行模态的控制和对任务设备的管理与控制；同时将无人机的状态数据及发动机、机载电源系统、任务设备的工作状态参数实时传送给机载无线电数据终端，经无线电下行信道发送回地面测控站。按照功能划分，飞航科技的飞控系统的任务线程包括：算法线程、高度线程、遥测线程、IMU 线程、油门线程、导航线程、GPS 线程以及其他任务线程。整个“光标”飞控的开发平台及软件架构如图 3-13 所示。

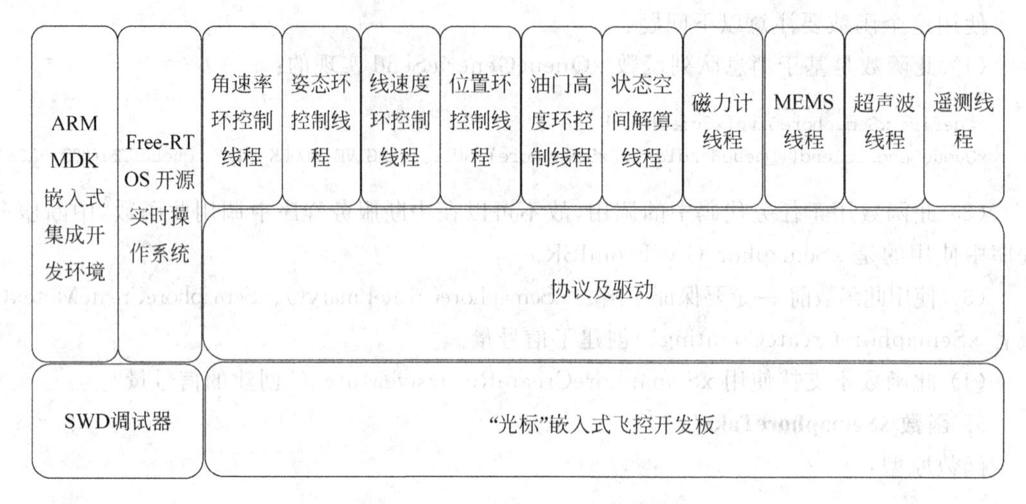

图 3-13　飞航"光标"飞控软件系统架构

整个飞控开发系统基于"光标"嵌入式飞控开发平台硬件系统，系统硬件的详细介绍请参考第 2 章。由于核心处理器采用 STMicroelectronics 的 Cortex-M4 芯片，因此软件开发采用 ARM 的 Keil-MDK 嵌入式集成开发环境，并且基于 FreeRTOS 的实时操作系统。飞控软件核心控制任务为角速率、姿态、线速度和位置这四个闭环控制，再加上电调中的 PWM 转速闭环控制，共同构成嵌入式飞控系统 5 个闭环控制。在一般简单的飞控系统中，只需要实现角速率和姿态环基本上就可以实现一般的无人机稳定控制和操控。如果需要实现定点或者航线飞行，则需要进一步增加线速度和位置控制环。

第 7 章重点介绍了角速率环和姿态环的状态空间解算，主要用于让飞行器感知自身的飞行状态量。如果仅有角度控制的话，可以简单采用方向余弦矩阵的方法或者四元数的方法，根据 MEMS 传感器的数据来进行姿态估计。如果需要估计完整的十五个状态量(见第 5.1 节介绍)，可以采用卡尔曼滤波状态空间估计的算法，这将在第 6 章重点介绍。油门与高度控制的设计思路和方案将在第 8 章中详细阐述。关于各传感器线程中对传感器访问的介绍，可以参考第 5 章。遥测方面的通信原理和通信协议将在第 10 章介绍。此外为了保证飞控算法时序的要求，还需要采用系统实现的各种定时器，这一部分在第 4 章介绍。

第4章 飞行控制系统的定时器

CHAPTER 4

4.1 STM32F407 的系统时钟配置

4.1.1 STM32F4 的系统时钟树

时钟系统是微处理器同步系统的基准和运行节拍，如同人的心跳节拍一样。因此时钟系统是微处理器中最重要的一个核心部分。STM32F4 的时钟系统比较复杂，不像简单的51 单片机一个系统时钟就可以解决一切。于是有人要问，采用一个系统时钟不是很简单吗，为什么 STM32 要有多个时钟源呢？因为首先 STM32 本身非常复杂，外设非常多，但是并不是所有外设都需要系统时钟这么高的频率，如看门狗以及 RTC 只需要几十 kHz 的时钟即可。同一个电路，时钟越快功耗越大，同时抗电磁干扰能力也会越弱，所以对于较为复杂的 MCU 一般都是采取多时钟源的方法来解决这些问题。

STM32F4 的时钟系统如图 4-1 所示。

在 STM32F4 中，有 5 个最重要的时钟源，即 HSI、HSE、LSI、LSE 和 PLL。其中，PLL 实际分为两个时钟源，分别为主 PLL 和专用 PLL。从时钟频率来分可以分为高速时钟源和低速时钟源，HSI、HSE 以及 PLL 是高速时钟，LSI 和 LSE 是低速时钟。从来源可分为外部时钟源和内部时钟源，外部时钟源就是从外部通过接晶振的方式获取的时钟源，其中 HSE 和 LSE 是外部时钟源，其他三个是内部时钟源。下面介绍 STM32F4 的 5 个时钟源，按图中圆圈标示的顺序讲解。

(1) LSI 是低速内部时钟，RC 振荡器，频率为 32kHz 左右。供独立看门狗和自动唤醒单元使用。

(2) LSE 是低速外部时钟，接频率为 32.768kHz 的石英晶体。这个主要是 RTC 的时钟源。

(3) HSE 是高速外部时钟，可接石英/陶瓷谐振器，或者接外部时钟源，频率范围为 4～26MHz。本书的开发板接的是 8MHz 的晶振。HSE 也可以直接作为系统时钟或者 PLL 输入。

(4) HSI 是高速内部时钟，RC 振荡器，频率为 16MHz。可以直接作为系统时钟或者用作 PLL 输入。

(5) PLL 为锁相环倍频输出。STM32F4 有如下两个 PLL：

① 主 PLL(PLL)由 HSE 或者 HSI 提供时钟信号，并具有两个不同的输出时钟。第一

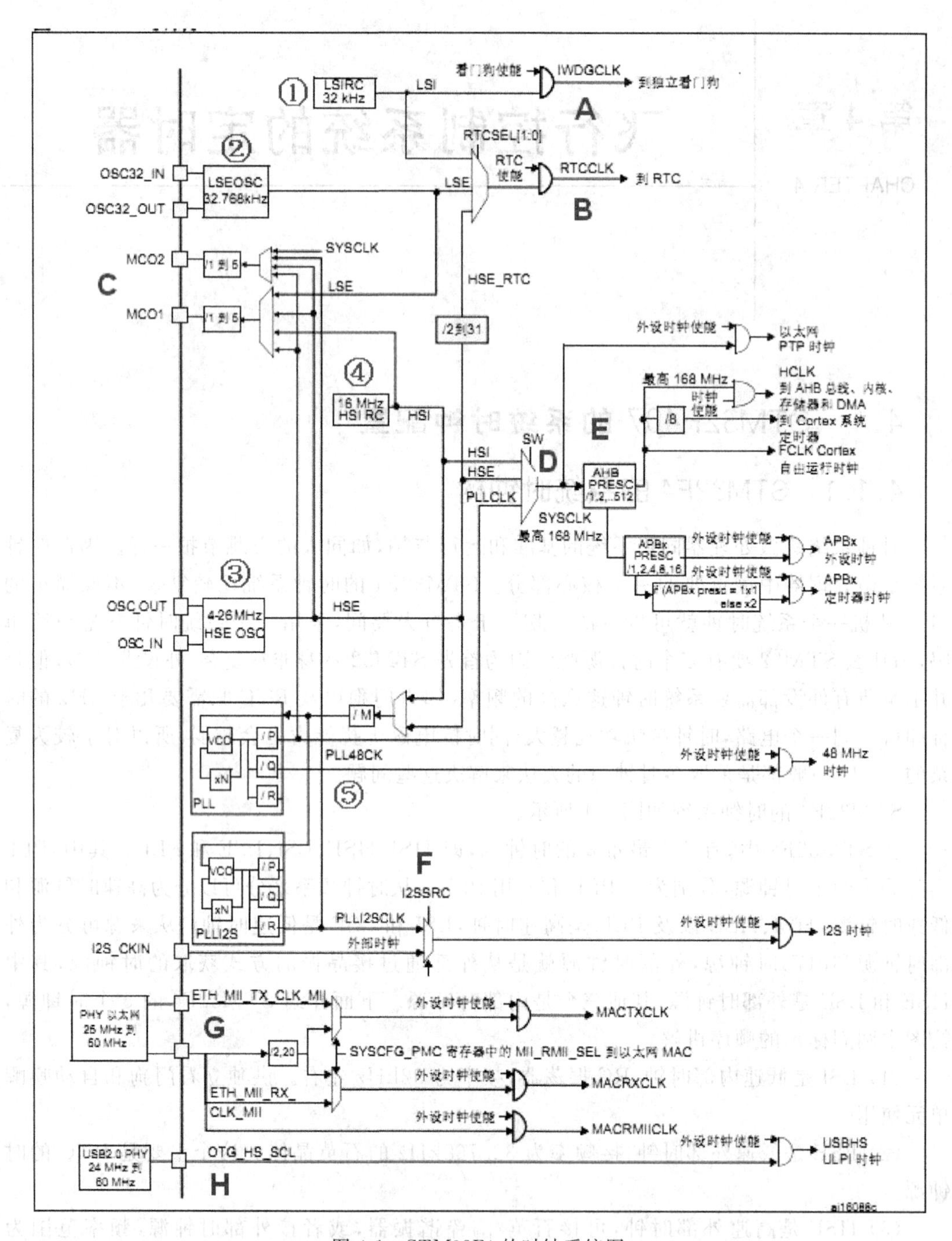

图 4-1　STM32F4 的时钟系统图

个输出 PLLP 用于生成高速的系统时钟(最高 168MHz)，第二个输出 PLLQ 用于生成 USB OTG FS 的时钟(48MHz)、随机数发生器的时钟和 SDIO 时钟。

② 专用 PLL(PLLI2S)用于生成精确时钟，从而在 I2S 接口实现高品质音频性能。

这里着重介绍主 PLL 时钟第一个高速时钟输出 PLLP 的计算方法。图 4-2 所示是主 PLL 的时钟图。

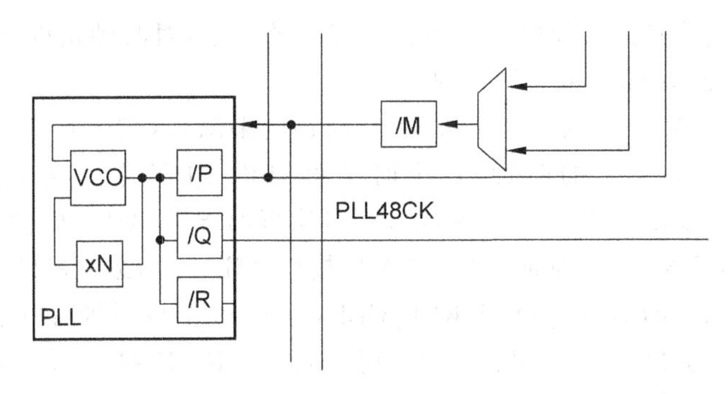

图 4-2　STM32F4 主锁相环时钟图

从图 4-2 可以看出。主 PLL 时钟的时钟源要先经过一个分频系数为 M 的分频器，然后经过倍频系数为 N 的倍频器，之后还需要经过一个分频系数为 P(第一个输出 PLLP)或者 Q(第二个输出 PLLQ)的分频器分频，最后才生成最终的主 PLL 时钟。

例如外部晶振选择 8MHz，同时设置相应的分频器 M=8，倍频器倍频系数 N=336，分频器分频系数 P=2，那么主 PLL 生成的第一个输出高速时钟 PLLP 为

$$\text{PLL} = 8\text{MHz} * N/(M * P) = 8\text{MHz} * 336/(8 * 2) = 168\text{MHz}$$

如果选择 HSE 为 PLL 时钟源，同时 SYSCLK 时钟源为 PLL，那么 SYSCLK 时钟为 168MHz。
如果选择 HSE 为 PLL 时钟源，同时 SYSCLK 时钟源为 PLL，那么 SYSCLK 时钟为 168MHz。
对于后面的实验都是采用这样的配置。

上面简要概括了 STM32 的时钟源，那么这 5 个时钟源是怎么给各个外设以及系统提供时钟的呢？这里选择一些比较常用的时钟知识来讲解。

图 4-1 中用 A～G 标示了所要讲解的地方：

(1) A：这里是看门狗时钟输入。从图 4-1 中可以看出，看门狗时钟源只能是低速的 LSI 时钟。

(2) B：这里是 RTC 时钟源，从图 4-1 中可以看出，RTC 的时钟源可以选择 LSI、LSE，以及 HSE 分频后的时钟，HSE 分频系数为 2～31。

(3) C：这里是 STM32F4 输出时钟 MCO1 和 MCO2。MCO1 是向芯片的 PA8 引脚输出时钟。它有四个时钟来源：HSI、LSE、HSE 和 PLL 时钟。MCO2 是向芯片的 PC9 输出时钟，它同样有四个时钟来源：HSE、PLL、SYSCLK 以及 PLLI2S 时钟。MCO 输出时钟频率最大不超过 100MHz。

(4) D：这里是系统时钟。从图 4-1 中可以看出，SYSCLK 系统时钟来源有三个方面：HSI、HSE 和 PLL。在实际应用中，因为对时钟速度要求都比较高所以才会选用 STM32F4 这种级别的处理器，一般情况下，都是采用 PLL 作为 SYSCLK 时钟源。根据前面的计算公式，大家就可以算出系统的 SYSCLK。

(5) E：这里指的是以太网 PTP 时钟、AHB 时钟、APB2 高速时钟和 APB1 低速时钟。这些时钟都来源于 SYSCLK 系统时钟。其中以太网 PTP 时钟是使用系统时钟。AHB、APB2 和 APB1 时钟是经过 SYSCLK 时钟分频得来。这里需注意，AHB 时钟最大频率为 168MHz，APB2 高速时钟最大频率为 84MHz，而 APB1 低速时钟最大频率为 42MHz。

(6) F：这里是指 I2S 时钟源。从图 4-1 中可以看出，I2S 的时钟源来源于 PLLI2S 或者

映射到 I2S_CKIN 引脚的外部时钟。I2S 出于音质的考虑，对时钟精度要求很高。探索者 STM32F4 开发板使用的是内部 PLLI2SCLK。

(7) G：这是 STM32F4 内部以太网 MAC 时钟的来源。对于 MII 接口来说，必须向外部 PHY 芯片提供 25MHz 的时钟，这个时钟可以由 PHY 芯片外接晶振，或者使用 STM32F4 的 MCO 输出来提供。然后，PHY 芯片再给 STM32F4 提供 ETH_MII_TX_CLK 和 ETH_MII_RX_CLK 时钟。对于 RMII 接口来说，外部必须提供 50MHz 的时钟驱动 PHY 和 STM32F4 的 ETH_RMII_REF_CLK，这个 50MHz 时钟可以来自 PHY、有源晶振或者 STM32F4 的 MCO。本书的开发板使用的是 RMII 接口，使用 PHY 芯片提供 50MHz 时钟驱动 STM32F4 的 ETH_RMII_REF_CLK。

(8) H：这里是指外部 PHY 提供的 USB OTG HS(60MHz)时钟。

4.1.2 STM32F4 的系统时钟初始化

STM32F4 系统时钟初始化是在 system_stm32f4xx.c 中的 SystemInit()函数中完成的。对于系统时钟关键寄存器设置主要是在 SystemInit 函数中调用 SetSysClock()函数来完成的。首先了解 SystemInit()函数体：

```
void SystemInit(void)
{
#if (__FPU_PRESENT == 1) && (__FPU_USED == 1)
    SCB->CPACR |= ((3UL << 10 * 2)|(3UL << 11 * 2));
#endif
    RCC->CR |= (uint32_t)0x00000001;
    RCC->CFGR = 0x00000000;
RCC->CR &= (uint32_t)0xFEF6FFFF;
    RCC->PLLCFGR = 0x24003010;
    RCC->CR &= (uint32_t)0xFFFBFFFF;
RCC->CIR = 0x00000000;
#if defined (DATA_IN_ExtSRAM) || defined (DATA_IN_ExtSDRAM)
    SystemInit_ExtMemCtl();
#endif
SetSysClock();
    //配置向量表位置和偏移地址
#ifdef VECT_TAB_SRAM
    SCB->VTOR = SRAM_BASE | VECT_TAB_OFFSET;
#else
    SCB->VTOR = FLASH_BASE | VECT_TAB_OFFSET;
#endif
}
```

SystemInit 函数开始先进行浮点运算单元设置，然后是复位 PLLCFGR 和 CFGR 寄存器，同时通过设置 CR 寄存器的 HSI 时钟使能位来打开 HSI 时钟。默认情况下如果 CFGR 寄存器复位，那么是选择 HSI 作为系统时钟，这点可以查看 RCC→CFGR 寄存器的位描述低两位可以得知，当低两位配置为 00 的时候(复位之后)，会选择 HSI 振荡器为系统时钟。也就是说，调用 SystemInit 函数之后，首先是选择 HSI 作为系统时钟。表 4-1 是 RCC→CFGR 寄存器的位 1:0 配置描述(CFGR 寄存器详细描述请参考《STM32F4 英文参考手册》

中 6.3.3 节 CFGR 寄存器配置表)。

表 4-1　RCC→CFGR 寄存器的位 1:0 配置

BIT	1	0	SW:系统时钟设置。通过软件置 1 和清零来选择系统的时钟源;通过硬件置 1,当处于停机或待机模式下,直接或间接用于系统时钟的 HSE 振荡器发生故障时强制 HIS 的选择
	0	0	选择 HSI 振荡器作为系统时钟
	0	1	选择 HSE 振荡器作为系统时钟
	1	0	选择 PLL 作为系统时钟
	1	1	无效

设置完相关寄存器后,接下来 SystemInit 函数内部会调用 SetSysClock 函数。这个函数比较长,此处把函数一些关键代码行截取出来以方便讲解。这里省略了一些宏定义标识符值的判断而直接把针对 STM32F407 比较重要的内容截取如下:

```
static void SetSysClock(void)
{
#if defined (STM32F40_41xxx) || defined (STM32F427_437xx) || defined (STM32F429_439xx) ||
defined (STM32F401xx)
    __IO uint32_t StartUpCounter = 0, HSEStatus = 0;
RCC->CR |= ((uint32_t)RCC_CR_HSEON);
do
{
        HSEStatus = RCC->CR & RCC_CR_HSERDY;
        StartUpCounter++;
    } while((HSEStatus == 0) && (StartUpCounter != HSE_STARTUP_TIMEOUT));
    if ((RCC->CR & RCC_CR_HSERDY) != RESET)
    {
      HSEStatus = (uint32_t)0x01;
    }
else
    {
    HSEStatus = (uint32_t)0x00;
    }
    if (HSEStatus == (uint32_t)0x01)
    {
    RCC->APB1ENR |= RCC_APB1ENR_PWREN;
    PWR->CR |= PWR_CR_VOS;
    RCC->CFGR |= RCC_CFGR_HPRE_DIV1;
#if defined (STM32F40_41xxx) || defined (STM32F427_437xx) || defined (STM32F429_439xx)
    RCC->CFGR |= RCC_CFGR_PPRE2_DIV2;
    RCC->CFGR |= RCC_CFGR_PPRE1_DIV4;
#endif /* STM32F40_41xxx || STM32F427_437x || STM32F429_439xx */
#if defined (STM32F401xx)
    RCC->CFGR |= RCC_CFGR_PPRE2_DIV1;
    RCC->CFGR |= RCC_CFGR_PPRE1_DIV2;
#endif /* STM32F401xx */
    RCC->PLLCFGR = PLL_M | (PLL_N << 6) | (((PLL_P >> 1) - 1) << 16) |
                    (RCC_PLLCFGR_PLLSRC_HSE) | (PLL_Q << 24);
    RCC->CR |= RCC_CR_PLLON;
```

```
        while((RCC->CR & RCC_CR_PLLRDY) == 0){}
    #if defined (STM32F427_437xx) || defined (STM32F429_439xx)
        PWR->CR |= PWR_CR_ODEN;
        while((PWR->CSR & PWR_CSR_ODRDY) == 0){}
            PWR->CR |= PWR_CR_ODSWEN;
            while((PWR->CSR & PWR_CSR_ODSWRDY) == 0) { }
            FLASH->ACR = FLASH_ACR_PRFTEN | FLASH_ACR_ICEN |FLASH_ACR_DCEN |FLASH_ACR_LATENCY_5WS;
    #endif /* STM32F427_437x || STM32F429_439xx   */
    #if defined (STM32F40_41xxx)
            FLASH->ACR = FLASH_ACR_PRFTEN | FLASH_ACR_ICEN |FLASH_ACR_DCEN |FLASH_ACR_LATENCY_5WS;
    #endif /* STM32F40_41xxx   */
    #if defined (STM32F401xx)
            FLASH->ACR = FLASH_ACR_PRFTEN | FLASH_ACR_ICEN |FLASH_ACR_DCEN |FLASH_ACR_LATENCY_2WS;
    #endif /* STM32F401xx */
        RCC->CFGR &= (uint32_t)((uint32_t)~(RCC_CFGR_SW));
        RCC->CFGR |= RCC_CFGR_SW_PLL;
            while ((RCC->CFGR & (uint32_t)RCC_CFGR_SWS) != RCC_CFGR_SWS_PLL);
            {
            }
      }
      else
      {
      }
    #elif defined (STM32F411xE)
    #if defined (USE_HSE_BYPASS)
    /*************************************************************************************/
    /*      PLL(由 HSE 时钟控制)作为系统时钟源                                           */
    /*************************************************************************************/
        __IO uint32_t StartUpCounter = 0, HSEStatus = 0;
        RCC->CR |= ((uint32_t)RCC_CR_HSEON | RCC_CR_HSEBYP);
    do{
        HSEStatus = RCC->CR & RCC_CR_HSERDY;
        StartUpCounter++;
    } while((HSEStatus == 0) && (StartUpCounter != HSE_STARTUP_TIMEOUT));
    if ((RCC->CR & RCC_CR_HSERDY) != RESET)
    {
            HSEStatus = (uint32_t)0x01;
    }
        else
        {
            HSEStatus = (uint32_t)0x00;
        }
        if (HSEStatus == (uint32_t)0x01)
        {
            RCC->APB1ENR |= RCC_APB1ENR_PWREN;
            PWR->CR |= PWR_CR_VOS;
            RCC->CFGR |= RCC_CFGR_HPRE_DIV1;
            RCC->CFGR |= RCC_CFGR_PPRE2_DIV1;
            RCC->CFGR |= RCC_CFGR_PPRE1_DIV2;
            RCC->PLLCFGR = PLL_M | (PLL_N << 6) | (((PLL_P >> 1) - 1) << 16) |
                           (RCC_PLLCFGR_PLLSRC_HSE) | (PLL_Q << 24);
```

```
        RCC->CR |= RCC_CR_PLLON;
    while((RCC->CR & RCC_CR_PLLRDY) == 0)
        {
        }
        FLASH->ACR = FLASH_ACR_PRFTEN | FLASH_ACR_ICEN |FLASH_ACR_DCEN |FLASH_ACR_LATENCY_2WS;
        RCC->CFGR &= (uint32_t)((uint32_t)~(RCC_CFGR_SW));
        RCC->CFGR |= RCC_CFGR_SW_PLL;
    while ((RCC->CFGR & (uint32_t)RCC_CFGR_SWS) != RCC_CFGR_SWS_PLL);
        {
        }
    }
    else
    {
    }
#else /* HSI 将用作 PLL 时钟源 */
    RCC->APB1ENR |= RCC_APB1ENR_PWREN;
    PWR->CR |= PWR_CR_VOS;
    RCC->CFGR |= RCC_CFGR_HPRE_DIV1;
    RCC->CFGR |= RCC_CFGR_PPRE2_DIV1;
    RCC->CFGR |= RCC_CFGR_PPRE1_DIV2;
    RCC->PLLCFGR = PLL_M | (PLL_N << 6)|(((PLL_P >> 1) - 1)<< 16) | (PLL_Q << 24);
    RCC->CR |= RCC_CR_PLLON;
    while((RCC->CR & RCC_CR_PLLRDY) == 0)
    {
    }
    FLASH->ACR = FLASH_ACR_PRFTEN | FLASH_ACR_ICEN |FLASH_ACR_DCEN |FLASH_ACR_LATENCY_2WS;
    RCC->CFGR &= (uint32_t)((uint32_t)~(RCC_CFGR_SW));
    RCC->CFGR |= RCC_CFGR_SW_PLL;
    while ((RCC->CFGR & (uint32_t)RCC_CFGR_SWS) != RCC_CFGR_SWS_PLL); {}
#endif
#endif
}
```

这段代码的大致流程是这样的：先使能外部时钟 HSE，等待 HSE 稳定之后，配置 AHB、APB1 和 APB2 时钟相关的分频因子，也就是相关外设的时钟。等待这些都配置完成之后，打开主 PLL 时钟，然后设置主 PLL 作为系统时钟 SYSCLK 时钟源。如果 HSE 不能达到就绪状态（如外部晶振不能稳定或者没有外部晶振），那么依然会是 HSI 作为系统时钟。这里要特别提出来，在设置主 PLL 时钟的时候，会设置一系列的分频系数和倍频系数参数。可以从 SetSysClock 函数的如下代码看出：

```
RCC->PLLCFGR = PLL_M | (PLL_N << 6) | (((PLL_P >> 1) - 1) << 16) | (RCC_PLLCFGR_PLLSRC_HSE) |
(PLL_Q << 24);
```

这些参数是通过宏定义标识符的值来设置的。默认在 System_stm32f4xx.c 文件开头的地方配置。对于本书的开发板，设置参数值如下：

```
#define PLL_M      8
#define PLL_Q      7
#define PLL_N      336
#define PLL_P      2
```

所以我们的主 PLL 时钟为

$$PLL = 8MHz * N/(M * P) = 8MHz \times 336/(8 * 2) = 168MHz$$

在开发过程中,可以通过调整这些值来设置系统时钟。这里还有个特别需要注意的地方,就是还要同步修改 stm32f4xx.h 中宏定义标识符 HSE_VALUE 的值为我们的外部时钟:

```
#if !defined  (HSE_VALUE)
#define HSE_VALUE    ((uint32_t)8000000)
#endif
```

这里默认固件库配置的是 25000000,外部时钟为 8MHz,所以根据硬件情况修改为 8000000 即可。

讲到这里,相信读者已经对 SystemInit 函数的流程有了比较清晰的理解。那么 SystemInit 函数是怎么被系统调用的呢? SystemInit 是整个设置系统时钟的入口函数。如果我们使用 ST 提供的 STM32F4 固件库的话,会在系统启动之后先执行 main 函数,然后再接着执行 SystemInit 函数实现系统相关时钟的设置。这个过程是在启动文件 startup_stm32f40_41xxx.s 中间设置的,接下来介绍启动文件中相关的启动代码:

```
;复位句柄
Reset_Handler    PROC
EXPORT  Reset_Handler             [WEAK]
IMPORT  SystemInit
IMPORT  __main
LDR     R0, =SystemInit
BLX     R0
LDR     R0, =__main
BX      R0
ENDP
```

这段代码的作用是在系统复位之后引导进入 main 函数,同时在进入 main 函数之前,调用 SystemInit 系统初始化函数完成系统时钟等相关配置。

最后总结一下 SystemInit()函数中设置的系统时钟大小:

(1) SYSCLK(系统时钟)=168MHz。

(2) AHB 总线时钟(HCLK=SYSCLK)=168MHz。

(3) APB1 总线时钟(PCLK1=SYSCLK/4)=42MHz。

(4) APB2 总线时钟(PCLK2=SYSCLK/2)=84MHz。

4.1.3 STM32F4 的系统时钟使能和配置

在 4.1.2 节中介绍了系统复位之后调用 SystemInit 函数之后相关时钟的默认配置。在系统初始化之后,如果修改某些时钟源配置,或者要使能相关外设的时钟则需要对 RCC 的相关寄存器进行专门的配置。因为 RCC 相关寄存器非常多,可以参阅《RM0090 Reference manual——STM32F405xx, STM32F407xx, STM32F415xx and STM32F417xx advanced ARM-based 32-bit MCUs》相关章节查看所有 RCC 相关寄存器的配置。这里不直接讲解寄存器配置,而是通过 STM32F4 标准固件库配置方法给大家讲解 RCC 相关寄存器的配置。

在 STM32F4 标准固件库里，时钟源的选择以及时钟使能等函数都是在 RCC 相关固件库文件 stm32f4xx_rcc. h 和 stm32f4xx_rcc. c 中声明和定义的。打开 stm32f4xx_rcc. h 文件可以看到文件开头有很多宏定义标识符，然后是一系列时钟配置和时钟使能函数声明。这些函数大致可以归结为三类：一类是外设时钟使能函数；一类是时钟源和分频因子配置函数；还有一类是外设复位函数。当然还有几个获取时钟源配置的函数。下面以几种常见的操作来简要介绍一下这些库函数的使用。

首先是时钟使能函数。时钟使能相关函数包括外设设置使能和时钟源使能两类。首先来看外设时钟使能相关的函数：

（1）void RCC_AHB1PeriphClockCmd(uint32_t RCC_AHB1Periph,FunctionalState-NewState)；

（2）void RCC_AHB2PeriphClockCmd(uint32_t RCC_AHB2Periph,FunctionalState-NewState)；

（3）void RCC_AHB3PeriphClockCmd(uint32_t RCC_AHB3Periph,FunctionalState-NewState)；

（4）void RCC_APB1PeriphClockCmd(uint32_tRCC_APB1Periph,FunctionalState-NewState)；

（5）void RCC_APB2PeriphClockCmd(uint32_t RCC_APB2Periph,FunctionalState-NewState)；

以上有 5 个外设时钟使能函数。5 个函数分别用来使能 5 个总线下面挂载的外设时钟，这些总线分别为 AHB1 总线、AHB2 总线、AHB3 总线、APB1 总线以及 APB2 总线。要使能某个外设，调用对应的总线外设时钟使能函数即可。

这里要特别说明，STM32F4 的外设在使用之前，必须对时钟进行使能，如果没有使能时钟，那么外设是无法正常工作的。对于哪个外设是挂载在哪个总线之下，虽然可以通过手册查询到，但是如果大家使用的是库函数的话，实际上没有必要去查询手册，这里给大家介绍一个小技巧。

例如要使能 GPIOA，只需要在 stm32f4xx_rcc. h 头文件里面搜索 GPIOA，就可以搜索到对应的时钟使能函数的第一个入口参数为 RCC_AHB1Periph_GPIOA，从这个宏定义标识符一眼就可以看出，GPIOA 是挂载在 AHB1 下面的。同理，对于串口 1 可以搜索 USART1，找到标识符为 RCC_APB2Periph_USART1，那么很容易知道串口 1 是挂载在 APB2 之下。如果要使能 GPIOA，那么可以在头文件 stm32f4xx_rcc. h 里面查看到宏定义标识符 RCC_AHB1Periph_GPIOA，顾名思义 GPIOA 是挂载在 AHB1 总线之下的，所以调用 AHB1 总线下外设时钟使能函数 RCC_AHB1PeriphClockCmd 即可。具体调用方式如下：

```
RCC_AHB1PeriphClockCmd(RCC_AHB1Periph_GPIOA,ENABLE);
```

同理，如果要使能串口 1 的时钟，那么调用的函数为

```
void  RCC_AHB2PeriphClockCmd(uint32_t RCC_AHB1Periph, FunctionalState NewState);
```

具体的调用方法为

```
RCC_APB2PeriphClockCmd(RCC_APB2Periph_USART1,ENABLE);
```

还有一类时钟使能函数是时钟源使能函数，前面已经讲解了 STM32F4 的 5 大类时钟源。这里列出来几种重要的时钟源使能函数：

(1) void RCC_HSICmd(FunctionalState NewState);

(2) void RCC_LSICmd(FunctionalState NewState);

(3) void RCC_PLLCmd(FunctionalState NewState);

(4) void RCC_PLLI2SCmd(FunctionalState NewState);

(5) void RCC_PLLSAICmd(FunctionalState NewState);

(6) void RCC_RTCCLKCmd(FunctionalState NewState);

这些函数用来使能相应的时钟源。例如要使能 PLL 时钟，那么调用的函数为

```
void  RCC_PLLCmd(FunctionalState NewState);
```

具体调用方法如下：

```
RCC_PLLCmd(ENABLE);
```

若要使能相应的时钟源，调用对应的函数即可。

接下来要介绍的是第二类时钟功能函数：时钟源选择和分频因子配置函数。这些函数用于选择相应的时钟源以及配置相应的时钟分频系数。例如之前讲到系统时钟 SYSCLK 可以选择 HSI、HSE 以及 PLL 三个中的一个时钟源。到底选择哪一个，是可以配置的。下面列举几种时钟源配置函数：

(1) void RCC_LSEConfig(uint8_t RCC_LSE);

(2) void RCC_SYSCLKConfig(uint32_t RCC_SYSCLKSource);

(3) void RCC_HCLKConfig(uint32_t RCC_SYSCLK);

(4) void RCC_PCLK1Config(uint32_t RCC_HCLK);

(5) void RCC_PCLK2Config(uint32_t RCC_HCLK);

(6) void RCC_RTCCLKConfig(uint32_t RCC_RTCCLKSource);

(7) void RCC_PLLConfig(uint32_t RCC_PLLSource, uint32_t PLLM, uint32_t PLLN, uint32_t PLLP, uint32_t PLLQ);

例如要设置系统时钟源为 HSI，那么可以调用系统时钟源配置函数如下：

```
void  RCC_HCLKConfig(uint32_t RCC_SYSCLK);
```

具体配置方法如下：

```
RCC_HCLKConfig(RCC_SYSCLKSource_HSI);      //配置时钟源为 HSI
```

又如要设置 APB1 总线时钟为 HCLK 的 2 分频，也就是设置分频因子为 2，那么如果要使能 HSI，那么调用的函数为

```
void RCC_PCLK1Config(uint32_t RCC_HCLK);
```

具体配置方法如下：

```
RCC_PCLK1Config(RCC_HCLK_Div2);
```

接下来介绍第三类外设复位函数，如下：

（1）void RCC_AHB1PeriphResetCmd(uint32_t RCC_AHB1Periph,FunctionalState NewState)；

（2）void RCC_AHB2PeriphResetCmd(uint32_t RCC_AHB2Periph,FunctionalState NewState)；

（3）void RCC_AHB3PeriphResetCmd(uint32_t RCC_AHB3Periph,FunctionalState NewState)；

（4）void RCC_APB1PeriphResetCmd(uint32_t RCC_APB1Periph,FunctionalState NewState)；

（5）void RCC_APB2PeriphResetCmd(uint32_t RCC_APB2Periph,FunctionalState NewState)；

这类函数跟前面讲解的外设时钟函数的使用方法基本一致，不同的是一个用来使能外设时钟，一个用来复位对应的外设。这里仅列出必要的一些函数，想要了解其他 API 接口的话可以参考 ST 官方提供的 SDK 中 RCC 相关部分的文档和例程。

4.2 ST 微控制器的定时器模块

STM32F4 系列微控制器除了拥有丰富的外设，还拥有 14 个功能强大的定时器，分别为

（1）2 个高级控制定时器：TIM1 和 TIM8。

（2）10 个通用定时器：TIM2～TIM5 和 TIM9～TIM14。

（3）2 个基本定时器：TIM6 和 TIM7。

这些定时器都是由 4.1 节所描述的系统时钟树中派生出来的时钟源进行驱动的。需要注意的是 2 个高级控制定时器与 10 个通用定时器彼此完全独立，不共享任何资源。

4.2.1 高级控制定时器（Advanced-control Timers）

高级控制定时器（TIM1 和 TIM8）包含一个 16 位自动重载计数器，该计数器由可编程预分频器驱动。使用定时器预分频和 RCC 时钟控制器预分频，可将脉冲宽度和波形周期从几微秒调制到几毫秒级别。高级控制定时器（TIM1 和 TIM8）和通用（TIMx）定时器彼此完全独立，不共享任何资源。高级控制定时器具有以下特性：

（1）16 位递增、递减、递增/递减自动加载计数器。

（2）16 位可编程预分频器，可以对计数器时钟进行分频（可以实时修改），分频系数为 1～65 536。

（3）有 4 个独立通道，可用于：

① PWM 生成；

② 单脉冲模式输出；

③ 输入捕获；

④ 输出比较。

（4）带有可编程死区的互补输出。

(5) 重复计数器,用于给定数目的计数器周期后更新定时器寄存器。

(6) 可以发生生成中断/DMA 请求:

① 更新,包括计数器上溢/下溢、计数器初始化(通过软件或内部/外部触发);

② 触发事件(计数器启动、停止、初始化或通过内部/外部触发计数);

③ 输入捕获;

④ 输出比较;

⑤ 断路输入。

(7) 使用外部信号控制定时器且可实现多个定时器互连接的同步电路。

(8) 支持定位用增量(正交)编码器和霍尔传感器电路。

(9) 外部时钟触发输入或逐周期电流管理。

1. 时基单元

可编程高级控制定时器的主要模块是一个 16 位计数器以及相关的自动重载寄存器,计数器的时钟可以通过预分频器进行分频并且计数器可以通过寄存器设置为递增计数、递减计数和递增递减计数。计数器、自动重载寄存器和预分频寄存器可通过软件进行读写,即使是在计数器运行时也可以进行读写操作。

时基单元包括:

(1) 计数器寄存器(TIMx_CNT);

(2) 预分频器寄存器(TIMx_PSC);

(3) 自动重载寄存器(TIMx_ARR);

(4) 重复计数器寄存器(TIMx_RCR)。

自动重载寄存器是预装载的。对自动重载寄存器执行写入或读取操作时会访问预装载寄存器。预装载寄存器的内容既可以直接传送到影子寄存器,也可以在每次发生更新时间(UEV)时传送到影子寄存器,这取决于 TIMx_CR1 寄存器中的自动重载预装载使能位(APRE)。当递增计数器达到上溢值(或者在递减计数器达到下溢值)并且 TIMx_CR1 寄存器中的 UDIS 位为 0 时,将发送更新时间。该更新时间也可由软件产生。

计数器的预分频输出 CK_CNT 提供时钟,仅当 TIMx_CR1 寄存器中的计数器启动(CRN)置 1 时,才会启动计数器。

注意:计数器将在 TIMx_CR1 寄存器的 CEN 位置 1 时刻的一个时钟周期后开始计数。

2. 预分频

预分频器可对计数器时钟频率进行分频,分频系数介于 1 和 65 536 之间。该预分频器基于 TIMx_PSC 寄存器中的 16 位寄存器所控制的 16 位计数器。由于该控制寄存器具有缓冲功能,因此可对预分频器进行实时更改,而新的预分频比将在下一更新事件发生时被采用。

3. 计数器计数模式

在介绍时基单元的时候,我们了解到定时器中的计数器可以有递增、递减或递增递减的计数模式,接下来详细介绍这三种不同的计数模式。

1) 递增计数模式

计数器在递增模式下,计数器从 0 计数到自动重载值(TIMx_ARR 寄存器的内容),然后重新从0开始计数并产生计数器上溢事件。

如果使用重复计数器，则当递增计数的重复次数达到重复计数器寄存器中编程的次数加1次(TIMx_RCR+1)后，将生成更新事件(UEV)；否则，将在每次计数器上溢产生更新事件。

将TIMx_EGR寄存器的UG位置1(通过软件或使用从模式控制器)时，也将产生更新事件。通过软件将TIMx_CR1寄存器中的UDIS位置1可禁止UEV事件。这可避免向预装载寄存器写入新值时更新影子寄存器。在UDIS位写入0之前不会产生任何更新事件，不过，计数器和预分频器计数器都会重新从0开始计数(而预分频比保持不变)。此外，如果TIMx_CR1寄存器中的URS位(更新请求选择)已置1，则将UG位置1会生成更新事件UEV，但不会将UIF标志置1(因此，不会发送任何中断或DMA请求)。这样一来，如果在发生捕获事件时将计数器清零，将不会同时产生更新中断和捕获中断。

发生更新事件时，将更新所有寄存器且将更新标志(TIMx_SR寄存器中的UIF位)置1(取决于URS位)：

(1) 重复计数器中将重新装载TIMx_RCR寄存器的内容；

(2) 自动重载影子寄存器将以预装载值(TIMx_ARR)进行更新；

(3) 预分频器的缓冲区中将重新装载预装载值(TIMx_PSC寄存器的内容)。

2) 递减计数模式

在递减模式下，计数器从自动重载值(TIMx_ARR寄存器的内容)开始递减到0，然后重新从自动重载值开始计数并生成计数器下溢事件。

如果使用重复计数器，则当递减计数的重复次数达到重复计数器寄存器中编程的次数加1次(TIMx_RCR+1)后，将生成更新事件(UEV)。否则，将在每次计数器下溢时产生更新事件。将TIMx_EGR寄存器的UG位置1(通过软件或使用从模式控制器)时，也将产生更新事件。通过软件将TIMx_CR1寄存器中的UDIS位置1可禁止UEV更新事件。这可避免向预装载寄存器写入新值时更新影子寄存器。在UDIS位写入0之前不会产生任何更新事件，不过，计数器会重新从当前自动重载值开始计数，而预分频器计数器则重新从0开始计数(但预分频比保持不变)。

此外，如果TIMx_CR1寄存器中的URS位(更新请求选择)已置1，则将UG位置1会生成更新事件UEV，但不会将UIF标志置1(因此，不会发送任何中断或DMA请求)。这样一来，如果在发生捕获事件时将计数器清零，将不会同时产生更新中断和捕获中断。

发生更新事件时，将更新所有寄存器且将更新标志(TIMx_SR寄存器中的UIF位)置1(取决于URS位)：

(1) 重复计数器中将重新装载TIMx_RCR寄存器的内容；

(2) 预分频器的缓冲区中将重新装载预装载值(TIMx_PSC寄存器的内容)；

(3) 自动重载活动寄存器将以预装载值(TIMx_ARR寄存器的内容)进行更新。

注意，自动重载寄存器会在计数器重载之前得到更新，因此，下一个计数周期就是我们所希望的新的周期长度。

3) 中心对齐模式(递增/递减计数)

在中心对齐模式下，计数器从0开始计数到自动重载值(TIMx_ARR寄存器的内容)−1，生成计数器上溢事件；然后从自动重载值开始向下计数到1并生成计数器下溢事件。之后从 0 开始重新计数。

当 TIMx_CR1 寄存器中的 CMS 位不为"00"时，中心对齐模式有效。将通道配置为输出模式时，其输出比较中断标志将在以下模式下置 1，即计数器递减计数(中心对齐模式 1，CMS ="01")、计数器递增计数(中心对齐模式 2，CMS ="10")以及计数器递增/递减计数(中心对齐模式 3，CMS ="11")。在此模式下，TIMx_CR1 寄存器的 DIR 方向位不可写入值，而是由硬件更新并指示当前计数器方向。

每次发生计数器上溢和下溢时都会生成更新事件，或将 TIMx_EGR 寄存器中的 UG 位置 1(通过软件或使用从模式控制器)也可以生成更新事件。这种情况下，计数器以及预分频器计数器将重新从 0 开始计数。通过软件将 TIMx_CR1 寄存器中的 UDIS 位置 1 可禁止 UEV 更新事件。这可避免向预装载寄存器写入新值时更新影子寄存器。在 UDIS 位写入 0 之前不会产生任何更新事件。不过，计数器仍会根据当前自动重载值进行递增和递减计数。此外，如果 TIMx_CR1 寄存器中的 URS 位(更新请求选择)已置 1，则将 UG 位置 1 会生成 UEV 更新事件，但不会将 UIF 标志置 1(因此，不会发送任何中断或 DMA 请求)。这样一来，如果在发生捕获事件时将计数器清零，将不会同时产生更新中断和捕获中断。

发生更新事件时，将更新所有寄存器且将更新标志(TIMx_SR 寄存器中的 UIF 位)置 1(取决于 URS 位)：

(1) 重复计数器中将重新装载 TIMx_RCR 寄存器的内容；

(2) 预分频器的缓冲区中将重新装载预装载值(TIMx_PSC 寄存器的内容)；

(3) 自动重载活动寄存器将以预装载值(TIMx_ARR 寄存器的内容)进行更新。

注意，如果更新操作是由计数器上溢触发的，则自动重载寄存器在重载计数器之前更新，因此，下一个计数周期就是我们所希望的新的周期长度(计数器被重载新的值)。

4.2.2 通用定时器(General-purpose Timers)

通用定时器包含两部分，即 TIM2～TIM5 和 TIM9～TIM14。

1. TIM2～TIM5 简介

通用定时器包含 32 位或 16 位自动重载计数器，带有 16 位可编程预分频器，可用于对计数器时钟进行分频。

使用定时器预分频器和 RCC 时钟控制器预分频器，可将脉冲宽度和波形周期从几微秒调制到几毫秒。通用定时器的特性如下：

(1) 16 位(TIM3 和 TIM4)或 32 位(TIM2 和 TIM5)递增、递减和递增/递减自动重载计数器。

(2) 16 位可编程预分频器，用于对计数器时钟频率进行分频(即运行时修改)，分频系数介于 1 到 65 536 之间。

(3) 多达 4 个独立通道，可用于：

① 输入捕获；

② 输出比较；

③ PWM 生成(边沿和中心对齐模式)；

④ 单脉冲模式输出。

(4) 使用外部信号控制定时器且可实现多个定时器互连的同步电路。

(5) 发生如下事件时生成中断/DMA 请求:

① 更新,包括计数器上溢/下溢、计数器初始化(通过软件或内部/外部触发);

② 触发事件(计数器启动、停止、初始化或通过内部/外部触发计数);

③ 输入捕获;

④ 输出比较。

(6) 支持定位用增量(正交)编码器和霍尔传感器电路。

(7) 外部时钟触发输入或逐周期电流管理。

2. TIM9~TIM14 简介

TIM9~TIM14 包含了一个 16 位自动重载计数器,该计数器由可编程预分频器驱动。它们可以用于测量输入信号的脉冲宽度(输入捕获)和生成输出波形(输出比较和 PWM 输出)。

使用定时器预分频器和 RCC 时钟控制器预分频器可以将脉冲宽度和波形周期从几微秒调制成几毫秒。

TIM9~TIM14 定时器相互独立,不共享任何资源。

TIM9~TIM14 通用定时器具有以下特性:

(1) 16 位自动重载递增计数器。

(2) 16 位可编程预分频器,用于对计数器时钟频率进行分频(实时修改),分频系数介于 1 和 65 536 之间。

(3) 多达 2 个独立通道,可用于:

① 输入捕获;

② 输出比较;

③ PWM 生成(边沿对齐模式);

④ 单脉冲模式输出。

(4) 使用外部信号控制定时器且可实现多个定时器互连的同步电路。

(5) 发生如下事件时生成中断:

① 更新,包括计数器上溢、计数器初始化(通过软件或内部触发);

② 触发事件(计数器启动、停止、初始化或者由内部触发计数);

③ 输入捕获;

④ 输出比较。

3. 通用定时器的组成

1) 时基单元

定时器的主要模块是由一个 16 位(TIM9~TIM14)/32 位计数器组成,计数器可以采用不同的计数模式来进行计数,计数器的时钟可以通过预分频器进行分频,并且计数器的自动重载值能够通过软件进行读写,即使是在计数器运行期间也可执行读写操作。

其中,时基单元包括(注:高级定时器有重复计数器寄存器 TIMx_RCR):

(1) 计数器寄存器(TIMx_CNT);

(2) 预分频器寄存器(TIMx_PSC);

(3) 自动重载寄存器(TIMx_ARR)。

自动重载寄存器是预装载的。对自动重载寄存器执行写入或读取操作时会访问预装载寄存器。预装载寄存器的内容既可以直接传送到影子寄存器，也可以在每次发生更新事件(UEV)时传送到影子寄存器，这取决于 TIMx_CR1 寄存器中的自动重载预装载使能位(ARPE)。当计数器达到上溢值并且 TIMx_CR1 寄存器中的 UDIS 位为 0 时，将发送更新事件。该更新事件也可由软件产生。

计数器由预分频器输出 CK_CNT 提供时钟，仅当 TIMx_CR1 寄存器中的计数器启动位(CEN)置 1 时，才会启动计数器。注意，计数器将在 TIMx_CR1 寄存器的 CEN 位置 1 时刻的一个时钟周期后开始计数。

2）预分频

预分频器可对计数器时钟频率进行分频，分频系数介于 1 和 65 536 之间。该预分频器基于 TIMx_PSC 寄存器中的 16 位寄存器所控制的 16 位计数器。由于该控制寄存器具有缓冲功能，因此预分频器可实现实时更改，而新的预分频比将在下一更新事件发生时被采用。

3）计数器计数模式

(1）递增计数模式

在递增模式下，计数器从 0 计数到自动重载值(TIMx_ARR 寄存器的内容)，然后初始化为 0 继续从 0 开始计数到自动重载值。

若将 TIMx_EGR 寄存器中的 UG 位置 1 也会发生更新事件。

通过软件将 TIMx_CR1 寄存器中的 UDIS 位置 1 可禁止 UEV 事件，避免了向预装载寄存器中写入新值时更新影子寄存器。在 UDIS 位写入 0 之前不会产生任何更新事件，但是计数器和预分频器中的数值会重新从 0 开始计数(预分频系数保持不变)。此外，如果 TIMx_CR1 寄存器中的 URS 位(更新请求选择)已置 1，则将 UG 位置 1 会生成更新事件 UEV，但不会将 UIF 标志置 1(因此，不会发送任何中断)。这样一来，如果在发生捕获事件时将计数器清零，将不会同时产生更新中断和捕获中断。

发生更新事件时，将更新所有寄存器且将更新标志(TIMx_SR 寄存器中的 UIF 位)置 1(取决于 URS 位)：

① 自动重载影子寄存器将以预装载值(TIMx_ARR)进行更新；

② 预分频器的缓冲区中将重新装载预装载值(TIMx_PSC 寄存器的内容)。

(2）递减计数模式

与上面的递增计数模式相反，它是由自动重载值(TIMx_ARR 寄存器的内容)开始递减到 0，然后初始化为自动装载值后接着开始递减。

每次计数器发生下溢的时候就会生成更新事件，将 TIMx_EGR 寄存器中的 UG 位置 1 也可以生成更新事件。通过软件将 TIMx_CR1 寄存器中的 UDIS 位置 1 可禁止 UEV 更新事件。这可避免向预装载寄存器写入新值时更新影子寄存器。在 UDIS 位写入 0 之前不会产生任何更新事件。不过，计数器会重新从当前自动重载值开始计数，而预分频器计数器则重新从 0 开始计数。

此外，如果 TIMx_CR1 寄存器中的 URS 位(更新请求选择)已置 1，则将 UG 位置 1 会生成更新事件 UEV，但不会将 UIF 标志置 1(因此，不会发送任何中断或 DMA 请求)。这样一来，如果在发生捕获事件时将计数器清零，将不会同时产生更新中断和捕获中断。

发生更新事件时，将更新所有寄存器且将更新标志(TIMx_SR 寄存器中的 UIF 位)置 1

(取决于 URS 位)：

① 预分频器的缓冲区中将重新装载预装载值(TIMx_PSC 寄存器的内容)；

② 自动重载活动寄存器将以预装载值(TIMx_ARR 寄存器的内容)进行更新。

注意，自动重载寄存器会在计数器重载之前得到更新，因此，下一个计数周期就是我们所希望的新的周期长度。

(3) 中心对齐模式

在中心对齐模式下，计数器从 0 开始计数到自动重载值(TIMx_ARR 寄存器的内容)−1，生成计数器上溢事件；然后从自动重载值开始向下计数到 1 并生成计数器下溢事件。之后从 0 开始重新计数。

当 TIMx_CR1 寄存器中的 CMS 位不为"00"时，中心对齐模式有效。将通道配置为输出模式时，其输出比较中断标志将在以下模式下置 1，即计数器递减计数(中心对齐模式 1，CMS="01")、计数器递增计数(中心对齐模式 2，CMS ="10")以及计数器递增/递减计数(中心对齐模式 3，CMS ="11")。

此模式下无法写入方向位(TIMx_CR1 寄存器中的 DIR 位)。而是由硬件更新并指示当前计数器方向。

每次发生计数器上溢和下溢时都会生成更新事件，或将 TIMx_EGR 寄存器中的 UG 位置 1(通过软件或使用从模式控制器)也可以生成更新事件，这种情况下，计数器以及预分频器计数器将重新从 0 开始计数。

通过软件将 TIMx_CR1 寄存器中的 UDIS 位置 1 可禁止 UEV 更新事件，这可避免向预装载寄存器写入新值时更新影子寄存器。在 UDIS 位写入 0 之前不会产生任何更新事件。不过，计数器仍会根据当前自动重载值进行递增和递减计数。

此外，如果 TIMx_CR1 寄存器中的 URS 位(更新请求选择)已置 1，则将 UG 位置 1 会生成更新事件 UEV，但不会将 UIF 标志置 1(因此，不会发送任何中断或 DMA 请求)，这样一来，如果在发生捕获事件时将计数器清零，将不会同时产生更新中断和捕获中断。

发生更新事件时，将更新所有寄存器且将更新标志(TIMx_SR 寄存器中的 UIF 位)置 1 (取决于 URS 位)：

① 预分频器的缓冲区中将重新装载预装载值(TIMx_PSC 寄存器的内容)；

② 自动重载活动寄存器将以预装载值(TIMx_ARR 寄存器的内容)进行更新。

注意，如果更新操作是由计数器上溢触发的，则自动重载寄存器在重载计数器之前更新，因此，下一个计数周期就是我们所希望的新的周期长度(计数器被重载新的值)。

4.2.3　基本定时器(Basic Timers)

基本定时器(TIM6 和 TIM7)包含一个 16 位自动重载计数器，该计数器由可编程预分频器驱动。这类定时器不仅可作为通用定时器生成时基，还可以专门用于驱动数模转换器(DAC)，这类定时器内部连接到 DAC 并能够通过其触发输出驱动 DAC。注意，定时器彼此完全独立，不共享任何资源。

基本定时器的特性如下：

(1) 16 位自动重载递增计数器；

(2) 16 位可编程预分频器，用于对计数器时钟频率进行分频(即运行时修改)，分频系数介于 1 和 65 536 之间；

(3) 用于触发 DAC 的同步电路；

(4) 发生如下更新事件时会生成中断/DMA 请求：计数器上溢。

1. 时基单元

可编程定时器的主要模块是由一个 16 位递增计数器以及相关的自动重载寄存器组成。计数器的时钟通过可编程的预分频进行分频。计数器、自动重载器和预分频寄存器可以通过软件进行读写，即使是在计时器运行时也可执行读写操作。

时基单元包括：

(1) 计数器寄存器(TIMx_CNT)；

(2) 预分频器寄存器(TIMx_PSC)；

(3) 自动重载寄存器(TIMx_ARR)。

自动重载寄存器是预装载的。每次尝试对自动重载寄存器执行读写操作时，都会访问预装载寄存器。预装载寄存器的内容既可以直接传送到影子寄存器，也可以在每次发生更新事件 UEV 时传送到影子寄存器，这取决于 TIMx_CR1 寄存器中的自动重载预装载使能位(ARPE)。当计数器达到上溢值并且 TIMx_CR1 寄存器中的 UDIS 位为 0 时，将发送更新事件，该更新事件也可由软件产生。下文将针对各配置的更新事件的产生进行详细介绍。

计数器由预分频器输出 CK_CNT 提供时钟，仅当 TIMx_CR1 寄存器中的计数器启动位(CEN)置 1 时，才会启动计数器。

注意，实际的计数器使能信号 CNT_EN 在 CEN 置 1 的一个时钟周期后被置 1。

2. 预分频器

预分频器可对计数器时钟频率进行分频，分频系数介于 1 和 65 536 之间。该预分频器基于 TIMx_PSC 寄存器中的 16 位寄存器所控制的 16 位计数器。由于 TIMx_PSC 控制寄存器有缓冲，因此可对预分频器进行实时更改，而新的预分频比将在下一更新事件发生时被采用。

3. 计数模式

计数器从 0 计数到自动重载值(TIMx_ARR 寄存器的内容)，然后重新从 0 开始计数并生成计数器上溢事件。

每次发生计数器上溢时会生成更新事件，或将 TIMx_EGR 寄存器中的 UG 位置 1(通过软件或使用从模式控制器)也可以生成更新事件。

通过软件将 TIMx_CR1 寄存器中的 UDIS 位置 1 可禁止 UEV 事件，这可避免向预装载寄存器写入新值时更新影子寄存器。这样，直到 UDIS 位中写入 0 前便不会生成任何更新事件，但计数器和预分频器计数器都会重新从 0 开始计数(而预分频比保持不变)。此外，如果 TIMx_CR1 寄存器中的 URS 位(更新请求选择)已置 1，则将 UG 位置 1 会生成更新事件 UEV，但不会将 UIF 标志置 1(因此，不会发送任何中断或 DMA 请求)。

发生更新事件时，将更新所有寄存器且将更新标志(TIMx_SR 寄存器中的 UIF 位)置 1(取决于 URS 位)：

(1) 使用预装载值(TIMx_PSC 寄存器的内容)重新装载预分频器的缓冲区；

(2) 使用预装载值(TIMx_ARR)更新自动重载影子寄存器。

4.3 任务调度定时器

在FreeRTOS系统中使用滴答定时器定时来切换任务，以STM32F4为例，关于SysTick定时器，在《STM32F4xx参考手册》中没有过多的描述，只有在《ARM Cortex-M4权威指南》中的9.5小节中有介绍。

ARM Cortex-M4内核的处理器有一个SysTick定时器，它是一个24位的倒计数定时器，它主要用于生成常规操作系统中断，在中断函数中执行任务切换代码。如果没有使用操作系统，它还可用于应用程序代码。如果使用了操作系统，在FreeRTOS系统中有这样一句：

```
#define xPortSysTickHandler SysTick_Handler
```

所以在FreeRTOS系统中，找不到SysTick_Handler函数原型，只能在port.c文件中找到xPortSysTickHandler的函数原型。

SysTick定时器包含四个寄存器，如表4-2所示，相应的数据结构体在一个叫做core_cm4的头文件中定义，这些寄存器可以轻松被访问。

表4-2 SysTick寄存器摘要

地 址	寄存器符号	寄 存 器
0xE000E010	SysTick→CTRL	控制和状态寄存器
0xE000E014	SysTick→LOAD	SysTick重装载值寄存器
0xE000E018	SysTick→VAL	SysTick当前值寄存器
0xE000E01C	SysTick→CALIB	SysTick校准值寄存器

控制和状态寄存器CTRL，复位值为0x0000000，部分参数描述如表4-3所示。

表4-3 控制和状态寄存器

位	名 字	类型	复位值	描 述
16	COUNTFLAG	R	0	计数到0时置1；读取该位将清0
2	CLKSOURCE	R/W	0	时钟来源 0：外部参考时钟(STCLK) 1：使用核心时钟
1	TICKINT	R/W	0	0：不产生中断 1：当SYSTICK计时器到0时产生中断
0	ENABLE	R/W	0	SYSTICK定时器使能

重装值寄存器LOAD，复位值不可预测，部分参数描述如表4-4所示。

表4-4 重装值寄存器

位	名字	类型	复位值	描 述
23:0	RELOAD	R/W	0	当定时器达到0时重新加载值

当前值寄存器VAL，复位值不可预测，部分参数描述如表4-5所示。

表 4-5 当前值寄存器

位	名 字	类型	复位值	描 述
23:0	CURRENT	R/W	0	读取时返回当前倒计数的值；向该寄存器写入任意值都可以将其清除变为0。清0该寄存器还会导致CTRL寄存器的COUNTFLAG位清零

如果只希望生成一个周期性 SysTick 中断，最简单的方法是使用函数 SysTick_Config：

```
uint32_t SysTick_Config(uint32_t ticks);
```

这个函数的功能是设置产生间隔时长为 ticks 的中断，例如，如果时钟频率为 30MHz，若想引发 SysTick 产生频率 1kHz，可以使用(SystemCoreClock 为正确的系统时钟频率)：

```
SysTick_Config(SystemCoreClock / 1000);
```

如果 SysTick_Config 函数的输入参数不合理(大于 0xffffff)，SysTick_Config 函数返回 1，否则返回 0。设置成功后 SysTick_Handler(void)函数的触发频率为 1kHz。

4.4 遥控器 PWM 编码和定时器输入捕获

第 2 章介绍过，遥控器接收机输出的 PWM 信号主要通过脉宽来传递遥控器舵机控制量，因此飞控模块主要通过 TIM 模块的输入捕获模式来自动检测脉冲宽度以及信号测量频率。测量的原理如图 4-3 所示。

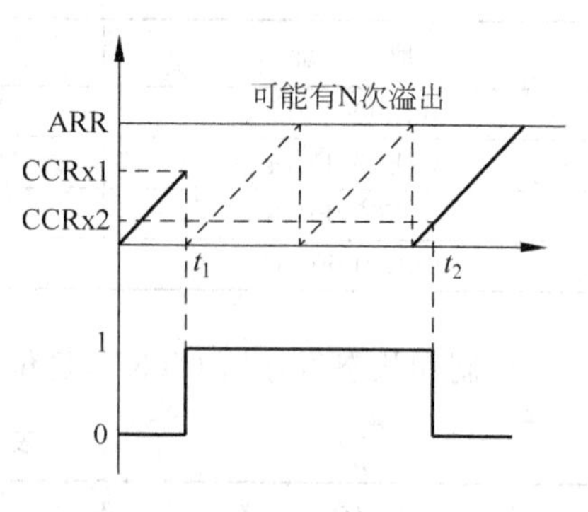

图 4-3 输入捕获脉宽测量原理

图 4-3 所示的就是输入捕获测量高电平脉宽的原理，假定定时器工作在向上计数模式，$t_1 \sim t_2$ 时间就是需要测量的高电平时间。测量方法如下：首先设置定时器通道 x 为上升沿捕获，这样，t_1 时刻就会捕获到当前的 CNT 值，然后立即清零 CNT，并设置通道 x 为下降沿捕获，这样到 t_2 时刻，又会发生捕获事件，得到此时的 CNT 值，记为 CCRx2。这样，根据定时器的计数频率就可以算出 $t_1 \sim t_2$ 的时间，从而得到高电平脉宽。

在 $t_1 \sim t_2$ 之间，可能产生 N 次定时器溢出，这就要求我们对定时器溢出做处理，防止高电平太长，导致数据不准确。如图 4-3 所示，$t_1 \sim t_2$ 之间 CNT 计数的次数等于 N * ARR+CCRx2，有了这个计数次数，再乘以 CNT 的计数周期，即可得到 $t_2 - t_1$ 的时间长度，即高电平持续时间。

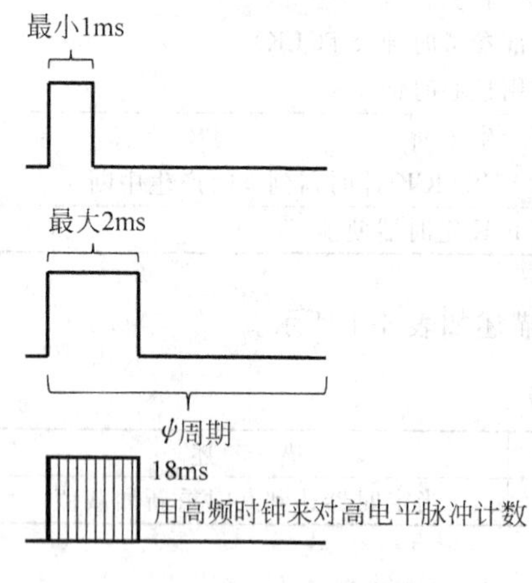

图 4-4 遥控器信号波形

例如，采用 RadioLink T6EHP 六通道遥控器时，遥控器接收机的输出信号为运行频率 55.6Hz(即 18ms)的 PWM 脉宽调制信号。高脉宽的范围为 1～2ms，分别对应舵量的最小值和最大值，如图 4-4 所示。

飞控硬件上采用 TIM3 和 TIM4 模块的通道引脚对输入 PWM 信号进行输入捕获采样。

(1) TIM3(1～4 通道),TIM4(1～4)采用系统时钟 84MHz,84 分频,计数时钟 1MHz(1μs)。

(2) 计数值存入 Rc_PWMCount[0～7]。

(3) 采用中断方式计数,自动更新计数值并获取遥控量,无须大量消耗系统 CPU 运行时间。

输入比较的软件驱动代码在 bsp_tim_pwm.c 中,如下:

```
if(TIM3->SR & TIM_IT_CC1)                              //捕获 1 发生捕获事件
{
    TIM3->SR = ~TIM_IT_CC1;
    TIM3->SR = ~TIM_FLAG_CC1OF;
    if(GPIOB->IDR & GPIO_Pin_4)
    {
        TIM3CH1_CAPTURE_VAH = TIM_GetCapture1(TIM3); //获取上升沿的计算值
    }
    else
    {
        TIM3CH1_CAPTURE_VAL = TIM_GetCapture1(TIM3);
        if(TIM3CH1_CAPTURE_VAL >= TIM3CH1_CAPTURE_VAH)
            Rc_PWMCount[0] = TIM3CH1_CAPTURE_VAL - TIM3CH1_CAPTURE_VAH;
        else
            Rc_PWMCount[0] = TIM3CH1_CAPTURE_VAL - TIM3CH1_CAPTURE_VAH + 0XFFFF + 1;
    }
}
```

4.5 电子调试器的输出控制 PWM 和定时器输出比较模式

飞控系统电调接口的硬件介绍已在 2.3.2 节作了详细介绍。对于四旋翼来说,飞控系统需要同时 4 路 PWM 控制信号,连接 4 路电子调速器和电机,如图 4-5 所示。不同厂家的电调对于输入的 PWM 控制信号的频率和占空比不同,需要了解熟悉对应厂家的使用说明文档以进行软件驱动的调整。"光标"飞控软件的默认 PWM 信号的输出频率是 400Hz,周期为 2.5ms。

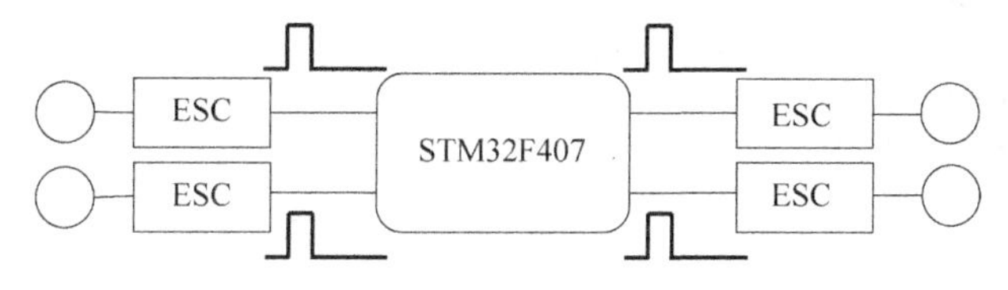

图 4-5 飞控系统中电机控制信号关系

正如 4.1 节 ST 微控制器的定时器模块所介绍的那样,每个定时器具有不一样的功能,由于飞控系统电调接口需要连接 4 路电子调速器和电机,因此需要一个能产生 4 路 PWM 波形的定时器;所以本书选定 TIM4 作为 PWM 输出的定时器。

在定时器介绍模块中可以得知，TIM4 定时器中包含有 16 位自动重载可递增、递减、递增/递减的计数器；图 4-6 所示为递增计数状态，ARR 为自动装载值，当计数器里面的数值大于 ARR 的时候，计数器数值会重置；CCRx 为捕获比较值，当计数器的值小于 CCRx 时，端口输出低电平，计数器的值大于 CCRx 时，端口输出高电平。

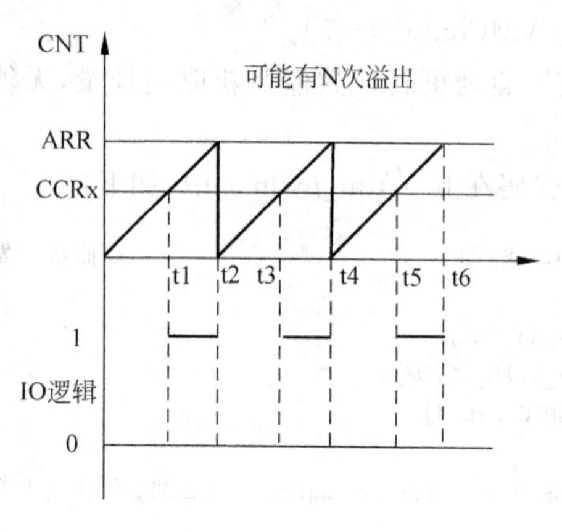

图 4-6 定时器计数状态

(1) 根据数据手册可以得知，TIN4 的 1～4 通道分别对应的是引脚 PD12～PD15。

(2) TIM4 采用系统时钟 84MHz，84 分频，计数时钟为 1MHz。

(3) 自动重载数值 CCRx 为 2500，根据计算公式可得输出频率为 400Hz。

(4) 占空比：等于占空比设定值占自动重载数值的比。如自动重载 CCRx＝2500，设占空比值为 1250，则占空比为(1250/2500)×100%＝50%。

TIM4 定时器 4 路 PWM 输出的程序如下：

```
TIM_TimeBaseInitTypeDef TIM_TimeBaseStructure;
TIM_OCInitTypeDef TIM_OCInitStructure;
RCC_APB1PeriphClockCmd(RCC_APB1Periph_TIM4,ENABLE);
TIM_TimeBaseStructure.TIM_CounterMode = TIM_CounterMode_Up;
TIM_TimeBaseStructure.TIM_Prescaler = 84 - 1;
TIM_TimeBaseStructure.TIM_Period = 2500 - 1;
TIM_TimeBaseInit(TIM4,&TIM_TimeBaseStructure);
TIM_OCInitStructure.TIM_OCMode = TIM_OCMode_PWM1;
TIM_OCInitStructure.TIM_OutputState = TIM_OutputState_Enable;
TIM_OCInitStructure.TIM_Pulse = 1250 - 1;
TIM_OCInitStructure.TIM_OCPolarity = TIM_OCPolarity_High;
TIM_OC1Init(TIM4,&TIM_OCInitStructure);
TIM_OC2Init(TIM4,&TIM_OCInitStructure);
TIM_OC3Init(TIM4,&TIM_OCInitStructure);
TIM_OC4Init(TIM4,&TIM_OCInitStructure);
TIM_Cmd(TIM4,ENABLE);
```

第5章 飞控系统的传感器

CHAPTER 5

5.1 飞控系统的传感器

无人飞行器要求能够稳定飞行，首先最基础的问题是需要确定自己在空间中的位置、速度和姿态等相关的系统状态。而要得到这些状态，就需要安装在机身系统上的各种不同的传感器。

我们所处的空间是三维空间，因此主要的飞行器系统状态也主要基于这个三维空间同时在时间维度进行扩展。例如，飞行器可以通过全球定位系统 GNSS 来定位自己的经度、纬度和高度等三维坐标信息，同时还可以获取这三个维度的速度信息。对于飞行器来说，仅仅获得三维空间中的位置和速度还不够，这只是相对空间的坐标，此外飞行器在空中飞行时，需要通过调整自己相对于惯性坐标系的姿态来产生往某个方向的物理作用力。根据1.6.3节所介绍的飞行方式，当飞行器需要向某个方向飞行时，需要调整飞行器的姿态向对应方向倾斜，飞行器的一部分升力会分配到该方向上成为该方向的拉力。飞行器要能够调整飞行的姿态，就必须能够实时获得机体当前相对于惯性坐标系的姿态，在三维空间中姿态角也是由三个轴的角度来表示。因此综合来看，共有十五个系统空间状态量需要获得，即飞行器的三维空间位置信息、三维空间速度信息、三维空间角度信息以及三维空间加速度信息和三维空间的姿态角速度信息，而其中并不是所有的状态都可以直接通过传感器测量到。现代的传感器技术能够测量的状态量有限，全球定位系统 GNSS 可以感知飞行器的位置和速度信息，但是这是在室外有信号的情况下，在室内则无法正常工作。不依赖外界的传感器只有加速度计与陀螺仪，而它们仅能直接获得三轴加速度信息与旋转角速度信息的状态量，而其他的状态量只有通过姿态解算算法和惯性导航算法来间接获得，这部分内容在第6章会重点介绍。飞控算法的核心就是通过传感器的数据来估计飞行器的状态空间，以及采用一定的控制算法对飞行器进行控制。

传感器与估计的精度决定了建模辨识与控制的精度，然后传感器和估计的精度，与建模辨识一起决定了控制的精度。因此传感器的采集精度与飞行控制的控制精度密切相关。对于传感器的校准、采样处理和滤波算法在飞控系统中至关重要。

5.2 ST 微控制器的 I2C 驱动

5.2.1 I2C 简介

光标飞控系统中集成的微机械六轴传感器和磁力计均采用 I2C 总线接口与主控处理器连接。本章着重介绍 I2C 接口总线、各传感器的接口驱动、数据采集及处理模型。

I2C(Inter-Integrated Circuit)总线是一种由 PHILIPS 公司开发的两线式串行总线，用于连接微控制器及其他的一些外围设备。和我们常用的 UART 通信不同，虽然 UART 有 TX 和 RX 两个接口，但是这两根线均可以单独使用，I2C 是由数据线 SDA 和时钟 SCL 构成的串行总线，可发送和接收数据。在 CPU 与被控 IC 设备之间、IC 设备与 IC 设备之间进行双向传送，高速 I2C 总线速度一般可达 400kbps 以上。I2C 总线的硬件连接如图 5-1 所示。

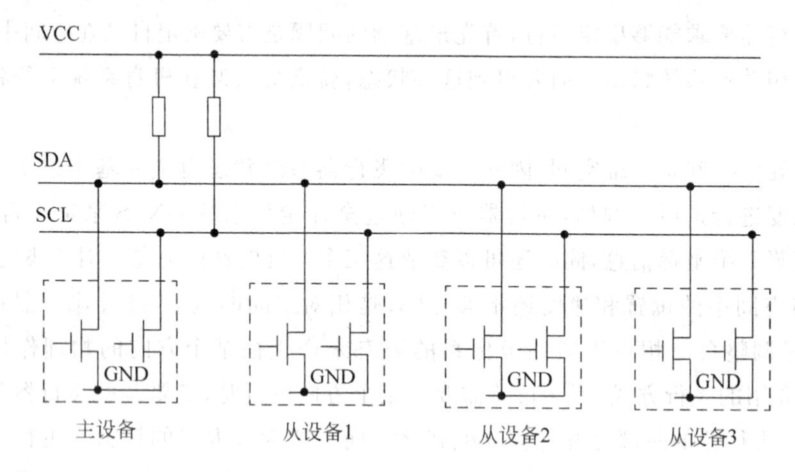

图 5-1 I2C 总线硬件连接

I2C 总线的特点如下：

(1) 通信模式为主从式设备，可以一主多从，也可以多主多从。

(2) I2C 总线组成“线与”的关系，任何一个器件都可以拉到低电平。

(3) I2C 总线上可以并连多个器件。

(4) I2C 总线有起始信号、数据传输和停止信号。

(5) 支持 7 位/10 位芯片地址寻址。

(6) 支持不同的通信速率，标准速度为 100kHz，高速速度为 400kHz。

I2C 总线在传送数据过程中一共有三种类型的信号，分别是：开始信号、结束信号和应答信号。

开始信号：当 SCL 为高电平时，SDA 由高电平向低电平跳变，表示开始传送数据。

终止信号：当 SCL 为高电平时，SDA 由低电平向高电平跳变，表示结束传送数据。

应答信号：当接收数据的 IC 设备在接收到 8bit 数据后，向发送数据的 IC 设备发出特定的低电平脉冲，表示已收到数据。CPU 向受控单元发出一个信号后，等待受控单元发出一个应答信号，CPU 接收到应答信号后，根据实际情况作出是否继续传递信号的判断。若未收到应答信号，则判断为受控单元出现故障。

I2C 总线时序图如图 5-2 所示，起始信号与终止信号如图 5-3 所示。

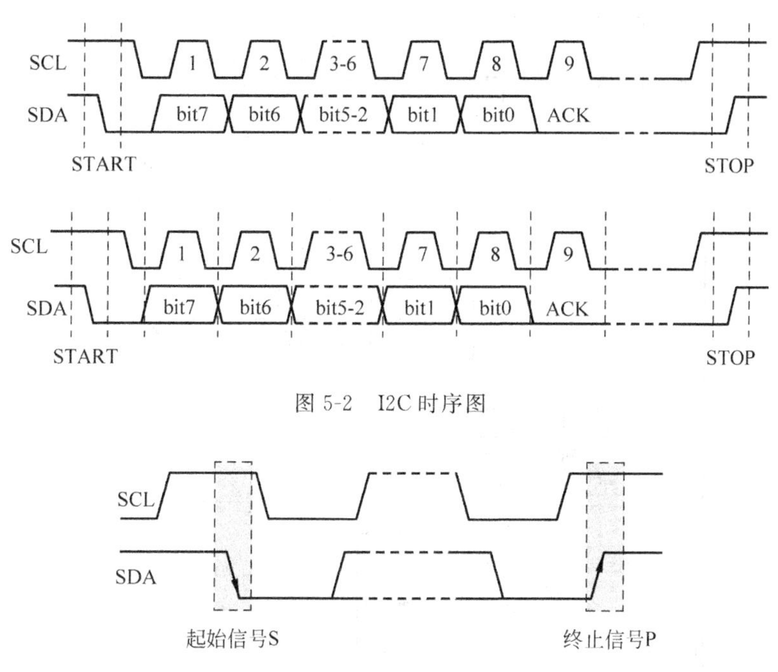

图 5-2 I2C 时序图

图 5-3 I2C 的起始信号和终止信号

5.2.2 I2C 驱动在 STM32 中的硬件实现

STM32 芯片中集成了 I2C 模块，通过 I2C 模块，CPU 软件可以不需要关注 I2C 总线的协议实现以及通信时的具体会话过程，只需要将待发送的数据放入发送缓冲区中，启动 I2C 传输即可，而接收的时候也可以由硬件触发中断，从接收缓冲区中读取数据即可。图 5-4 是飞控模块主处理器 STM32F407 的 I2C 模块内部框图。

STM32F407 的 I2C 模块既可以实现 I2C 主设备模式，同时也能实现 I2C 从设备模式。在飞控系统中，主要采用 STM32F407 的主设备模式。在主模式下，I2C 模块会启动 I2C 总线上的数据传输，同时输出 SCL 的时钟信号。当控制寄存器 I2C_CR1 的 START 位置 1 时，模块自动切换到主模式下，同时在总线上发出起始位信号，状态寄存器 I2C_SR1 的 SB 位会被硬件置 1，并且当 ITEVFEN 位置 1 时产生系统中断。接着内部缓冲区会将从设备地址从内部并串转换的移位寄存器中发送到 I2C 总线上，发送完毕后状态寄存器中的 ADDR 位会被置 1。接下来主设备会根据读写操作进入接收模式或者发送模式，将最后 1 位置位或者复位发送到总线上。在发送完从地址信息后，主设备会检测从设备响应的 ACK 信号，只有 I2C 总线上的从地址设备出现了地址匹配命中的事件并将 ACK 位拉低后，主设备才能知道有相应的从地址挂载在 I2C 总线上。在发送模式下，接下来主设备会继续将首个数据字节写入到数据缓冲区中并通过移位寄存器发送到总线上，并等待发送结束，在接收到 ACK 信号之后继续发送下一个数据字节，直到发送完毕，由软件设置控制寄存器的 STOP 位来主动停止 I2C 总线会话。在接收模式下，主设备会主动等待从设备发送过来的

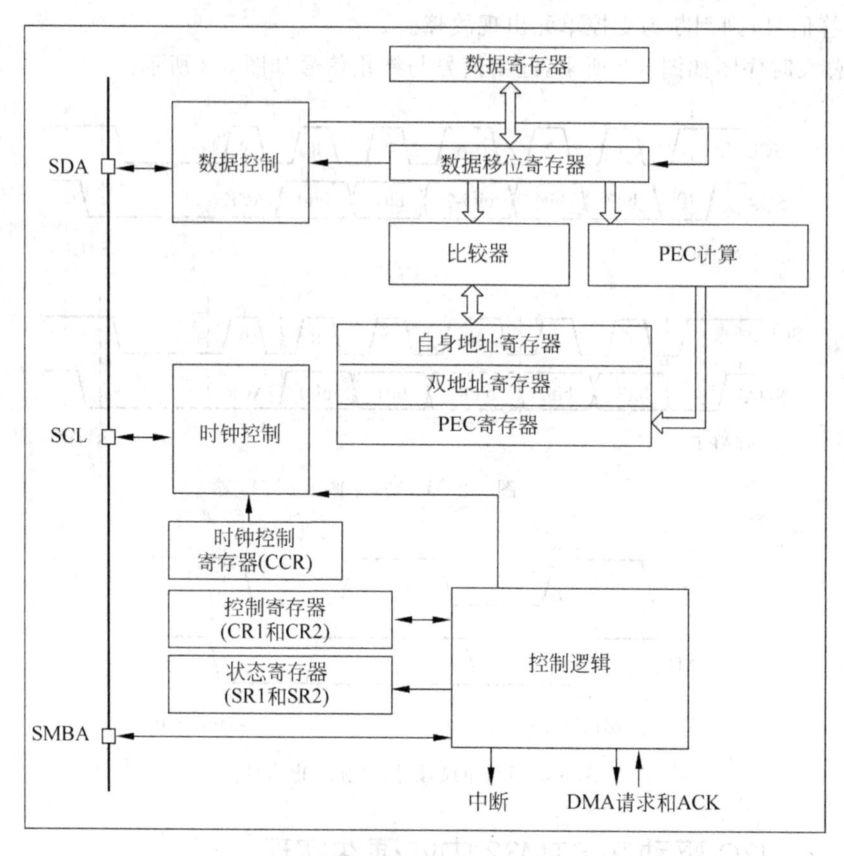

图 5-4　STM32F40x 的 I2C 内部逻辑框图

数据并逐步移位到接收缓冲区中，并在每次接收到一个字节的时候主动返回 ACK 应答信号通知从设备，同时对状态寄存器 RxNE 位置 1，在 ITEVFEN 和 ITBUFEN 位置位时触发系统中断。在主设备接收到最后一个字节的时候，主设备返回 NACK 的应答信号，此时从设备会释放对 SDA 信号线的控制权，之后主设备发送一个停止信号，或者在还需要新的启动会话的时候发送一个重复起始信号。

STMicro 公司为 STM32F40x 提供了基本的 I2C 模块底层控制函数，基于这些底层驱动，可以很容易地实现利用 STM32F40x 的 I2C 硬件模块 I2C 通信协议 API 函数的源代码例程。请详细参考下面的源码和其中的注释部分。

(1) 硬件初始化函数。

```
/*****************************************************************
*   函数名: bsp_Init
*   功能说明: 初始化所有的硬件设备,该函数配置 CPU 寄存器和外设的寄存器并初始化一些全局
变量,只需要调用一次
*   形参: 无
*   返回值: 无
*****************************************************************/
void bsp_Init(void)
{
/* 由于 ST 固件库的启动文件已经执行了 CPU 系统时钟的初始化,所以不必再次重复配置系统时钟.
```

```
启动文件配置了 CPU 主时钟频率、内部 Flash 访问速度和可选的外部 SRAM FSMC 初始化.系统时钟默
认配置为 168MHz,如果需要更改,可以修改 system_stm32f4xx.c 文件
*/
//初始化系统滴答定时器
cycleCounterInit();
SysTick_Config(SystemCoreClock / 1000);
UART1_init(115200);                                    /* 初始化串口 1 波特率为 115200 */
NVIC_PriorityGroupConfig(NVIC_PriorityGroup_2);        /* 设置系统中断优先级分组 2 */
bsp_HMC58X3_init();                                    /* 地磁计初始化 */
bsp_InitLed();                                         /* 初始化 LED 指示灯端口 */
}
```

(2) 对 STM32F407 的硬件 I2C 进行初始化。

```
/*************************************************************
*   函数名: bsp_InitI2C
*   功能说明: 配置 I2C 总线的 GPIO
*   形参: 无
*   返回值: 无
*************************************************************/
void bsp_InitI2C(I2C_TypeDef * I2Cx,uint8_t I2C_Addr,uint32_t I2Cx_Speed)
{
GPIO_InitTypeDef GPIO_InitStructure;                   //定义结构体
I2C_InitTypeDef I2C_InitStructure;                     //定义结构体
#if I2C1_FIFO_EN == 1                    //(I2C1)      //使能 I2C1
/* 使能与 I2C1 有关的时钟 */
RCC_APB1PeriphClockCmd(RCC_APB1Periph_I2C1,ENABLE);
/* 使能与 GPIO 有关的时钟 */
RCC_AHB1PeriphClockCmd(RCC_AHB1Periph_GPIOB,ENABLE);
/* PB8 - I2C1_SCL、PB9 - I2C1_SDA 引脚配置 */
GPIO_PinAFConfig(GPIOB,GPIO_PinSource8,GPIO_AF_I2C2);
GPIO_PinAFConfig(GPIOB,GPIO_PinSource9,GPIO_AF_I2C2);
GPIO_InitStructure.GPIO_Pin = GPIO_Pin_8 | GPIO_Pin_9;
GPIO_InitStructure.GPIO_Mode = GPIO_Mode_AF;           //开漏输出
GPIO_InitStructure.GPIO_OType = GPIO_OType_OD;
GPIO_InitStructure.GPIO_Speed = GPIO_Speed_50MHz;
GPIO_InitStructure.GPIO_PuPd = GPIO_PuPd_UP;
GPIO_Init(GPIOB, &GPIO_InitStructure);
#endif
#if I2C2_FIFO_EN == 2                                  //(I2C2)
/* 使能与 I2C2 有关的时钟 */
RCC_APB1PeriphClockCmd(RCC_APB1Periph_I2C2,ENABLE);
/* 使能与 GPIO 有关的时钟 */
RCC_AHB1PeriphClockCmd(RCC_AHB1Periph_GPIOB,ENABLE);
/* PB10 - I2C2_SCL、PB11 - I2C2_SDA 引脚配置 */
GPIO_PinAFConfig(GPIOB,GPIO_PinSource10,GPIO_AF_I2C2);
GPIO_PinAFConfig(GPIOB,GPIO_PinSource11,GPIO_AF_I2C2);
GPIO_InitStructure.GPIO_Pin = GPIO_Pin_10 | GPIO_Pin_11;
GPIO_InitStructure.GPIO_Mode = GPIO_Mode_AF;           //开漏输出
GPIO_InitStructure.GPIO_OType = GPIO_OType_OD;
GPIO_InitStructure.GPIO_Speed = GPIO_Speed_50MHz;
```

```
GPIO_InitStructure.GPIO_PuPd = GPIO_PuPd_UP;
GPIO_Init(GPIOB, &GPIO_InitStructure);
#endif
/* I2C 配置 */
I2C_DeInit(I2Cx);                              //将外设 IIC 的各个寄存器恢复到复位以后的值
I2C_InitStructure.I2C_Mode = I2C_Mode_I2C;    //I2C 模式
I2C_InitStructure.I2C_DutyCycle = I2C_DutyCycle_2;    //快速模式占空比
I2C_InitStructure.I2C_OwnAddress1 = I2C_Addr;//从模式为设备自身的地址
I2C_InitStructure.I2C_Ack = I2C_Ack_Enable;  //启用或禁用确认
I2C_InitStructure.I2C_AcknowledgedAddress = I2C_AcknowledgedAddress_7bit; I2C_InitStructure.I2C_
ClockSpeed = I2Cx_Speed;                       //设置时钟频率
/* 使能 I2Cx */
I2C_Cmd(I2Cx, ENABLE);
/* I2Cx 初始化 */
I2C_Init(I2Cx, &I2C_InitStructure);
/*允许 1 字节 1 应答模式*/
I2C_AcknowledgeConfig(I2Cx, ENABLE);
}
```

(3) 通过 I2C 总线写数据到从设备指定的寄存器。

```
/*******************************************************************************
*   函数名: I2C_WriteByte(I2C_TypeDef * I2Cx,uint8_t I2C_Addr,uint8_t addr,uint8_t value)
*   功能说明: 写数据到指定的寄存器
*   形参: I2C 模块号设备写地址寄存器地址写入的值
*   返回值: 无
*******************************************************************************/
void I2C_WriteByte(I2C_TypeDef * I2Cx,uint8_t I2C_Addr,uint8_t addr,uint8_t value)
{
while(I2C_GetFlagStatus(I2Cx, I2C_FLAG_BUSY));
I2C_GenerateSTART(I2Cx, ENABLE);
while(!I2C_CheckEvent(I2Cx, I2C_EVENT_MASTER_MODE_SELECT));
I2C_Send7bitAddress(I2Cx, I2C_Addr, I2C_Direction_Transmitter);
while(!I2C_CheckEvent(I2Cx, I2C_EVENT_MASTER_TRANSMITTER_MODE_SELECTED));
 I2C_SendData(I2Cx, addr);
 while(!I2C_CheckEvent(I2Cx, I2C_EVENT_MASTER_BYTE_TRANSMITTED));
I2C_SendData(I2Cx, value);
 while(!I2C_CheckEvent(I2Cx, I2C_EVENT_MASTER_BYTE_TRANSMITTED));
I2C_AcknowledgeConfig(I2Cx,DISABLE);
}
```

(4) 对从设备指定的寄存器读取一个字节数据。

```
/*******************************************************************************
*   函数名: I2C_ReadByte(I2C_TypeDef * I2Cx,uint8_t I2C_Addr,uint8_t addr)
*   功能说明: 从寄存器中读取数据
*   形参: I2C 模块号设备写地址寄存器地址
*   返回值: 寄存器的内容
*******************************************************************************/
uint8_t I2C_ReadByte(I2C_TypeDef * I2Cx,uint8_t I2C_Addr,uint8_t addr)
{
uint8_t data_byte;
```

```
while(I2C_GetFlagStatus(I2Cx, I2C_FLAG_BUSY)); //如果 BUSY = 1,则等待,一直到 BUSY = 0
I2C_AcknowledgeConfig(I2Cx, ENABLE);            //打开应答信号使其回到初始状态
I2C_GenerateSTART(I2Cx, ENABLE);                //主机产生起始条件
while(!I2C_CheckEvent(I2Cx, I2C_EVENT_MASTER_MODE_SELECT));
I2C_Send7bitAddress(I2Cx, I2C_Addr, I2C_Direction_Transmitter);
while(!I2C_CheckEvent(I2Cx, I2C_EVENT_MASTER_TRANSMITTER_MODE_SELECTED));
I2C_SendData(I2Cx, addr);                       //发送想要读取字节的地址
while(!I2C_CheckEvent(I2Cx, I2C_EVENT_MASTER_BYTE_TRANSMITTED));
I2C_GenerateSTART(I2Cx, ENABLE);                //主机重新发送起始信号
while(!I2C_CheckEvent(I2Cx, I2C_EVENT_MASTER_MODE_SELECT));
I2C_Send7bitAddress(I2Cx, I2C_Addr, I2C_Direction_Receiver);
while(!I2C_CheckEvent(I2Cx, I2C_EVENT_MASTER_RECEIVER_MODE_SELECTED));
    I2C_AcknowledgeConfig(I2Cx, DISABLE);
    I2C_GenerateSTOP(I2Cx, ENABLE);
while(!(I2C_CheckEvent(I2Cx, I2C_EVENT_MASTER_BYTE_RECEIVED)));
    data_byte = I2C_ReceiveData(I2Cx);
I2C_AcknowledgeConfig(I2Cx, ENABLE);
return data_byte;
}
```

(5) 对从设备指定的寄存器连续读取数据。

```
/*********************************************************************
    函数名: I2C_ReadBuffer(I2C_TypeDef * I2Cx,uint8_t I2C_Addr,uint8_t addr,uint8_t * Data_
Buffer,uint8_t Num_Byte)
*   功能说明: 从寄存器中读取数据
*   形参: I2C 模块号设备写地址寄存器地址存放的指针长度
*   返回值: 无
*********************************************************************/
Void I2C_ReadBuffer(I2C_TypeDef * I2Cx,uint8_t I2C_Addr,uint8_t addr,uint8_t * Data_Buffer,
uint8_t Num_Byte)
{
while(I2C_GetFlagStatus(I2Cx, I2C_FLAG_BUSY));
I2C_AcknowledgeConfig(I2Cx, ENABLE);
I2C_GenerateSTART(I2Cx, ENABLE);
while(!I2C_CheckEvent(I2Cx, I2C_EVENT_MASTER_MODE_SELECT));
I2C_Send7bitAddress(I2Cx, I2C_Addr, I2C_Direction_Transmitter);
while(!I2C_CheckEvent(I2Cx, I2C_EVENT_MASTER_TRANSMITTER_MODE_SELECTED));
I2C_Cmd(I2Cx, ENABLE);
I2C_SendData(I2Cx, addr);
while(!I2C_CheckEvent(I2Cx, I2C_EVENT_MASTER_BYTE_TRANSMITTED));
I2C_GenerateSTART(I2Cx, ENABLE);
while(!I2C_CheckEvent(I2Cx, I2C_EVENT_MASTER_MODE_SELECT));
I2C_Send7bitAddress(I2Cx, I2C_Addr, I2C_Direction_Receiver);
while(!I2C_CheckEvent(I2Cx, I2C_EVENT_MASTER_RECEIVER_MODE_SELECTED));
while(Num_Byte)
{
    if(Num_Byte == 1)
    {
        I2C_AcknowledgeConfig(I2Cx, DISABLE);
        I2C_GenerateSTOP(I2Cx, ENABLE);
```

```
        }
        if(I2C_CheckEvent(I2Cx, I2C_EVENT_MASTER_BYTE_RECEIVED))
        {
            *Data_Buffer = I2C_ReceiveData(I2Cx);
            Data_Buffer++;
            Num_Byte--;
        }
    }
    I2C_AcknowledgeConfig(I2Cx, ENABLE);
    //I2C_EE_WaitEepromStandbyState();
}
```

5.2.3 I2C 驱动在 STM32 中的软件实现

由于 I2C 总线属于低速通信信号总线，根据 I2C 总线的时序规则，完全可以使用 STM32 处理器的 GPIO 来模拟仿真 I2C 时序，从而完全实现 I2C 通信，这样做的好处是可以在 STM32 的任意两个引脚实现 I2C 通信模块，极大地扩展了芯片的 I2C 总线个数以及功能，也方便了硬件系统的设计。

I2C 总线的 GPIO 软件模拟的实现主要是实现起始信号、结束信号，以及发送和接收数据信号的接口函数。

1）起始信号产生函数

当 SCL 为高电平的时候 SDA 从高电平跳变成低电平(SCL)：

```
/*******************************************************************
*   函数名: i2c_Start
*   功能说明: CPU 发起 I2C 总线启动信号
*   形参: 无
*   返回值: 1,成功; 0,忙
*******************************************************************/
uint8_t i2c_Start()
{
/* 当 SCL 高电平时,SDA 出现一个下跳沿表示 I2C 总线启动信号 */
I2C_SDA2_H();
I2C_SCL2_H();
i2c_Delay();
if(!I2C_SDA2_READ()) return 0;                    //SDA 线为低电平则总线忙,退出
I2C_SDA2_L();
i2c_Delay();
if(I2C_SDA2_READ()) return 0;                     //SDA 线为高电平则总线出错,退出
I2C_SDA2_L();
i2c_Delay();
return true;
}
```

2）结束信号产生函数

当 SCL 为高电平时 SDA 从低电平变成高电平(SCL 为高电平，SDA 出现上升沿)：

```
/*******************************************************************
*   函数名: i2c_Stop
```

```
*   功能说明: CPU 发起 I2C 总线停止信号
*   形参: 无
*   返回值: 无
**********************************************************************/
void i2c_Stop()
{
I2C_SCL_L();
I2c_Delay();
I2C_SDA_L();
I2c_Delay();
I2C_SCL_H();
I2c_Delay();
I2C_SDA_H();
I2c_Delay();
}
```

3) 发送数据函数

```
/**********************************************************************
*   函数名: i2c_SendByte
*   功能说明: CPU 向 I2C 总线设备发送 8bit 数据
*   形参: _ucByte: 等待发送的字节
*   返回值: 无
**********************************************************************/
void i2c_SendByte(uint8_t SendByte)              //数据从高位到低位//
{
uint8_t i = 8;
while(i -- )
{
    I2C_SCL_L();
    i2c_Delay();
    if(SendByte&0x80)
        I2C_SDA_H();
    else
        I2C_SDA_L();
    SendByte <<= 1;
    i2c_Delay();
    I2C_SCL_H();
    i2c_Delay();
}
I2C_SCL_L();
}
```

4) 单字节写函数

当主设备需要向从设备写入数据时，需要采用的 I2C 总线协议规则是：起始信号；发送数据(地址位+写信号(0))；结束信号。通过 GPIO 来模拟协议规则的软件驱动如下：

```
/**********************************************************************
*   函数名: i2c_ Write_1Byte
*   功能说明: CPU 向 I2C 总线设备发送 8bit 数据
```

```
*   形参：SlaveAddress：从设备地址
*          REG_Address：需要写入的从设备的寄存器地址
*          REG_data：需要写入的数据
*   返回值：无
*********************************************************************/
uint8_t i2c_Write_1Byte(uint8_t SlaveAddress,uint8_t REG_Address,uint8_t REG_data)
{
i2c_Start(1);
i2c_SendByte(1,SlaveAddress << 1);
if(i2c_WaitAck(1))
{
    i2c_Stop(1);
    return 1;
}
i2c_SendByte(1,REG_Address);
i2c_WaitAck(1);
i2c_SendByte(1,REG_data);
i2c_WaitAck(1);
i2c_Stop(1);
return 0;
}
```

5）接收数据函数

当 SCL 为高电平时读取 SDA，连续读 8 位，从 I2C 总线上接收数据的代码如下：

```
/*********************************************************************
*   函数名：i2c_ReadByte
*   功能说明：CPU 从 I2C 总线设备读取 8bit 数据
*   形参：无
*   返回值：读到的数据
*   读 1 个字节，ack = 1 时，发送 ACK；ack = 0 时，发送 NACK
*********************************************************************/
uint8_t i2c_ReadByte(,uint8_t ask)              //数据从高位到低位//
{
uint8_t i = 8;
uint8_t ReceiveByte = 0;
I2C_SDA_H();
while(i--)
{
    ReceiveByte <<= 1;
    I2C_SCL_L();
    i2c_Delay();
    I2C_SCL_H();
    i2c_Delay();
    if(I2C_SDA_READ())
    {
        ReceiveByte| = 0x01;
    }
}
I2C_SCL_L();
if (ask)
```

```
        i2c_Ack(1);
    else
        i2c_NAck(1);
    return ReceiveByte;
}
```

6）单字节读函数

当主设备需要对从设备的某地址通过I2C读取数据时需要采用的协议是：起始信号；发送数据(地址位+读信号(1))；读取数据(I2C_RadeByte())；结束信号。通过GPIO来模拟协议规则的软件驱动代码如下：

```
/*********************************************************************
 *   函数名: i2c_Read_1Byte
 *   功能说明: CPU 向 I2C 总线设备发送 8bit 数据
 *   形参: SlaveAddress: 从设备地址
 *          REG_Address: 需要读取的从设备的寄存器地址
 *          REG_data: 指向需要读取数据的缓冲区的指针
 *   返回值: 无
*********************************************************************/
uint8_t i2C_Read_1Byte(uint8_t SlaveAddress,uint8_t REG_Address,uint8_t *REG_data)
{
    i2c_Start(1);
    i2c_SendByte(1,SlaveAddress << 1);
    if(i2c_WaitAck(1))
    {
        i2c_Stop(1);
        return 1;
    }
    i2c_SendByte(1,REG_Address);
    i2c_WaitAck(1);
    i2c_Start(1);
    i2c_SendByte(1,SlaveAddress << 1 | 0x01);
    i2c_WaitAck(1);
    *REG_data = i2c_ReadByte(1,0);
    i2c_Stop(1);
    return 0;
}
```

5.3 加速度计的原理和测量信息

5.3.1 加速度计的原理

惯性测量元件是一种能够在惯性系中测量载体自身三维加速度和三维角度的设备，主要分为加速度计和角速度计两种，统称惯性测量元件。根据物理学原理，加速度的积分是速度，速度的积分是位置信息，角速度的积分是角度信息，因此从理论上来说，通过惯性测量元件就可以得到第5.1节所述的十五个机体状态量。在没有GNSS全球卫星定位系统之前，导航系统采用惯性测量元件来获取这些信息。导弹通常都安装了紧密的惯性测量元件，导弹上的处理器主要依靠这个信息推算出机体状态信息，从而自主控制飞向预定目标。然而惯性测量元件本身固有的误差通过时间积分之后会积累误差，并且元件本身的工艺、技术和成本越低，误差越大，误差的积累也越快，飞行上万公里后积累的误差可以达到几公里甚至几十公里，因此现代导航系统都是通过GNSS全球卫星定位系统获取精准的定位和速度信息来对惯导系统进行修正。人体内也有惯性测量元件，人的耳蜗充满液体，人运动的时候这些液体有惯性，可以被耳中的神经感受到，从而测出了人体自己的运动特征。同样，人的惯性测量元件也非常差，闭上眼睛，不摸周围的东西，只靠耳蜗感受的移动，人基本无法走直线，这里眼睛的作用就相当于GNSS的作用，它可以随时修正耳蜗所感应的惯性信息。

此外早期的惯性测量元件由于机械结构的因素，在外形尺寸方面都巨大无比，并且重量也很大，因此惯导系统很难在小型或者微型飞行器上应用，这也就成为微型无人机发展的一个障碍。图5-5是一款巨大的机械式惯性测量元件。

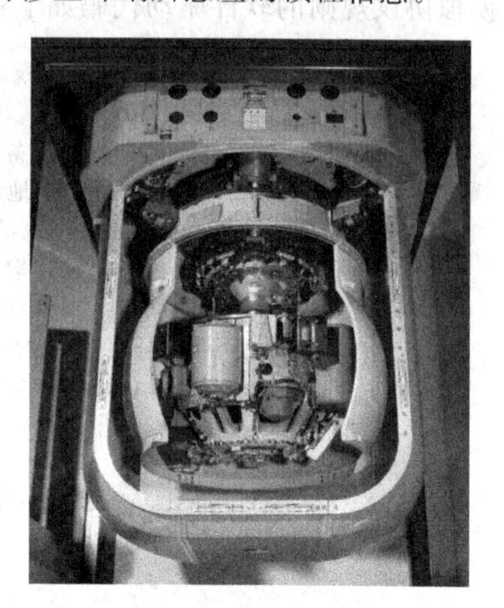

图5-5　机械惯性测量元件

MEMS(Micro-Electro-Mechanical Systems)是指集成微型机械结构、微型传感器、微型执行器以及信号处理和控制电路，直至接口、通信和电源等于一体的微型器件或系统。现在很多微型加速度传感器和陀螺仪都是基于MEMS技术实现的。微机械加速度传感器可以根据压电效应的原理来工作的。所谓压电效应就是对于不存在对称中心的异级晶体，加在晶体上的外力除了使晶体发生形变以外，还将改变晶体的极化状态，在晶体内部建立电场，这种由于机械力作用使介质发生极化的现象称为正压电效应。还可以根据压阻技术、谐振式和电容效应等原理来制作惯性测量传感器元件，但是所有的原理基本都是由内部集成的微机械质量块受到物理机械力的作用带来的某个介质的形变，并将产生形变的量转换为电压输出，通过相应的放大和滤波电路进行采集，测量量的大小分别与电阻、电压和电容的变化成正比。

加速度计又称加速度传感器，是一种能够测量加速度的设备。加速度传感器可以帮助检测某一物体或事物此时此刻的状态是停止，还是运动，是在向前、向后、向左还是向右运动，以及是在向上还是向下运动。加速度传感器甚至可以用来分析物体的振动。加速度传感器可以应用在各种控制及测量设备中，例如，报警系统、玩具、环境监测、地质勘探、地震检测、道路和桥梁的振动分析等。图5-6显示了MEMS三轴加速度计的测量原理。它的每个轴中均有一个质量块，通过质量块感受重力的影响，从而对轴上的感应器(类似弹簧)产生作用。MEMS三轴加速度计有三种感应器类型，即压阻式、压电式和电容式，由质量块产生的加速度压力或位移分别正比于电阻、电压和电容的变化，传感器中通过专门的放大滤波整形及采样电路，提取加速度信息。

5.3.2　加速度计的测量信息

加速度传感器分为二轴与三轴加速度传感器。二轴加速度传感器能够同时检测两个方向(X轴和Y轴)上的加速度。三轴加速度传感器能够同时检测三个方向(X轴、Y轴和

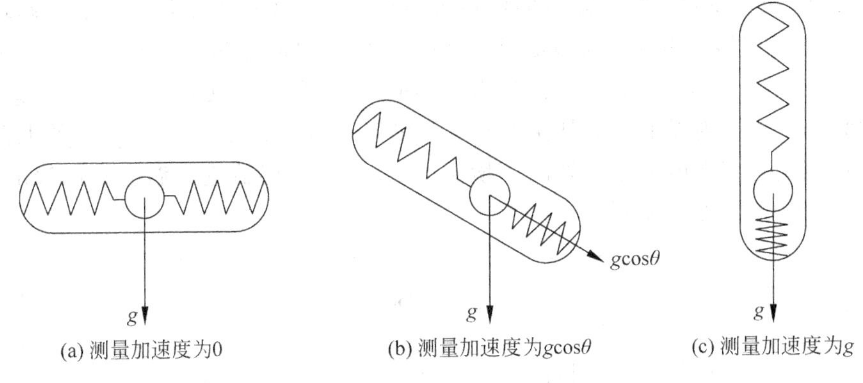

图 5-6　加速度测量原理

Z 轴)上的加速度。

加速度测量有如下几个特性：

1) 倾斜度侦测

加速传感器在静止时，可用来检测倾斜角，倾斜角在$-90°\sim+90°$之间变化时，重力加速度信息会分配到三个轴上，加速度传感器输出的三轴分量可以计算出倾斜角度。

2) 运动检测

运动检测可用于运动控制、计步器和基本运动检测。

3) 定位侦测

定位侦测用于汽车导航、防盗设备和地图跟踪。定位侦测需要测量的因素包括加速度的范围以及加速传感器的安装方式。对加速度数据进行二重积分即可得到位置数据。

4) 震动侦测

震动侦测可用于下降记录、黑盒子/故障记录仪、硬盘保护、运输和处理监视器。震动侦测主要收集加速度计的原始数据并进行阈值选择。一般被测量对象的减速度决定了震动检测所需的加速传感器的规则。

5) 振动侦测

振动侦测可用于地震活动监视器、家电平衡和监测。振动侦测需要考虑的因素包括：振动频率的大小，g 值的范围及最适当的加速传感器安装位置。借助于快速傅里叶变换对加速度资料分析可得振动频率的情况。快速傅里叶变换允许振动信号被分解成它的谐波分量，而每个电机振动都有自己的谐波分量信号。

6) 自由下落侦测

自由下落侦测可用于自由落体保护、下降记录、下降检测、运动控制和认知等。自由下落侦测包括线性下落、旋转型下落和抛射下落。

5.4　加速度计原始数据采集、校准和滤波

5.4.1　加速度计原始数据采集

MPU6050 是一个六轴运动处理传感器，包含三轴加速度和三轴陀螺仪以及一个可扩展的数字运动处理器 DMP(Digital Motion Processor)。MPU60X0 对陀螺仪和加速度计分

别用了三个16位的ADC,将其测量的模拟量转化为可输出的数字量。为了精确跟踪快速和慢速的运动,传感器的测量范围都是用户可控的,陀螺仪的可测范围为±250°/s、±500°/s、±1000°/s和±2000°/s(°/s又可表示为dps),加速度计的可测范围为±2g、±4g、±8g和±16g。另外,片上还内嵌了一个温度传感器和在工作环境下仅有±1%变动的振荡器。温度传感器可以实时感知传感器所处的环境温度,以便对传感器进行温度补偿校准。图5-7是MPU6050内部的结构框图。

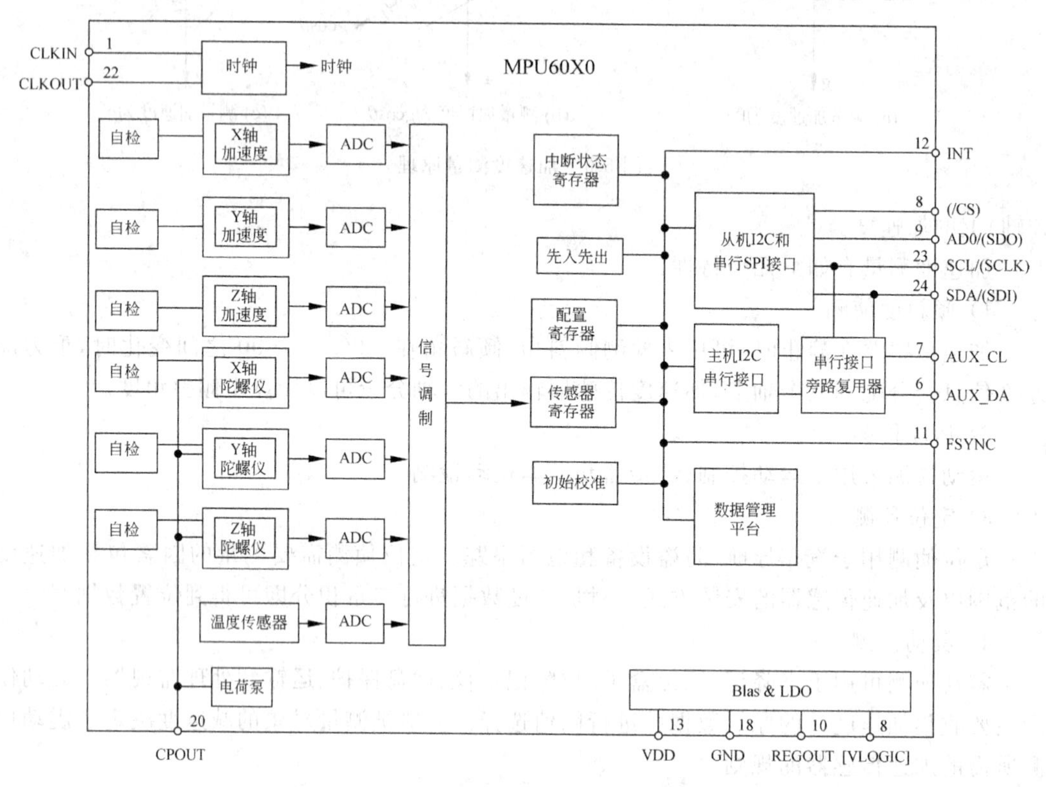

图5-7 MPU6050内部结构框图

注:圆括号内的管脚名称只适用于MPU6000,方括号内的管脚名称只适用于MPU6050

引脚说明如表5-1所示。

表5-1 引脚说明

引脚编号	MPU6050	引脚名称	描 述
1	Y	CLKIN	可选的外部时钟输入,如果不用则连到GND
6	Y	AUX_DA	I2C主串行数据,用于外接传感器
7	Y	AUX_CL	I2C主串行时钟,用于外界传感器
8	Y	VLOGIC	数字I/O供电电压
9	Y	AD0	I2C Slave地址LSB(AD0) SPI串行数据输出(SDO)
10	Y	REGOUT	校准滤波电容连线
11	Y	FSYNC	帧同步数字输入
12	Y	INT	中断数字输出(推挽或开漏)

续表

引脚编号	MPU6050	引脚名称	描述
13	Y	VDD	电源电压及数字 I/O 供电电压
18	Y	GND	电源地
19、21、22	Y	RESV	预留，不接
20	Y	CPOUT	电荷泵电容连线
23	Y	SCL	I2C 串行时钟(SCL) SPI 串行时钟(SCLK)
24	Y	SDA	I2C 串行数据(SDA)
2、3、4、5、14、15、16、17	Y	NC	不接

其中，VDD 供电电压为 2.5V±5%、3.0V±5%和 3.3V±5%；VDDIO 为 1.8V±5%；内建振荡器在工作温度范围内仅有±1%频率变化。可选外部时钟输入 32.768kHz 或 19.2MHz，这里以"光标"飞控为例介绍一下 MPU6050 的通信。由于"光标"飞控中 MPU6050 通过 I2C 总线连接主控芯片，主控芯片的 MPU6050 访问驱动可以调用 I2C 通信驱动 API 函数进行 MPU6050 的读写访问。关于 I2C 的驱动可以参考第 5.2 节所介绍的源码。MPU6050 的数据写入和读出均通过其芯片内部的寄存器实现，这些寄存器的地址都是 1 个字节，也就是 8 位的寻址空间。表 5-2 是主要需要访问或配置的寄存器列表，主要会使用到的数据存储在 0x3B 到 0x48 这 14 个字节的寄存器中。0x3B 到 0x3F 存储的是加速度计的数据。

表 5-2 MPU6050 主要数据寄存器地址

寄存器名称	寄存器地址	数据的名称
SMPLRT_DIV	0x19	采样率分频配置，默认值为 0x07(125Hz)
CONFIG	0x1A	低通滤波器截止频率，默认值为 0x06(5Hz)
GYRO_CONFIG	0x1B	陀螺仪自检及测量范围，默认值为 0x18(不自检，2000dps)
ACCEL_CONFIG	0x1C	加速度计自检，测量范围及高通滤波器频率，默认值为 0x01，不自检，2G 范围，5Hz
ACCEL_XOUT_H	0x3B	加速度计的 X 轴分量高八位
ACCEL_XOUT_L	0x3C	加速度计的 X 轴分量低八位
ACCEL_YOUT_H	0x3D	加速度计的 Y 轴分量高八位
ACCEL_YOUT_L	0x3E	加速度计的 Y 轴分量低八位
ACCEL_ZOUT_H	0x3F	加速度计的 Z 轴分量高八位
ACCEL_ZOUT_L	0x40	加速度计的 Z 轴分量低八位
TEMP_OUT_H	0x41	温度传感器测量值高八位
TEMP_OUT_L	0x42	温度传感器测量值低八位
GYRO_XOUT_H	0x43	陀螺仪的 X 轴分量高八位
GYRO_XOUT_L	0x44	陀螺仪的 X 轴分量低八位
GYRO_YOUT_H	0x45	陀螺仪的 Y 轴分量高八位
GYRO_YOUT_L	0x46	陀螺仪的 Y 轴分量低八位
GYRO_ZOUT_H	0x47	陀螺仪的 Z 轴分量高八位
GYRO_ZOUT_L	0x48	陀螺仪的 Z 轴分量低八位
PWR_MGMT_1	0x6B	电源管理寄存器，典型值为 0x0，正常启动
WHO_AM_I	0x75	I2C 地址寄存器，默认值为 0x68

下面介绍几个重要的寄存器。

1) 寄存器 25——Sample Rate Divider(SMPRT_DIV)

该寄存器如表 5-3 所示。

类型：读/写。

表 5-3 MPU6050 寄存器 25

寄存器(十六进制)	寄存器(十进制)	Bit7	Bit6	Bit5	Bit4	Bit3	Bit2	Bit1	Bit0
19	25	SMPLRT_DIV[7:0]							

SMPLRT_DIV：8 位无符号值，通过该值将陀螺仪输出分频，得到采样频率。

该寄存器指定陀螺仪输出率的分频，用来产生 MPU6050 的采样率。传感器寄存器的输出、FIFO 输出、DMP 采样和运动检测的都是基于该采样率。

采样率的计算公式如下：

$$采样率 = 陀螺仪的输出率 / (1 + SMPLRT\_DIV)$$

2) 寄存器 26——Configuration(CONFIG)

该寄存器如表 5-4 所示。

类型：读/写。

表 5-4 MPU6050 寄存器 26

寄存器(十六进制)	寄存器(十进制)	Bit7	Bit6	Bit5	Bit4	Bit3	Bit2	Bit1	Bit0
1A	25			EXT_SYNC_SET[2:0]			DLPF_CFG[2:0]		

(1) EXT_SYNC_SET：3 位无符号值，配置帧同步的引脚的采样。

(2) DLPF_CFG：3 位无符号值，配置数字低通滤波器。

该寄存器为陀螺仪和加速度计配置外部帧同步(FSYNC)引脚采样和数字低通滤波器(DLPF)。

通过配置 EXT_SYNC_SET，可以对连接到 FSYNC 引脚的一个外部信号进行采样。FSYNC 引脚上的信号变化会被锁存，这样就能捕获到很短的闪频信号。采样结束后，锁存器将复位到当前的 FSYNC 信号状态。

根据表 5-5 定义的值，采集到的数据会替换掉数据寄存器中上次接收到的有效数。

表 5-5 MPU6050 重力加速度数据存储变量

EXT_SYNC_SET	FSYNC Bit Location
0	输入禁用
1	TEMP_OUT_L[0]
2	GYRO_XOUT_L[0]
3	GYRO_YOUT_L[0]
4	GYRO_ZOUT_L[0]
5	ACCEL_XOUT_L[0]
6	ACCEL_YOUT_L[0]
7	ACCEL_ZOUT_L[0]

数字低通滤波器由 DLPF_CFG 来配置，根据表 5-6 中 DLPF_CFG 的值对加速度传感器和陀螺仪滤波进行配置。

表 5-6 MPU6050 中的 DLPF_CFG 寄存器

DLPF_CFG	加速度传感器(F_s=1kHz)		陀螺仪		
	带宽(Hz)	时延(ms)	带宽(Hz)	时延(ms)	F_s(kHz)
0	260	0	256	0.98	8
1	184	2.0	188	1.9	1
2	94	3.0	98	2.8	1
3	44	4.9	42	4.8	1
4	21	8.5	20	8.3	1
5	10	13.8	10	13.4	1
6	5	19.0	5	18.6	1
7	保留		保留		8

3) 寄存器 27——陀螺仪配置(GYRO_CONFIG)

该寄存器如表 5-7 所示。

类型：读/写。

表 5-7 MPU6050 寄存器 27

寄存器(十六进制)	寄存器(十进制)	Bit7	Bit6	Bit5	Bit4	Bit3	Bit2	Bit1	Bit0
18	27	XG_ST	YG_ST	ZG_ST	FS_SEL[1:0]				

(1) XG_ST：设置此位，X 轴陀螺仪进行自我测试。

(2) YG_ST：设置此位，Y 轴陀螺仪进行自我测试。

(3) ZG_ST：设置此位，Z 轴陀螺仪进行自我测试。

(4) FS_SEL：2 位无符号值，用于选择陀螺仪的量程。

这个寄存器可用来触发陀螺仪自检和配置陀螺仪的满量程范围。

陀螺仪自检允许用户测试陀螺仪的机械和电气部分，通过设置该寄存器的 XG_ST、YG_ST 和 ZG_ST 位可以激活陀螺仪对应轴的自检。每个轴的检测可以独立进行或同时进行。

自检的响应 = 打开自检功能时的传感器输出 − 未启用自检功能时传感器的输出

在 MPU6000/MPU6050 数据手册的电气特性表中已经给出了每个轴的限制范围。当自检的响应值在规定的范围内时，就能够通过自检；反之，就不能通过自检。

根据表 5-8，可通过 FS_SEL 选择陀螺仪输出的量程。

表 5-8 陀螺仪输出的量程表

FS_SEL	满量程范围
0	±250°/s
1	±500°/s
2	±1000°/s
3	±2000°/s

4）寄存器 28——加速度计配置（ACCEL_CONFIG）

该寄存器如表 5-9 所示。

类型：读/写。

表 5-9　MPU6050 寄存器 28

寄存器（十六进制）	寄存器（十进制）	Bit7	Bit6	Bit5	Bit4	Bit3	Bit2	Bit1	Bit0
1C	28	XA_ST	YA_ST	ZA_ST	AFS_SEL[1:0]				

(1) XA_ST：设置为 1 时，X 轴加速度感应器进行自检。

(2) YA_ST：设置为 1 时，Y 轴加速度感应器进行自检。

(3) ZA_ST：设置为 1 时，Z 轴加速度感应器进行自检。

(4) AFS_SEL：2 位无符号值，用于选择加速度计的量程。根据表 5-10，可通过 AFS_SEL 选择加速度传感器输出的量程。

表 5-10　加速度传感器输出的量程

AFS_SEL	满量程范围
0	±2g
1	±4g
2	±8g
3	±16g

5）寄存器 59～64——加速度计测量（ACCEL_XOUT_H、ACCEL_XOUT_L、ACCEL_YOUT_H、ACCEL_YOUT_L、ACCEL_ZOUT_H 和 ACCEL_ZOUT_L）

这些寄存器如表 5-11 所示。

类型：只读。

表 5-11　MPU6050 寄存器 59～64

寄存器（十六进制）	寄存器（十进制）	Bit7	Bit6	Bit5	Bit4	Bit3	Bit2	Bit1	Bit0
3B	59	ACCEL_XOUT[15:8]							
3C	60	ACCEL_XOUT[7:0]							
3D	61	ACCEL_YOUT[15:8]							
3E	62	ACCEL_YOUT[7:0]							
3F	63	ACCEL_ZOUT[15:8]							
4D	64	ACCEL_ZOUT[7:0]							

(1) ACCEL_XOUT：16 位 2's 补码值，存储最近的 X 轴加速度感应器的测量值。

(2) ACCEL_YOUT：16 位 2's 补码值，存储最近的 Y 轴加速度感应器的测量值。

(3) ACCEL_ZOUT：16 位 2's 补码值，存储最近的 Z 轴加速度感应器的测量值。

这些寄存器存储加速感应器最近的测量值。

加速度传感器寄存器，连同温度传感器寄存器、陀螺仪传感器寄存器和外部感应数据寄存器，都由两部分寄存器组成（类似于 STM32F10X 系列中的影子寄存器）：一个内部寄存器，用户不可见；一个用户可读的寄存器。内部寄存器中数据在采样的时候及时得到更新，仅在串行通信接口不忙碌时，才将内部寄存器中的值复制到用户可读的寄存器中去，避免了直接对感应测量值的突发访问。

在寄存器 28 中定义了每个 16 位的加速度测量值的最大范围，对于设置的每个最大范围，都对应一个加速度的灵敏度 ACCEL_xOUT，如表 5-12 所示。

表 5-12　加速度测量值的最大范围

AFS_SEL	满量程范围	LSB 灵敏度
0	±2g	16384LSB/g
1	±4g	8192LSB/g
2	±8g	4096LSB/g
3	±16g	2048LSB/g

6）寄存器 65 和 66——温度测量（TEMP_OUT_H 和 TEMP_OUT_L）

该寄存器如表 5-13 所示。

类型：只读。

表 5-13　MPU6050 寄存器 65 和 66

寄存器（十六进制）	寄存器（十进制）	Bit7	Bit6	Bit5	Bit4	Bit3	Bit2	Bit1	Bit0
41	65	TEMP_OUT[15:8]							
42	66	TEMP_OUT[7:0]							

① TEMP_OUT：16 位有符号值，该寄存器存储的是最近温度传感器的测量值。

7）寄存器 67～72——陀螺仪测量（GYRO_XOUT_H、GYRO_XOUT_L、GYRO_YOUT_H、GYRO_YOUT_L、GYRO_ZOUT_H 和 GYRO_ZOUT_L）

这些寄存器如表 5-14 所示。

类型：只读。

表 5-14　MPU6050 角速度数据存储变量

寄存器（十六进制）	寄存器（十进制）	Bit7	Bit6	Bit5	Bit4	Bit3	Bit2	Bit1	Bit0
43	67	GYPO_XOUT[15:8]							
44	68	GYPO_XOUT[7:0]							
45	69	GYPO_YOUT[15:8]							
46	70	GYPO_YOUT[7:0]							
47	71	GYPO_ZOUT[15:8]							
48	72	GYPO_ZOUT[7:0]							

MPU6050 对应的角速度检测灵敏度如表 5-15 所示，可根据需求配置。

表 5-15　角速度检测灵敏度

FS_SEL	满量程范围	LSB 灵敏度
0	±250°/s	131LSB/g
1	±500°/s	65.5LSB/g
2	±1000°/s	32.8LSB/g
3	±2000°/s	16.4LSB/g

8) 寄存器 107——电源管理 1(PWR_MGMT_1)

该寄存器如表 5-16 所示。

类型：读/写。

表 5-16　MPU6050 寄存器 107

寄存器(十六进制)	寄存器(十进制)	Bit7	Bit6	Bit5	Bit4	Bit3	Bit2	Bit1	Bit0
6B	107	DEVICE_RESET	SLEEP	CYCLK		TEMP_DIS	CLKSEL[2:0]		

该寄存器允许用户配置电源模式和时钟源，它还提供了一个复位整个器件的位和一个关闭温度传感器的位。

(1) DEVICE_RESET：置 1 后所有的寄存器复位，随后 DEVICE_RESET 自动置 0。

(2) SLEEP：置 1 后进入睡眠模式。

(3) CYCLE：当 CYCLE 被设置为 1 且 SLEEP 没有设置时，MPU60X0 进入循环模式。为了从速度传感器中获得采样值，在睡眠模式和正常数据采集模式之间切换，每次获得一个采样数据。在 LP_WAKE_CTRL(108)寄存器中，可以设置唤醒后的采样率和被唤醒的频率。

(4) TEMP_DIS：置 1 后关闭温度传感器。

(5) CLKSEL：指定设备的时钟源。时钟源的选择如表 5-17 所示。

表 5-17　时钟源的选择参考表

CLKSSEL	时　钟　源
0	内置 8MHz 振荡器
1	以陀螺仪 X 轴为参考的锁相环时钟
2	以陀螺仪 Y 轴为参考的锁相环时钟
3	以陀螺仪 Z 轴为参考的锁相环时钟
4	以外部 32.768kHz 为参考的锁相环时钟
5	以外部 19.2MHz 为参考的锁相环时钟
6	保留
7	停止时钟和复位定时脉冲发生器

9) 寄存器 117——我是谁(WHO_AM_I)

该寄存器如表 5-18 所示。

类型：读/写。

表 5-18　MPU6050 寄存器 117

寄存器(十六进制)	寄存器(十进制)	Bit7	Bit6	Bit5	Bit4	Bit3	Bit2	Bit1	Bit0
75	117		WHO_AM_I[6:1]						

WHO_AM_I 中的内容是 MPU60X0 的 6 位 I2C 地址，上电复位的第 6 位到第 1 位值为 110100。为了让两个 MPU6050 能够连接在一个 I2C 总线上，当 AD0 引脚逻辑低电平时，设备的地址是 b1101000，当 AD0 引脚逻辑高电平时，设备的地址是 b1101001。

原始数据的采集的代码在文件 bsp_mpu6050.c 中，如下所示。

```
/*****************************************************************
*    函数原型: void MPU6050_Read(uint8_t * i2crxbuf)
*    功能: 将 MPU6050 传感器中的数据传送到指定缓冲区
*****************************************************************/
void MPU6050_Read(uint8_t * i2crxbuf)
{
IIC_Read_nByte(1,MPU6050_ADDR,MPU6050_RA_ACCEL_XOUT_H,14,i2crxbuf);
//通过 I2C 通信,从指定的寄存器中读取 n 字节的数据
}
//将 mpu6050_buffer[0]中的数值作为高位,将 mpu6050_buffer[1]中的数值作为低位,组合成加速度
//计的 Y 轴数据
mpu6050.ay_raw = -((((int16_t)mpu6050_buffer[0]) << 8) | mpu6050_buffer[1]);
//将 mpu6050_buffer[2]中的数值作为高位,将 mpu6050_buffer[3]中的数值作为低位,组合成加速度
//计的 X 轴数据
mpu6050.ax_raw = ((((int16_t)mpu6050_buffer[2]) << 8) | mpu6050_buffer[3]);
//将 mpu6050_buffer[4]中的数值作为高位,将 mpu6050_buffer[5]中的数值作为低位,组合成加速度
//计的 Z 轴数据
mpu6050.az_raw = ((((int16_t)mpu6050_buffer[4]) << 8) | mpu6050_buffer[5]);
```

5.4.2 加速度计校准

根据加速度计的原理特性,它的误差模型可以用式(5-1)表示。

$$\boldsymbol{a}_{\mathrm{m}} = \boldsymbol{R}_a\boldsymbol{S}_a(\boldsymbol{a}'_{\mathrm{m}} + \boldsymbol{b}'_a) \tag{5-1}$$

其中,$\boldsymbol{a}'_{\mathrm{m}}$是校准前的原始测量值,由于芯片生产和装配的因素该值一般都会有零点偏移误差,在公式中用 $\boldsymbol{b}'_a = \begin{bmatrix} b'_{ax} \\ b'_{ay} \\ b'_{az} \end{bmatrix}$ 来表示零点偏移补偿,此外还有量程比例的缩放导致的尺度准确性,公式中用尺度因子 $\boldsymbol{S}_a = \begin{bmatrix} S_{ax} & 0 & 0 \\ 0 & S_{ay} & 0 \\ 0 & 0 & S_{az} \end{bmatrix}$ 来补偿,最后由于安装误差和芯片内部感应器件轴的扭曲因素,还需要一个旋转因子矩阵 $\boldsymbol{R}_a = \begin{bmatrix} 1 & \Delta\psi & -\Delta\theta \\ -\Delta\psi & 1 & \Delta\phi \\ \Delta\theta & -\Delta\phi & 1 \end{bmatrix}$ 来补偿。加速度计的校准就是要得到这几个未知矩阵。加速度计的校正方法可以采用六面校准方法。原理就是在静止状态下,加速度计各轴输出的矢量和等于重力加速度 g。

六面校准方法是利用精度较高的标准台,将加速度计至于六个特殊位置,如图 5-8 所示。

在这六个特殊位置记录下测量的数据。再计算不同角度的三维模与重力加速度 g 的方差的最小值。该方差值达到最小值时的各参量矩阵的数值即为校准值。即式(5-2)为最小值时,R_a、S_a 和 b'_a 所取的值。

$$\min\sum_{i=1}^{6}(\|\boldsymbol{R}_a\boldsymbol{S}_a(\boldsymbol{a}'_{\mathrm{m}} + \boldsymbol{b}'_a)\| - g)^2 \tag{5-2}$$

利用这些数据可计算出各个参数的值。这种方法对标准台的精度要求较高,需要采用一些专用的校准平台来进行这种自动校准,例如飞航科技的 G-JZ-MEMS-001 微机电传感

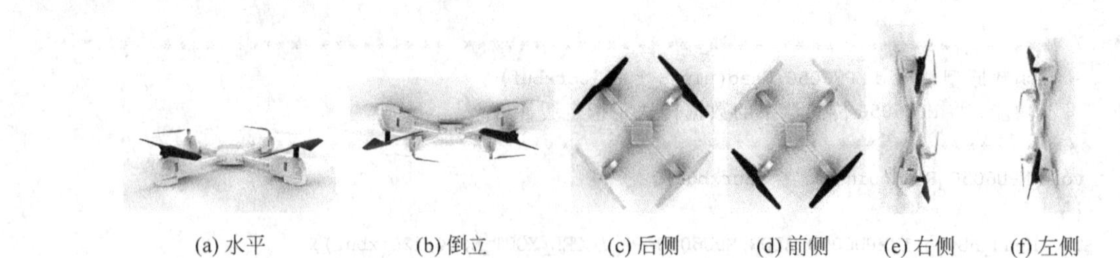

图 5-8 六个特殊位置

器测量校准平台。具体的应用可以参考该设备的使用手册。

没有这种高精度平台的情况下可以使用简易的校准方法来找到三轴的中心零点的位置。即需要将装配了加速度计的飞控板水平放置，Z 轴朝正下方，此时理论上 X 与 Y 轴的重力分量为 0，Z 轴为 1g 的加速度测量量。这时 X 与 Y 轴所读到的数据近似认为是零点漂移，而 Z 轴的数据减去 1g 得到的误差也认为是 Z 轴的零点飘移。这种方法其实是忽略了三轴旋转误差并将这些误差近似到零点飘移中。应用的代码如下：

```
/*****************************************************************
* 函数原型:  void MPU6050_calibration()
* 功    能:  校准加速度计和陀螺仪
*****************************************************************/
void MPU6050_calibration(void)
{
static uint16_t acc_sum_cnt = 0,gyro_sum_cnt = 0;
static int32_t sum[7] = {0,0,0,0,0,0,0};
if(mpu6050.Acc_CALIBRATE)
{
    acc_sum_cnt++;
    sum[0]  +=  mpu6050.ax_raw;
    sum[1]  +=  mpu6050.ay_raw;
    sum[2]  +=  mpu6050.az_raw - 4096;
    if(acc_sum_cnt >=  MEMS_CALIB_AVG_NUM)
    {
        mpu6050.Ax_offset  =  (float)sum[0]/MEMS_CALIB_AVG_NUM;
        mpu6050.Ay_offset  =  (float)sum[1]/MEMS_CALIB_AVG_NUM;
        mpu6050.Az_offset  =  (float)sum[2]/MEMS_CALIB_AVG_NUM;
        acc_sum_cnt = 0;
        if(mpu6050.Acc_CALIBRATE == 1)
            Param_SaveAccelOffset(mpu6050.Ax_offset,
                                  mpu6050.Ay_offset,mpu6050.Az_offset);
        mpu6050.Acc_CALIBRATE = 0;
        sum[0] = sum[1] = sum[2] = 0;
    }
}
if(mpu6050.Gyro_CALIBRATE)
{
    gyro_sum_cnt++;
    sum[3]  +=  mpu6050.gx_raw;
    sum[4]  +=  mpu6050.gy_raw;
    sum[5]  +=  mpu6050.gz_raw;
```

```
    if(gyro_sum_cnt  >=  MEMS_CALIB_AVG_NUM)
    {
        mpu6050.Gx_offset  =  (float)sum[3]/MEMS_CALIB_AVG_NUM;
        mpu6050.Gy_offset  =  (float)sum[4]/MEMS_CALIB_AVG_NUM;
        mpu6050.Gz_offset  =  (float)sum[5]/MEMS_CALIB_AVG_NUM;
        gyro_sum_cnt = 0;
        if(mpu6050.Gyro_CALIBRATE == 1)
            Param_SaveGyroOffset(mpu6050.Gx_offset,
                                 mpu6050.Gy_offset,mpu6050.Gz_offset);
        mpu6050.Gyro_CALIBRATE = 0;
        sum[3] = sum[4] = sum[5]  = 0;
    }
}
}
```

5.5 陀螺仪的原理和测量信息

5.5.1 陀螺仪的原理

陀螺仪又称为角速度传感器，用于检测旋转角速度的大小。角速度的单位 deg/s（度/秒）。MEMS 陀螺仪有多种设计以及多种原理（内/外框架驱动式、梳状和电磁驱动式等）来实现陀螺仪的功能，但是基本上都是采用相互正交振动和转动引起的交变科里奥利力。它的基本原理为两个有质量的质量块运动速度方向相反，大小相同，所产生的科里奥利力相反，从而压迫两块对应的电容板移动，产生电容差分变化。因为加速度变化只能促使两个质量块朝相同方向移动，不会带来电容差分变化，因此电容差分变化与旋转角速度成正比。

科里奥利力（Coriolis Force）有时也称作哥里奥利力，简称为科氏力，是对旋转体系中进行直线运动的质点由于惯性相对于旋转体系产生的直线运动的偏移的一种描述，如图 5-9 所示。科里奥利力来自于物体运动所具有的惯性。

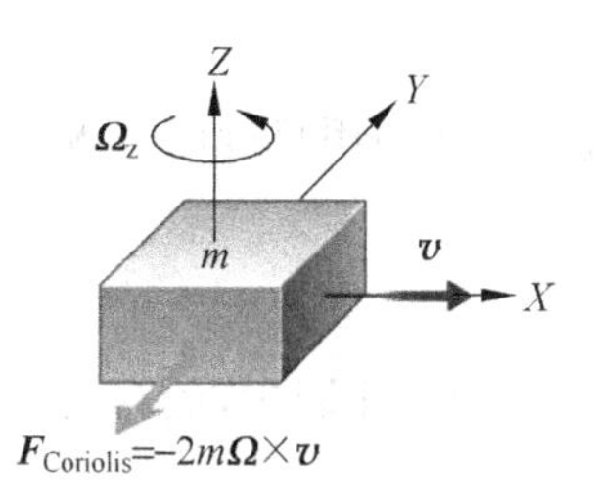

图 5-9 科里奥利力

5.5.2 陀螺仪的测量信息

三自由度陀螺仪具有内、外两个框架，使转子自转轴具有两个转动自由度。在没有任何力矩装置时，它就是一个自由陀螺仪。陀螺仪作用于航空、航天、航海、兵器、汽车、生物医学和环境监控等领域。陀螺仪可以根据需要提供准确的方位、水平、位置、速度和加速度等信号。主要应用于：

(1) 导航。配合 GPS，手机的导航能力将达到前所未有的精准。实际上，目前很多专业手持式 GPS 上也装了陀螺仪，如果手机上安装了相应的软件，其导航能力绝不亚于目前很多船舶、飞机上用的导航仪。

(2) 各类游戏的传感器，如飞行游戏、体育类游戏，甚至包括一些第一视角类射击游戏，陀螺仪完整监测游戏者手的位移，从而实现各种游戏操作效果。

(3) 输入设备。陀螺仪相当于一个立体的鼠标，这个功能和第三大用途中的游戏传感器很类似，甚至可以认为是同一种类型。

5.6 陀螺仪的原始数据采集、校准和滤波

5.6.1 陀螺仪原始数据采集

在第5.4.1节所介绍的MPU6050是一个六轴运动处理组件，其中集成了三轴加速度和三轴陀螺仪。具体的寄存器介绍可以参考表5-1。

由于是集成在一起的，因此访问加速度计与访问陀螺仪数据是在同一个驱动函数中的，具体代码实现已在第5.4.1节中给出。

5.6.2 陀螺仪校准

三轴陀螺仪在生产与实际应用中同样也会引入三轴偏差和零点偏差的因素，因此同样需要对陀螺仪传感器进行精确校准。类似加速度传感器，三轴陀螺仪的误差模型可以用式(5-3)表示。

$$\boldsymbol{\omega}_{\mathrm{m}} = \boldsymbol{R}_{\omega}\boldsymbol{S}_{\omega}(\boldsymbol{\omega}'_{\mathrm{m}} + \boldsymbol{b}'_{\omega}) \tag{5-3}$$

其中，ω'_{m}是校准前的原始测量值，由于芯片生产和装配的因素该值一般都会有零点偏移误差，在公式中用$\boldsymbol{b}'_{\omega} = \begin{bmatrix} b'_{\omega x} \\ b'_{\omega y} \\ b'_{\omega z} \end{bmatrix}$来表示零点偏移补偿，此外还有量程比例的缩放导致的尺度准确性，公式中用尺度因子$\boldsymbol{S}_{\omega} = \begin{bmatrix} S_{\omega x} & 0 & 0 \\ 0 & S_{\omega y} & 0 \\ 0 & 0 & S_{\omega z} \end{bmatrix}$来补偿，最后由于安装误差和芯片内部感应器件轴的扭曲因素，还需要一个旋转因子矩阵$\boldsymbol{R}_{\omega} = \begin{bmatrix} 1 & \Delta\psi & -\Delta\theta \\ -\Delta\psi & 1 & \Delta\phi \\ \Delta\theta & -\Delta\phi & 1 \end{bmatrix}$来补偿。陀螺仪传感器的校准就是要得到这几个未知矩阵。陀螺仪的校正方法可以采用积分推算校准方法。原理就是由于三轴角速度的积分可以得到角度信息，因此使用已经校准的三轴加速度计信息得到的角度信息可以用来校准陀螺仪的未知校准参数。积分推算校准的主要思路就是采用根据陀螺仪的包含校准参数的数据转换为四元数旋转矢量迭代到上一时刻已校准过的三轴加速度计，获得旋转的角度进而获得更新时刻的加速度值，该加速度值与新时刻的校准加速度数据的方差应该达到最小。该方差值达到最小值时的各参量矩阵的数值即为校准值，利用这些数据计算出各个参数的值。这种方法对标准台的精度要求较高，需要采用一些专用的校准平台来进行这种自动校准，例如飞航科技的G-JZ-MEMS-001微机电传感器测量校准平台。具体的应用可以参考该设备的使用手册。

没有这种高精度的平台的情况下可以使用简易的校准方法来找到三轴陀螺仪的中心零点的位置，即需要将装配了陀螺仪的飞控板水平放置，Z轴朝正下方，此时理论上X、Y与Z轴的旋转矢量均为0。这时X、Y与Z轴所读到的数据近似认为是零点漂移，这种方法其实是忽略了三轴旋转误差并将这些误差近似到零点飘移中。应用的代码如下：

```
if(mpu6050.Gyro_CALIBRATE)
{
gyro_sum_cnt++;
sum[3]  +=  mpu6050.gx_raw;
sum[4]  +=  mpu6050.gy_raw;
sum[5]  +=  mpu6050.gz_raw;
if(gyro_sum_cnt  >=  MEMS_CALIB_AVG_NUM)
{
    mpu6050.Gx_offset  =  (float)sum[3]/MEMS_CALIB_AVG_NUM;
    mpu6050.Gy_offset  =  (float)sum[4]/MEMS_CALIB_AVG_NUM;
    mpu6050.Gz_offset  =  (float)sum[5]/MEMS_CALIB_AVG_NUM;
    gyro_sum_cnt = 0;
    if(mpu6050.Gyro_CALIBRATE == 1)
        Param_SaveGyroOffset(mpu6050.Gx_offset,
                            mpu6050.Gy_offset,mpu6050.Gz_offset);
    mpu6050.Gyro_CALIBRATE = 0;
    sum[3] = sum[4] = sum[5]  =  0;
}
}
```

5.6.3 加速度计与陀螺仪的滤波

由于传感器所在的飞控系统安装在机体上，因此机体本身由于电机高速旋转产生的振动会引起传感器的高速振动，从而导致加速度计与陀螺仪的原始数据包含了高频振动噪声。一般在数据采集的时候，可以采用7.5.1节所介绍的平滑滤波方式将高频分量滤除，平滑滤波的优势是计算简单，运算量小，并且效果非常好，具体的实现代码可以参考7.5.1节中的代码示例。此外还可以引入FIR或IIR滤波器，将在第7章介绍。

5.7 磁力计的工作原理和测量信息

5.7.1 磁力计的原理

磁力计指的是各种用来测量磁场的仪器，也称磁力仪或高斯计。飞行器的机头朝向的方位，称为航向，也是飞行器三维姿态信息中的一维。磁力计通过测量大地的磁场强度可以获得载体的航向信息。磁力计之所以由于能够获得航向信息是因为地球空间周围有着磁场，磁场强度大约为0.5～0.6高斯，如图5-10所示，磁力计可以测量出穿过大地的三维地磁强度，从而获得载体相对于地磁线的偏转方位。

相关文献中详细介绍了采用特殊磁敏材料磁力计的内部工作原理，这种磁力计采用各向异性的磁致电阻(Anisotropic Magneto-Resistance)材料来检测空间中磁感应强度的大小。这种具有晶体结构的合金材料对外界的磁场非常敏感，磁场的强弱变化会导致AMR电阻值发生变化。在制造过程中，将一个强磁场加在AMR上使其在某一方向上磁化，建立起一个主磁域，与主磁域垂直的轴被称为该AMR的敏感轴，如图5-11所示。为了使测量结果以线性的方式变化，AMR材料上的金属导线呈45°角倾斜排列，电流从这些导线上流过，如图5-12所示。由初始的强磁场在AMR材料上建立起来的主磁域和电流的方向有45°的夹角。

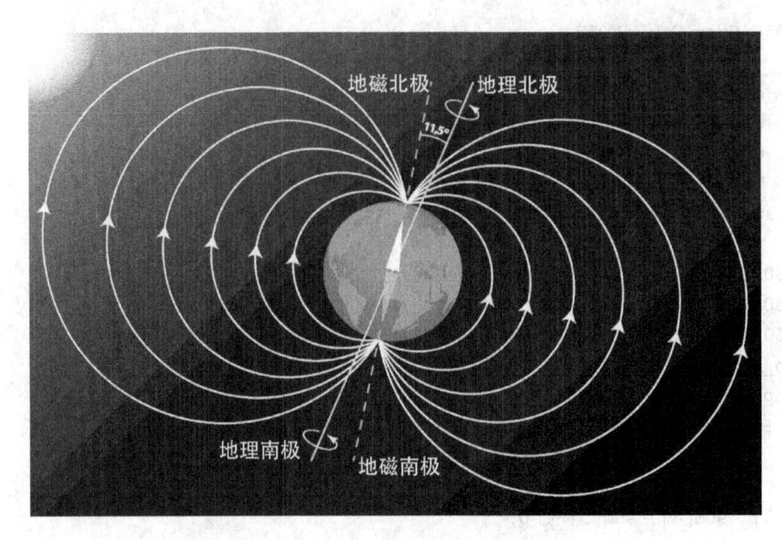

图 5-10 地球磁场与地球自转轴

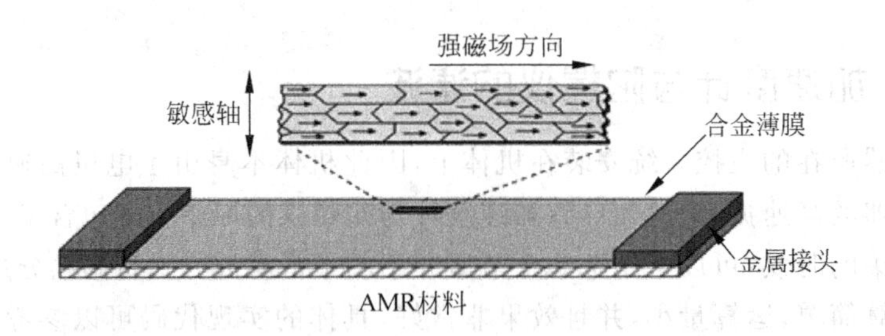

图 5-11 AMR 材料示意图

当有外界磁场时，AMR 上主磁域方向就会发生变化而不再是初始的方向了，那么磁场方向和电流的夹角 θ 也会发生变化。对于 AMR 材料来说，θ 角的变化会引起 AMR 自身阻值的变化，并且呈线性关系。利用惠斯通电桥检测 AMR 阻值的变化，如图 5-13 所示。$R_1/R_2/R_3/R_4$ 是初始状态相同的 AMR 电阻，但是 R_1/R_2 和 R_3/R_4 具有相反的磁化特性。当检测到外界磁场的时候，R_1/R_2 阻值增加 ΔR 而 R_3/R_4 减少 ΔR。这样在没有外界磁场的情况下，电桥的输出为零；而在有外界磁场时，电桥的输出为一个微小的电压 ΔV。

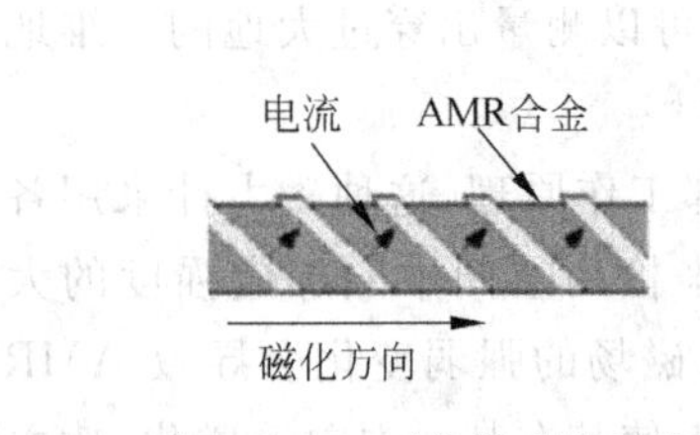

图 5-12 45°角排列的导线

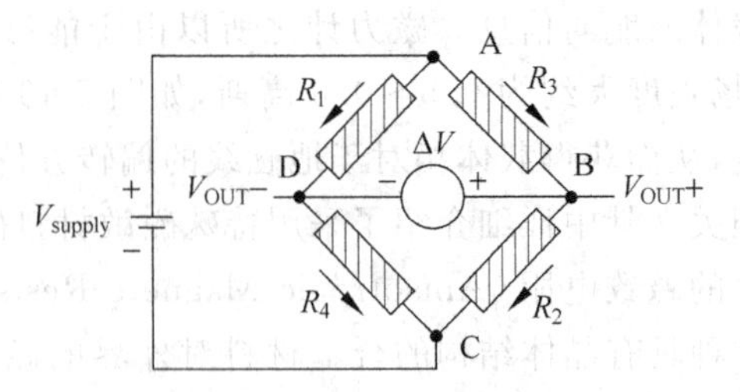

图 5-13 惠斯通电桥

当 $R_1=R_2=R_3=R_4=R$，在外界磁场的作用下电阻变化为 ΔR 时，电桥输出 ΔV 正比于 ΔR。

5.7.2　磁力计的测量信息

虽然大地磁场强度在除了南北磁极的地方是垂直于大地水平面，在其他位置都是平行于水平面，但磁力计一般都为三轴磁力计，因为在使用过程中，并不能保证磁力计完全水平，而三轴磁力计就可以同时测量惯性系三维空间的三个方向上的磁力。

磁力测量的一些用途如下：

1）矿产侦测

地质学者和地球科学研究人员可以通过精确绘制的磁场，探测铁矿和其他矿产异常。地质学者通过探测岩石中经年累积的隐蔽磁场，可以追踪到地球磁场的变化点或多次的反转。有些地质学探测采用的是一种磁通计，它是连接到积分器上的一个简单的感应传感器。当研究人员将磁性材料穿过磁通计并通过线圈时，仪器中的积分器会计算出直流电场。

2）军事探测

例如，OrioP3C 军用反潜机有一个长长的尾梁，装有远离引擎和其他干扰源的磁力计。磁场测量的其他军事应用还包括在开发测距引信时对小口径炮弹的测量。炮弹内的仪器会在炮弹穿过地球磁场时，计算其旋转方向。由于磁力计能测出炮管膛线的圈数比，引信电路就可以计算出弹壳通过的距离，然后在目标点起爆。依靠发射后时间延迟的方法没有这种方法精确，因为弹丸速度会随填充的火药与枪械情况而变化。

3）工业测量

输油管安装公司需要对油管作测量，以确保钢材料中没有残的磁场；验证船舶集装箱的辐射磁场是否超过规定限度；汽车中的传感器利用地球磁场来帮助导航，而路线传感器则检测旁边通过汽车的磁性标记，确定汽车的类型及方向。

4）科学测量

科学测量方面的应用之一是对磁盘驱动器读取头的研究。在高强度磁场中的材料行为是一个活跃的研究领域，在研究中，经常需要测量常导、室温和超导磁体产生的高密度磁场。

5）医疗检测

医疗方面的最常见的应用之一是校准 MRI（磁共振成像）中的磁场均匀度。

5.8　磁力计的原始数据采集、校准和滤波

在光标飞控系统中采用了霍尼韦尔公司的三轴磁力计，通过 I2C 总线连接主控芯片。磁力计的驱动代码基于 I2C 总线驱动从传感器读取原始数据三轴磁力计的原始数据 HMC5883L_x、HMC5883L_y 和 HMC5883L_z。

HMC5883L 采用霍尼韦尔各向异性磁阻（AMR）技术，该技术的优点是其他磁传感器技术所无法企及的。这些各向异性传感器具有在轴向高灵敏度和线性高精度的特点。传感器带有的对于正交轴低敏感行的固相结构能用于测量地球磁场的方向和大小，其测量范围从毫高斯到 8 高斯（Gauss）。霍尼韦尔的磁传感器在低磁场传感器行业中是灵敏度最高和可靠性最好的传感器。

5.8.1 磁力计原始数据采集

HMC5883L包括最先进的高分辨率HMC118X系列磁阻传感器，并附带霍尼韦尔专利的集成电路包括放大器、自动消磁驱动器、偏差校准、能使罗盘精度控制在1°～2°的12位模数转换器以及简易的I2C系列总线接口。表5-19列出了寄存器及其访问，所有地址为8bits。

表5-19 寄存器列表

地　址	名　称	访　问
00	配置寄存器A	读/写
01	配置寄存器B	读/写
02	模式寄存器	读/写
03	数据输出X MSB寄存器	读
04	数据输出X LSB寄存器	读
05	数据输出Z MSB寄存器	读
06	数据输出Z LSB寄存器	读
07	数据输出Y MSB寄存器	读
08	数据输出Y LSB寄存器	读
09	状态寄存器	读
10	识别寄存器A	读
11	识别寄存器B	读
12	识别寄存器C	读

具体的寄存器介绍如下：

1）配置寄存器A

配置寄存器A(如表5-20所示)是用来配置该装置设置的数据输出速率和测量配置的。CRA0～CRA7表明位的位置，用CAR指示在配置寄存器中的位。CRA7指示数据流的第一位。括号中的数字显示的是该位的默认值。配置寄存器A的位分配如表5-21所示。

表5-20 配置寄存器A

CRA7	CRA6	CRA5	CRA4	CRA3	CRA2	CRA1	CRA0
(1)	MA1(1)	MA0(1)	DO2 (1)	DO1 (0)	DO0 (0)	MS1 (0)	MS0 (0)

表5-21 配置寄存器A位分配

位　置	名　称	描　述
CRA7	CRA7	这个位必须清除以正确运行
CRA6～CRA5	MA1～MA0	在每次测量输出中选择采样平均数(1～8)00=1；01=2；10=4；11=8(默认)
CRA4～CRA2	DO2～DO0	数据输出速率位。这些位设置数据写入所有三个数据输出寄存器的速度
CRA1～CRA0	MS1～MS0	测量配置位。这些位定义装置的测量流程，特别是是否纳入适用的偏置到测量中去

表5-22的数据显示在连续测量模式下的所有可选的输出速率。所有这三个通道应在某一特定数据速率下测量。其他输出速率可以通过控制单测量模式下的DRDY中断引脚

来获得，最大速率为160Hz。测量模式如表5-23所示。

表 5-22 数据输出速率

DO2	DO1	DO0	标准数据输出速率(Hz)
0	0	0	0.75
0	0	1	1.5
0	1	0	3
0	1	1	7.5
1	0	0	15（默认值）
1	0	1	30
1	1	0	75
1	1	1	不使用

表 5-23 测量模式

MS1	MS0	模　式
0	0	正常测量配置(默认)。在正常的测量配置下，装置按照正常测量流程，负载电阻的正极引脚和负极引脚保持浮动和高阻抗
0	1	X、Y、Z轴正偏压配置。在该配置中，正电流强制通过负载电阻到达X、Y、Z三轴
1	0	X、Y、Z轴负偏压配置。在该配置中，负电流强制通过负载电阻到达X、Y、Z三轴
1	1	此配置预留

2）配置寄存器B

该寄存器设置装置的增益。如表5-24所示，CRB0～CRB7表明位的位置，用CRB指示在配置寄存器里的位。CRB7表示数据流中的第一位。括号中的数字显示的是位的默认值。配置寄存器B数据位设置说明如表5-25所示。

表 5-24 配置寄存器 B

CRB7	CRB6	CRB5	CRB4	CRB3	CRB2	CRB1	CRB0
GN2 (0)	GN1 (0)	GN0 (1)	(0)	(0)	(0)	(0)	(0)

表 5-25 配置寄存器 B 数据位设置说明

位　置	名　称	描　述
CRB7～CRB5	GN2～GN0	增益配置位。这些位为装置设定增益，对所有通道增益配置是共同的
CRB4～CRB0	0	这一位必须清除以正确运行

表5-26描述增益设置。以下"增益"一栏将Counts转换成Gauss。在总共磁场强度引起所有数据输出存储器中一个溢位(饱和)时选择较低的增益值(高GN#值)。

表 5-26 增益设置

GN2	GN1	GN0	推荐的传感器磁场范围	增益(Counts/高斯)	输出范围
0	0	0	±0.88Ga	1370	0xF800～0x07FF(−2048～2047)
0	0	1	±1.3Ga	1090(默认)	0xF800～0x07FF(−2048～2047)
0	1	0	±1.9Ga	820	0xF800～0x07FF(−2048～2047)

续表

GN2	GN1	GN0	推荐的传感器磁场范围	增益(Counts/高斯)	输出范围
0	1	1	±2.5Ga	660	0xF800～0x07FF(−2048～2047)
1	0	0	±4.0Ga	440	0xF800～0x07FF(−2048～2047)
1	0	1	±4.7Ga	390	0xF800～0x07FF(−2048～2047)
1	1	0	±5.6Ga	330	0xF800～0x07FF(−2048～2047)
1	1	1	±8.1Ga	230	0xF800～0x07FF(−2048～2047)

3）模式寄存器

该寄存器是一个8位可读可写的寄存器。该寄存器是用来设定装置的操作模式。如表5-27所示，MR0～MR7表明位的位置，MR表明模式寄存器里的位。MR7指示数据流中的第一位。括号中的数字显示的是位的默认值。模式寄存器的位分配如表5-28所示。

表5-27 模式寄存器

MR7	MR6	MR5	MR4	MR3	MR2	MR1	MR0
(1)	(0)	(0)	(0)	(0)	(0)	MD1 (0)	MD0 (1)

表5-28 模式寄存器位分配

位置	名称	描述
MR7～MR2	0	这些位必须清除以正确运行。每一次单测量操作后MR7位在内部设置好
MR1～MR0	MD1～MD0	模式选择位。用于设定装置的操作模式

模式寄存器的操作模式如表5-29所示。

表5-29 操作模式

MD1	MD0	模式
0	0	连续测量模式。在连续测量模式下，装置不断进行测量，并将数据更新至数据寄存器。RDY升高，此时新数据放置在所有三个寄存器中。在上电或写入模式或配置寄存器后，第一次测量可以在三个数据输出寄存器经过一个2/fDO后设置，随后的测量可用一个频率fDO进行，fDO为数据输出的频率
0	1	单一测量模式(默认)。当选择单测量模式时，装置进行单一测量，RDY设为高位并回到闲置模式。模式寄存器返回闲置模式位值。测量的数据留在输出寄存器中并且RDY仍然在高位，直到数据输出寄存器读取或完成另一次测量
1	0	闲置模式。装置被放置在闲置模式
1	1	闲置模式。装置被放置在闲置模式

4）数据输出X寄存器A和B(Y、Z寄存器同X)

数据输出X寄存器是两个8位寄存器，数据输出寄存器A和B。这些寄存器储存从通道X所测量的结果。数据输出X寄存器A储存一个来自测量结果中的MSB(高位数据)，数据输出X寄存器B储存一个来自测量结果中的LSB(低位数据)。存储在这两个寄存器的值是一个16位值，以二进制的补码形式存在，其范围是0xF800～0x07FF。如表5-30所示，DXRA0～DXRA7、DXRB0～DXRB7标识出位置，DXRA和DXRB标识出在数据输出寄存器X中的位。DXRA7和DXRB7标识出数据流的第一位，括号中的数字显示该位的默认值。

在事件的ADC上溢或下溢阅读给定的通道，或者如果有一个数学溢出的过程，这种数据寄存器将包含−4096的值。在下一次有效测量完成之后，该寄存器上的值将被清除。

表5-30 数据输出X寄存器A和B

DXRA7	DXRA6	DXRA5	DXRA4	DXRA3	DXRA2	DXRA1	DXRA0
(0)	(0)	(0)	(0)	(0)	(0)	(0)	(0)
DXRB7	DXRB6	DXRB5	DXRB4	DXRB3	DXRB2	DXRB1	DXRB0
(0)	(0)	(0)	(0)	(0)	(0)	(0)	(0)

5）数据输出寄存器

当一个或一个以上的输出寄存器在被读取时，如果所有六种数据输出寄存器未被读取完，那么新的数据不能被更新到相应的数据输出寄存器。这一要求也影响DRDY和RDY，在新的数据未被更新到所有输出寄存器之前是不能被清除的。

6）状态寄存器

状态寄存器是一个8位只读寄存器，该寄存器表明装置的状态，如表5-31所示。SR0～SR7表明位的位置，SR表明在状态寄存器的位，SR7指数据流的第一位。状态寄存器位指示如图5-32所示。

表5-31 状态寄存器

SR7	SR6	SR5	SR4	SR3	SR2	SR1	SR0
(0)	(0)	(0)	(0)	(0)	(0)	LOCK (0)	RDY (0)

表5-32 状态寄存器位指示

位　置	名称	描　述
SR7至SR2	0	这些位预留
SR1	LOCK	数据输出寄存器锁存。当六个数据输出寄存器上的一些但不是全部数据被读取时，该位置位。当此位置位时，六个数据输出寄存器被锁定且任何新的数据将不会被更新至这些寄存器中，除非符合以下三个条件之一： (1) 所有六个寄存器已被读取或模式改变； (2) 模式发生变化； (3) 测量配置发生变化
SR0	RDY	准备就绪位。当数据都写入了6个数据寄存器，该位置位。在一个或几个数据写入输出寄存器以后且在装置开始向数据输出寄存器写入数据时该位被清除。当RDY位已清除，RDY应保持清除状态至少250μs。DRDY引脚可被用来作为一种替代的状态寄存器的监测装置

7）识别寄存器A

识别寄存器A用来识别装置。如表5-33所示，IRA0～IRA7表明位的位置，而IRA表明在识别寄存器A中的位。IRA7指数据流的第一位。ASCII值为H。

表5-33 识别寄存器A默认值

IRA7	IRA6	IRA5	IRA4	IRA3	IRA2	IRA1	IRA0
0	1	0	0	1	0	0	0

8）识别寄存器 B

识别寄存器 B 用来识别装置。如表 5-34 所示，IRB0～IRB7 表明位的位置，而 IRB 表明在识别寄存器 B 中的位。IRB7 指数据流的第一位。ASCII 值为 4。

表 5-34　识别寄存器 B 默认值

IRB7	IRB6	IRB5	IRB4	IRB3	IRB2	IRB1	IRB0
0	0	1	1	0	1	0	0

9）识别寄存器 C

鉴定寄存器 C 是用来识别装置。如表 5-35 所示，IRC0～IRC7 表明位的位置，而 IRC 表明在识别寄存器 C 中的位，IRC7 指数据流的第一位。ASCII 值为 3。

表 5-35　识别寄存器 C 默认值

IRC7	IRC6	IRC5	IRC4	IRC3	IRC2	IRC1	IRC0
0	0	1	1	0	0	1	1

原始数据采集的程序源码在 bsp_hmc5883l.c 文件中，如下所示：

```
void HMC5883L_getRaw(int16_t *HMC58X3_X,int16_t *HMC58X3_Y,int16_t *HMC58X3_Z)
{
    uint8_t vbuff[6];                    //定义一个数组用来存放从 I2C 获取的原始数据
    static int16_t HMC5883L_x,HMC5883L_y,HMC5883L_z;
    vbuff[0] = 0;
    vbuff[1] = 0;
    vbuff[2] = 0;
    vbuff[3] = 0;
    vbuff[4] = 0;
    vbuff[5] = 0;
    //HMC58X3_R_XM   3 x 轴低八位原始数据
    IIC_Read_1Byte(1,HMC5883L_SLAVE_ADDRESS,HMC58X3_R_XL,&vbuff[0]);
    //HMC58X3_R_XL   4 x 轴高八位原始数据
    IIC_Read_1Byte(1,HMC5883L_SLAVE_ADDRESS,HMC58X3_R_XM,&vbuff[1]);
    //两个字节的数据经过高八位左移八位组成一个完整的十六位数据
    HMC5883L_x = ((((int16_t)vbuff[1]) << 8) | vbuff[0]);
    //HMC58X3_R_YM   7 y 轴低八位原始数据
    IIC_Read_1Byte(1,HMC5883L_SLAVE_ADDRESS,HMC58X3_R_YL,&vbuff[2]);
    //HMC58X3_R_YL   8 y 轴高八位原始数据
    IIC_Read_1Byte(1,HMC5883L_SLAVE_ADDRESS,HMC58X3_R_YM,&vbuff[3]);
    //同 x 轴
    HMC5883L_y = ((((int16_t)vbuff[3]) << 8) | vbuff[2]);
    //HMC58X3_R_ZM   5 z 轴低八位原始数据
    IIC_Read_1Byte(1,HMC5883L_SLAVE_ADDRESS,HMC58X3_R_ZL,&vbuff[4]);
    //HMC58X3_R_ZL   6 z 轴高八位原始数据
    IIC_Read_1Byte(1,HMC5883L_SLAVE_ADDRESS,HMC58X3_R_ZM,&vbuff[5]);
    HMC5883L_z = ((((int16_t)vbuff[5]) << 8) | vbuff[4]);
    //得到原始数据后进行滤波处理
    HMC5883L_newValues(HMC5883L_x,HMC5883L_y,HMC5883L_z);
    //将存放原始数据多维数组中对应的数据返回
    *HMC58X3_X = HMC5883L_FIFO[0][FILTER_NUM - 1];
```

```
    * HMC58X3_Y = HMC5883L_FIFO[1][FILTER_NUM - 1];
    * HMC58X3_Z = HMC5883L_FIFO[2][FILTER_NUM - 1];
    //将原始数据放进专门用来存放磁力计三轴数据的数组中
    mavlink_buff - > RAW_mag[0] = * HMC58X3_X;
    mavlink_buff - > RAW_mag[1] = * HMC58X3_Y;
    mavlink_buff - > RAW_mag[2] = * HMC58X3_Z;
}
```

5.8.2 磁力计校准

地球磁场的强度本身极其微弱，只有0.5～0.6高斯，它很容易受到外界金属及电磁设备的干扰和影响，甚至机载的电机旋转的过程中都会对磁场产生强烈的干扰。因此磁力计是一个极易受干扰的脆弱的传感器件。在很多应用于电力巡线等复杂电磁场环境中的大型工业无人机的设备中，甚至采用双GPS来提取机头航向信息，而避免使用电子罗盘的信息。因此在常用的机载磁力计传感器上，必须要针对磁力计进行校准，以避免对惯导算法造成太大的影响。

如果不存在外部磁场干扰的情况下，传感器只应该能够感应到地球磁场，由于地球磁场是一个恒定方向(指北)的磁场，那么如果将传感器水平旋转一周的时候，地球磁场矢量将均匀分布在X、Y两轴上，形成一个标准的圆形；如果将传感器按空间各方向旋转360°的情况下，地球磁场矢量将均匀分布在X、Y、Z三轴上，形成一个标准的三维圆球。而空间的其他磁场干扰分为两种：第一种是干扰源不在机体上而在机体之外，距离较远，这种干扰通常能量较低，可以忽略，而对于不能忽略的较强的第一种干扰(例如强高压线附近或者有金属矿产和异常磁场区域等)，只能避免使用磁力计来进行航向推算；第二种干扰源位于机身上，通常是机载电子设备和电机等，会随着机身的运动而运动。两类干扰都会导致原本的正圆球产生扭曲畸变，形成椭球等。通常的校准方法主要针对第二类磁场干扰，比较精准的校准方式是椭球拟合校正方法。相关文献提供了一种比较详细的分析磁力计干扰和校准的方案，这里简单归纳如下。

首先建立数值模型，定义传感器测量值 $\boldsymbol{m}'=[x_m \quad y_m \quad z_m]^{\mathrm{T}}$，校准之后的值为 $\boldsymbol{m}=[x_c \quad y_c \quad z_c]^{\mathrm{T}}$，圆心偏移参数 $\boldsymbol{b}'=[b_x \quad b_y \quad b_z]^{\mathrm{T}}$，比例尺度参数 $\boldsymbol{S}_m=\begin{bmatrix} s_{mx} & 0 & 0 \\ 0 & s_{my} & 0 \\ 0 & 0 & s_{mz} \end{bmatrix}$。

它们之间的关系如下：

$$\boldsymbol{m}=\boldsymbol{S}_m(\boldsymbol{m}'+\boldsymbol{b}') \tag{5-4}$$

即

$$\begin{cases} x_c=(x_m+b_x)s_{mx} \\ y_c=(y_m+b_y)s_{my} \\ z_c=(z_m+b_z)s_{mz} \end{cases} \tag{5-5}$$

校正后的校正值应该近似分布在一个圆球上，圆球的公式为 $x^2+y^2+z^2=R^2$，所以将校正值带入圆球公式，与理论的圆球半径求方差，构建误差 $u=x_c^2+y_c^2+z_c^2-R^2$。

将校正值用测量值替换：

$$u=s_{mx}^2x_m^2+b_x^2s_{mx}^2+2x_mb_xs_{mx}^2+s_{my}^2y_m^2+b_y^2s_{my}^2+2y_mb_ys_{my}^2+s_{mz}^2z_m^2+b_z^2s_{mz}^2+2z_mb_zs_{mz}^2-R^2 \tag{5-6}$$

可以看到，式(5-6)的形态类似椭圆公式。

定义

$$\boldsymbol{V}=[x_m^2 \quad y_m^2 \quad z_m^2 \quad x_m \quad y_m \quad z_m \quad 1]^{\mathrm{T}} \tag{5-7}$$

$$\boldsymbol{P}=[a\ b\ c\ d\ e\ f\ g]^{\mathrm{T}} \tag{5-8}$$

$$\text{其中，}\begin{cases} a=s_{mx}^2 \\ b=s_{my}^2 \\ c=s_{mz}^2 \\ d=2b_x s_{mx}^2 \\ e=2b_y s_{my}^2 \\ f=2b_z s_{mz}^2 \\ g=b_x^2 s_{mx}^2+b_y^2 s_{my}^2+b_z^2 s_{mz}^2-R^2 \end{cases} \tag{5-9}$$

则误差计算为

$$u=ax_m^2+by_m^2+cz_m^2+dx_m+ey_m+fz_m+g=\boldsymbol{V}^{\mathrm{T}}\times\boldsymbol{P} \tag{5-10}$$

对 u 求平方和：

$$U=\sum u^2 \tag{5-11}$$

这里的 Σ 是对所有的采样测试点求和。u 是一个二次函数，其有极小值点。通过将 u 的函数对于所有变量求偏导，偏导为 0 时，u 可取得最小极值点，即

$$\begin{cases} \frac{\partial U}{\partial a}=\sum 2u\frac{\partial u}{\partial a}=\sum(2ux_m^2)=0 \\ \frac{\partial U}{\partial b}=\sum 2u\frac{\partial u}{\partial b}=\sum(2uy_m^2)=0 \\ \frac{\partial U}{\partial c}=\sum 2u\frac{\partial u}{\partial c}=\sum(2uz_m^2)=0 \\ \frac{\partial U}{\partial d}=\sum 2u\frac{\partial u}{\partial d}=\sum(2ux_m)=0 \\ \frac{\partial U}{\partial e}=\sum 2u\frac{\partial u}{\partial e}=\sum(2uy_m)=0 \\ \frac{\partial U}{\partial f}=\sum 2u\frac{\partial u}{\partial f}=\sum(2uz_m)=0 \\ \frac{\partial U}{\partial g}=\sum 2u\frac{\partial u}{\partial g}=\sum(2u)=0 \end{cases} \tag{5-12}$$

定义

$$\boldsymbol{B}=\sum(\boldsymbol{V}\times\boldsymbol{V}^{\mathrm{T}}) \tag{5-13}$$

则可以将式(5-12)写成

$$\sum(\boldsymbol{V}\times u)=\sum(\boldsymbol{V}\times\boldsymbol{V}^{\mathrm{T}}\times\boldsymbol{P})=(\sum\boldsymbol{V}\times\boldsymbol{V}^{\mathrm{T}})\times\boldsymbol{P}=\boldsymbol{B}\times\boldsymbol{P}=0 \tag{5-14}$$

其中，$\boldsymbol{B}$ 是测量点矩阵，$\boldsymbol{P}$ 为恒定的待求参数矩阵，因此可以通过高斯消元法求齐次线性方程组，以求得 $\boldsymbol{P}$ 的各个参数的解。

由于式(5-14)的解 $\boldsymbol{P}$ 有无数组，可以将式(5-14)改写成 $\boldsymbol{B}\times k\boldsymbol{P}=0$，其中 k 是一个任意常数，即

$$\boldsymbol{P} = k \cdot \boldsymbol{P}_b = [k \cdot a_b \quad k \cdot b_b \quad k \cdot c_b \quad k \cdot d_b \quad k \cdot e_b \quad k \cdot f_b \quad k \cdot g_b]^{\mathrm{T}} \tag{5-15}$$

通过解线性方程组(5-14)求得的只是这个解系中的一个基本解，所以首先要求出这个基本解的 k。其算式推导如下，带入 a、b、c、d、e、f、g 即可求解：

$$k = \frac{\left(\frac{d^2}{a} + \frac{e^2}{b} + \frac{f^2}{c} - 4 \times g\right)}{4R^2} \tag{5-16}$$

进一步得到

$$\begin{cases} b_x = \frac{d}{2a} \\ b_y = \frac{e}{2b} \\ b_z = \frac{f}{2c} \\ s_{mx} = \sqrt{\frac{a}{C}} \\ s_{my} = \sqrt{\frac{b}{C}} \\ s_{mz} = \sqrt{\frac{c}{C}} \end{cases} \tag{5-17}$$

最后，将式(5-18)求出后代入到式(5-5)中，即可对所有的参数完成校正。附录 4 来源于原作者的校准代码实现。

该校准方法运算量较大，编程较为复杂。当在一定精度上确保传感器水平时，可以采用简化的方法来进行校准，即只校准水平方向上的量。此外由于飞控算法仅需要磁力计的矢量方向信号对四元数进行校准，因此实际使用时都将矢量归一化，比例因素可以忽略。

(1) 水平匀速旋转，收集 X、Y 轴数据。

(2) 匀速旋转设备 90°(Z 轴)以收集 Z 轴数据。

这里采用第三种方法，程序源码如下：

```
void HMC5883l_CalOffset_Mag(void)
{
static Vector3f_str MagMAX = { - 100, - 100, - 100};
static Vector3f_str MagMIN = {100,100,100}, MagSum;
static uint16_t cnt_m = 0;
if(Mag_CALIBRATED)
{    //将采样值规定在小于 400 的范围内
    if(ABS(HMC5883l.Mag_Adc.x)< 400&&ABS(HMC5883l.Mag_Adc.y)< 400&&
        ABS(HMC5883l.Mag_Adc.z)< 400)
    {
        //求得采样值中的最大值
        MagMAX.x  =  MAX(HMC5883l.Mag_Adc.x, MagMAX.x);
        MagMAX.y  =  MAX(HMC5883l.Mag_Adc.y, MagMAX.y);
        MagMAX.z  =  MAX(HMC5883l.Mag_Adc.z, MagMAX.z);
        //求得采样值中的最小值
        MagMIN.x  =  MIN(HMC5883l.Mag_Adc.x, MagMIN.x);
        MagMIN.y  =  MIN(HMC5883l.Mag_Adc.y, MagMIN.y);
```

```
            MagMIN.z = MIN(HMC58831.Mag_Adc.z, MagMIN.z);
            if(cnt_m == CALIBRATING_MAG_CYCLES)
            {
                //利用最大最小值求得偏移值
                HMC58831.Mag_Offset.x = (int16_t)((MagMAX.x + MagMIN.x) * 0.5f);
                HMC58831.Mag_Offset.y = (int16_t)((MagMAX.y + MagMIN.y) * 0.5f);
                HMC58831.Mag_Offset.z = (int16_t)((MagMAX.z + MagMIN.z) * 0.5f);
                MagSum.x = MagMAX.x - MagMIN.x;
                MagSum.y = MagMAX.y - MagMIN.y;
                MagSum.z = MagMAX.z - MagMIN.z;
                //以 x 为基准进行比例缩放
                HMC58831.Mag_Gain.y = MagSum.x / MagSum.y;
                HMC58831.Mag_Gain.z = MagSum.x / MagSum.z;
                if(Mag_CALIBRATED)
                //将数据保存
                    Param_SaveMagOffset(&HMC58831.Mag_Offset);
                Mag_CALIBRATED = 0;
                cnt_m = 0;
            }
        }
        cnt_m++;
    }
}
```

5.8.3 磁力计的滤波

同 MEMS 传感器的滤波处理一样，对磁力计测量的原始数据也可以进行如 7.5.1 节所介绍的移动平滑滤波处理，程序源码在 bsp_hmc5883l.c 文件中，如下：

```
void HMC5883L_newValues(int16_t x,int16_t y,int16_t z)
{
uint8_t i,j;
int32_t sum = 0;
//将传入的数据以两层 for 循环的方式依次放入对应行和对应列.
for(j = 0;j < 3;j++)
    for(i = 1;i < FILTER_NUM - 1;i++)
        HMC5883L_FIFO[j][i - 1] = HMC5883L_FIFO[j][i];
    //将传进来的 x、y 或 z 放入对应行的第八列
    HMC5883L_FIFO[0][FILTER_NUM - 2] = x;
    HMC5883L_FIFO[1][FILTER_NUM - 2] = y;
    HMC5883L_FIFO[2][FILTER_NUM - 2] = z;
for(j = 0;j < 3;j++)
{
    sum = 0;
        //对对应行求和
    for(i = 0;i < FILTER_NUM - 1;i++)
    {
        sum += HMC5883L_FIFO[j][i];
    }
    //将平均值更新
```

```
        HMC5883L_FIFO[j][FILTER_NUM - 1] = sum/(FILTER_NUM - 1);
    }
}
```

5.9 超声波传感器简介

5.9.1 超声波传感器原理

人耳能听到的声波频率为20～20000Hz，当声波的震动频率大于20000Hz时，人耳无法听到。因此，把频率高于20000Hz的声波称为超声波，如图5-14所示。

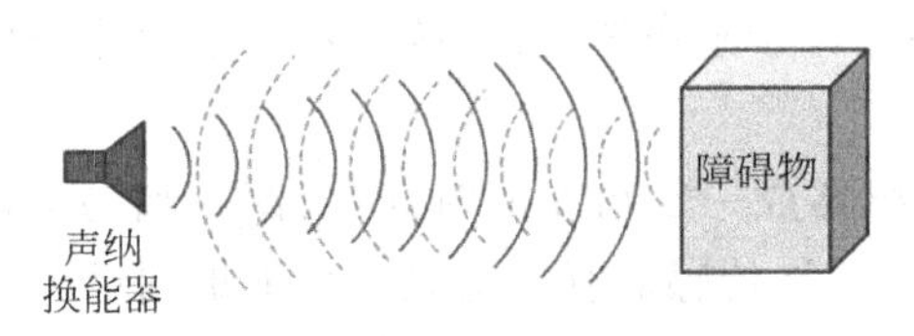

图5-14　超声波基本原理

超声波的波长比声波要短，通常的障碍物都会比超声波的波长大很多，所以说超声波的衍射能力不是很强，在介质一定密度不变的情况下，超声波能够沿着波的方向一直沿直线传播，相对来说超声波的波长越短，直射能力就越好。

5.9.2 超声波传感器简介

在制作无人机的时候，需要实时采集有关自身位置的相关数据，虽然可以通过GPS来采集有关无人机相关位置的数据，但是一旦有建筑物甚至是树木的遮挡，卫星发送的信号就有噪声，GPS接收机不能给出很好的观测数据，在室内中GPS甚至不能使用。因此人们寻找了一种较为简单的能够代替GPS测量高度的传感器——超声波传感器。

超声波传感器是将超声波信号转换成其他能量信号的传感器。超声波信号具有频率高(一般为40kHz)、波长短、方向性好的特点，对液体、固体的穿透力很大。超声波在碰到杂质或者分界面时会形成明显的反射回波。因此超声波检测广泛应用在工业、国防和生物医学等方面。图5-15就是一款常用的超声波传感器。

图5-15　超声波传感器

超声波传感器测距的原理：超声波发射器向一个方向发射超声波，在发射超声波的同时开始计时，超声波在空气中以声速(340m/s)传播，途中碰到杂质或者分界面就会返回，当接收器收到反射时就立刻停止计时。根据计时器记录的时间，按照测量距离=(计时器记录的时间×声速)/2就可以计算发射障碍物的距离s。

1) 工作原理

人们能听到的声波频率在20Hz～20kHz范围内，超过20kHz的声波称为超声波。超声波传感器都会配置一个超声波发射器(用于产生超声波)和一个超声波检测器(用于检测反射回波)，通过计算发射到接收之间的时间差来确定物体与反射面之间的距离。

2）主要应用

超声波距离传感器可应用在物位监测、机器人防撞、各种超声波接近开关以及报警防盗等相关领域，工作可靠，安装方便，防水性能好，发射夹角较小，灵敏度高，方便与工业显示仪表连接，也提供发射夹角较大的探头。

3）功能参数

超声波传感器的检测范围取决于使用的波长和频率。波长越长，频率越小，检测的距离就越大，如 HC-SR04 超声波传感器的距离检测范围为 2～400cm，测量精度可达 3mm；检测角度为 30°。KS103 超声波传感器的距离检测范围为 1～1000cm，测量精度可达到 1mm。

4）盲区

超声波传感器不能检测位于超声波发射/接收器前段的部分物体，因此在这段区域不能被物体遮挡。

注意：被测物体与传感器成一定角度的时候，所测距离与实际距离存在三角误差。由于外界众多因素的影响，超声波传感器有一定概率会采集到错误的数值，因此需要对采集到的数值进行相对应的滤波算法以排除外在影响因素。

目前市面上的超声波模块工作方式主要分为电平触发测距方式和串口触发测距方式。

电平触发测距时序图如图 5-16 所示。

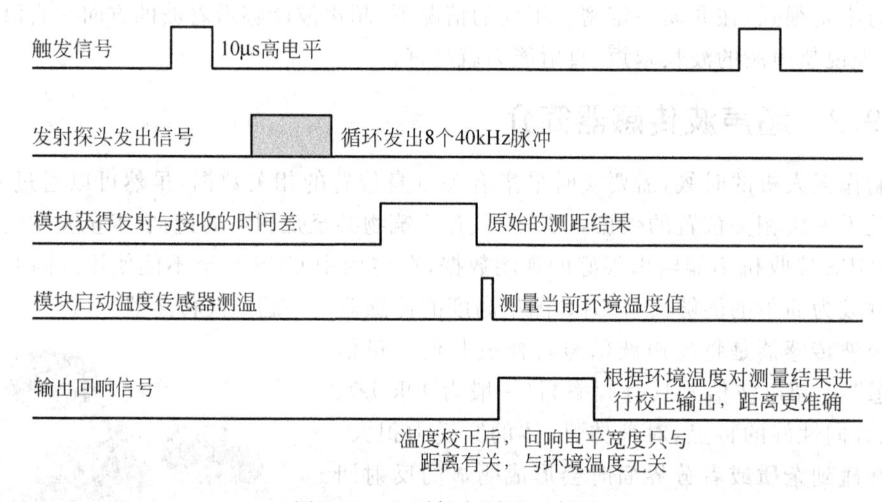

图 5-16 电平触发测距时序图

电平触发测距方式一般采用普通 I/O 口与超声波 Trig 和 Echo 的引脚相连接，只需要在 Trig 引脚上模拟一个 10μs 以上的高电平，模块便可发出 8 个 40kHz 的超声波脉冲，直到检测到回波信号，将回波信号通过 Echo 引脚输出（如果模块带温度补偿，则在检测到回波信号后还需进行温度测量，并根据当前温度对距离结果进行校正，将校正后的结果通过 Echo 引脚输出）。

说明：当在 Trig 引脚模拟一个 10μs 以上的高电平后，开始检测回波信号，一旦检测到 Echo 引脚为高电平后，便开启定时器开始计时，直到 Echo 引脚拉低后，停止定时器计时，超声波模块测得的距离可由该定时器测得的时间（Echo 引脚上高电平持续时间）通过公式计算得出。

计算公式如下：

距离 ＝ (Echo 高电平持续时间 × 340m/s)/2

注：由于这里距离值已由温度校正，所以无论温度多少，声速均选择 340m/s。

串口触发测距时序图如图 5-17 所示。

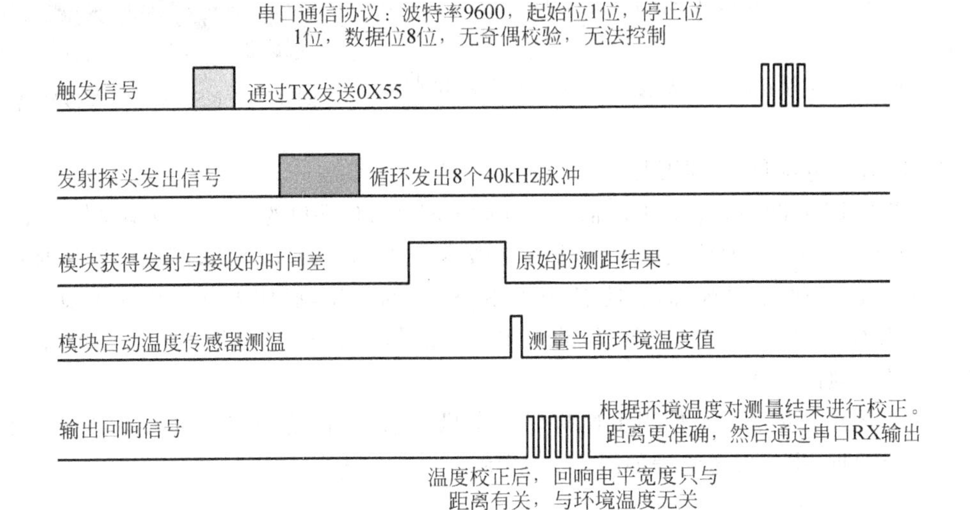

图 5-17 串口触发测距时序图

串口触发测距方式一般将模块的 TX、RX 分别与串口的 TX、RX 相连接，并且将该串口的波特率设置为 9600；只需要在 TX 引脚上发送一个 0X55，模块便自动发送 8 个 40kHz 的超声波脉冲，然后开始检测回波信号，当检测到回波信号后，还要进行温度测量，根据当前温度校正超声波测得的距离。将校正后的结果通过 RX 引脚输出。

说明：当在 TX 引脚上发送一个 0X55 后，只需要等待 RX 接收数据，接收到的数据(距离值)共为 2 个字节，第一个字节是距离的高八位(HData)，第二个字节是距离的低八位(LData)，计算公式：距离＝ (HData×256)＋ LData(单位为 mm)。

5.10 超声波传感器的数据采集驱动和滤波

5.10.1 超声波传感器数据采集驱动

超声波传感器 KS103 是一款高性能的 I2C/串口通信模式的传感器，具有以下特点：

(1) 包含实时温度补偿的距离探测，高探测精度。

(2) 探测频率高，每秒可探测 500 次。

(3) 使用 I2C/串口接口与主机通信，自动响应主机的 I2C/串口控制指令。

(4) 使用工业级配置，工作温度范围为－30℃～＋85℃。

(5) 传感器工作电压范围(3.0～5.5V)。

(6) 采用独特的可调滤波降噪技术，电源电压受干扰或者噪音较大时，仍可正常工作。

(7) 多量程探测，短距探测量程有 10cm，20cm，…，470cm，满足快速近距探测。

图 5-18 所示为 KS103 的超声波传感器，该传感器板上集成了温度传感器，支持温度修

正及温度探测。

图 5-18 KS103 超声波传感器

传感器上面共有 5 个引脚：

(1) MODE：通信模式设置，在上电前需要连接好 MODE 引脚，该引脚悬空或者接高电平的时候，传感器工作于 I2C 模式；该引脚接地的时候，工作于 TTL 串口模式。

(2) VCC：电源正极，需要接入 3.0～5.5V 的直流电压。

(3) GND：电源负极，需要接地。

(4) SCL/RX：I2C 通信时钟线，需要接在微控制器 I2C 端口的 SCL 端或串口的 TX 端。

(5) SDA/TX：I2C 通信数据线，需要接在微控制器 I2C 端口的 SDA 端或串口的 RX 端。

注意：编写程序的时候，需要使能 SCL 和 SDA 的上拉，假如未支持程序上拉的话，需要接入 4.7kΩ 电阻上拉；要达到最佳的工作状态推荐使用＋5V 电源，图 5-19 所示为超声波传感器的经典的连线。

KS103 超声波传感器在使用 I2C 接口与主机通信时，自动响应主机的 I2C 控制指令。指令为 8 位数据，指令发送流程如图 5-20 所示。

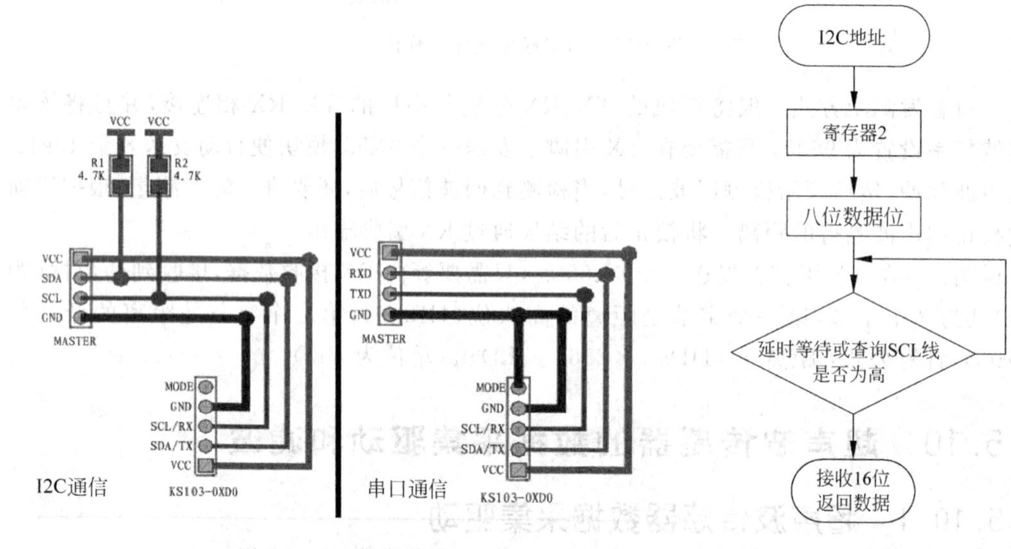

图 5-19 经典接线图

图 5-20 指令发送流程图

I2C 通信模式：探测指令发送完成后，KS103S 将依据探测指令进入相应探测模式，主机此时须等待一段时间方可开始通过 I2C 总线查询探测结果，过早查询 I2C 总线将获得 0xFF 值。注意，每一帧探测指令格式如表 5-36 所示。

表 5-36 探测指令格式

1	1	1	0	1	0	0	0	0	0	0	0	0	0	1	0	X	X	X	X	X	X	X	X
设备地址位								寄存器 2								八位数据位							

接收数据必须跟在探测指令之后，表 5-37 为返回的数据格式。

表 5-37 返回的数据格式

1	1	1	0	1	0	0	1	X	X	X	X	X	X	X	X	X	X	X	X	X	X	X	X
设备地址位+1								探测结果 15～8								探测结果 7～0							

其中，8 位数据位用于设定超声波的探测距离和一系列的功能设置，具体设定如表 5-38 所示。

表 5-38 超声波功能配置表

数 据 位	指 令 名 称
0x01～0x2F	探测量程约为 100～4700mm（每上升一个数据，量程增加 100mm）探测最大耗时=返回最大值+1000μs
0x70	第一级降噪，出厂默认设置，适用于电池供电
0x71	第二级降噪，适用于 USB 供电
0x72	第三级降噪，适用于较长距离 USB 供电
0x73	第四级降噪，适用于开关电源供电
0x74	第五级降噪，适用于噪音较大的开关电源供电
0x75	第六级降噪，适用于高噪音电源供电
0x8A	串口通信测试指令，指令发送完成后 LED 将显示相应指令二进制值
0x8B	
0x8C	
0x92	修改地址第二时序
0x9A	修改地址第一时序
0x9E	修改地址第三时序
0xA0	光强探测指令，光线越强，数值越大，探测耗时约 1ms
0xB0	0～5m 范围，普通距离（不带温度补偿），返回 mm，探测最大耗时约 33ms
0xB2	0～5m 范围，普通距离（不带温度补偿），返回 μs，探测最大耗时约 32ms
0xB8	0～11m 范围，普通距离（不带温度补偿），返回 mm，探测最大耗时约 68ms
0xBA	0～11m 范围，普通距离（不带温度补偿），返回 μs，探测最大耗时约 66ms
0xBD	12cm～11m 范围，0～10m 量程专用指令。普通距离（不带温度补偿），返回 mm，探测最大耗时约 68ms
0xBE	12cm～11m 范围，0～10m 量程专用指令。普通距离（不带温度补偿），返回 μs，探测最大耗时约 66ms
0xC0	开 LED 探测显示，默认
0xC1	关 LED 探测显示

5.10.2 超声波传感器的滤波

超声波传感器的原始数据容易受到供电纹波等方面的影响产生一定的高频噪声，此外由于它的原理是采用超声波，超声波的特性也容易受到温度和传输介质密度即空气密度的变化而产生影响。因此对于这类影响因素的高频噪声同样需要进行滤波处理，一般同样可以采用第 7.5 节所介绍的平滑滤波来进行，可以参考 7.5.1 节的代码。而针对温度变化产生的影响，一般是采用带温度补偿的超声波传感器。

5.11 气压传感器简介

气压传感器,顾名思义就是用来测量气体的绝对压强。地球表面大气密度是不相等的,靠近地表层的空气密度较大,高层的空气稀薄,密度较小。大气压强是由空气重力产生的,高度大的地方,它上面空气柱的高度小,密度也小,所以距离地面越高,大气压强越小。在海拔 3000m 之内,每上升 10m 大气压强约减小 100Pa,在海拔 2000m 之内,每上升 12m 大气压强约减小 133Pa。由于有时四旋翼飞行器的飞行高度往往会超出超声波传感器的探测范围,因此可以通过气压传感器来探测飞行器所处的高度。

气压传感器主要的传感元件是一个对气压传感器内的强弱敏感的薄膜,电路方面它连接了一个柔性电阻器。当被测气体的压力降低或升高时,这个薄膜变形带动顶针,同时该电阻器的阻值将会改变,电阻器的阻值发生变化,从传感元件取得 0～3V 的信号电压,经过 A/D 转换由数据采集器接收。

图 5-21 所示为 MPL3115A2 气压传感器的外形图,该传感器集成了 MEMS 压力传感器和一个 I2C 接口用于传输准确的压力/高度和温度数据,该传感器具有以下特点:

(1) 供电电压:1.95～3.6V。

(2) 体积小,LGA 封装尺寸为 5.0mm×3.0mm×1.1mm。

(3) 测量/工作范围:20～110kPa,工作温度范围为－40℃～＋85℃。

(4) 集成了一个高线性度的压力传感器和一个超低功耗的 24 位 Σ 模数转换器,具有高分辨率的温度输出,无须额外传感器来实现温度计功能。

(5) 读取、补偿功能。

① 压力值:20 位数据读取;

② 高度值:20 位数据读取;

③ 温度值:12 位数据读取。

如图 5-22 MPL3115A2 引脚编号所示,压力传感器每个引脚均有用处,具体的端口描述如表 5-39 所示。

图 5-21 MPL3115A2 气压传感器

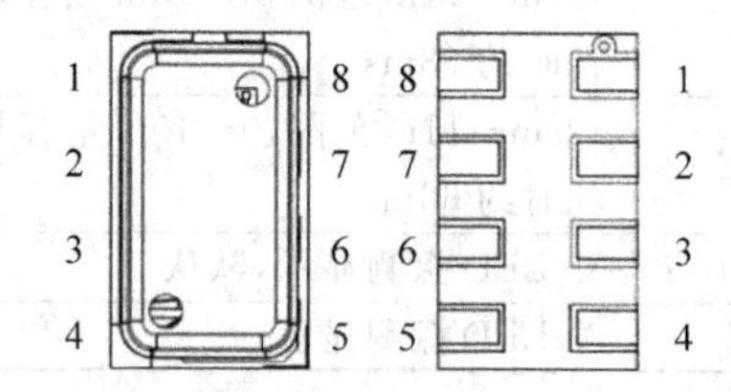

图 5-22 MS5611-01BA 引脚编号

表 5-39 MS5611-01BA 端口描述

引 脚	名 称	类 型	描 述
1	V_D	P	电源电压(1.95～3.6V)
2	CAP	C	外部电容
3	GND	G	接地

续表

引 脚	名 称	类 型	描 述
4	V_{DDIO}	P	数字供电接口
5	INT2	I	压力中断口 2
6	INT1	I	压力中断口 1
7	SDA	IO	I2C 数据
8	SCLK	IO	I2C 时钟

图 5-23 所示为 MPL3115A2 压力传感器的经典应用电路。

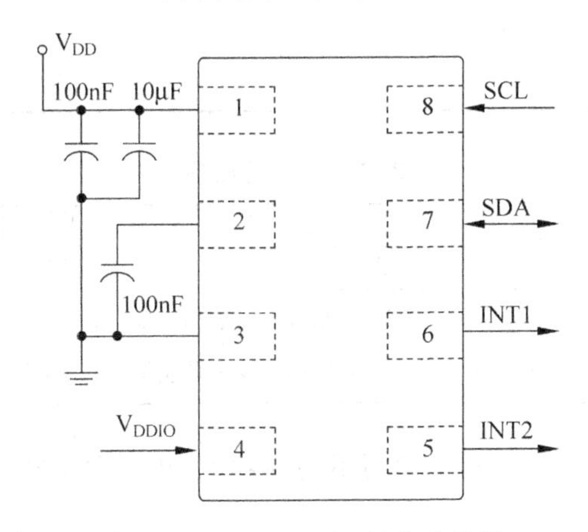

图 5-23 MPL3115A2 经典连线图

5.12 气压传感器的数据采集驱动

MPL3115A2 压力传感器与主机之间的通信主要通过命令转换时序完成，命令转换时序：①由主机发送给传感器设备地址位；②写命令和命令指令位。

设备地址位：MPL3115A2 的 I2C 地址为 1100000x，x 为读写位，当 x=1 时，主机为读模式；当 x=0 时，主机为写模式。

命令转换时序格式如表 5-40 所示。

表 5-40 命令转换时序格式表

	1	1	0	0	0	0	0	0	0	X	X	X	X	X	X	X	0	
S	设备地址位							W	A	命令指令位							A	P

□来自主机，S=开始命令(Start)，W=写命令(Write)，A=应答(ACK)

■来自从机，P=停止命令(Stop)，R=读命令(Read)，N=无应答(NO ACK)

20 位气压数据/12 位温度数据的读取：在 MPL3115A2 中，传感器将一个 20 位气压数据拆分成 3 个数值存储，每个数值都有固定的命令指令位；其中温度传感器采集的是一个 12 位的值，传感器将温度值拆分成 2 个数值存储，与气压数值一样，每个数值都有固定的命令指令位。读存储器指令如表 5-41 所示，芯片应答如表 5-42 所示。

表 5-41 读存储器指令

	1	1	0	0	0	0	0	0	0	X	X	X	X	X	X	X	X	0	
S	设备地址位							W	A	命令指令位								A	P

□来自主机，S=开始命令(Start)，W=写命令(Write)，A=应答(ACK)

■来自从机，P=停止命令(Stop)，R=读命令(Read)，N=无应答(NO ACK)

其中命令指令位分别如下：

0x01：读取 20 位气压值的 12～19 位

0x02：读取 20 位气压值的 4～11 位

0x03：读取 20 位气压值的 0～3 位

0x04：读取 12 位温度值的 4～11 位

0x05：读取 12 位温度值的 0～3 位

表 5-42 芯片应答

	1	1	0	0	0	0	0	1	0	X	X	X	X	X	X	X	X	0	
S	设备地址位							R	A	数值								N	P

□来自主机，S=开始命令(Start)，W=写命令(Write)，A=应答(ACK)

■来自从机，P=停止命令(Stop)，R=读命令(Read)，N=无应答(NO ACK)

命令指令位：8 位命令指令位上填写不同的数值，传感器就执行不同的功能，常用的命令指令位如表 5-43 所示。

表 5-43 常用的命令指令位

命令指令位	名 称	类型	简 述
0x00	SensorStatus Register	R	读取 STATUS 寄存器
0x01	Pressure Data Out MSB	R	压力值的 12～19 位
0x02	Pressure Data Out CSB	R	压力值的 4～11 位
0x03	Pressure Data Out LSB	R	压力值的 0～3 位
0x04	Temperature Data Out MSB	R	温度值的 4～11 位
0x05	Temperature Data Out LSB	R	温度值的 0～3 位
0x06/0x00	Sensor Status Register	R	数据就绪状态信息
0x07	Pressure Data Out Delta MSB	R	压力增量的 12～19 位
0x08	Pressure Data Out Delta CSB	R	压力增量的 4～11 位
0x09	Pressure Data Out Delta LSB	R	压力增量的 0～3 位
0x0A	Temperature Data Out Delta MSB	R	温度增量的 4～11 位
0x0B	Temperature Data Out Delta LSB	R	温度增量的 0～3 位
0x0C	Device Identification Register	R	设备 ID 号
0x13	PT Data Configuration Register	R/W	数据事件标志配置
0x26	Control Register 1	R/W	模式，过采样
0x27	Control Register 2	R/W	获取时间响应
0x28	Control Register 3	R/W	中断引脚配置
0x29	Control Register 4	R/W	中断使能
0x2A	Control Register 5	R/W	中断引脚输出管理
注：以上命令指令位并非 MPL3115A2 压力传感器的全部指令，具体请查询数据手册			

MPL3115A2 压力传感器通过 I2C 协议与主机进行通信，自动响应主机的 I2C 控制指令。主程序运行之前，需要对传感器进行初始化，并且每次读取值之前，需要读取 STATUE 寄存器值，用于判断是否可以开始读取数据，具体的流程如图 5-24 所示。

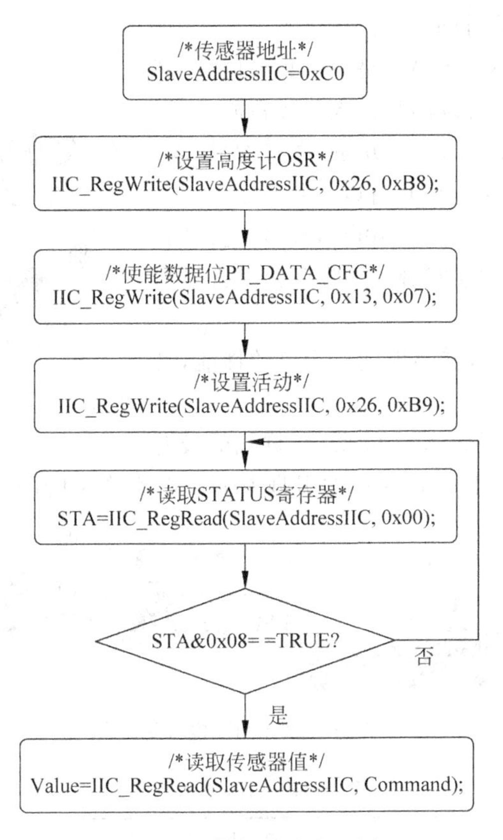

图 5-24　数据获取流程图

MPL3115A2 传感器在计算高度方面是基于测量的压力，用户输入当地的海平面气压(用于弥补当地天气条件)和美国标准大气压强(the US Standard Atmosphere 1976 (NASA))，高度的计算公式如下：

$$h = 44330.77\left\{1-\left(\frac{p}{p_0}\right)^{0.1902632}\right\}+\text{OFF\_H}(\text{寄存器值}) \tag{5-18}$$

其中，h 表示高度(m)；p 表示当地的海平面气压(Pa)；p_0 表示美国标准大气压强(101325Pa)；OFF_H 表示传感器采集的数值。

采集气压方面，在程序运行前，需要初始化该传感器，具体的设定程序在 bsp_mpl3115.c 源文件中，具体程序可以参照 12.12 节。

5.13　激光测距测高传感器

激光测距是使用激光来对被测物体进行准确测距。激光测距传感器一般都带有激光发射器和光电元件。激光发射器发射一束细小的激光，被测物体反射该激光后由光电元件检测到，通过计时器测定激光从发射到接收的时间，计算出观测者与被测物体之间的距离。距离计算公式如下：

$$D = ct \tag{5-19}$$

其中，D 表示观测者与被测物体的距离(m)；c 表示光在空气中的速度，$c=3.0\times10^8$ m/s；t 表示光往返一次需要的时间(s)。

图 5-25 所示 LIDAR Lite V3 是一款集成度高、高性能的光学测距传感器，可以满足无人机飞行测高、汽车盲点检测、3-D 图像扫描等方面的苛刻要求。LIDAR Lite V3 激光测距模块具有以下特点：

(1) 紧凑型 48mm×20mm×40m，40m 测量范围。

(2) I2C 通信和分配 I2C 地址，I2C 通信速率为 100kbps 或者 400kbps。

(3) 光束宽度为 0.5°，能够提供长距离的性能，具有更好的目标选择。

图 5-25 LIDAR Lite V3 激光测距模块

激光测距模块侧面图如图 5-26 所示，排线的最右边为引脚 1，一共有 6 个引脚，最左边的引脚为引脚 6，每个引脚的功能如表 5-44 所示。

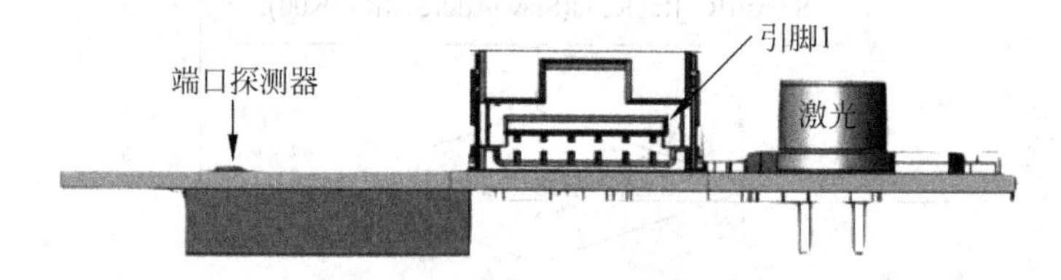

图 5-26 激光测距模块侧面图

表 5-44 引脚的功能表

PIN1	Power_IN，电源输入端口；直流电压大小为 4.75～5.5V
PIN2	Power_EN，工作模式使能端口 高电平(3.3V)：enable 低电平(接地)：sleep
PIN3	Mode Select，模式选择端口 高电平：触发 PWM 输出 低电平：规定传感器为忙碌状态
PIN4	I2C Clock，I2C 通信的时钟线
PIN5	I2C Data，I2C 通信的数据线
PIN6	GND，接地

5.14 视觉传感器

5.14.1 光流

1970 年，随着数字成像技术和数字信号处理技术的发展，相机作为一种视觉传感器开始被应用到了科研当中。同时出现了很多基于图像处理与图像识别的算法，能够通过图像传感器的数据估计出视觉图像中的物体的形态、类别、距离和位置等信息，这些相关技术和理论发展成为一个独立的学科——计算机视觉，或者称机器视觉。

在第1章中，我们简单介绍了一下光流(Optic Flow)的概念，光流从本质上说是在三维空间中视觉感应可以感觉到的运动模式，可以说是一种简单实用的图像处理表达方式，它是通过一幅图像序列中的图像亮度来表现它的运动模式的，也就是一个点在一个物体、图像表面上的运动速度在视觉成像平面上的表达。图5-27直观显示了能表达运动信息的光流信息图像。

图5-27　光流信息

光流传感器，即视觉运动感知系统，其原理是利用一个或多个视觉传感器系统，通过在时间上采集图像序列，并利用图像序列中的像素强度数据的时域变化和相关性来确定各自像素位置的“运动”，从而通过算法识别出图像中的物体相对于视觉传感器几何中心的运动信息，即研究图像灰度在时间上的变化与景象中物体结构及其运动的关系。一般情况下，光流是由相机运动、场景中目标运动或两者的共同运动产生的相对运动引起的，如果所拍摄的物体本身是相对惯性系静止的，那么系统所识别的相对运动就是视觉传感器即光流传感设备本身所在的载体相对于惯性系的运动。光流计算方法大致可分为三类：基于匹配的方法、频域的方法和梯度的方法。一幅图像是由很多个像素点组成的，在一个二维平面中每个像素点都有一个坐标，可以抽象地对比为一个鼠标传感器在这副图像的位置，只要鼠标传感器运动，根据鼠标传感器与像素点坐标的对比，便可以知道移动的方向及坐标，根据当前的高度可以计算出移动的距离。

理论上来说视觉传感器也能够获取飞行器的十五个状态量，但是由于它本身的很多缺陷，例如成像质量限制、视觉尺度限制、光线噪声污染、工作范围和性能缺陷、算法复杂以及运算量大等，实际应用中也是与其他传感器组合使用。

光流传感器算法中，最广泛应用的算法是1981年布鲁斯-卢卡斯与金出武雄发明的Lucas-Kanade算法，这种算法可计算出连续拍摄图像序列上的光流信息，并从中提取出相对运动速度。但算法本身提取出的相对运动信息是基于图像传感器的像素点信息，没有包含尺度信息，因此只能得到运动速度是每秒多少个像素点，但无法得知每秒运动了多少米。恢复尺度的方法是增加一个超声波模块以测量拍摄对象到视觉传感器平面之间的距离，从而把像素运动恢复成实际的相对运动。

光流模块发展到现在已经有很成熟的解决方案，大疆的精灵系列都配备了自主研发的光流测速模块，图 5-28 所示是安装在大疆创新的精灵 3 系列上的超声波和光流传感器。市面上最常用到的光流传感器为 APM 用的 Optical Flow 光流传感器和 Pixhawk 用的 PX4 Flow 光流传感器。

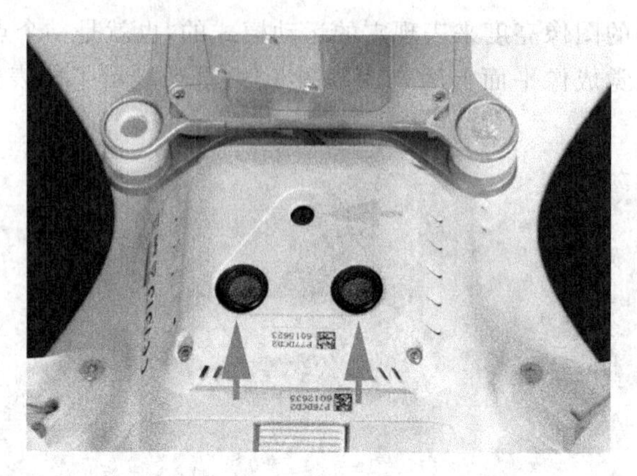

图 5-28 大疆精灵系列光流传感器和超声传感器

这里简单介绍一下 Pixhawk 采用的 PX4 Flow 光流传感器。该传感器是一款智能运动相机，拥有 752×480 的像素分辨率，算法中采用 4 倍分级和裁剪法，计算速度达到 250Hz，具备非常高的感光度，因此它能够以 120Hz 的计算速度在室内或室外较暗的环境下工作。当然，也可以自行对它编程。

在 PX4 Flow 的模块上有一个 USB、UART 和一个 I2C 接口，在 USB、UART 数据输出时是采取 MAVLink 协议包，然后根据 MAVLink 协议包手册进行数据解析，主要数据帧的定义解析如表 5-45 所示。

表 5-45 PX4 光流传感器的数据帧格式定义

数据位	数据类型	描述
time_usec	64 位	数据帧的时间戳标签
sensor_id	8 位	SensorID 传感器 ID 标识号
flow_x	16 位	X 轴方向的相对运动像素移动量
flow_y	16 位	Y 轴方向的相对运动像素移动量
flow_comp_m_x	32 位 float	经过陀螺仪补偿的 X 轴方向的移动量
flow_comp_m_y	32 位 float	经过陀螺仪补偿的 Y 轴方向的移动量
quality	8 位	光流的图像质量，0 表示最差，255 表示最高质量
ground_distance	32 位 float	图像传感器到地面的距离

PX4 Flow 光流传感器提供了 I2C 总线接口与主控设备通信，进行 I2C 数据通信时，7 位的设备总线地址可以由板载跳线配置，默认地址为 0x42，总共有 8 个地址可配置，如表 5-46 所示。

表 5-46　PX4 光流的 I2C 从地址配置表

7 位 I2C 从机设备地址	Bit2	Bit1	Bit0
0x42(默认)	0	0	0
0x43	0	0	1
0x44	0	1	0
0x45	0	1	1
0x46	1	0	0
0x47	1	0	1
0x48	1	1	0
0x49	1	1	1

下面是飞控系统软件通过 I2C 总线驱动访问读取光流模块的参考代码。

```
/**********************************************************************
*   模块名称 : 光流模块访问代码
*   文件名称 : bsp_optical_flow.c
*   版本 : V1.0
*   说明 : 光流 PID
*   日期: 2016 - 2 - 20
*   Copyright(c)2016 武汉飞航科技有限公司
*   以下所有内容版权均属武汉飞航科技所有,未经允许不得用于商业用途
*   欢迎各位使用并推广本程序,修改内容时必须保留飞航科技的版权声明
**********************************************************************/
typedef struct
{
uint16_t frame_count;              //创建变量存储 I2C 通信帧的数量[ # frames]
int16_t pixel_flow_x_sum;          //测量 10 倍的像素所流动的最后的 x[pixels]
int16_t pixel_flow_y_sum;          //测量 10 倍的像素所流动的最后的 y[pixels]
int16_t flow_comp_m_x;             //1000 倍速度的 x[meters/sec]
int16_t flow_comp_m_y;             //1000 倍速度的 y[meters/sec]
int16_t qual;                      //光流体质量/信任[0: 最坏质量, 255: 最好质量]
int16_t gyro_x_rate;               //陀螺仪最后的 x 比率[rad/sec]
int16_t gyro_y_rate;               //陀螺仪最后的 y 比率[rad/sec]
int16_t gyro_z_rate;               //陀螺仪最后的 z 比率[rad/sec]
uint8_t gyro_range;                //陀螺仪的幅度[0 .. 7] 等同于 [50 deg/sec .. 2000 deg/sec]
uint8_t sonar_timestamp;           //最后的声呐校准时间 [milliseconds]
int16_t ground_distance;           //在 1000 倍数的地面距离[meters]. 积极的价值: 已知距离;
                                   //消极的价值: 未知距离
} PX4_FRAME;
typedef struct
{
//最后通过 I2C 读出的光流测量数据[ # frames]
    uint16_t frame_count_since_last_readout;
//最后通过 I2C 读出的在 x 轴附近 10000 倍的弧度下累积的光流[rad * 10000]
    int16_t pixel_flow_x_integral;
//最后通过 I2C 读出的在 y 轴附近 10000 倍的弧度下累积的光流[rad * 10000]
    int16_t pixel_flow_y_integral;
//最后通过 I2C 读出的在 10000 倍弧度下累积的陀螺仪的 x 比率[rad * 10000]
    int16_t gyro_x_rate_integral;
```

```
//最后通过 I2C 读出的在 10000 倍弧度下累积的陀螺仪的 y 比率[rad * 10000]
    int16_t gyro_y_rate_integral;
//最后通过 I2C 读出的在 10000 倍弧度下累积的陀螺仪的 z 比率[rad * 10000]
    int16_t gyro_z_rate_integral;
//最后通过 I2C 读出的在微秒级别下累积的时间间隔[microseconds]
    uint32_t integration_timespan;
    uint32_t sonar_timestamp;       //最后的声纳更新时间[microseconds]
    int16_t ground_distance;        //在 1000 倍单位米下的地面距离[meters * 1000]
    int16_t gyro_temperature;       //在中心角度 100 倍温度的摄氏度 [degcelsius * 100]
    uint8_t quality;                //聚集的光流的平均质量 [0:最差质量;255: 最好质量]
} PX4_INTRGRAL_FRAME;
X4_FRAME px4flow_frame;
PX4_INTRGRAL_FRAME px4flow;
static I2C * I2C_PX4FLOW;
void PX4FLOW_Init(void)
{
  I2C_PX4FLOW = I2C_3;
}
/*****************************************************************
*   PX4FLOW 单字节写入
*   REG_Address: 要写入的寄存器地址
*   REG_data: 要写入的数据
*****************************************************************/
bool PX4FLOW_Write_Byte(uint8_t REG_Address, uint8_t REG_data)
{
return I2C_Write_REG(I2C_PX4FLOW, PX4FLOW_ADDR, REG_Address, REG_data);
}

/*****************************************************************
*   PX4FLOW 单字节读取
*   REG_Address: 要读取的寄存器地址
*****************************************************************/
uint8_t PX4FLOW_Read_Byte(uint8_t REG_Address)
{
return I2C_Read_REG(I2C_PX4FLOW, PX4FLOW_ADDR, REG_Address);
}

/*****************************************************************
*   PX4FLOW 读取 n 个字节
*   REG_Address: 要读取的寄存器地址
*   buf: 读取后存储数据的 buf
*   len: 要读取数据的长度
*****************************************************************/
bool PX4FLOW_Read_NByte(uint8_t REG_Address, uint8_t * buf, uint8_t len)
{
  if(!I2C_Start(I2C_PX4FLOW))return false;
I2C_SendByte(I2C_PX4FLOW, PX4FLOW_ADDR);      //发送设备地址 + 写信号
if(!I2C_WaitAck(I2C_PX4FLOW)){I2C_Stop(I2C_PX4FLOW); return false;}
I2C_SendByte(I2C_PX4FLOW, REG_Address);
I2C_WaitAck(I2C_PX4FLOW);
I2C_Start(I2C_PX4FLOW);
```

```
I2C_SendByte(I2C_PX4FLOW, PX4FLOW_ADDR | 1); //读操作
I2C_WaitAck(I2C_PX4FLOW);

//根据 len 大小判断读取几帧
for(uint16_t i = 0; i < len; i++)
{
    uint8_t a = I2C_RadeByte(I2C_PX4FLOW);
    if(i < sizeof(PX4_FRAME))
    {
     ((uint8_t * )&px4flow_frame)[i] = a;
    }
    else
    {
        ((uint8_t * )&px4flow)[i - sizeof(PX4_FRAME)] = a;
    }
      if(i < len - 1)
      I2C_Ack(I2C_PX4FLOW);
}
I2C_NoAck(I2C_PX4FLOW);
I2C_Stop(I2C_PX4FLOW);
return true;
}
void px4flow_read(void)
{
PX4FLOW_Read_NByte(0x0,(uint8_t * )&px4flow_frame,sizeof(PX4_FRAME) + sizeof(PX4_INTRGRAL_
FRAME));
}
```

5.14.2 视觉里程计

视觉传感器除了光流模块，还有一类称为视觉里程计。视觉里程计相比于光流模块，增加了直接测量位置的能力，因此有“里程计”的称号。里程计的概念来自于交通工具，例如汽车或者一些自行车都会带有用来记录跟踪行驶里程的设备，称为里程计(Odometry)，一般是采用计算车轮的滚动圈数再结合轮子的周长来计算行驶里程，也有通过车载速度传感器来积分获得。里程计的一个特点是瞬时测量比较准确，因此对于短时间内的局部运动测量比较好，不过里程计的精度可能受到轮子打滑，以及轮子轨迹偏移和噪声等因素的影响，估计误差会累积增大，形成长时间“漂移”，如图 5-29 所示。在机器人领域，不但要知道行驶的里程，还需要明确运动的三维空间轨迹和自身的姿态信息。机器人技术中确定载体轨迹的方法有很多，其中在无人飞行器的应用中最常用的就是视觉里程计(Visual Odometry)。通常视觉系统如果采用一个图像采集摄像头，称为单目视觉里程计；如果使用两个或多个图像采集摄像头，则称为立体视觉里程计。

视觉里程计最主要的任务就是从相邻帧的图像中估计摄像头的运动。视觉里程计的主要原理有基于特征点的方法和不基于特征点的直接法两种。特征点方法也叫稀疏法，不使用特征点的方法叫稠密法。这里重点介绍特征点提取的视觉里程计设计思路。

首先需要理解摄像头是如何将三维空间投影到所采集的 2D 图像上的。在如图 5-30 所示的模型中，空间点 $X=[x,y,z]$，投影在相机感光平面上，产生像素点 $X'(u,v)$。相机的光圈中心位置为 z 轴，成像焦距平面位于 $z=1$。

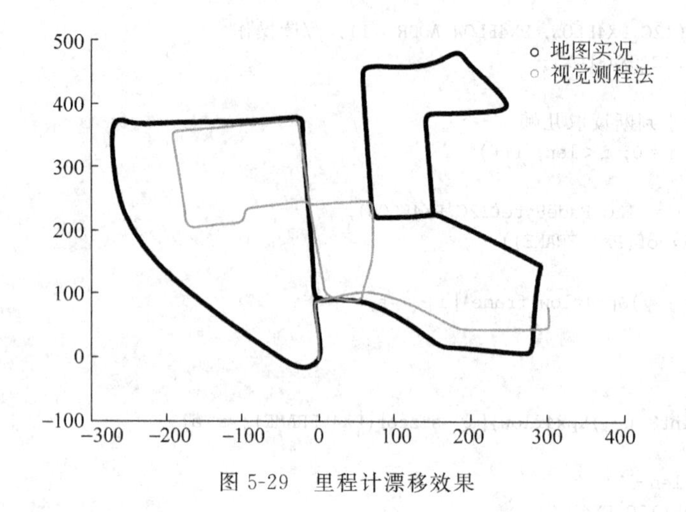

图 5-29　里程计漂移效果

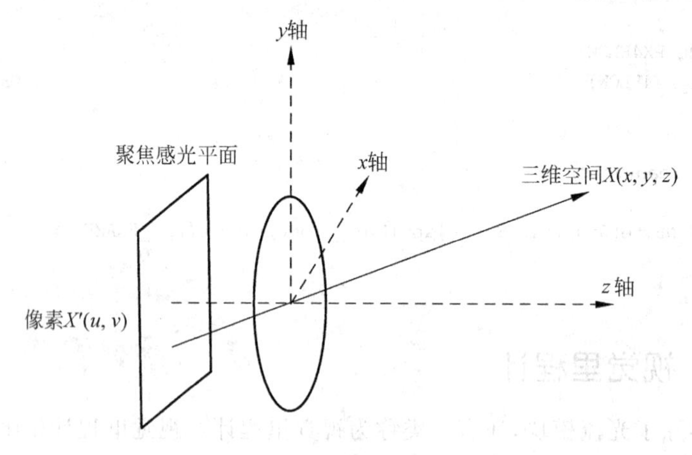

图 5-30　摄像头成像

根据空间几何关系，可以得到式(5-20)，等价于式(5-21)。

$$\frac{x}{u}=\frac{y}{v}=\frac{z}{1} \tag{5-20}$$

即

$$z\begin{bmatrix}u\\v\\1\end{bmatrix}=\begin{bmatrix}x\\y\\z\end{bmatrix}=zp=X \tag{5-21}$$

其中，$p=\begin{bmatrix}u\\v\\1\end{bmatrix}$，$z$ 称为 p 点的深度值。而实际的相机焦距光圈中心都有不同的参数，可以用矩阵 C 来表示，因此投影方程可以变为式(5-22)。

$$zp=CX=\begin{bmatrix}f_x&0&c_x\\0&f_y&c_y\\0&0&1\end{bmatrix}\begin{bmatrix}x\\y\\z\end{bmatrix} \tag{5-22}$$

其中，f_x 是 x 轴的焦距，c_x 是 x 轴方向的中心偏移，f_y 是 y 轴方向的焦距，c_y 是 y 轴方向的偏移。此外，相机相对三维空间存在的运动包含了三维旋转（旋转矩阵 R）和三维位移（平移向量 D），因此完整的投影关系可以表示为式(5-23)，它描述了三维空间运动与相机成像像素之间的关系。其中，C 为固定值，p 为成像坐标，而 z、X、R 和 D 则是需要计算估计的运动信息。

$$zp = C(RX + D) \tag{5-23}$$

基于特征点的稀疏法的主要思想是从两张图像中选取出一些具有代表性的点，称为特征点，针对这些特征点进行空间位置估计以及追踪它们的运动情况，而图像中的其他非特征点都被丢弃。因此算法的核心转变为特征点的提取和匹配，以及对特征点运动的追踪和估计。

特征点提取的算法有很多种，针对特征点提取的方案随着计算机视觉研究领域的深入发展，也发展出很多具有更强适应能力的算法，甚至在图像发生一定的变化后仍然可以提取并匹配到。常用的提取算法有 SIFT(Scale-invariant Feature Transform，尺度不变特征变换)、Harris 角点检测、FAST(Feature from Accelerated Segment Test，快速角点特征提取)和 SURF(Speeded Up Robust Features，快速鲁棒特征提取)等。特征点的提取主要是为了让计算机了解图像的重点信息，从而能降低计算量。图 5-31 是一幅提取了特征点的图像。

图 5-31 提取特征点

基于特征点提取，算法就可以对相关的两幅图像进行特征点匹配。对于某个特征点还有相对应的描述符(Descriptor)，用来描述特征点及周边区域图像信息关系的向量组。当两幅图像的特征点的描述符相似时，则判别两者为同一个特征点，实现匹配。因此根据特征点和描述符可以得到两幅图像的匹配点集信息。

对于单目视觉系统来说，这里得到的匹配点集信息只是二维图像信息，并不包含深度信息，而双目视觉系统可以得到匹配点的三维信息。得到匹配点集后，对于二维匹配点则可以通过两个图像的像素位置来估计摄像头的运动，对于三维匹配点可以通过两组匹配点的三维空间坐标并采用一定的估计算法来估计出摄像头的运动。通常采用的方法是先用几何方法粗略估计一个运动，再根据光束法平差优化的思路，将约束误差写入误差函数并寻找误差极值时的各变量估计值，以得到近似估计。该优化方法由于不是全局最优的，因此需要先有一个初始值，再根据梯度下降法进行迭代降低误差。

严格来说，光流属于单目视觉里程计的一种简化实现特例。与光流模块相比，视觉里程计性能更强，这是因为它不但在硬件上有一定的提升，而且更多的是在软件算法上的提升。在5.14.1节提到了光流算法有很多特定的假设来简化问题，因此只能鉴别平面运动，并且通过超声传感器把尺度信息弥补回来。视觉里程计的软件则更加的复杂，它不仅需要提取出图像中的平面运动信息，还需要进行深度的优化滤波算法并从中提取图像中网格光点的三维信息，算法的复杂度也要呈几何增长，因此需要的处理器的能力以及系统的资源也成倍增加。在二维匹配点估计出摄像头运动时，可以根据这个运动信息采用三角化(Triangularization)的方法实现计算各特征点的三维信息。这也就是单目视觉里程计之所以能够提取出三维信息而区别于普通光流模块的核心点。在原理上，相当于摄像机在不同的空间位置采集同一个点的像素信息，如图5-32所示，从而实现视差，以估计出该点的真实位置。

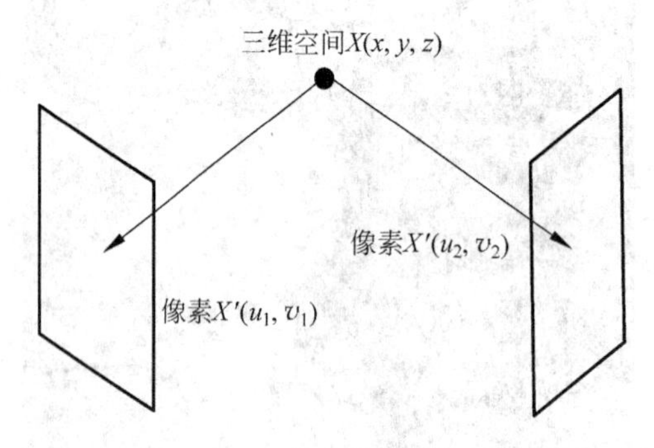

图5-32 三角化提取空间信息

在SLAM系统中，视觉SLAM即为采用视觉里程计的方法来对周边环境建立一种点云的集合描述，通过大量的空间点来估计周边地图的样貌。这是一种粗略的估计，由于只重构了空间位置的特征点，因此也称为稀疏重构。

视觉里程计的算法本身能够直接计算位置信息，而并不是仅仅通过光流信息的速度信息来积分获得，随时间推移的导致误差累积的发散情况也能得到一定程度的改善，因此所得到的位置信息也更加准确。对于无人机来说，采用GPS和视觉里程计组合的位置观测的方案可以提高整体系统的观测精度与鲁棒性。

视觉里程计的实现有不同的方法和难度。硬件上最简单的是单目摄像头配备惯性测量元件组成的单目视觉系统，但这种方案的软件设计难度会比较高，且效果不佳。比较简单的是采用两个独立的摄像头组成的双目立体视觉加惯性测量元件。双目立体视觉的方案出现较早，并且目前已经过长时间的发展和优化，技术已经比较成熟。2004年NASA成功地将视觉里程计和惯性测量元件的视觉定位系统装在“机遇号”和“勇气号”火星车上，通过双目视觉系统帮助火星车非常准确地记录所行走的轨迹，2007年参与火星探测任务的科学家与工程师将这一成果写成论文“Computer Vision On Mars”，这篇文章促使了计算机视觉领域的研究人员对视觉里程计进行深入研究，也极大地推动了视觉里程计在机器人控制领域的应用。2016年大疆创新推出的精灵4配备的两套独立的双目视觉里程计，一套向前，一套向下，如图5-33所示。其中下视双目系统可以探测无人机正下方的图像和三维物体，并感知相对距离，前视双目系统主要用来探测无人机机头方向的图像以及前方障碍物相对距离，因此理论上来说前视系统可以构建一定视角内的地理构图信息，以便进行智能避障与路径规划导航。当然这相对于360度的微波雷达避障还有一定的局限性。据有关资料介绍，这两套独立的视觉里程计都参与图像辨识与处理，并且通常情况下以向下看的双目立体视觉系统为主，如果向下看的相机对着一些特征不明显的环境（如纯色的地板和海面等），感受不到什么图像变化，视觉里程计会自动切换到向前看的立体视觉系统进行测量计算。两套独立的双目视觉里程计的好处是下视的一套双目立体视觉系统可以探测飞行器正下方地面上的物体的三维位置，从而得到相对于地面的距离；向前看的一套双目立体视觉系统可以用来探测前方场景中的物体的深度，产生深度图进行障碍感知。

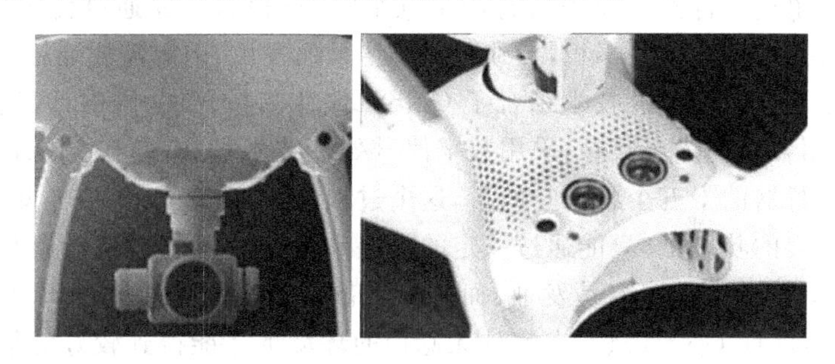

图5-33　大疆创新的精灵4的前视与下视双目视觉里程计

采用了这种前视下视的双目视觉里程计系统，可以极大提高无人机系统的状态量观测与估计精度，并且提高系统的鲁棒性。GPS信号可以提供高精度的定位信号，两套双目系统同样可以提供位置信号，但每套系统各有特点。GPS信号易受干扰，下视双目系统精度较高，而前视双目受目视距离的影响可能导致精度下降。在GPS信号出现异常，或者丢失其中一个双目系统的时候，飞控软件算法能够很快地无缝切换到可用的双目视觉里程计，例如当无人机从室内穿越到室外时，GPS接收机还未捕获到GPS卫星信号，而下视图像产生突变导致定位错误，此时可以无缝切换到前视双目里程计的识别上。视觉里程计依然可以继续运作，提供额外的速度和位置的测量值，进一步提高精度。

单目视觉由于难度较大目前还是处于研究的前沿阶段。双目系统比单目系统简单的原因在于双目立体视觉系统在结构上更接近人体的生理构造，通过左右眼的视差很容易提取出立体深度信息，从而辨别物体的三维空间位置，但是对于单目系统，就无法提取出视差信息，好比人闭上一只眼就无法辨别物体的远近一样，因此单目系统无法通过简单的几何运算来解算三维位置。单目算法必须能够在图像中的局部范围内同时估计很多物体的位置，再通过位置移动产生视差，然后进行多个物体位置的最大可能估计，从而推算出物体比较准确的位置，目前该领域还处于研究阶段，尚没有公认的最优方案。在该方向上研究的主要有美国的宾夕法尼亚大学、瑞士的苏黎世联邦理工学院、英国牛津大学以及中国香港科技大学等研究机构。

第6章 状态估计

CHAPTER 6

6.1 组合导航

在第5章介绍过飞行器要获得自身的十五个状态信息，需要通过传感器测量并推算。单独的惯性测量元件由于误差累积，导致随时间增长而发散，因此需要通过额外的传感器信息来进行互补修正。组合导航技术结合了GNSS、惯性测量元件、磁力计、气压计和超声波等传感设备，利用各自的优点互补，采用数字信号处理技术融合多传感器的测量值，从而获得较为准确的飞行器的十五个状态空间量，这个过程称为状态估计。在这里，“估计”的意思就是无法获得真实的状态量，只能通过一定的算法和规律尽可能地估计出与真实状态量接近的量。例如，惯性测量元件容易发散，而这个发散可以通过GNSS全球卫星定位系统来获得修正和抑制，然而GNSS只有在室外无遮挡的环境下才能得到较好的信号强度和定位信息，当信号质量较差或者位于室内导致无法定位的时候，系统则需要由惯性测量元件来短时间修正GNSS的定位信息，加速度与航向信息也可以对陀螺仪的姿态积分结果的发散进行抑制和修正。GNSS的高度信息通常误差较大，这时就可以通过超声波传感器和气压传感器进行一定程度的修正。

组合导航技术中传感器互补的思想原理是由克劳德·香农(如图6-1所示)在1948年的信息论中提出的。信息论提出了信息的概念以及如何从数学上度量信息。信息论的线性估计理论让数字处理工程师在系统设计时能够把多个具有误差的传感器通过数学方程组合矩阵运算融合起来，利用传感器信息估计特定的状态量，并且理论上提出了更多的传感器状态信息参与互补运算，以得到更好的状态估计(更接近真值，并且方差更小)。通过这套系

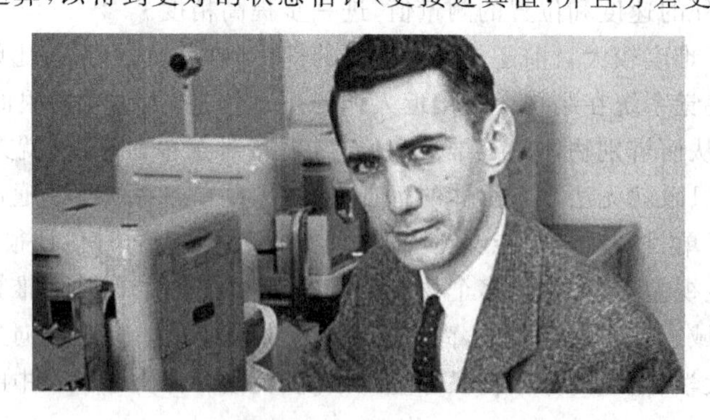

图6-1 克劳德·香农

统，数学给工程学指出了优化发展的方向，即采用更多的传感器进行互补，就能获得更好的状态估计能力。

6.2 飞行器的坐标系

在研究飞行器的运动学和动力学规律时，需要首先确定好所研究的相对坐标系。由于我们所处的空间为三维空间，因此在研究时一般采用三维笛卡儿直角坐标系来进行标定和研究。三维笛卡儿直角坐标系是指三条相互垂直的坐标轴（正交）相交形成的坐标系，其中相交的点称为原点 O(Origin)。每个轴都指向特定的方向，两个不同的坐标轴决定一个平面，也称笛卡儿平面。通常三个轴采用右手系标定，即右手的拇指方向指向 X 轴的正方向，食指则指向 Y 轴方向，中指指向的是 Z 轴方向，如图 6-2 所示。此外对于围绕每个轴的正旋转方向，则是用右手大拇指对应每个轴的正方向，则其他四指自然弯曲的方向为围绕该轴旋转的正方向。本书所介绍的软件和算法均采用右手定则。

在分析飞行器的运动时，通常假设飞行器是刚体(Rigid Body)。对于刚体而言，在任何外力的作用下，它的体积和形状都不会发生改变。这是力学范畴的一个理想抽象模型的概念，实际情况下，任何物体在受外力作用的时候都会或多或少地发生形变，并不存在真正意义上的刚体。但如果形变本身相对于物体的运动微乎其微，可以忽略，或者并不影响我们分析物体的运动结果，则可以在特定的情况下有条件地忽略这种形变，即将物体假设成刚体。对于一个飞行器刚体的运动，可以分解为质心的运动和围绕质心的转动。其中质心运动的分析范畴属于牛顿第二定律定义的质点运动与受力之间的关系，即主要研究飞行器质心的位置和速度信息。而转动的建模方程则属于欧拉方程所分析的模型运动关系，即主要研究飞行器的姿态信息。

要研究以上两种运动的模型和信息，需要定义两个三维笛卡儿直角坐标系，如图 6-3 所示。

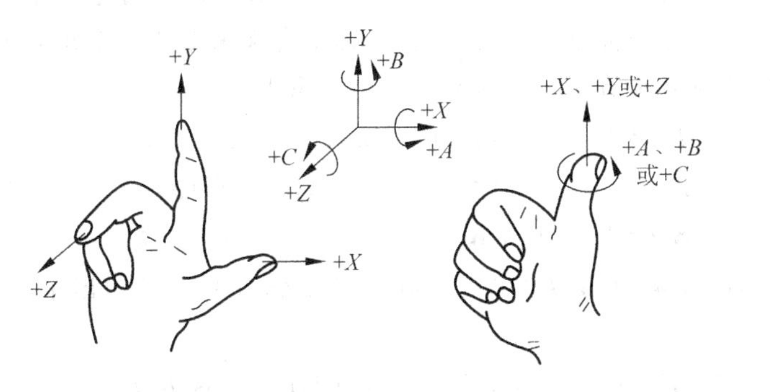

图 6-2 右手坐标系

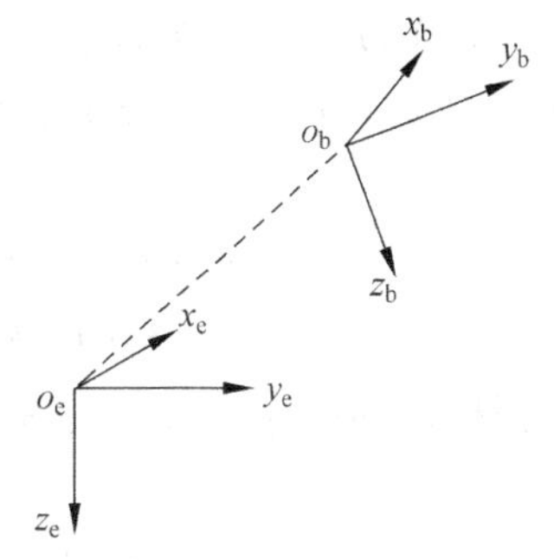

图 6-3 大地坐标系和机体坐标系

(1) 大地坐标系或惯性坐标系，用 e 或者 G 表示，用于研究飞行器相对大地的运动状态以及空间位置坐标。通常飞控都是把地面起飞点选取为该坐标系的坐标原点，即初始化 x,y,z 坐标为 0。通常大地坐标系的 X-Y-Z 方向选取为大地的北-东-地。

(2) 机体坐标系，用 b 或 B 表示，坐标原点取机体的重心，用于研究飞行器相对于重心的旋转运动。通常机体坐标系的 X-Y-Z 方向选取为机身的前-右-下。机体坐标系固定在机体上并随着机体的运动而运动。

6.3 方向余弦矩阵和欧拉角

6.3.1 方向余弦矩阵

对于在6.1节中所介绍的每个坐标系的三个坐标轴，定义都可以采用对应三个单位矢量来表示坐标轴空间。对于大地坐标系e，三个轴对应的单位矢量分别如式(6-1)中所列。

$$\boldsymbol{I}^{e}=\begin{Bmatrix}1\\0\\0\end{Bmatrix}\quad \boldsymbol{J}^{e}=\begin{Bmatrix}0\\1\\0\end{Bmatrix}\quad \boldsymbol{K}^{e}=\begin{Bmatrix}0\\0\\1\end{Bmatrix} \tag{6-1}$$

对于机体坐标系b，三个轴对应的单位矢量分别是

$$\boldsymbol{i}^{b}=\begin{Bmatrix}1\\0\\0\end{Bmatrix}\quad \boldsymbol{j}^{b}=\begin{Bmatrix}0\\1\\0\end{Bmatrix}\quad \boldsymbol{k}^{b}=\begin{Bmatrix}0\\0\\1\end{Bmatrix} \tag{6-2}$$

这里的矢量上标用于表明该矢量在对应的坐标系中的标识，因此三维空间中的任意一个矢量都可以由这三轴的单位矢量组合表示。简单来说，机体坐标系的三个轴的单位矢量也可以在大地坐标系中表示，这种表示方法是在欧拉空间中的向量投影，即将每个矢量投影到大地坐标系上去，例如机体坐标轴的x轴的单位矢量$\boldsymbol{i}$投影到大地坐标系e上，可以表示为式(6-3)，并且根据矢量运算数量积的定义可以进一步表示。

$$\boldsymbol{i}^{e}=\begin{Bmatrix}i_x^e\\i_y^e\\i_z^e\end{Bmatrix}=\begin{Bmatrix}|\boldsymbol{i}|\cos(\boldsymbol{X},\boldsymbol{i})\\|\boldsymbol{i}|\cos(\boldsymbol{Y},\boldsymbol{i})\\|\boldsymbol{i}|\cos(\boldsymbol{Z},\boldsymbol{i})\end{Bmatrix}=\begin{Bmatrix}|\boldsymbol{i}||\boldsymbol{I}|\cos(\boldsymbol{I},\boldsymbol{i})\\|\boldsymbol{i}||\boldsymbol{J}|\cos(\boldsymbol{J},\boldsymbol{i})\\|\boldsymbol{i}||\boldsymbol{K}|\cos(\boldsymbol{K},\boldsymbol{i})\end{Bmatrix}=\begin{Bmatrix}\boldsymbol{I}\cdot\boldsymbol{i}\\\boldsymbol{J}\cdot\boldsymbol{i}\\\boldsymbol{K}\cdot\boldsymbol{i}\end{Bmatrix} \tag{6-3}$$

其中，$\boldsymbol{i}$表示机体坐标系x轴的单位矢量，上标e用于标明这个矢量是在大地坐标系e中的表示。同样，$\boldsymbol{j}$、$\boldsymbol{k}$单位矢量也可以在大地坐标系e中表示，将三轴组合起来形成一个矩阵如式(6-4)所示。这个矩阵就是机体坐标系b在大地坐标系e上的投影表示。

$$[\boldsymbol{i}^{e},\ \boldsymbol{j}^{e},\ \boldsymbol{k}^{e}]=\begin{bmatrix}\boldsymbol{I}\cdot\boldsymbol{i} & \boldsymbol{I}\cdot\boldsymbol{j} & \boldsymbol{I}\cdot\boldsymbol{k}\\\boldsymbol{J}\cdot\boldsymbol{i} & \boldsymbol{J}\cdot\boldsymbol{j} & \boldsymbol{J}\cdot\boldsymbol{k}\\\boldsymbol{K}\cdot\boldsymbol{i} & \boldsymbol{K}\cdot\boldsymbol{j} & \boldsymbol{K}\cdot\boldsymbol{k}\end{bmatrix}=\begin{bmatrix}\cos(\boldsymbol{I},\boldsymbol{i}) & \cos(\boldsymbol{I},\boldsymbol{j}) & \cos(\boldsymbol{I},\boldsymbol{k})\\\cos(\boldsymbol{J},\boldsymbol{i}) & \cos(\boldsymbol{J},\boldsymbol{j}) & \cos(\boldsymbol{J},\boldsymbol{k})\\\cos(\boldsymbol{K},\boldsymbol{i}) & \cos(\boldsymbol{K},\boldsymbol{j}) & \cos(\boldsymbol{K},\boldsymbol{k})\end{bmatrix} \tag{6-4}$$

同样，大地坐标系e的三轴单位矢量($\boldsymbol{I},\boldsymbol{J},\boldsymbol{K}$)也可以在机体坐标系b中表示出来，如式(6-5)所示。

$$[\boldsymbol{I}^{b},\ \boldsymbol{J}^{b},\ \boldsymbol{K}^{b}]=\begin{bmatrix}\boldsymbol{I}\cdot\boldsymbol{i} & \boldsymbol{J}\cdot\boldsymbol{i} & \boldsymbol{K}\cdot\boldsymbol{i}\\\boldsymbol{I}\cdot\boldsymbol{j} & \boldsymbol{J}\cdot\boldsymbol{j} & \boldsymbol{K}\cdot\boldsymbol{j}\\\boldsymbol{I}\cdot\boldsymbol{k} & \boldsymbol{J}\cdot\boldsymbol{k} & \boldsymbol{K}\cdot\boldsymbol{k}\end{bmatrix}=\begin{bmatrix}\cos(\boldsymbol{I},\boldsymbol{i}) & \cos(\boldsymbol{J},\boldsymbol{i}) & \cos(\boldsymbol{K},\boldsymbol{i})\\\cos(\boldsymbol{I},\boldsymbol{j}) & \cos(\boldsymbol{J},\boldsymbol{j}) & \cos(\boldsymbol{K},\boldsymbol{j})\\\cos(\boldsymbol{I},\boldsymbol{k}) & \cos(\boldsymbol{J},\boldsymbol{k}) & \cos(\boldsymbol{K},\boldsymbol{k})\end{bmatrix} \tag{6-5}$$

这两个矩阵定义了从一个坐标系的单位矩阵投影到另一个坐标系的转换方式，或称表达方式。这两个矩阵即称为方向余弦矩阵(Direction Cosine Matrix)，其中式(6-4)是从b系到e系的投影，一般表示为$\boldsymbol{DCM}_b^e$或$\boldsymbol{R}_b^e$，式(6-5)是从e系到b系的投影，一般表示为$\boldsymbol{DCM}_e^b$或$\boldsymbol{R}_e^b$。空间中的任意矢量可以分别在两个坐标系中表示，并且这两种表示可以相互

转换，即相互投影。方向余弦矩阵也叫旋转矩阵，它定义了从一个空间状态到另一个空间状态的旋转，也用来决定一个坐标系中的任意矢量在另一个坐标系中的表示。例如，大地坐标系 e 中的重力矢量由于仅在垂直指向地心的轴上有分量，因此可以表示为 $\boldsymbol{g}^{e}=\begin{Bmatrix}\boldsymbol{0}\\\boldsymbol{0}\\\boldsymbol{g}\end{Bmatrix}$，在 b 系的坐标表示（即投影）是 $\boldsymbol{g}^{b}$，那么重力矢量在 b 系的投影就可以通过方向余弦矩阵来获得，即式(6-6)和式(6-7)。实际上 $\boldsymbol{g}^{b}$ 即为在机体坐标系上安装的加速度计在机体处于静止状态时（或者悬停状态时）在机体三轴所测量到的矢量。

$$\boldsymbol{g}^{b}=\boldsymbol{R}_{e}^{b}\cdot\boldsymbol{g}^{e} \tag{6-6}$$

$$\boldsymbol{g}^{e}=\boldsymbol{R}_{b}^{e}\cdot\boldsymbol{g}^{b} \tag{6-7}$$

显然式(6-4)与式(6-5)互为转置矩阵，即 $\boldsymbol{R}_{e}^{b}=(\boldsymbol{R}_{b}^{e})^{T}$。此外，有

$$\boldsymbol{R}_{e}^{b}\cdot\boldsymbol{R}_{b}^{e}=(\boldsymbol{R}_{b}^{e})^{T}\cdot\boldsymbol{R}_{b}^{e}=\boldsymbol{R}_{e}^{b}\cdot(\boldsymbol{R}_{e}^{b})^{T}=\boldsymbol{I}_{3} \tag{6-8}$$

式(6-8)表明，方向余弦矩阵是正交的，且它的各行是单位向量且两两正交，各列也是单位向量且两两正交。这个特性对于软件算法在迭代更新方向余弦矩阵时保持矩阵的正交和单位性上是非常重要的。

6.3.2 姿态与欧拉角

利用欧拉公式来研究刚体围绕质心的转动时，主要研究的对象就是刚体的姿态。无人机的姿态（或者姿态角）指的是飞行器的俯仰/横滚/航向的情况，用来描述飞行器的固连机体坐标系与大地惯性坐标系之间的角位置关系。飞行器需要了解当前的姿态角位置关系，从而能够根据预设的控制预期来计算出需要的操控量，实现一定的动作。

欧拉角(Euler Angles)，有的资料也称泰特布莱恩角(Tait-Bryan Angles)，就是用来确定这个姿态关系的一组三个独立角参量。要注意的是针对同样的姿态关系，如果采用不同的取法，则会得到不同的三个欧拉角。欧拉角最早是由莱昂哈德·欧拉提出来，用于唯一确定描述刚体在三维欧几里得空间的转动取向。对于三维空间里的一个参考系，任何刚体的转动取向都可以用三个欧拉角来表示，这里的参考系是静止不动的，即前面所述的大地惯性坐标系，而刚体的坐标系则随着刚体的旋转而旋转。这三个欧拉角分别是俯仰角 θ、横滚角 ϕ 和偏航角 ψ。图 6-4 是从机体 Y 轴负方向朝机体看去的视图，即无人机的左视图，图中显示了俯仰角的定义和符号方向，机头向上抬头时，形成正的俯仰角 θ。

图 6-5 是从机尾方向看向机体时的视图，即无人机的后视图，图中显示了横滚角的定义和符号方向，当机体向右即顺时针方向旋转时，横滚角 ϕ 为正。

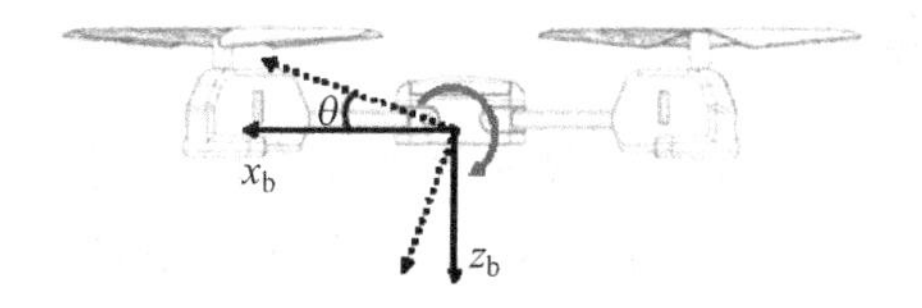

图 6-4 左视图俯仰角

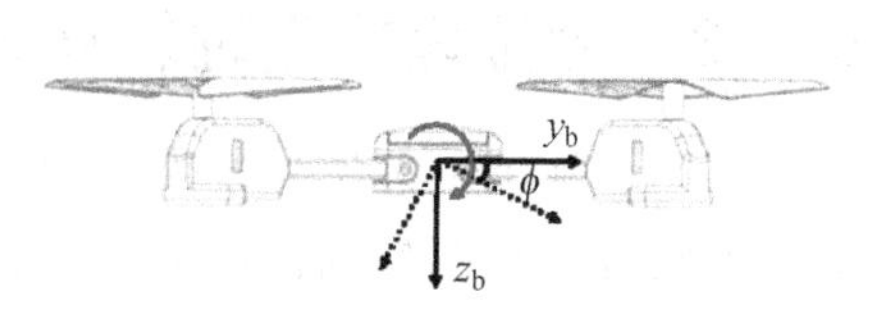

图 6-5 后视图横滚角

图 6-6 是从机身顶部向下看时的视图，即无人机的俯视图，图中显示了偏航角的定义和符号方向，当机身沿 Z 轴向右偏航时，偏航角 ψ 为正。

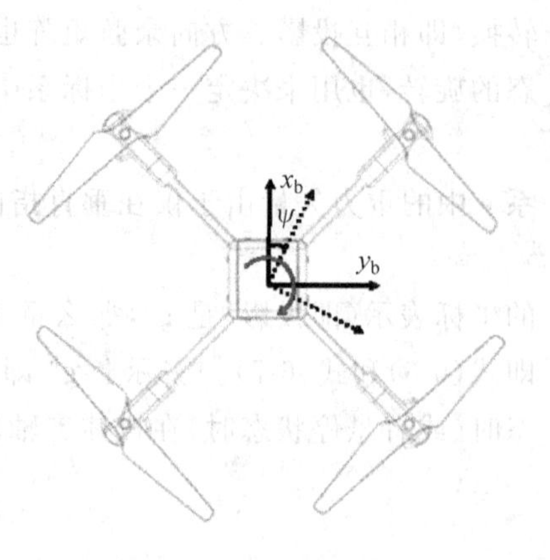

图 6-6　俯视图偏航角

这里沿三个轴的旋转分别定义了三个欧拉角。如前面所述，在定义欧拉角的时候，相同的姿态不同的取法会得到不同的欧拉角。本书采用的取法顺序为 Z-Y-X，即绕三个轴的旋转顺序是先绕 Z 轴，再绕 Y 轴，再绕 X 轴，最终达到一定的姿态。而对于同样的姿态，如果绕轴的顺序不同，则得到的三个欧拉角也不相同。因此按 Z-Y-X 的定义进一步来说，本书所定义的欧拉角如图 6-7 所示。

(1) 俯仰角(Pitch)θ——机体与水平面的夹角，抬头为正。

(2) 偏航角(方位角，Yaw)ψ——机头方向在地平面的投影与正北($\boldsymbol{x}^e$ 轴)之间的夹角，北偏东为正。

(3) 滚转角(横滚角，Roll)Φ——机体绕机体 X 轴旋转转过的角度，右滚为正。

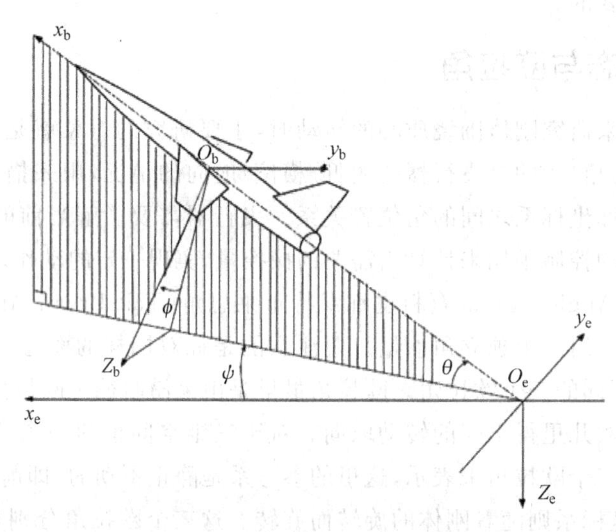

图 6-7　飞行器的欧拉角示意

所谓的姿态解算(Attitude Algorithm)，也叫姿态分析或者姿态估计，即指飞控系统或者惯导系统根据惯性测量单元(IMU)陀螺仪、加速度计和磁力计等传感器的实时信息求解飞行器的欧拉角的算法过程，因此也叫 IMU 数据融合(IMU Data Fusing)。

6.3.3　欧拉角的定轴转动表示矩阵

根据 6.3.1 节和 6.3.2 节所描述的欧拉角的定义，可以视为分别依次围绕惯性系的 Z-Y-X 三轴旋转 ψ、θ、ϕ，转到机体坐标系上(定义三次旋转的坐标系为 $OX_eY_eZ_e$、$OX_1Y_1Z_1$、$OX_2Y_2Z_2$、$OX_bY_bZ_b$)。

(1) 第一次围绕旋转 Z_e 轴旋转 ψ，变成 $OX_1Y_1Z_1$，如图 6-8 所示。

显然此次旋转新的坐标系与老坐标系之间的关系(投影)如式(6-9)所示。

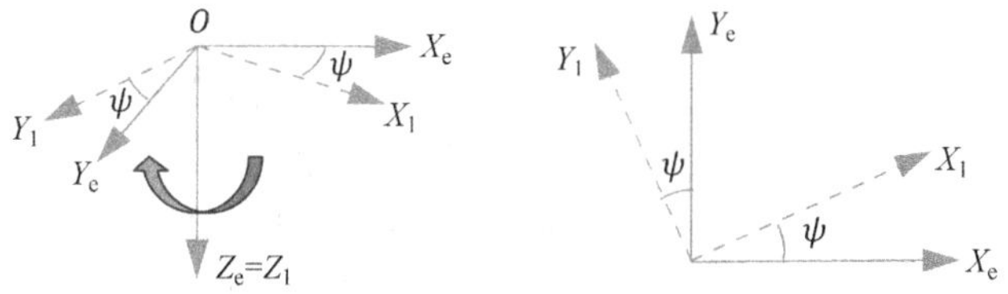

图 6-8　绕 Z_e 轴旋转的三维视图和平面视图

$$\begin{bmatrix} X_1 \\ Y_1 \\ Z_1 \end{bmatrix} = \begin{bmatrix} \cos(\psi) & \sin(\psi) & 0 \\ -\sin(\psi) & \cos(\psi) & 0 \\ 0 & 0 & 1 \end{bmatrix} \begin{bmatrix} X_e \\ Y_e \\ Z_e \end{bmatrix} \tag{6-9}$$

因此，定义 $\boldsymbol{R}_e^1 = \begin{bmatrix} \cos(\psi) & \sin(\psi) & 0 \\ -\sin(\psi) & \cos(\psi) & 0 \\ 0 & 0 & 1 \end{bmatrix}$，表示从大地坐标系 e 到坐标系 1 的旋转矩阵。这里 $\boldsymbol{R}$ 的下标表示旋转前的坐标系，上标表示旋转后的坐标系。矩阵本身就代表了定轴旋转。

(2) 第二次旋转围绕 Y_1 轴旋转 θ，旋转到 $OX_2Y_2Z_2$，如图 6-9 所示。

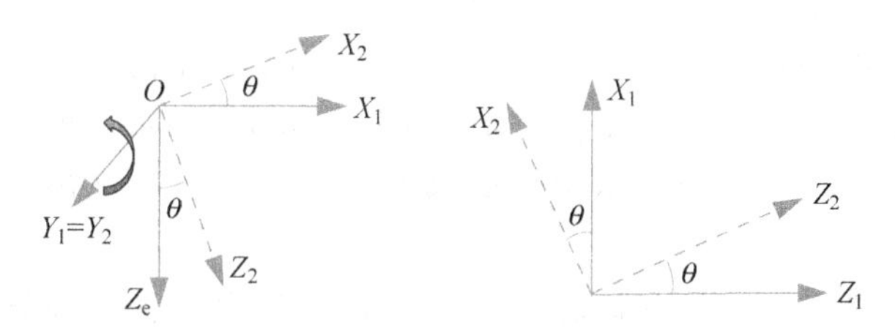

图 6-9　绕 Y_1 轴旋转的三维视图和平面视图

第二次旋转后的坐标与旋转前的坐标系之间的关系(投影)如式(6-10)所示。

$$\begin{bmatrix} X_2 \\ Y_2 \\ Z_2 \end{bmatrix} = \begin{bmatrix} \cos(\theta) & 0 & -\sin(\theta) \\ 0 & 1 & 0 \\ \sin(\theta) & 0 & \cos(\theta) \end{bmatrix} \begin{bmatrix} X_1 \\ Y_1 \\ Z_1 \end{bmatrix} \tag{6-10}$$

因此，第二次旋转同样可以用矩阵表示，$\boldsymbol{R}_1^2 = \begin{bmatrix} \cos(\theta) & 0 & -\sin(\theta) \\ 0 & 1 & 0 \\ \sin(\theta) & 0 & \cos(\theta) \end{bmatrix}$表示从大地坐标系 1 到坐标系 2 的旋转矩阵。

(3) 第三次旋转围绕 X_2 轴旋转 ϕ，旋转到 $OX_bY_bZ_b$，如图 6-10 所示。

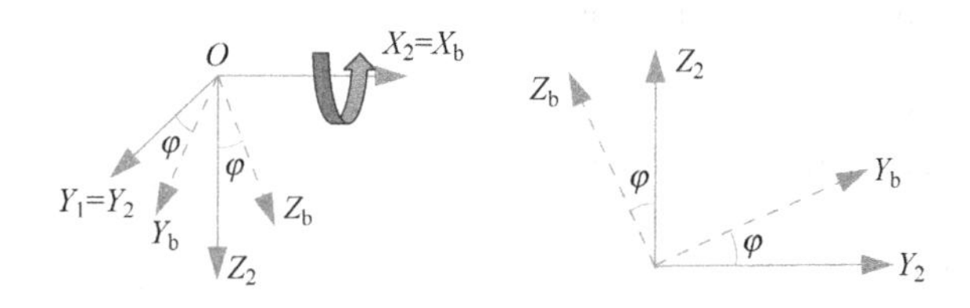

图 6-10　绕 X_2 轴旋转的三维视图和平面视图

第三次旋转后的坐标 $OX_bY_bZ_b$ 与旋转之前的坐标 $OX_2Y_2Z_2$ 之间的关系可以表示(投

影)为式(6-11)。

$$\begin{bmatrix} X_b \\ Y_b \\ Z_b \end{bmatrix} = \begin{bmatrix} 1 & 0 & 0 \\ 0 & \cos(\varphi) & \sin(\varphi) \\ 0 & -\sin(\varphi) & \cos(\varphi) \end{bmatrix} \begin{bmatrix} X_2 \\ Y_2 \\ Z_2 \end{bmatrix} \tag{6-11}$$

因此第三次旋转同样可以用矩阵表示,$\boldsymbol{R}_2^b = \begin{bmatrix} 1 & 0 & 0 \\ 0 & \cos(\varphi) & \sin(\varphi) \\ 0 & -\sin(\varphi) & \cos(\varphi) \end{bmatrix}$表示从大地坐标系2到坐标系b的旋转矩阵。

可以看到,虽然飞行器的姿态是随机转动,而并不是依次沿三轴旋转而成,仍然可以依靠欧拉角的三次旋转来还原出飞行器的姿态信息。而且,如果旋转的三轴顺序不同,得到的旋转矩阵也不同,并且欧拉角也不相等。式(6-9)、式(6-10)和式(6-11)三次旋转先后组合在一起即可以形成从惯性大地坐标系e到机体坐标系b的旋转矩阵。

$$\boldsymbol{R}_e^b = \boldsymbol{R}_1^b \boldsymbol{R}_2^1 \boldsymbol{R}_e^2 = \begin{bmatrix} 1 & 0 & 0 \\ 0 & \cos(\Phi) & \sin(\Phi) \\ 0 & -\sin(\Phi) & \cos(\Phi) \end{bmatrix} \begin{bmatrix} \cos(\theta) & 0 & -\sin(\theta) \\ 0 & 1 & 0 \\ \sin(\theta) & 0 & \cos(\theta) \end{bmatrix} \begin{bmatrix} \cos(\psi) & \sin(\psi) & 0 \\ -\sin(\psi) & \cos(\psi) & 0 \\ 0 & 0 & 1 \end{bmatrix}$$

$$= \begin{bmatrix} \cos(\theta)\cos(\psi) & \cos(\theta)\sin(\psi) & -\sin(\theta) \\ \sin(\Phi)\sin(\theta)\cos(\psi)-\cos(\Phi)\sin(\psi) & \sin(\Phi)\sin(\theta)\sin(\psi)+\cos(\Phi)\cos(\psi) & \sin(\Phi)\cos(\theta) \\ \cos(\Phi)\sin(\theta)\cos(\psi)+\sin(\Phi)\sin(\psi) & \cos(\Phi)\sin(\theta)\sin(\psi)-\sin(\Phi)\cos(\psi) & \cos(\Phi)\cos(\theta) \end{bmatrix} \tag{6-12}$$

因此,$\boldsymbol{R}_e^b$ 即是6.2.1节所介绍的方向余弦矩阵。从APM的开源飞控算法里可以看到它的踪迹。在libraries/ap_math/Matrix3.cpp中,from_euler()函数用于从欧拉角计算出方向余弦矩阵的每个元素。

```
void Matrix3<T>::from_euler(float roll, float pitch, float yaw)
{
    float cp = cosf(pitch);
    float sp = sinf(pitch);
    float sr = sinf(roll);
    float cr = cosf(roll);
    float sy = sinf(yaw);
    float cy = cosf(yaw);

    a.x = cp * cy;
    a.y = (sr * sp * cy) - (cr * sy);
    a.z = (cr * sp * cy) + (sr * sy);
    b.x = cp * sy;
    b.y = (sr * sp * sy) + (cr * cy);
    b.z = (cr * sp * sy) - (sr * cy);
    c.x = - sp;
    c.y = sr * cp;
    c.z = cr * cp;
}
```

由式(6-12)的方向余弦矩阵的形式可以得知，$\boldsymbol{R}_{\mathrm{e}}^{\mathrm{b}}=\begin{bmatrix} r_{11} & r_{12} & r_{13} \\ r_{21} & r_{22} & r_{23} \\ r_{31} & r_{32} & r_{33} \end{bmatrix}$，通过它的部分元素可以得到当前的欧拉角信息，即

$$\psi=\arctan\left(\frac{r_{12}}{r_{11}}\right),\quad \theta=-\arcsin(r_{13}),\quad \Phi=\arctan\left(\frac{r_{23}}{r_{33}}\right) \tag{6-13}$$

因此，要获得飞行器的实时姿态信息，可以采用迭代更新方向余弦矩阵的办法。飞控算法中姿态解算的核心就是计算方向余弦矩阵。方向余弦矩阵有以下几个缺陷：

(1) 直接迭代方向余弦矩阵的迭代运算量较大，因为方向余弦矩阵是 3×3 的矩阵，有 9 个元素需要迭代更新。

(2) 从式(6-13)可以看出，$\theta=90°$时，会产生除数为 0 的奇异点，这在物理空间上称为万向节死锁(Gimbal Lock)问题，也就是当三个旋转中的中间这个旋转达到 90°的时候，第一次旋转和第三次旋转的旋转轴会产生重合，导致第三次的旋转失去意义。原因是方向余弦矩阵无法完全描述 SO3 所代表的三维旋转群(Special Orthogonal Group)，在某些位置会出现奇点。

因此，要解决以上两个问题，“光标”系统引入了四元数运算法来求取欧拉角。

6.4 四元数

6.4.1 四元数的定义

四元数法大量用于电脑绘图(及相关的图像分析)上表示三维物件的旋转及方位。相对于另几种旋转表示法(矩阵、欧拉角和轴角)，四元数具有某些方面的优势，如速度更快，提供平滑插值，有效避免万向锁问题以及存储空间较小等等。

四元数(Quaternions)是由爱尔兰数学家汉密尔顿(William Rowan Hamilton，1805—1865)在 1843 年提出来的数学概念，它将复数所描述的三维空间拓展到四维空间，可以看作是四维空间里的一个向量，也可以称为超复数。四元数的运算法则支持加、减和乘等运算。四元数主要包含四个元素 q_0,q_1,q_2,q_3，其中，q_0,q_1,q_2,q_3 均为实数。四元数的形式可以写成式(6-14)。

$$Q(q_0,q_1,q_2,q_3)=q_0+q_1 i+q_2 j+q_3 k \tag{6-14}$$

并且

$$\begin{cases} i\cdot i=j\cdot j=k\cdot k=-1 \\ i\cdot j=k,j\cdot k=i,k\cdot i=j \\ j\cdot i=-k,k\cdot j=-i,i\cdot k=-j \end{cases}$$

四元数也可以写成 $\boldsymbol{Q}=q_0+\boldsymbol{q}$，其中，$q_0$ 是 $\boldsymbol{Q}$ 的实部，是一个标量，$\boldsymbol{q}$ 则是由 i,j,k 组成的虚部，表示四元数的矢量部分，在空间旋转描述中它本身的几何意义可以理解为一种旋转。

而四元数的共轭复数定义为 $\boldsymbol{Q}^*=q_0-\boldsymbol{q}$。其矩阵形式可以写为 $\boldsymbol{Q}=\begin{bmatrix} q_0 \\ q_1 \\ q_2 \\ q_3 \end{bmatrix}$。

此外定义四元数的范数，即四元数的模 $|Q|=\sqrt{q_0^2+q_1^2+q_2^2+q_3^2}$，因此归一化的四元数为 $\frac{Q}{|Q|}$，表示单位四元数。

四元数的逆 $Q^{-1}=\frac{Q^*}{|Q|}$，对于单位四元数 $Q^{-1}=Q^*$。

四元数的加减运算为相应部位的加减，例如假设

$$\boldsymbol{Q}=q_0+q_1 i+q_2 j+q_3 k$$

$$\boldsymbol{P}=p_0+p_1 i+p_2 j+p_3 k$$

则

$$\boldsymbol{Q}\pm\boldsymbol{P}=(q_0\pm p_0)+(q_1\pm p_1)i+(q_2\pm p_2)j+(q_3\pm p_3)k$$

而

$$\begin{aligned}\boldsymbol{P}\cdot\boldsymbol{Q}&=(p_0+p_1 i+p_2 j+p_3 k)\cdot(q_0+q_1 i+q_2 j+q_3 k)\\&=(p_0q_0-p_1q_1-p_2q_2-p_3q_3)+(p_0q_1+p_1q_0+p_2q_3-p_3q_2)i\\&\quad+(p_0q_2+p_2q_0+p_3q_1-p_1q_3)j+(p_0q_3+p_3q_0+p_1q_2-p_2q_1)k\\&=r_0+r_1 i+r_2 j+r_3 k\end{aligned}$$

矩阵形式为

$$\boldsymbol{P}\cdot\boldsymbol{Q}=\begin{bmatrix}r_0\\r_1\\r_2\\r_3\end{bmatrix}=\begin{bmatrix}p_0&-p_1&-p_2&-p_3\\p_1&p_0&-p_3&p_2\\p_2&p_3&p_0&-p_1\\p_3&-p_2&p_1&p_0\end{bmatrix}\begin{bmatrix}q_0\\q_1\\q_2\\q_3\end{bmatrix}=M(\boldsymbol{P})\boldsymbol{Q}$$

或者

$$\boldsymbol{P}\cdot\boldsymbol{Q}=\begin{bmatrix}r_0\\r_1\\r_2\\r_3\end{bmatrix}=\begin{bmatrix}q_0&-q_1&-q_2&-q_3\\q_1&q_0&q_3&-q_2\\q_2&-q_3&q_0&q_1\\q_3&q_2&-q_1&q_0\end{bmatrix}\begin{bmatrix}p_0\\p_1\\p_2\\p_3\end{bmatrix}=M'(\boldsymbol{Q})\boldsymbol{P}$$

6.4.2 四元数与旋转的关系

如 6.4.1 节所述，四元数可以描述三维空间中刚体的旋转，如图 6-11 所示。

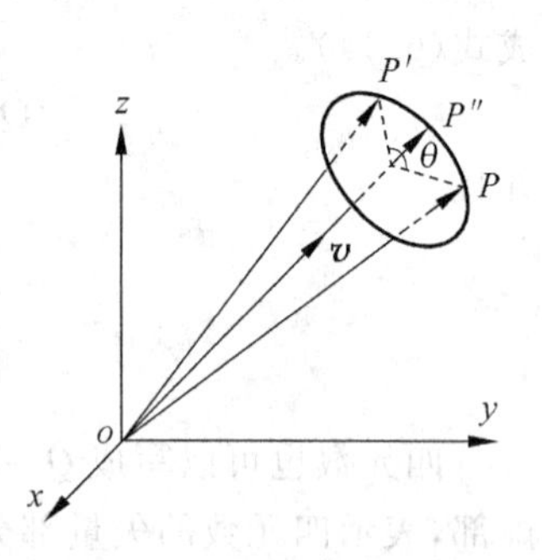

图 6-11 空间旋转

具体来说，图中三维空间($\boldsymbol{R}^3$)中刚体上的任意一点 $P(x, y, z)$ 要围绕通过原点的矢量轴 $\boldsymbol{v}$ 旋转 θ 角度，转到 $P'(x', y', z')$ 点上。P 点用齐次坐标表示为四元数 $P=[x,y,z,w]=[p,w]$。定义 Q 为任意单位四元数，则 $Q=[\boldsymbol{v}\sin(\theta/2), \cos(\theta/2)]$ 代表的旋转可以将 P 矢量围绕 $\boldsymbol{v}$ 矢量轴旋转 θ 角到 $P'=QPQ^{-1}=[x'y',z',w]=[p',w]$。

首先，对于单位四元数 Q，如果进行标量乘法的话，并不影响旋转本身。围绕 Q 与 sQ(s 为标量)所对应的旋转是一样的，显然 $(sQ)P(sQ)^{-1}=sQPQ^{-1}s^{-1}=ss^{-1}QPQ^{-1}=QPQ^{-1}=QPQ^*$。

其次，任何四元数的实数部分可以写成 $q_0=(Q+Q^*)/2$，因此 QPQ^* 的标量实部

$R(QPQ^*)=\frac{(QPQ^*+(QPQ^*)^*)}{2}=\frac{(QPQ^*+QP^*Q^*)}{2}=\frac{Q(P+P^*)Q^*}{2}=QR(P)Q^*=R(P)$，因此四元数 $P=[p,w]$ 的实部在经过旋转 Q 后不会改变，此外旋转本身不会改变虚部矢量部分的大小，因此 $|P|=|P'|$。

最后如图 6-12 所示，旋转平面为垂直 P 点与 P' 点的共面且垂直于旋转轴 $\boldsymbol{v}$，定义 $\boldsymbol{v}0$ 是四元数 P 的矢量部分 p 在旋转平面上的投影矢量，$\boldsymbol{v}2$ 是四元数 P' 的矢量部分 p' 在旋转平面上的投影矢量，因此相当于矢量 $\boldsymbol{v}0$ 围绕旋转轴 $\boldsymbol{v}$ 旋转 θ 角度到 $\boldsymbol{v}2$。这里假设 $\boldsymbol{v}1$ 是该 $\boldsymbol{v}0$ 围绕旋转轴 $\boldsymbol{v}$ 旋转 $\frac{\theta}{2}$ 的矢量。这里假设矢量均为单位矢量。

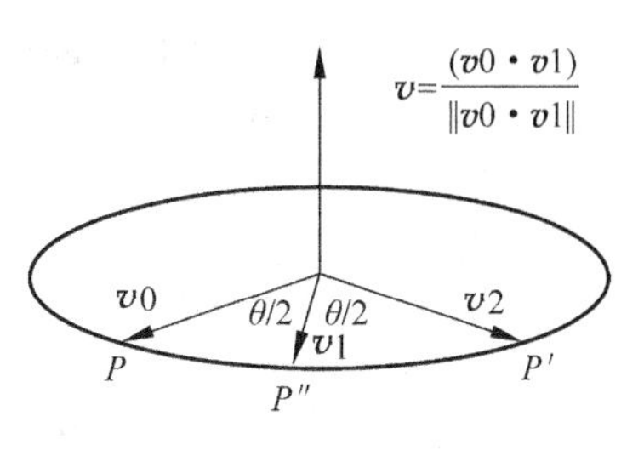

图 6-12 旋转面投影

显然 $\boldsymbol{v}0\cdot\boldsymbol{v}1=\cos\frac{\theta}{2}$，由于旋转轴垂直于旋转投影面，旋转轴单位矢量为 $\boldsymbol{v}=\frac{(\boldsymbol{v}0\cdot\boldsymbol{v}1)}{\|\boldsymbol{v}0\cdot\boldsymbol{v}1\|}$。现在定义用于描述该旋转的四元数 $Q=\boldsymbol{v}1\cdot\boldsymbol{v}0^*=[\boldsymbol{v}0\cdot\boldsymbol{v}1,\boldsymbol{v}0\cdot\boldsymbol{v}1]=\left[\boldsymbol{v}\sin\frac{\theta}{2},\cos\frac{\theta}{2}\right]$。此外令 $\boldsymbol{v}2=Q\boldsymbol{v}0Q^*$，只要证明 $\boldsymbol{v}2$ 与 $\boldsymbol{v}1$ 的夹角是 $\frac{\theta}{2}$，则表明 Q 是从 $\boldsymbol{v}0$ 到 $\boldsymbol{v}2$ 的旋转四元数。$\boldsymbol{v}1$ 到 $\boldsymbol{v}2$ 的旋转四元数 $\boldsymbol{v}2\boldsymbol{v}1^*=Q\boldsymbol{v}0Q^*\boldsymbol{v}1^*=Q\boldsymbol{v}0(\boldsymbol{v}1\cdot\boldsymbol{v}0^*)^*\boldsymbol{v}1^*=Q\boldsymbol{v}0\boldsymbol{v}0(\boldsymbol{v}1^*\boldsymbol{v}1^*)$，由于单位矢量 $\boldsymbol{v}0\boldsymbol{v}0=-1$，$\boldsymbol{v}1\boldsymbol{v}1=-1$，因此 $\boldsymbol{v}2\boldsymbol{v}1^*=Q=\left[\boldsymbol{v}\sin\frac{\theta}{2},\cos\frac{\theta}{2}\right]=\boldsymbol{v}1\boldsymbol{v}0^*$，这表明 $\boldsymbol{v}2$ 与 $\boldsymbol{v}1$ 的平面以及 $\boldsymbol{v}1$ 与 $\boldsymbol{v}0$ 的平面重合，并且夹角相等，均为 $\frac{\theta}{2}$，同时 $\boldsymbol{v}2$ 与 $\boldsymbol{v}0$ 的夹角为 θ。因此这里定义的 $\boldsymbol{v}2=Q\boldsymbol{v}0Q^*$ 即是 P' 矢量在旋转平面上的投影，是 $\boldsymbol{v}0$ 经过 Q 所描述的旋转四元数旋转后的矢量。

6.5 四元数的姿态估计

既然四元数可用于描述旋转，那么就可以用它来描述从大地坐标系 e 到机体坐标系 b 之间的转换，也就是用它来描述 6.3.1 节所介绍的方向余弦矩阵。在秦永元的《惯性导航》一文中(9.2.2 节)给出了四元数与方向余弦矩阵的对应关系和详细的推导过程，这里简要地给出结论。

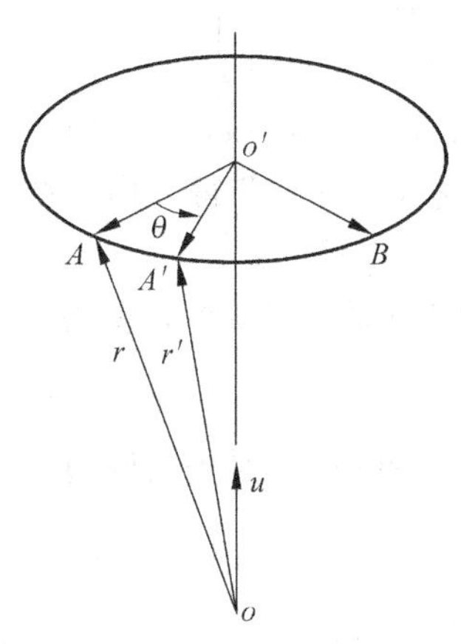

图 6-13 刚体等效旋转

如图 6-13 所示，机体以 $\omega=\omega_x i+\omega_y j+\omega_z k$ 旋转运动，从 $OA=r$ 转到 $OA'=r'$，u 为垂直于 A 与 A' 的单位瞬时轴，且 $u^e=\begin{bmatrix}l\\m\\n\end{bmatrix}$。

经运算可得，$r'^e=(I+U\sin\theta+2\sin^2\frac{\theta}{2}\cdot U\cdot U)r^b=D\cdot r^b$，从而得到 D 即为机体坐标系 b 到大地坐标系的方向余弦矩阵，即

$$\boldsymbol{R}_b^e = D = I + U2\sin\frac{\theta}{2}\cos\frac{\theta}{2} + 2\sin^2\frac{\theta}{2}\cdot U\cdot U$$

$$= \begin{bmatrix} 1 & 0 & 0 \\ 0 & 1 & 0 \\ 0 & 0 & 1 \end{bmatrix} + 2\cos\frac{\theta}{2}\begin{bmatrix} 0 & -n\sin\frac{\theta}{2} & m\sin\frac{\theta}{2} \\ n\sin\frac{\theta}{2} & 0 & -l\sin\frac{\theta}{2} \\ -m\sin\frac{\theta}{2} & l\sin\frac{\theta}{2} & 0 \end{bmatrix}$$

$$+2\begin{bmatrix} -(m^2+n^2)\sin^2\frac{\theta}{2} & lm\sin^2\frac{\theta}{2} & ln\sin^2\frac{\theta}{2} \\ lm\sin^2\frac{\theta}{2} & -(l^2+n^2)\sin^2\frac{\theta}{2} & mn\sin^2\frac{\theta}{2} \\ ln\sin^2\frac{\theta}{2} & mn\sin^2\frac{\theta}{2} & -(m^2+l^2)\sin^2\frac{\theta}{2} \end{bmatrix} \tag{6-15}$$

其中，$\boldsymbol{U}=\begin{bmatrix} 0 & -n & m \\ n & 0 & -l \\ -m & l & 0 \end{bmatrix}$，定义旋转对应的单位四元数为

$$\begin{cases} q_0 = \cos\frac{\theta}{2} \\ q_1 = l\sin\frac{\theta}{2} \\ q_2 = m\sin\frac{\theta}{2} \\ q_3 = n\sin\frac{\theta}{2} \end{cases}$$

$$Q = q_0 + q_1 i_0 + q_2 j_0 + q_3 k_0 = \cos\frac{\theta}{2} + (li_0 + mj_0 + nk_0)\sin\frac{\theta}{2} = \cos\frac{\theta}{2} + u^e\sin\frac{\theta}{2}$$

代入式(6-15)得到方向余弦矩阵如下：

$$\boldsymbol{R}_b^e = \begin{bmatrix} q_0^2+q_1^2-q_2^2-q_3^2 & 2(q_1q_2-q_0q_3) & 2(q_1q_3+q_0q_2) \\ 2(q_1q_2+q_0q_3) & q_0^2-q_1^2+q_2^2-q_3^2 & 2(q_2q_3-q_0q_1) \\ 2(q_1q_3-q_0q_2) & 2(q_2q_3+q_0q_1) & q_0^2-q_1^2-q_2^2+q_3^2 \end{bmatrix} \tag{6-16}$$

式(6-16)即是四元数与转换矩阵的对应关系。因此采用四元数对飞行器姿态进行估计，只需要每个时钟采样周期循环迭代运算出新的四元数 q_0, q_1, q_2, q_3，就可以获得方向余弦矩阵，从而获得实时的欧拉角信息。

如何在每个时钟采样周期通过新的传感器信息迭代出新的四元数信息呢？这就需要采用龙格库塔法对四元数进行微分运算。

由于四元数 $Q=\cos\frac{\theta}{2}+(li_0+mj_0+nk_0)\sin\frac{\theta}{2}=\cos\frac{\theta}{2}+u^e\sin\frac{\theta}{2}$。对等式两边进行微分可以得到

$$\frac{\mathrm{d}Q}{\mathrm{d}t} = -\frac{1}{2}\sin\frac{\theta}{2}\cdot\frac{\mathrm{d}\theta}{\mathrm{d}t} + u^e\cdot\frac{1}{2}\cos\frac{\theta}{2}\cdot\frac{\mathrm{d}\theta}{\mathrm{d}t} + \frac{\mathrm{d}u^e}{\mathrm{d}t}\cdot\sin\frac{\theta}{2}$$

$$= \frac{1}{2}\omega^{e}\left(\cos\frac{\theta}{2} + u^{e}\sin\frac{\theta}{2}\right)$$

$$= \frac{1}{2}\omega^{e}Q = \frac{1}{2}Q\omega^{b}$$

$$= \frac{1}{2}(q_0 + q_1 i + q_2 j + q_3 k)\cdot(\omega_x i + \omega_y j + \omega_z k) = \Omega_b Q$$

其中，

$$\Omega_b = \frac{1}{2}\begin{pmatrix} 0 & -\omega_x & -\omega_y & -\omega_z \\ \omega_x & 0 & \omega_z & -\omega_y \\ \omega_y & -\omega_z & 0 & \omega_x \\ \omega_z & \omega_y & -\omega_x & 0 \end{pmatrix}$$

因此采用一阶龙格库塔法，$q(t+T)=q(t)+T\frac{\mathrm{d}Q}{\mathrm{d}t}=q(t)+T\Omega_b(t)q(t)$，展开后可以得到四元数每部分的更新，如式(6-17)所示。

$$\begin{aligned} q_0 &= q_0 + \frac{(-\omega_x q_1 - \omega_y q_2 - \omega_z q_3)T}{2} \\ q_1 &= q_1 + \frac{(\omega_x q_0 - \omega_y q_3 + \omega_z q_2)T}{2} \\ q_2 &= q_2 + \frac{(\omega_x q_3 + \omega_y q_0 - \omega_z q_1)T}{2} \\ q_3 &= q_3 + \frac{(-\omega_x q_2 + \omega_y q_1 + \omega_z q_0)T}{2} \end{aligned} \tag{6-17}$$

式(6-17)就是四元数姿态解算算法的最终形式。这里列出来“光标”飞控的四元数姿态解算算法的实际代码实现，代码位于 bsp_IMU.c 的 IMU()函数中。

```
//==============================================================
//四元数迭代
ref_q[0] = ref_q[0] + ( - ref_q[1] * gyro.x - ref_q[2] * gyro.y - ref_q[3] * gyro.z) * T/2;
ref_q[1] = ref_q[1] + (ref_q[0] * gyro.x + ref_q[2] * gyro.z - ref_q[3] * gyro.y) * T/2;
ref_q[2] = ref_q[2] + (ref_q[0] * gyro.y - ref_q[1] * gyro.z + ref_q[3] * gyro.x) * T/2;
ref_q[3] = ref_q[3] + (ref_q[0] * gyro.z + ref_q[1] * gyro.y - ref_q[2] * gyro.x) * T/2;

/* 四元数归一化 */
norm_q = fastsqrt(ref_q[0] * ref_q[0] + ref_q[1] * ref_q[1] + ref_q[2] * ref_q[2] +
ref_q[3] * ref_q[3]);
ref_q[0] = ref_q[0] / norm_q;
ref_q[1] = ref_q[1] / norm_q;
ref_q[2] = ref_q[2] / norm_q;
ref_q[3] = ref_q[3] / norm_q;

//四元数转换为欧拉角输出
Roll = fast_atan2(2 * (ref_q[0] * ref_q[1] + ref_q[2] * ref_q[3]),1 - 2 * (ref_q[1] * ref_q[1] +
ref_q[2] * ref_q[2])) * 57.3f;
Pitch = asin(2 * (ref_q[1] * ref_q[3] - ref_q[0] * ref_q[2])) * 57.3f;
Yaw = fast_atan2(2 * ( - ref_q[1] * ref_q[2] - ref_q[0] * ref_q[3]), 2 * (ref_q[0] * ref_q[0]
 + ref_q[1] * ref_q[1]) - 1) * 57.3f;
```

注意，到目前为止更新方向余弦矩阵的信息都来自于飞行器上的陀螺仪采集的机体旋转角速度信息。由于陀螺仪输出的是飞行器的角速度，微机械陀螺仪采用差分质量块的方式来同时测量两个方向的科里奥利力，因此受到飞行器振动的影响较小，在该型号中由机械振动产生的噪声相对较小。此外在第五章介绍的传感器平滑滤波又会对瞬时白噪声做进一步的滤波处理，从而平滑信号，使得角速度信号更加稳定。因此，飞行器飞控系统算法所需要的机体旋转姿态角度和旋转角速度可以使用陀螺仪所得到的信号计算。由于从陀螺仪的角速度获得角度信息，需要经过积分运算。如果角速度信号存在微小的偏差，经过积分运算之后，变化形成积累误差。这个误差会随着时间延长逐步增加，最终导致饱和，无法得到正确的姿态角度信号。因此对于四元数的龙格库塔法或者方向余弦的微分迭代中使用的角速度信号都需要对这个累积误差进行消除处理。

一般如何消除这个累积误差呢？飞控系统的姿态解算算法中主要通过上面的加速度传感器获得的角度信息对此进行校正。加速度计的特点是噪声大，但是不会随时间累积误差，这一点在第5章有详细阐述。可以把飞行器的姿态解算理解成航船在海中航行的航向，如果没有任何判别航向的外在因素，即使控制航船的方向舵朝着一个方向，也会由于有累积误差而导致航向逐渐偏离航线，而此时如果有个固定方向的灯塔航标或者使用固定方向的北极星标定物，则可以通过它们的信息来不断修正航船的航向，从而消除航向误差。这里，加速度计的作用就相当于灯塔或者北极星。三维空间的姿态解算算法需要在不同方向上都有标定，由于加速度计只有大地 z 轴方向的信息，没有包含大地水平方向的标定信息，因此它无法补偿大地水平方向的误差，而提供这一标定信息的就是电子罗盘，因此水平方向的误差需要通过电子罗盘的数据来进行消除。最终，需要使用算法来组合不同传感器的各自优势，得到最佳的姿态估计。

传感器数据的融合方式有很多种，常用的是互补滤波和卡尔曼滤波。本节主要介绍互补滤波，下一节则会重点介绍卡尔曼滤波。互补滤波的详细分析可以参考文献《A Cascaded Approach for Quadrotor's Attitude Estimation》中的介绍。这里给出它的基本思路和实际的应用代码例程。

互补滤波的基本框图如图 6-14 所示。

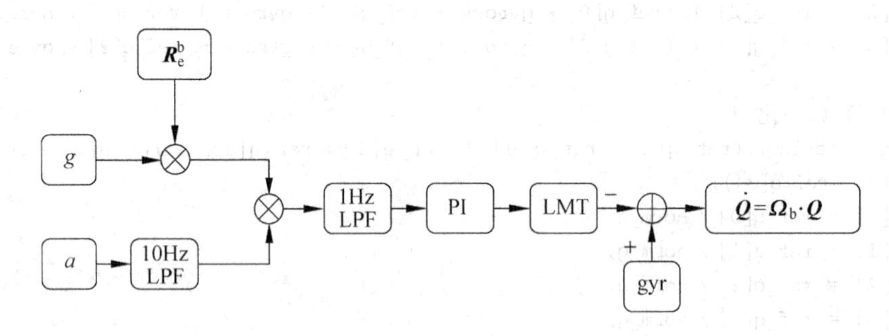

图 6-14 互补滤波流程框图

互补滤波的主要假设就是认为四旋翼飞行器处于近似悬停状态，除了重力加速度外，并没有其他额外的加速度运动，它把机体的瞬时加速度作为噪声处理。首先是将重力加速度 g(归一化后)由大地坐标系 e 通过方向余弦矩阵转换到机体坐标系 b 上，如式(6-18)所示。

$$g_b = \boldsymbol{R}_e^b G = \boldsymbol{R}_e^b \times \begin{bmatrix} 0 \\ 0 \\ 1 \end{bmatrix} = \begin{bmatrix} 2(q_1 q_3 - q_0 q_2) \\ 2(q_2 q_3 + q_0 q_1) \\ q_0^2 - q_1^2 - q_2^2 + q_3^2 \end{bmatrix} \tag{6-18}$$

式(6-18)得到的是重力加速度的标准"航标"在机体上的投影，将它与固定在机体坐标系上的加速度传感器测量的数据进行矢量叉乘，得到向量的修正误差，即式(6-19)。

$$\text{referr} = \text{acc}_b \times g_b \tag{6-19}$$

其物理含义是从加速度测量的矢量到由方向余弦推算的矢量之间需要旋转修正的补偿误差，即俯仰与横滚方向的修正矢量。这个误差通过低通滤波器进行滤波(低通滤波截止频率1Hz，取决于机体动态特性)后即可作为陀螺仪的修正参数。为了实现稳态控制并消除长时间累积误差，一般采用比例-积分控制器来对该误差进行处理修正。

$$\text{refgyro}.x = \omega_x + \text{referr} \cdot Kp + Ki\int \text{referr} \cdot \mathrm{d}t \tag{6-20}$$

式(6-20)中的 refgyro.x 则作为修正后的陀螺仪信息参与四元数或者方向余弦矩阵的数据迭代更新处理。式(6-20)中 Kp 与 Ki 的值用来调节加速度计传感器信息与陀螺仪传感器信息之间的权重，因此称为互补滤波。下面是"光标"飞控的互补滤波部分的实际实现代码。

```
//==============================================================
//计算机体重力向量
gb.x = 2*(ref_q[1]*ref_q[3] - ref_q[0]*ref_q[2]);
gb.y = 2*(ref_q[0]*ref_q[1] + ref_q[2]*ref_q[3]);
gb.z = 1 - 2*(ref_q[1]*ref_q[1] + ref_q[2]*ref_q[2]);

//这是把四元数换算成《方向余弦矩阵》中的第三列的三个元素
//根据余弦矩阵和欧拉角的定义，将地理坐标系的重力向量转到机体坐标系

//加速度计数据归一化成单位矢量
norm_acc = fastsqrt(ax*ax + ay*ay + az*az);
ax = ax / norm_acc;
ay = ay / norm_acc;
az = az / norm_acc;

/* 叉乘得到误差 */
ref.err_tmp.x = ay*gb.z - az*gb.y;
ref.err_tmp.y = az*gb.x - ax*gb.z;
ref.err_tmp.z = ax*gb.y - ay*gb.x;

/* 误差低通 */
ref_err_lpf_hz = REF_ERR_LPF_HZ*(3.14*T);
ref.err_lpf.x += ref_err_lpf_hz*(ref.err_tmp.x - ref.err_lpf.x);
ref.err_lpf.y += ref_err_lpf_hz*(ref.err_tmp.y - ref.err_lpf.y);
ref.err_lpf.z += ref_err_lpf_hz*(ref.err_tmp.z - ref.err_lpf.z);

ref.err.x = ref.err_lpf.x;
ref.err.y = ref.err_lpf.y;
ref.err.z = ref.err_lpf.z;
```

```
/* 误差积分 */
ref.err_Int.x += ref.err.x * Ki * T;
ref.err_Int.y += ref.err.y * Ki * T;
ref.err_Int.z += ref.err.z * Ki * T;
/* 积分限幅 */
ref.err_Int.x = constrain_float(ref.err_Int.x, - IMU_INTEGRAL_LIM,
IMU_INTEGRAL_LIM);
ref.err_Int.y = constrain_float(ref.err_Int.y, - IMU_INTEGRAL_LIM,
IMU_INTEGRAL_LIM);
ref.err_Int.z = constrain_float(ref.err_Int.z, - IMU_INTEGRAL_LIM,
IMU_INTEGRAL_LIM);

ref.g.x = (gx - reference_v.x * yaw_correct) * ANGLE_TO_RADIAN + (Kp * (ref.err.x +
ref.err_Int.x));
ref.g.y = (gy - reference_v.y * yaw_correct) * ANGLE_TO_RADIAN + (Kp * (ref.err.y +
ref.err_Int.y));
ref.g.z = (gz - reference_v.z * yaw_correct) * ANGLE_TO_RADIAN;
```

互补滤波算法的优点是算法简单,代码量和运算量都比较小,并且能够一定程度地补偿不同传感器的优劣势。但是它的缺点也很明显,由于每个传感器分配的权重固定,因此并不能有效地根据实际传感器的测量运动来进行优化调整。卡尔曼滤波则是一种基于最小方差的无偏估计,它采用最优误差估计的方法来动态调整传感器各自的权重分配,实现自适应滤波。

6.6 卡尔曼滤波

卡尔曼(Rudolf Emil Kalman),如图 6-15 所示,是匈牙利裔美国数学家,1930 年出生于匈牙利首都布达佩斯,1953 年于麻省理工学院获得电机工程学士,第二年硕士学位。1957 年于哥伦比亚大学获得博士学位。1964—1971 年任职于斯坦福大学。1971—1992 年任佛罗里达大学数学系统理论中心(Center for Mathematical System Theory)主任。1972 年起任瑞士苏黎世联邦理工学院数学系统理论中心主任直至退休,先后居住于苏黎世和佛罗里达。2009 年获美国国家科学奖章。2016 年 7 月 2 日卡尔曼先生逝世。

图 6-15 鲁道夫·卡尔曼

作为当代最伟大的系统控制导师,卡尔曼提供了系统的可控性与可观性理论,为整个控制工程系统的理论体系奠定了坚实的基础。他的博士论文和 1960 年发表的论文《A New Approach to Linear Filtering and Prediction Problems》提出了线性滤波与预测问题的新方法,即卡尔曼滤波器,颠覆了系统、通信、导航、制导、控制和滤波等多个领域的理论和应用。卡尔曼从数学上推导出不可控和不可观的条件,把数学上的线性变换和线性空间的理论应用在系统控制中,使得系统控制设计有了理论依据。

虽然这种以卡尔曼的名字命名的滤波方法称为滤波器,实际上它是一种系统状态观测估计器,用于描述一个系统的输入、输出和内部递归迭代及重构的方式。卡尔曼滤波作为一个估计算法，是主要基于系统状态空间的方法，因此也属于第7章所谈到的现代控制理论。卡尔曼滤波使用系统模型的迭代方程(或者微分方程)计算出理论输出模型再与实际观测相比较，乘上比例因子形成状态反馈，将系统状态重构偏差迭代消除。滤波器不但对系统进行模型抽象，同时建立量测噪声和系统噪声模型，并通过测量与理论的比较结果估计出噪声能量。

简单概括，卡尔曼滤波器是一种递推线性最小方差估计的算法。对于解决大部分的问题，是最优，效率最高，也是最有用的方法。卡尔曼滤波的应用超过30年，包括机器人控制、导航、传感器数据融合、信号处理和计算机图像处理等。它的特点主要如下：

(1) 无偏性 $E(\dot{x})=x$，即系统状态的估计值的数学期望等于真值。

(2) 估计方差 $D(\dot{x})=E(\dot{x}^2)-E(\dot{x})^2$ 最小，即任何一个其他的估计，所对应的方差都大于滤波器的估计值的方差。

(3) 实时性，采用递推方式，减小运算量，实时输出运算滤波结果。

下面对线性系统的卡尔曼滤波进行详细的推导，这对于我们理解接下来的扩展卡尔曼滤波的算法和系统分析非常有用。在无人机飞控系统的数字处理器中主要采用离散卡尔曼滤波算法。这里的推导参考了北航自动控制系全权老师的无人机课程上的教案资料，但因本书编写时该资料还未出版，因此这里无法列出具体出版物。

线性系统的离散状态空间可以表示为以下几个公式：

(1) 系统状态方程：

$$\boldsymbol{X}_k = \boldsymbol{\Phi}_{k,k-1}\boldsymbol{X}_{k-1} + \boldsymbol{u}_{k-1} + \boldsymbol{\Gamma}_{k,k-1}\boldsymbol{w}_{k-1} \tag{6-21}$$

(2) 观测公式：

$$\boldsymbol{Z}_k = \boldsymbol{H}_k\boldsymbol{X}_k + \boldsymbol{v}_k \tag{6-22}$$

其中，$\boldsymbol{\Phi}_{k,k-1}$ 为系统状态空间转移矩阵，$\boldsymbol{u}_{k-1}$ 为上一时刻的系统输入量，$\boldsymbol{\Gamma}_{k,k-1}$ 为系统噪声系数，$\boldsymbol{w}_{k-1}$ 为系统噪声，$\boldsymbol{H}_k$ 为观测矩阵，$\boldsymbol{v}_k$ 为观测噪声。系统噪声与测量噪声的统计特性为高斯白噪声，即 $E(\boldsymbol{w}_k)=E(\boldsymbol{v}_k)=0$，且噪声方差矩阵为

$$\text{系统噪声方差阵}\ \boldsymbol{R}_w = Q_k\delta_{kj} = \begin{cases} Q_k, & k=j \\ 0, & k\neq j \end{cases}$$

$$\text{量测噪声方差阵}\ \boldsymbol{R}_v = R_k\delta_{kj} = \begin{cases} R_k, & k=j \\ 0, & k\neq j \end{cases}$$

离散卡尔曼滤波器的目的就是要通过系统上一时刻的状态和输入，以及当前时刻的观测来估计出当前时刻的状态，并且它是最小方差的无偏估计。对于线性系统而言，它也是这几部分的线性叠加，即

$$\hat{\boldsymbol{X}}_{k|k} = \boldsymbol{K}'_k\hat{\boldsymbol{X}}_{k-1|k-1} + \boldsymbol{K}_k\boldsymbol{Z}_k + \boldsymbol{K}''_k\boldsymbol{u}_{k-1} \tag{6-23}$$

其中，$\hat{\boldsymbol{X}}_{k|k}$ 表示 k 时刻的量，$\hat{\boldsymbol{X}}_{k|k-1}$ 表示通过 $k-1$ 时刻的信息对 k 时刻的量的递推运算。顶标^表示该变量为估计值，下同。因此 $\hat{\boldsymbol{X}}_{k|k}$ 是 k 时刻的估计，$\hat{\boldsymbol{X}}_{k-1|k-1}$ 是 $k-1$ 时刻的状态空间估计。求解 k 时刻的估计就是要推导出三个系数 $\boldsymbol{K}'_k$、$\boldsymbol{K}_k$ 和 $\boldsymbol{K}''_k$，使得 $\hat{\boldsymbol{X}}_{k|k}$ 是 $\boldsymbol{X}_{k|k}$ 的最优线性无偏估计，即 $E(\widetilde{\boldsymbol{X}}_{k|k})=E(\boldsymbol{X}_{k|k}-\hat{\boldsymbol{X}}_{k|k})=0$。

$$\widetilde{\boldsymbol{X}}_{k|k} = \boldsymbol{X}_{k|k} - \hat{\boldsymbol{X}}_{k|k}$$

$$
\begin{aligned}
&= \boldsymbol{\Phi}_{k,k-1}\boldsymbol{X}_{k-1} + \boldsymbol{u}_{k-1} + \boldsymbol{\Gamma}_{k,k-1}\boldsymbol{w}_{k-1} - \boldsymbol{K}'_k\hat{\boldsymbol{X}}_{k-1|k-1} - \boldsymbol{K}_k(\boldsymbol{H}_k(\boldsymbol{\Phi}_{k,k-1}\boldsymbol{X}_{k-1} + \boldsymbol{u}_{k-1} + \boldsymbol{\Gamma}_{k,k-1}\boldsymbol{w}_{k-1}) \\
&\quad + \boldsymbol{v}_k) - \boldsymbol{K}''_k\boldsymbol{u}_{k-1} \\
&= (\boldsymbol{\Phi}_{k,k-1} - \boldsymbol{K}_k\boldsymbol{H}_k\boldsymbol{\Phi}_{k,k-1} - \boldsymbol{K}'_k)\boldsymbol{X}_{k-1} + \boldsymbol{K}'_k(\boldsymbol{x}_{k-1} - \hat{\boldsymbol{X}}_{k-1|k-1}) + (\boldsymbol{I} - \boldsymbol{K}_k\boldsymbol{H}_k)\boldsymbol{\Gamma}_{k,k-1}\boldsymbol{w}_{k-1} \\
&\quad + (\boldsymbol{I} - \boldsymbol{K}_k\boldsymbol{H}_k - \boldsymbol{K}''_k)\boldsymbol{u}_{k-1} - \boldsymbol{K}_k\boldsymbol{v}_k
\end{aligned}
$$

要求 $E(\tilde{\boldsymbol{X}}_{k|k})=0$，即

$$
\begin{aligned}
E(\tilde{\boldsymbol{X}}_{k|k}) &= \boldsymbol{K}'_k E(\tilde{\boldsymbol{X}}_{k-1|k-1}) + (\boldsymbol{\Phi}_{k,k-1} - \boldsymbol{K}_k\boldsymbol{H}_k\boldsymbol{\Phi}_{k,k-1} - \boldsymbol{K}'_k)E(\boldsymbol{X}_{k-1}) \\
&\quad + (\boldsymbol{I} - \boldsymbol{K}_k\boldsymbol{H}_k)\boldsymbol{\Gamma}_{k,k-1}E(\boldsymbol{w}_{k-1}) + (\boldsymbol{I} - \boldsymbol{K}_k\boldsymbol{H}_k - \boldsymbol{K}''_k)E(\boldsymbol{u}_{k-1}) - \boldsymbol{K}_k E(\boldsymbol{v}_k) = 0
\end{aligned}
$$

因为 $E(\tilde{\boldsymbol{X}}_{k-1|k-1})=0$，$E(\boldsymbol{w}_{k-1})=0$，$E(\boldsymbol{v}_k)=0$，且 $E(\boldsymbol{X}_{k-1})\neq 0$，$E(\boldsymbol{u}_{k-1})\neq 0$

所以必须满足

$$
\boldsymbol{\Phi}_{k,k-1} - \boldsymbol{K}_k\boldsymbol{H}_k\boldsymbol{\Phi}_{k,k-1} - \boldsymbol{K}'_k = 0
$$

$$
\boldsymbol{I} - \boldsymbol{K}_k\boldsymbol{H}_k - \boldsymbol{K}''_k = 0
$$

即

$$
\boldsymbol{K}'_k = \boldsymbol{\Phi}_{k,k-1} - \boldsymbol{K}_k\boldsymbol{H}_k\boldsymbol{\Phi}_{k,k-1} \tag{6-24}
$$

$$
\boldsymbol{K}''_k = \boldsymbol{I} - \boldsymbol{K}_k\boldsymbol{H}_k \tag{6-25}
$$

将式(6-24)、式(6-25)代回式(6-23)中，得到

$$
\begin{aligned}
\hat{\boldsymbol{X}}_{k|k} &= (\boldsymbol{\Phi}_{k,k-1} - \boldsymbol{K}_k\boldsymbol{H}_k\boldsymbol{\Phi}_{k,k-1})\hat{\boldsymbol{X}}_{k-1|k-1} + \boldsymbol{K}_k\boldsymbol{Z}_k + (\boldsymbol{I} - \boldsymbol{K}_k\boldsymbol{H}_k)\boldsymbol{u}_{k-1} \\
&= \boldsymbol{\Phi}_{k,k-1}\hat{\boldsymbol{X}}_{k-1|k-1} + \boldsymbol{K}_k(\boldsymbol{Z}_k - \boldsymbol{H}_k(\boldsymbol{\Phi}_{k,k-1}\hat{\boldsymbol{X}}_{k-1|k-1} + \boldsymbol{u}_{k-1})) + \boldsymbol{u}_{k-1} \\
&= \hat{\boldsymbol{X}}_{k|k-1} + \boldsymbol{K}_k(\boldsymbol{Z}_k - \hat{\boldsymbol{Z}}_{k|k-1})
\end{aligned} \tag{6-26}
$$

其中，$\hat{\boldsymbol{X}}_{k|k-1}=\boldsymbol{\Phi}_{k,k-1}\hat{\boldsymbol{X}}_{k-1|k-1}+\boldsymbol{u}_{k-1}$，它表示的是由 $k-1$ 时刻的系统状态估计值通过系统模型来估计出的当前时刻的状态估计值。$\hat{\boldsymbol{Z}}_{k|k-1}=\boldsymbol{H}_k\hat{\boldsymbol{X}}_{k|k-1}$，它表示由当前时刻估计值通过观测模型矩阵估计出来当前时刻的观测量，它与当前时刻实际观测值之间的差即为当前时刻的观测新息。

式(6-26)的物理含义是

系统状态估计 = 预测状态 + 卡尔曼滤波系数 × 观测新息

其中卡尔曼滤波系数 $\boldsymbol{K}_k$ 需每次迭代根据系统估计和噪声估计动态调整，关键在于计算它使得 $\hat{\boldsymbol{X}}_{k|k}$ 是 $\boldsymbol{X}_{k|k}$ 的最小方差估计，即使得 $\tilde{\boldsymbol{X}}_{k|k}$ 的方差矩阵 $\boldsymbol{P}_{k|k}$ 的迹最小。将式(6-26)代入 $\tilde{\boldsymbol{X}}_{k|k}$ 中，得到

$$
\begin{aligned}
\tilde{\boldsymbol{X}}_{k|k} &= \boldsymbol{X}_{k|k} - \hat{\boldsymbol{X}}_{k|k} \\
&= \boldsymbol{X}_{k|k} - \hat{\boldsymbol{X}}_{k|k-1} - \boldsymbol{K}_k(\boldsymbol{Z}_k - \hat{\boldsymbol{Z}}_{k|k-1}) \\
&= \boldsymbol{X}_{k|k} - \hat{\boldsymbol{X}}_{k|k-1} - \boldsymbol{K}_k(\boldsymbol{H}_k\boldsymbol{X}_k + \boldsymbol{v}_k - \boldsymbol{H}_k\hat{\boldsymbol{X}}_{k|k-1}) \\
&= (\boldsymbol{I} - \boldsymbol{K}_k\boldsymbol{H}_k)\boldsymbol{X}_{k|k} - (\boldsymbol{I} - \boldsymbol{K}_k\boldsymbol{H}_k)\hat{\boldsymbol{X}}_{k|k-1} - \boldsymbol{K}_k\boldsymbol{v}_k = (\boldsymbol{I} - \boldsymbol{K}_k\boldsymbol{H}_k)(\boldsymbol{X}_{k|k} - \hat{\boldsymbol{X}}_{k|k-1}) - \boldsymbol{K}_k\boldsymbol{v}_k \\
&= (\boldsymbol{I} - \boldsymbol{K}_k\boldsymbol{H}_k)\tilde{\boldsymbol{X}}_{k|k-1} - \boldsymbol{K}_k\boldsymbol{v}_k
\end{aligned}
$$

为了计算并实现 $\tilde{\boldsymbol{X}}_{k|k}$ 的方差矩阵 $\boldsymbol{P}_{k|k}$ 的迹最小，定义

$$\boldsymbol{P}_{k|k} = E(\widetilde{\boldsymbol{X}}_{k|k}\widetilde{\boldsymbol{X}}_{k|k}^{\mathrm{T}}) = E(((\boldsymbol{I}-\boldsymbol{K}_k\boldsymbol{H}_k)\widetilde{\boldsymbol{X}}_{k|k-1}-\boldsymbol{K}_k\boldsymbol{v}_k)((\boldsymbol{I}-\boldsymbol{K}_k\boldsymbol{H}_k)\widetilde{\boldsymbol{X}}_{k|k-1}-\boldsymbol{K}_k\boldsymbol{v}_k)^{\mathrm{T}})$$
$$= (\boldsymbol{I}-\boldsymbol{K}_k\boldsymbol{H}_k)E(\widetilde{\boldsymbol{X}}_{k|k-1}\widetilde{\boldsymbol{X}}_{k|k-1}^{\mathrm{T}})(\boldsymbol{I}-\boldsymbol{K}_k\boldsymbol{H}_k)^{\mathrm{T}}+\boldsymbol{K}_kE(\boldsymbol{v}_k\boldsymbol{v}_k^{\mathrm{T}})\boldsymbol{K}_k^{\mathrm{T}}$$
$$= (\boldsymbol{I}-\boldsymbol{K}_k\boldsymbol{H}_k)\boldsymbol{P}_{k|k-1}(\boldsymbol{I}-\boldsymbol{K}_k\boldsymbol{H}_k)^{\mathrm{T}}+\boldsymbol{K}_k\boldsymbol{R}_k\boldsymbol{K}_k^{\mathrm{T}} \tag{6-27}$$

其中

$$\boldsymbol{P}_{k|k-1} = E(\hat{\boldsymbol{X}}_{k|k-1}\widetilde{\boldsymbol{X}}_{k|k-1}^{\mathrm{T}}) = \boldsymbol{\Phi}_{k,k-1}\boldsymbol{P}_{k-1|k-1}\boldsymbol{\Phi}_{k,k-1}^{\mathrm{T}}+\boldsymbol{\Gamma}_{k,k-1}\boldsymbol{Q}_{k-1}\boldsymbol{\Gamma}_{k,k-1}^{\mathrm{T}}$$

$\boldsymbol{P}_{k|k}$的迹

$$\mathrm{tr}(\boldsymbol{P}_{k|k}) = \mathrm{tr}(\boldsymbol{P}_{k|k-1}-(\boldsymbol{K}_k\boldsymbol{H}_k\boldsymbol{P}_{k|k-1})^{\mathrm{T}}-\boldsymbol{K}_k\boldsymbol{H}_k\boldsymbol{P}_{k|k-1}+\boldsymbol{K}_k(\boldsymbol{H}_k\boldsymbol{P}_{k|k-1}\boldsymbol{H}_k^{\mathrm{T}}+\boldsymbol{R}_k)\boldsymbol{K}_k^{\mathrm{T}})$$
$$= \mathrm{tr}(\boldsymbol{P}_{k|k-1})-2(\mathrm{tr}(\boldsymbol{K}_k\boldsymbol{H}_k\boldsymbol{P}_{k|k-1}))+\mathrm{tr}(\boldsymbol{K}_k(\boldsymbol{H}_k\boldsymbol{P}_{k|k-1}\boldsymbol{H}_k^{\mathrm{T}}+\boldsymbol{R}_k)\boldsymbol{K}_k^{\mathrm{T}})$$

要求得 $\mathrm{tr}(\boldsymbol{P}_{k|k})$达到最小值时的 $\boldsymbol{K}_k$，则需使得它对于 $\boldsymbol{K}_k$ 的导数为 0，即

$$\frac{\mathrm{d}}{\mathrm{d}\boldsymbol{K}_k}\mathrm{tr}(\boldsymbol{P}_{k|k}) = \frac{\mathrm{d}}{\mathrm{d}\boldsymbol{K}_k}(\mathrm{tr}(\boldsymbol{P}_{k|k-1})-2(\mathrm{tr}(\boldsymbol{K}_k\boldsymbol{H}_k\boldsymbol{P}_{k|k-1}))+\mathrm{tr}(\boldsymbol{K}_k(\boldsymbol{H}_k\boldsymbol{P}_{k|k-1}\boldsymbol{H}_k^{\mathrm{T}}+\boldsymbol{R}_k)\boldsymbol{K}_k^{\mathrm{T}}))=0$$

由于$\frac{\mathrm{d}}{\mathrm{d}\boldsymbol{A}}\mathrm{tr}(\boldsymbol{ABA}^{\mathrm{T}})=2\boldsymbol{AB}$，$\frac{\mathrm{d}}{\mathrm{d}\boldsymbol{A}}\mathrm{tr}(\boldsymbol{AB})=\boldsymbol{B}^{\mathrm{T}}$，并且 $\boldsymbol{P}_{k|k-1}$是对称矩阵，因此

$$\frac{\mathrm{d}}{\mathrm{d}\boldsymbol{K}_k}\mathrm{tr}(\boldsymbol{P}_{k|k}) = -2\boldsymbol{P}_{k|k-1}^{\mathrm{T}}\boldsymbol{H}_k^{\mathrm{T}}+2\boldsymbol{K}_k(\boldsymbol{H}_k\boldsymbol{P}_{k|k-1}\boldsymbol{H}_k^{\mathrm{T}}+\boldsymbol{R}_k)=0$$

即

$$\boldsymbol{K}_k = \boldsymbol{P}_{k|k-1}\boldsymbol{H}_k^{\mathrm{T}}(\boldsymbol{H}_k\boldsymbol{P}_{k|k-1}\boldsymbol{H}_k^{\mathrm{T}}+\boldsymbol{R}_k)^{-1} \tag{6-28}$$

将式(6-28)代入到式(6-27)中，可以得到当前估计值的误差方差阵表示：

$$\boldsymbol{P}_{k|k} = \boldsymbol{P}_{k|k-1}-(\boldsymbol{K}_k\boldsymbol{H}_k\boldsymbol{P}_{k|k-1})^{\mathrm{T}}-\boldsymbol{K}_k\boldsymbol{H}_k\boldsymbol{P}_{k|k-1}+\boldsymbol{K}_k(\boldsymbol{H}_k\boldsymbol{P}_{k|k-1}\boldsymbol{H}_k^{\mathrm{T}}+\boldsymbol{R}_k)\boldsymbol{K}_k^{\mathrm{T}}$$
$$= \boldsymbol{P}_{k|k-1}-\boldsymbol{P}_{k|k-1}^{\mathrm{T}}\boldsymbol{H}_k^{\mathrm{T}}\boldsymbol{K}_k^{\mathrm{T}}-\boldsymbol{K}_k\boldsymbol{H}_k\boldsymbol{P}_{k|k-1}+\boldsymbol{P}_{k|k-1}\boldsymbol{H}_k^{\mathrm{T}}\boldsymbol{K}_k^{\mathrm{T}} = (\boldsymbol{I}-\boldsymbol{K}_k\boldsymbol{H}_k)\boldsymbol{P}_{k|k-1} \tag{6-29}$$

至此，所有线性离散卡尔曼滤波器的必要公式都已经得到。

接下来是如何使用这些公式在数字信号处理器中进行循环迭代运算。卡尔曼滤波器非常适合循环迭代运算，因此很适合采用计算机程序实现。实现流程如图 6-16 所示。

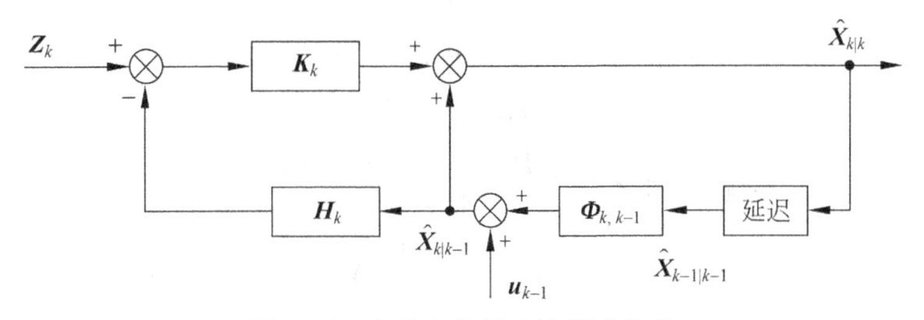

图 6-16　离散卡尔曼滤波器的流程

实际的运算流程可以分成以下 5 步：

(1) 第一步，根据系统状态迁移方程和上一时刻的估计状态估计当前时刻的状态：

$$\hat{\boldsymbol{X}}_{k|k-1} = \boldsymbol{\Phi}_{k,k-1}\hat{\boldsymbol{X}}_{k-1|k-1}+\boldsymbol{u}_{k-1} \tag{6-30}$$

(2) 第二步，由上一时刻估计误差协方差来预测当前估计误差的协方差：

$$\boldsymbol{P}_{k|k-1} = \boldsymbol{\Phi}_{k,k-1}\boldsymbol{P}_{k-1|k-1}\boldsymbol{\Phi}_{k,k-1}^{\mathrm{T}}+\boldsymbol{Q}_{k-1} \tag{6-31}$$

(3) 第三步，由误差协方差和观测矩阵来计算卡尔曼增益：

$$\boldsymbol{K}_k = \boldsymbol{P}_{k|k-1}\boldsymbol{H}_k^{\mathrm{T}}(\boldsymbol{H}_k\boldsymbol{P}_{k|k-1}\boldsymbol{H}_k^{\mathrm{T}}+\boldsymbol{R}_k)^{-1} \tag{6-32}$$

(4) 第四步，使用卡尔曼滤波增益对第一步的估计值进行观测量的补偿校正：

$$\hat{\boldsymbol{X}}_{k|k} = \hat{\boldsymbol{X}}_{k|k-1} + \boldsymbol{K}_k(\boldsymbol{Z}_k - \boldsymbol{H}_k\hat{\boldsymbol{X}}_{k|k-1}) \tag{6-33}$$

(5) 第五步,对第二步的估计误差协方差进行校正:

$$\boldsymbol{P}_{k|k} = (\boldsymbol{I} - \boldsymbol{K}_k\boldsymbol{H}_k)\boldsymbol{P}_{k|k-1} \tag{6-34}$$

6.7 扩展卡尔曼滤波

已经经历了半个多世纪的卡尔曼滤波一直是控制系统领域的热点应用,与之相关的各种研究成果和论文不断涌现,很多都是与卡尔曼滤波在不同领域和场合的应用相关,或者是关于卡尔曼滤波器的变形和改善等方面。由于6.6节介绍的卡尔曼滤波器主要是针对线性离散系统的处理,不能应用于非线性系统中。但实际上大多数需要控制或分析的系统都是非线性系统,因此很多针对卡尔曼滤波器的改善和升级都是针对非线性系统,这就是扩展卡尔曼滤波。实际上世界上第一个卡尔曼滤波的应用就是扩展卡尔曼滤波。

对于多旋翼飞行器的系统来说,根据牛顿第二定律和欧拉方程建模可以知道,它的状态空间模型可以用式(6-35)和式(6-36)表示。

$$\text{状态空间 } \boldsymbol{X} = \begin{bmatrix} \boldsymbol{Q} \\ \boldsymbol{V}_{\mathrm{e}} \\ \boldsymbol{P}_{\mathrm{e}} \\ b_{\omega} \end{bmatrix} \tag{6-35}$$

$$\dot{\boldsymbol{X}} = \begin{bmatrix} \dot{\boldsymbol{Q}} \\ \dot{\boldsymbol{V}}_{\mathrm{e}} \\ \dot{\boldsymbol{P}}_{\mathrm{e}} \\ \dot{b}_{\omega} \end{bmatrix} = \begin{bmatrix} \frac{1}{2}\Omega_{\mathrm{b},\omega_m - b_\omega - n_\omega} \cdot \boldsymbol{Q} \\ \boldsymbol{R}_{\mathrm{b}}^{\mathrm{e}}(a_{m,k}^{\mathrm{b}} - n_a) + g \\ \dot{\boldsymbol{V}}_{\mathrm{e}} \\ n_{\mathrm{b}\omega} \end{bmatrix} \tag{6-36}$$

$$\text{观测模型 } \boldsymbol{Z} = \begin{bmatrix} m_{\mathrm{b}} \\ \boldsymbol{P}_{n,\mathrm{e}} \\ h_{\mathrm{e}} \\ \boldsymbol{V}_{n,\mathrm{e},d} \end{bmatrix} = \begin{bmatrix} \boldsymbol{R}_{\mathrm{e}}^{\mathrm{b}} m_{\mathrm{e}} + b_m + n_{me} \\ \boldsymbol{P}_{n,\mathrm{e}} + \boldsymbol{P}_{\mathrm{ori}} + n_P \\ p_z + n_{\mathrm{sona}} \\ \boldsymbol{V}_{n,\mathrm{e},d} + n_{\mathrm{vopt}} \end{bmatrix} \tag{6-37}$$

其中,$\boldsymbol{Q}$ 代表欧拉角信息的四元数矢量,$\boldsymbol{V}_{\mathrm{e}}$ 代表飞行器相对于大地惯性坐标系 e 的速度矢量,$\boldsymbol{P}_{\mathrm{e}}$ 代表飞行器相对于大地惯性系的位置矢量,b_ω 代表陀螺仪的随机游走零飘噪声,当然状态空间还可以选择更多的状态数据例如加速度计的零飘等,但是随着状态空间的增加,滤波器迭代运算的计算量也会呈几何级数增长。本书暂选取式(6-35)作为状态空间模型。很显然式(6-36)表明飞行器的状态模型不是一个线性的空间模型,而是一个微分模型。对于这种模型,显然无法直接使用卡尔曼滤波,这时候就需要使用扩展卡尔曼滤波。

由式(6-36)可以导出飞行器系统的状态空间系统传递函数为

$$\boldsymbol{X}_k = \boldsymbol{X}_{k-1} + \dot{\boldsymbol{x}}_{k-1}\mathrm{d}t = f(\boldsymbol{X}_{k-1}, \boldsymbol{W}_{k-1}) \tag{6-38}$$

$$\boldsymbol{Z}_k=\begin{bmatrix} m_b \\ \boldsymbol{P}_{n,\mathrm{e}} \\ h_{\mathrm{e}} \\ \boldsymbol{V}_{n,\mathrm{e},d} \end{bmatrix}=\begin{bmatrix} \boldsymbol{R}_{\mathrm{e}}^{\mathrm{b}} m_{\mathrm{e}}+b_m+n_{me} \\ \boldsymbol{P}_{n,\mathrm{e}}+\boldsymbol{P}_{\mathrm{ori}}+n_P \\ p_z+n_{\mathrm{sona}} \\ \boldsymbol{V}_{n,\mathrm{e},d}+n_{\mathrm{vopt}} \end{bmatrix}=h(\boldsymbol{X}_k,\boldsymbol{V}_k) \tag{6-39}$$

其中，系统噪声 $\boldsymbol{W}=\begin{bmatrix} n_\omega \\ n_a \\ n_{b\omega} \end{bmatrix}$，协方差矩阵 $\boldsymbol{Q}=\begin{bmatrix} Q_{n\omega} & 0 & 0 \\ 0 & Q_{na} & 0 \\ 0 & 0 & Q_{nb\omega} \end{bmatrix}$，观测噪声 $\boldsymbol{V}=\begin{bmatrix} n_{me} \\ n_P \\ n_{\mathrm{sona}} \\ n_{\mathrm{vopt}} \end{bmatrix}$，协方差矩阵 $\boldsymbol{R}=\begin{bmatrix} R_{nme} & 0 & 0 & 0 \\ 0 & R_{np} & 0 & 0 \\ 0 & 0 & R_{n\mathrm{sona}} & 0 \\ 0 & 0 & 0 & R_{\mathrm{opt}} \end{bmatrix}$。

对于式(6-38)这个非线性的系统状态空间传递函数，要应用卡尔曼滤波，首要的目标就是要对其进行线性化处理。

非线性函数的线性化主要采用泰勒展开表示。对于正整数 n，若函数 $f(x)$ 在闭区间 $[a,b]$ 上 n 阶连续可导，且在 (a,b) 上 $n+1$ 阶可导。任取 $x\in[a,b]$ 时的一个定点，则对任意 $x\in[a,b]$ 式(6-40)成立。

$$f(x)=f(a)+\frac{f'(a)}{1!}(x-a)+\frac{f''(a)}{2!}(x-a)^2+\cdots+\frac{f^{(n)}(a)}{n!}(x-a)^n+R_n(x) \tag{6-40}$$

其中，$f^{(n)}(a)$ 表示 $f(x)$ 的 n 阶导数，多项式称为函数 $f(x)$ 在 a 处的泰勒展开式，剩余的 $R_n(x)$ 是泰勒公式的余项，是 $(x-a)^n$ 的高阶无穷小。

对于式(6-38)，围绕 $\hat{\boldsymbol{X}}_{k-1}$ 和 $w=0$ 进行泰勒级数展开，并忽略二次以上的高阶项。

$$\begin{aligned}\boldsymbol{X}_k&=\boldsymbol{X}_{k-1}+\dot{\boldsymbol{X}}_{k-1}\mathrm{d}t=f(\boldsymbol{X}_{k-1},\boldsymbol{W}_{k-1})\\&=f(\hat{\boldsymbol{X}}_{k-1})+\left.\frac{\partial f(x,w)}{\partial x}\right|_{x=\hat{\boldsymbol{X}}_{k-1}}(\boldsymbol{X}_{k-1}-\hat{\boldsymbol{X}}_{k-1})+\left.\frac{\partial f(x,w)}{\partial w}\right|_{x=\hat{\boldsymbol{X}}_{k-1},w=0}\cdot\boldsymbol{W}_{k-1}\\&=F(\hat{\boldsymbol{X}}_{k-1})\boldsymbol{X}_{k-1}+u(\hat{\boldsymbol{X}}_{k-1})+\boldsymbol{\Gamma}_{k,k-1}\boldsymbol{W}_{k-1}\end{aligned} \tag{6-41}$$

其中，$\boldsymbol{F}(x)$ 为 $f(x)$ 的雅克比矩阵，$\boldsymbol{\Gamma}_{k,k-1}$ 是噪声传递矩阵，显然式(6-41)已经变成一个线性方程。

同样，对式(6-39)围绕 $\hat{\boldsymbol{X}}_{k|k-1}$ 进行泰勒级数展开，并忽略二次以上的高阶项。

$$\boldsymbol{Z}_k=h(\boldsymbol{X}_k,\boldsymbol{V}_k)=h(\hat{\boldsymbol{X}}_{k|k-1})+\left.\frac{\partial h(x)}{\partial x}\right|_{x=\hat{\boldsymbol{X}}_{k|k-1}}(\boldsymbol{X}_k-\hat{\boldsymbol{X}}_{k|k-1})+\boldsymbol{V}_k$$

定义 $\boldsymbol{Z}_k'$ 为

$$\boldsymbol{Z}_k'=\boldsymbol{Z}_k-h(\hat{\boldsymbol{X}}_{k|k-1})+\left.\frac{\partial h(x)}{\partial x}\right|_{x=\hat{\boldsymbol{X}}_{k|k-1}}\cdot\hat{\boldsymbol{X}}_{k|k-1}=\boldsymbol{H}(\hat{\boldsymbol{X}}_{k|k-1})\boldsymbol{X}_k+\boldsymbol{V}_k \tag{6-42}$$

式(6-42)也变成类似式(6-22)形态的线性观测方程。

具体针对式(6-35)所选的状态空间，选取 13 阶的状态，即

$$\boldsymbol{X}=[\boldsymbol{Q}\quad \boldsymbol{P}_n\quad \boldsymbol{P}_{\mathrm{e}}\quad \boldsymbol{P}_h\quad \boldsymbol{V}_n\quad \boldsymbol{V}_{\mathrm{e}}\quad \boldsymbol{V}_h\quad b_{\omega x}\quad b_{\omega y}\quad b_{\omega z}]^{\mathrm{T}}$$

而系统函数为

$$
f(x)=\boldsymbol{X}+\begin{bmatrix}\frac{1}{2}\Omega_{\mathrm{b}}Q\\ V\\ a^{\mathrm{e}}\\ n_{\mathrm{b}\omega}\end{bmatrix}\mathrm{d}t=\boldsymbol{X}+\begin{bmatrix}
-\frac{1}{2}((\omega_x-b_{\omega x}-n_{\omega x})q_1+(\omega_y-b_{\omega y}-n_{\omega y})q_2+(\omega_z-b_{\omega z}-n_{\omega z})q_3)\\
\frac{1}{2}((\omega_x-b_{\omega x}-n_{\omega x})q_0+(\omega_z-b_{\omega z}-n_{\omega z})q_2-(\omega_y-b_{\omega y}-n_{\omega y})q_3)\\
\frac{1}{2}((\omega_y-b_{\omega y}-n_{\omega y})q_0-(\omega_z-b_{\omega z}-n_{\omega z})q_1+(\omega_x-b_{\omega x}-n_{\omega x})q_3)\\
\frac{1}{2}((\omega_z-b_{\omega z}-n_{\omega z})q_0+(\omega_y-b_{\omega y}-n_{\omega y})q_1-(\omega_x-b_{\omega x}-n_{\omega x})q_2)\\
\boldsymbol{V}_n\\
\boldsymbol{V}_e\\
\boldsymbol{V}_h\\
(1-2(q_2^2+q_3^2))(a_x^{\mathrm{b}}-n_{ax})+2(q_1q_2-q_0q_3)(a_y^{\mathrm{b}}-n_{ay})+2(q_1q_3+q_0q_2)(a_z^{\mathrm{b}}-n_{az})\\
2(q_1q_2+q_0q_3)(a_x^{\mathrm{b}}-n_{ax})+(1-2(q_1^2+q_3^2))(a_y^{\mathrm{b}}-n_{ay})+2(q_2q_3-q_0q_1)(a_z^{\mathrm{b}}-n_{az})\\
2(q_1q_3-q_0q_2)(a_x^{\mathrm{b}}-n_{ax})+2(q_2q_3+q_0q_1)(a_y^{\mathrm{b}}-n_{ay})+(1-2(q_1^2+q_2^2))(a_z^{\mathrm{b}}-n_{az})+g\\
n_{\mathrm{b}\omega x}\\
n_{\mathrm{b}\omega y}\\
n_{\mathrm{b}\omega z}
\end{bmatrix}\mathrm{d}t
$$

因此按照式(6-41)，计算状态转移矩阵 $f(x)$ 的雅克比矩阵为

$$
\boldsymbol{F}(\cdot)=\left.\frac{\partial \boldsymbol{f}(\boldsymbol{x},\boldsymbol{w})}{\partial \boldsymbol{x}}\right|_{x=\hat{\boldsymbol{x}}_{k-1}}
$$

$$
=\boldsymbol{I}+\begin{bmatrix}
0 & -\frac{\omega_x-b_{\omega x}}{2} & -\frac{\omega_y-b_{\omega y}}{2} & -\frac{\omega_z-b_{\omega z}}{2} & 0 & 0 & 0 & 0 & 0 & 0 & \frac{q_1}{2} & \frac{q_2}{2} & \frac{q_3}{2}\\
\frac{\omega_x-b_{\omega x}}{2} & 0 & \frac{\omega_z-b_{\omega z}}{2} & -\frac{\omega_y-b_{\omega y}}{2} & 0 & 0 & 0 & 0 & 0 & 0 & -\frac{q_0}{2} & \frac{q_3}{2} & -\frac{q_2}{2}\\
\frac{\omega_y-b_{\omega y}}{2} & -\frac{\omega_z-b_{\omega z}}{2} & 0 & \frac{\omega_x-b_{\omega x}}{2} & 0 & 0 & 0 & 0 & 0 & 0 & -\frac{q_3}{2} & -\frac{q_0}{2} & \frac{q_1}{2}\\
\frac{\omega_z-b_{\omega z}}{2} & \frac{\omega_y-b_{\omega y}}{2} & -\frac{\omega_x-b_{\omega x}}{2} & 0 & 0 & 0 & 0 & 0 & 0 & 0 & \frac{q_2}{2} & -\frac{q_1}{2} & -\frac{q_0}{2}\\
0 & 0 & 0 & 0 & 0 & 0 & 0 & 1 & 0 & 0 & 0 & 0 & 0\\
0 & 0 & 0 & 0 & 0 & 0 & 0 & 0 & 1 & 0 & 0 & 0 & 0\\
0 & 0 & 0 & 0 & 0 & 0 & 0 & 0 & 0 & -1 & 0 & 0 & 0\\
-2q_3a_y^{\mathrm{b}}+2q_2a_z^{\mathrm{b}} & 2q_2a_y^{\mathrm{b}}+2q_3a_z^{\mathrm{b}} & -4q_2a_x^{\mathrm{b}}+2q_1a_y^{\mathrm{b}}+2q_0a_z^{\mathrm{b}} & -4q_3a_x^{\mathrm{b}}-2q_0a_y^{\mathrm{b}}+2q_1a_z^{\mathrm{b}} & 0 & 0 & 0 & 0 & 0 & 0 & 0 & 0 & 0\\
2q_3a_x^{\mathrm{b}}-2q_1a_z^{\mathrm{b}} & 2q_2a_x^{\mathrm{b}}-4q_1a_y^{\mathrm{b}}-2q_0a_z^{\mathrm{b}} & 2q_1a_x^{\mathrm{b}}+2q_3a_z^{\mathrm{b}} & 2q_0a_x^{\mathrm{b}}-4q_3a_y^{\mathrm{b}}+2q_2a_z^{\mathrm{b}} & 0 & 0 & 0 & 0 & 0 & 0 & 0 & 0 & 0\\
-2q_2a_x^{\mathrm{b}}+2q_1a_y^{\mathrm{b}} & 2q_3a_x^{\mathrm{b}}+2q_0a_y^{\mathrm{b}}-4q_1a_z^{\mathrm{b}} & -2q_0a_x^{\mathrm{b}}+2q_3a_y^{\mathrm{b}}-4q_2a_z^{\mathrm{b}} & 2q_1a_x^{\mathrm{b}}+2q_2a_y^{\mathrm{b}} & 0 & 0 & 0 & 0 & 0 & 0 & 0 & 0 & 0\\
\cdots & \cdots & \cdots & \cdots & \cdots & \cdots & \cdots & \cdots & \cdots & \cdots & \cdots & \cdots & \cdots
\end{bmatrix}\mathrm{d}t
$$

噪声雅克比矩阵为

$$
\boldsymbol{\Gamma}(\cdot)=\left.\frac{\partial \boldsymbol{f}(\boldsymbol{x},\boldsymbol{w})}{\partial \boldsymbol{W}}\right|_{x=\hat{\boldsymbol{x}}_{k-1},W=0}=\begin{bmatrix}
\frac{q_1}{2} & \frac{q_2}{2} & \frac{q_3}{2} & 0 & 0 & 0 & 0 & 0 & 0\\
-\frac{q_0}{2} & \frac{q_3}{2} & -\frac{q_2}{2} & 0 & 0 & 0 & 0 & 0 & 0\\
-\frac{q_3}{2} & -\frac{q_0}{2} & \frac{q_1}{2} & 0 & 0 & 0 & 0 & 0 & 0\\
\frac{q_2}{2} & -\frac{q_1}{2} & -\frac{q_0}{2} & 0 & 0 & 0 & 0 & 0 & 0\\
0 & 0 & 0 & 0 & 0 & 0 & 0 & 0 & 0\\
0 & 0 & 0 & 0 & 0 & 0 & 0 & 0 & 0\\
0 & 0 & 0 & 0 & 0 & 0 & 0 & 0 & 0\\
0 & 0 & 0 & 2(q_2^2+q_3^2)-1 & 2(q_0q_3-q_1q_2) & -2(q_1q_3+q_0q_2) & 0 & 0 & 0\\
0 & 0 & 0 & -2(q_1q_2+q_0q_3) & (2(q_1^2+q_3^2)-1) & 2(q_0q_1-q_2q_3) & 0 & 0 & 0\\
0 & 0 & 0 & 2(q_0q_2-q_1q_3) & -2(q_2q_3+q_0q_1) & (2(q_1^2+q_2^2)-1) & 0 & 0 & 0\\
0 & 0 & 0 & 0 & 0 & 0 & 1 & 0 & 0\\
0 & 0 & 0 & 0 & 0 & 0 & 0 & 1 & 0\\
0 & 0 & 0 & 0 & 0 & 0 & 0 & 0 & 1
\end{bmatrix}
$$

飞行器的观测方程选取 9 阶观测量：

$$
\boldsymbol{Z}=[\boldsymbol{m}^{\mathrm{b}}\quad \boldsymbol{P}^{\mathrm{e}}\quad \boldsymbol{V}^{\mathrm{e}}]^{\mathrm{T}}=\boldsymbol{h}(\boldsymbol{x})=\begin{bmatrix}
(1-2(q_2^2+q_3^2))m_x^{\mathrm{e}}+2(q_1q_2+q_0q_3)m_y^{\mathrm{e}}\\
2(q_1q_2-q_0q_3)m_x^{\mathrm{e}}+(1-2(q_1^2+q_3^2))m_y^{\mathrm{e}}\\
2(q_1q_3+q_0q_2)m_x^{\mathrm{e}}+2(q_2q_3-q_0q_1)m_y^{\mathrm{e}}\\
\boldsymbol{P}_n\\
\boldsymbol{P}_e\\
\boldsymbol{P}_h\\
\boldsymbol{V}_n\\
\boldsymbol{V}_e\\
\boldsymbol{V}_h
\end{bmatrix}
$$

观测方程的雅克比矩阵为

$$
\boldsymbol{H}(\cdot)=\left.\frac{\partial \boldsymbol{h}(\boldsymbol{x},\boldsymbol{v})}{\partial \boldsymbol{x}}\right|_{x=\hat{\boldsymbol{x}}_{k|k-1}}=\begin{bmatrix}
2q_3m_y^{\mathrm{e}} & 2q_2m_y^{\mathrm{e}} & 2q_1m_y^{\mathrm{e}}-4q_2m_x^{\mathrm{e}} & 2q_0m_y^{\mathrm{e}}-4q_3m_x^{\mathrm{e}} & 0 & 0 & 0 & 0 & 0 & 0 & 0 & 0 & 0\\
-2q_3m_x^{\mathrm{e}} & 2q_2m_x^{\mathrm{e}}-4q_1m_y^{\mathrm{e}} & 2q_1m_x^{\mathrm{e}} & -2q_0m_x^{\mathrm{e}}-4q_3m_y^{\mathrm{e}} & 0 & 0 & 0 & 0 & 0 & 0 & 0 & 0 & 0\\
2q_2m_x^{\mathrm{e}}-2q_1m_y^{\mathrm{e}} & 2q_3m_x^{\mathrm{e}}-2q_0m_y^{\mathrm{e}} & 2q_0m_x^{\mathrm{e}}+2q_3m_y^{\mathrm{e}} & 2q_1m_x^{\mathrm{e}}+2q_2m_y^{\mathrm{e}} & 0 & 0 & 0 & 0 & 0 & 0 & 0 & 0 & 0\\
0 & 0 & 0 & 0 & 1 & 0 & 0 & 0 & 0 & 0 & 0 & 0 & 0\\
0 & 0 & 0 & 0 & 0 & 1 & 0 & 0 & 0 & 0 & 0 & 0 & 0\\
0 & 0 & 0 & 0 & 0 & 0 & 1 & 0 & 0 & 0 & 0 & 0 & 0\\
0 & 0 & 0 & 0 & 0 & 0 & 0 & 1 & 0 & 0 & 0 & 0 & 0\\
0 & 0 & 0 & 0 & 0 & 0 & 0 & 0 & 1 & 0 & 0 & 0 & 0\\
0 & 0 & 0 & 0 & 0 & 0 & 0 & 0 & 0 & 1 & 0 & 0 & 0
\end{bmatrix}
$$

扩展卡尔曼滤波器的程序流程也是分成5步实现。

(1) 第一步，由前一时刻的状态$\hat{\boldsymbol{X}}_{k-1}$通过状态方程来估计当前时刻状态：

$$\hat{\boldsymbol{X}}_{k|k-1} = f(\hat{\boldsymbol{X}}_{k-1},0) = \hat{\boldsymbol{X}}_{k-1} + \dot{\hat{\boldsymbol{X}}}_{k-1}\mathrm{d}t$$

(2) 第二步，雅克比矩阵$\boldsymbol{F}(\hat{\boldsymbol{X}}_{k-1})$运算和误差协方差矩阵预测：

$$\boldsymbol{P}_{k|k-1} = \boldsymbol{F}(\hat{\boldsymbol{X}}_{k-1})\boldsymbol{P}_{k-1|k-1}\boldsymbol{F}(\hat{\boldsymbol{X}}_{k-1})^{\mathrm{T}} + \boldsymbol{\Gamma}(\hat{\boldsymbol{X}}_{k-1})\boldsymbol{Q}_{k-1}\boldsymbol{\Gamma}(\hat{\boldsymbol{X}}_{k-1})^{\mathrm{T}}$$

(3) 第三步，计算观测雅克比矩阵$\boldsymbol{H}(\hat{\boldsymbol{X}}_{k|k-1})$，并计算卡尔曼滤波增益$\boldsymbol{K}_k$：

$$\boldsymbol{K}_k = \boldsymbol{P}_{k|k-1}\boldsymbol{H}_k^{\mathrm{T}}(\boldsymbol{H}_k\boldsymbol{P}_{k|k-1}\boldsymbol{H}_k^{\mathrm{T}} + \boldsymbol{R}_k)^{-1}$$

(4) 第四步，计算观测量矩阵估计$\hat{\boldsymbol{Z}}_{k|k-1} = \boldsymbol{h}(\hat{\boldsymbol{X}}_{k|k-1})$，获得观测量矩阵$\boldsymbol{Z}_k$，进行状态空间的估计补偿：

$$\hat{\boldsymbol{X}}_{k|k} = \hat{\boldsymbol{X}}_{k|k-1} + \boldsymbol{K}_k(\boldsymbol{Z}_k - \hat{\boldsymbol{Z}}_{k|k-1})$$

其中，$\hat{\boldsymbol{Z}}_{k|k-1} = \boldsymbol{H}_k\hat{\boldsymbol{X}}_{k|k-1}$。

(5) 第五步，误差协方差估计：

$$\boldsymbol{P}_{k|k} = \boldsymbol{P}_{k|k-1} - \boldsymbol{K}_k\boldsymbol{H}_k\boldsymbol{P}_{k|k-1}$$

注意到，式(6-41)与式(6-42)的泰勒级数展开都忽略了二阶以上的高次项，这样带来的直接结果就是有可能使得滤波器由于误差出现系统发散，因此这点在实验过程中需要特别注意。

6.8 几种算法的总结比较

第6.4节中的四元数估计提到了姿态估计中采用的自适应显性互补滤波算法(Explicit Complementary Filter，ECF)，6.7节阐述了扩展卡尔曼滤波算法(Extended Kalman Filter，EKF)，此外还有梯度下降算法(Gradient Descent Filter，GD)，这些都是飞行器进行状态估计的常用算法。

其中，PX4源码中采用的是改进的互补滤波算法，在原有加速度计校准陀螺仪的基础上，增加磁力计和GPS数据进行更进一步的四元数校准补偿，它的优点是运算量简单，因此成为PX4中默认的姿态解算算法。但它的缺点也较明显，即滤波器的互补参数固定的情况下很难实现在所有的状态下都得到最优的系统状态估计，因此针对互补滤波算法的研究和优化主要集中在算法的参数如何调整，使得设计参数能够在不同的运动状态下自适应调节，实现自适应互补滤波，基本的原则就是在大机动大过载的情况下，比例参数能够自动减小。在文献《A Complementary Filter for Attitude Estimation》中对这种改进的互补滤波算法进行了详细的推导和性能分析，它的结论是通过增加GPS和磁力计等来改进算法的自适应互补滤波，其估计效果可以媲美扩展卡尔曼滤波的效果。

第6.7节介绍的扩展卡尔曼滤波算法EKF是应用最为广泛的无人机姿态估计算法，其优点前面已经阐述过，而EKF也是矩阵计算量较大的一种算法，并且随着状态空间的扩展，计算量也是呈几何增长，因此对于处理器的运算性能提出了较高的要求，并且系统噪声协方差矩阵与测量噪声协方差矩阵的选取也关系到系统的稳定性。

梯度下降算法(Gradient Descent Filter)也称为最速下降法,它是求解无约束优化估计中较实用的一种最优算法,一般用于求解非线性方程组,以及人工智能机器学习中用来递归性地逼近最小偏差模型,它的计算过程就是沿着梯度下降的方向求解极小值。Sebastian O. H. Madgwick 在 2010 年 4 月发表了一篇论文《An Efficient Orientation Filter for Inertial and Inertial/Magneticsensor Arrays》,其中采用梯度下降法对四元数微分方程组求解并分别利用加速度计和磁力计进行补偿,得到最优的姿态估计。算法的实际就是定义误差函数并通过算法消除误差,使得误差向量达到最小值。梯度算法使用陀螺仪数据更新四元数,再采用梯度下降法对加速度数据和磁力计数据进行处理以求出最小的误差四元数,最后根据权重值把两者线性融合到一起得到最终的姿态四元数。使用梯度下降法就是对加速度数据和磁力计数据和相应参考向量求取向量误差,这一部分和 6.5 节中的互补滤波算法中求取向量误差的思想相同。互补滤波是利用向量的叉乘求取量测值和参考向量的误差的,而梯度下降法是根据反梯度方向迭代求取最小误差的(理论基础就是构造目标函数使用梯度下降法求取误差向量的最小值)。迭代过程中最重要的一点就是参数 β 需要通过实验进行确定 *gyro* 的测量噪声(Measurement Error)。梯度算法的优点是计算量较小,估计出来的姿态静态值比较稳定,在飞行器慢速运动的情况下可以达到较高的精度要求,而在高速机动情况下姿态角的估计值也可以快速地跟随实际的机动情况,此外也巧妙避免了采用磁力计补偿时需要得到当地磁偏角的信息。但梯度下降法的缺点是它的迭代步长是非动态的,系统能响应的频带较窄,高速机动时,偏航角响应会有延迟,需要增加步长解决,但这样静态性能就会相应降低,此外磁力计需要在使用前经过比较精准的硬校准和软校准,否则这个误差会对俯仰姿态角和横滚姿态角的估计产生影响,导致精度降低。

以上三种方法均是对姿态解算的实现,采用的基本思路都是利用陀螺仪的动态稳定性来估计实时姿态,同时由于陀螺仪随时间积分累计漂移误差的固有缺陷,需找一个不随时间变化影响的传感器来估计姿态并进行修正标定。三种方法各有优缺点,互补与梯度算法更适用于处理性能受限的飞行器,例如微型四轴等采用低频 Cortex-M0 或 M1 的处理器,而在条件允许性能足够的情况下,建议考虑采用扩展卡尔曼滤波的算法。

第7章 线性控制系统 PID 控制算法

CHAPTER 7

7.1 控制理论与 PID 线性控制系统原理

比例微分积分线性控制，即 PID 线性控制理论，是经典控制理论中线性控制系统甚至一些非线性控制系统中最常见的控制方法。PID 控制系统具有简单、实用、响应快和适应性强等特点，对于被控制对象，往往不需要了解控制模型和响应模型等具体的被控规律，仅使用系统输出的反馈来实现精确控制，因为它的控制与人工手动控制的规律相同。传统 PID 适用于线性时不变单输入单输出一阶系统。在一定的修改下，这个条件可以放宽到近线性的、时变较少的、单输入单输出的一阶或二阶系统。

什么是 PID? PID 分成三个部分：P 代表比例控制，I 代表积分控制，D 代表微分控制。PID 控制器的出现甚至早于经典控制理论。现代控制理论是建立在状态空间基础上的模型控制理论，在现代控制理论中，对控制系统的分析和设计主要通过对系统的状态建模和状态描述来进行，因此现代控制理论所采用的控制方法都是应用于各不相同的具体的控制对象，能够更为精准地对不同的系统进行定制化设计。在很多比较复杂的系统中，都需要采用某些现代控制理论，例如多输入多输出的系统（必须使用状态方程组表达）、高度非线性系统（要使用非线性控制方法）、高度时变系统（即系统参数变化很大，要使用自适应或强健控制方法）以及有额外要求的系统。

PID 控制器的最大问题是没有一个明确的系统函数及优化准则，因此 PID 控制器的调参只能通过经验测试调整，并且它只能将系统调整到某种可接受的近似状态，且并不确定是否能调整到更优的控制器。与现代控制理论相比，它们是两种完全不同的控制方法。PID 基于控制领域的三种对时间域的三维元素（当前、历史和未来），将三者优化组合在一起完成控制目标，而现代控制则是基于某种优化指标，通过设计算法来实现控制的目标。

然而在实际的应用中，把一种现代控制方法运用到某种控制系统中，往往会发现效果还不如 PID，这有很多原因。有可能是在不对应的系统上应用了错误的现代控制方法，现代控制理论都是针对特定的问题而设计的，需要针对特定的问题采取特定有针对性的理论应用。此外很多的具体控制方法都要求提供的系统参数或系统参数的范围绝对精确。例如滑模控制，给定的系统参数漂移范围一定要可靠，如果系统参数飘出了给定的范围，系统就可能失稳。同理，自适应双重控制的卡尔曼/扩展卡尔曼滤波的噪声矩阵，也需要尽可能地准确。如果控制方法默认的参数漂移特性与实际特性不相符，或者非自适应、非鲁棒控制方法需要用到的参数与实际参数不符，控制效果往往不会太好。这个问题对于最优控制和一部分非线性控制尤其显著，因为这些控制方法都试图发挥系统的最大潜力，一旦系统特性与实际有所不同，实际控制效果就会与理论效果相差很多。PID 控制，由于对系统的潜力并没有深挖，所以对参数变化并没有那么敏感。这也是 PID 控制理论对于一般性的无法准确建模的系统有一定的实用性的原因，也是为什么 PID 控制理论到现代依旧应用广泛的原因。在许多的控制规律领域，如鲁棒控制、最优控制和预测控制等有很多不同的控制方法，一般来说，能够实际应用的控制规律是其中基本物理含义最简明的方法，并且在实际调整实验过程中补充修正。这是因为通常对一个系统的描述和估计很难完全覆盖它的所有方面，包括它的不确定性和外界干扰因素，对于这种情况如果采取比较极端优化的控制理论则可能造成整个系统的脆弱化以及不够鲁棒；反而越简单、越保守的控制器更具有一定的容错容差能力，更能够应付各种不确定性，也更具鲁棒性，例如 PID 控制器。

7.1.1 比例控制

当操作人员控制一个系统，要求系统的输出达到某个值时给予一定的输入值，输出值逐渐接近直到达到指定的输出值，这个过程中输出值与指定输出值之间的差可以作为输入值的参考控制量，并进行一定的比例调整，这种调整称为比例控制。例如操作人员手动控制加热器的温度，加热器带有的温度传感器作为输出值的表征，在控制过程中，操作人员可以通过视觉直接读取温度传感器的反馈量，并与给定值比较计算误差，然后通过旋钮操控控制输入量调节加热器的电源输入，使得温度接近并保持在给定值的附近。当加热器温度小于指定的温度时，误差为正，这时人为控制加大输入能量；加热器经过一段时间的反应后温度提高，并超过指定温度时，误差为负，此时人为控制减小输入能量，并且加大与减小的控制量都与这个误差成线性比例关系。

这种闭环系统中各个环节都有可能存在各种各样的延迟等作用。例如调节输入后，温度上升到新的稳态值时需要一定的时间。由于延迟因素的存在，调节输入控制量并不能马上看到调节的效果，因此闭环控制系统调节比较困难的一个原因是系统延迟的效应。比例控制的系数太小，则相同的误差得到的输入控制量较小，系统输出量变化较慢，逼近指定的输出量的速度也比较慢，调节力度偏弱，调节所需的时间较长，如图 7-1 中的①号曲线所示；比例控制的系数过大，则调节误差得到的输入控制量变大，调节力度太强，造成调节过冲，以至于来回调节，甚至出现减幅或等幅震荡，如图 7-1 中的⑤号曲线所示。

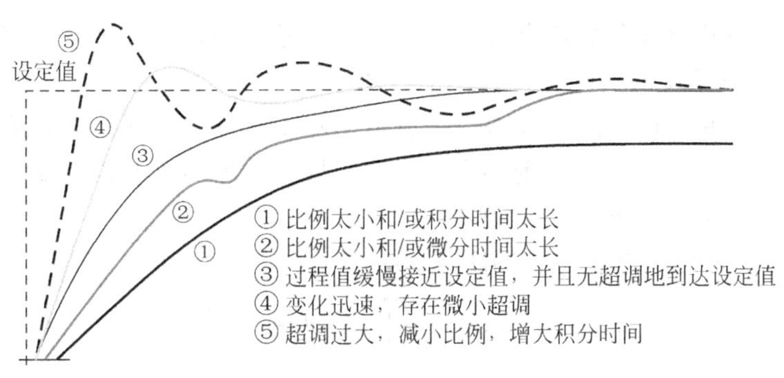

图 7-1 PID 调节参数与控制输出的关系曲线

显然，这个加热器的输入信号与输出温度并非线性关系，但仍然可以采用这种控制方法来控制。

7.1.2 积分控制

有些系统往往存在长时间偏差，而比例控制项所计算得到的输入控制量无法修正该偏差，这时候就需要通过对历史误差量的累积分析来辨别并控制长时间的累积误差。这就是积分控制。由于一般在数字处理系统中 PID 控制程序是周期性运算执行的，每次控制算法执行一个周期时，积分控制项累加当前的误差值，因此当输出量与指定输出量完全相等时，积分项为 0。积分项有消除稳态误差的作用，可以提高控制精度。

由于积分项是将过去的历史误差信息累积起来，具有比较大的滞后效果，对于系统本身的稳定性会有影响，因此如果积分项的系数设置不合理，它的影响很难被迅速修正，导致系统响应的延迟，因此通常情况下都是将响应实时的比例控制项与积分控制项结合起来使用。

7.1.3 微分控制

微分控制项对应的是实际输出值与指定输出值之间误差的微分项与微分系数的乘积，也就是对应了误差项的变化率。误差变化率越快，微分绝对值越大，误差增大时，微分的符号为正，误差减小时，微分的符号为负。微分控制项相当于对输出量的二阶预测，并针对预测量提前进行调整，例如有经验的操作人员在调节加热器时能够感知温度上升或下降太快，但还未达到设定值时，预感到按照当前的输入量有可能出现输出超调或者过冲的现象，于是提前减小控制输入量。因此微分控制项具有对输出控制的阻尼作用，或者具有提前预测的作用。

7.2 飞控算法 PID 框架设计

当飞行器正常飞行或者悬停时，突遇外力（风等）或磁场干扰，使加速度传感器或磁力传感器采集数据失真，造成姿态解算出来的欧拉角错误，只用角度单环的情况下，系统很难稳定运行。为了实现无人飞行器的稳定控制飞行，“光标”飞控采用了两级 PID 闭环串联控制的方式，即外环 PID 和内环 PID。其中角速度控制环作为内环，角速度由陀螺仪采集数据输出，采集值一般不受外界影响，抗干扰能力强，并且角速度变化灵敏，当受外界干扰时，恢复迅速；同理，高度环中气压传感器也会受到外界干扰，引入 z 轴加速度环可有效避免外界干扰造成的影响，增强系统的鲁棒性。

四轴飞行器双闭环 PID 控制，如图 7-2 所示。外环 PID 采用遥控输入信号作为目标变化角度，与姿态解算任务解算出当前姿态角，得到误差角，外环误差角速度为第二级角速度控制器的输入，从而进行内环 PID 控制。

PID 控制算法采用位置式数字 PID 控制：

$$u(t) = k_p e(t) + k_i \int_0^t e(t)\,\mathrm{d}t + k_d \frac{\mathrm{d}e(t)}{\mathrm{d}t} \tag{7-1}$$

其中，$u(t)$ 为 PID 输出值；$e(t)$ 为期望值与实际值之差；$\int_0^t e(t)\,\mathrm{d}t$ 为积分量，k_p、k_i、k_d 分别为

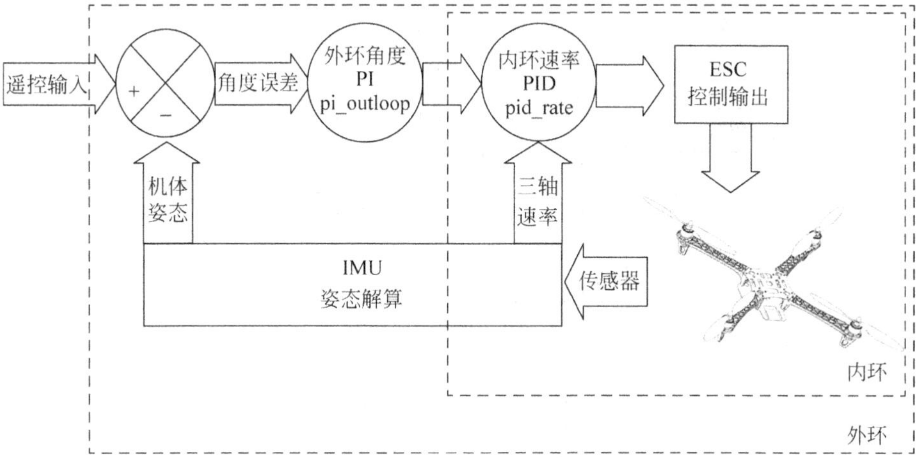

图 7-2　级联 PID 控制框图

比例、积分、微分系数。

再将积分量和微分量离散化得到 PID 计算公式：

$$u(t)=k_{\mathrm{p}}e(t)+k_{\mathrm{i}}\sum_{j=0}^{t}e(j)T+k_{\mathrm{d}}\frac{e(t)-e(t-1)}{T} \tag{7-2}$$

其中，T 为更新时间。

基于式(7-2)，姿态 PID 控制算法如下：

$$\mathrm{AnglePIDOut}(t)=k_{\mathrm{p}}e(t)+k_{\mathrm{i}}\sum_{j=0}^{t}e(j)T+k_{\mathrm{d}}\frac{e(t)-e(t-1)}{T} \tag{7-3}$$

$$\mathrm{AngleRatePIDOut}(t)=k'_{\mathrm{p}}e'(t)+k'_{\mathrm{i}}\sum_{j=0}^{t}e'(j)T+k'_{\mathrm{d}}\frac{e'(t)-e'(t-1)}{T} \tag{7-4}$$

式(7-3)为角度环 PID 计算公式，式(7-4)为角速度环 PID 计算公式。AngelPIDOut(t)为角度环 PID 输出，AngelRatePIDOut(t)为角速度环 PID 输出，$e(t)$=期望角度－实际角度，$e'(t)$=AngelPIDOut(t) －实际角速度。

7.3　飞控算法外环 PID 实现

在“光标”飞控中，由于采用了实时操作系统来编排算法时序，操作系统可以确保内外环运行的准确时序，并且由于内环与外环执行的特性不同，运行频率不同，因此采用了不同的实时任务来分别实现内环与外环的控制算法。这样可以确保内外环的 PID 迭代循环不被其他低优先级的任务和循环所打断，且能够达到既定的控制频率。

在双环级联 PID 系统中，外环 PID 作为控制的输入稳定环，主要负责对输入环节进行稳定控制，并提供内环的输入信号。它位于 Task_stableloop()任务中，执行频率为 200Hz。外环 PID 的详细结构如图 7-3 所示。

外环角度控制的代码示例位于 PID. c 文件中的 stable_loop()。

```
////////////////////////////////////////////////////////////////////
target_angle_roll = MAX_CTRL_ANGLE * (dead_zone(RC_ch1.control_in,30)/NORMSCALE);
```

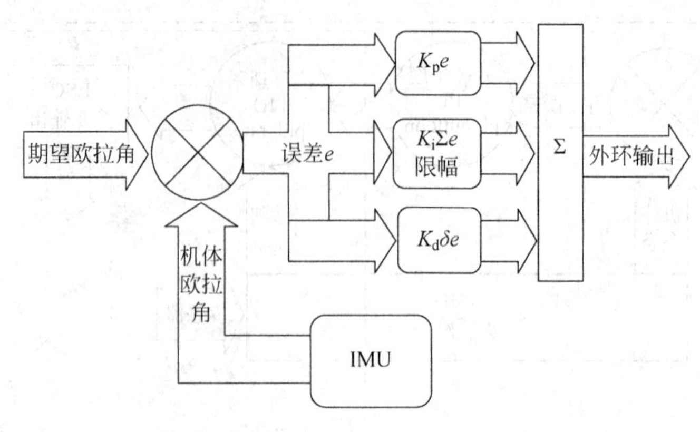

图 7-3 外环控制框图

```
target_angle_pitch = MAX_CTRL_ANGLE * (dead_zone((-RC_ch2.control_in),30)/NORMSCALE);

/* 计算角度误差 */
p_roll = wraparound180(target_angle_roll - Roll);
p_pitch = wraparound180(target_angle_pitch - Pitch);
p_yaw = wraparound180(target_angle_yaw - Yaw);

/* 计算角度误差权重 */
stable_partial_roll = ABS(p_roll)/ANGLE_TO_MAX_AS;
stable_partial_pitch = ABS(p_pitch)/ANGLE_TO_MAX_AS;
stable_partial_yaw = ABS(p_yaw)/ANGLE_TO_MAX_AS;

/* 计算微分(跟随误差曲线变化) */
d_roll = pid_stable_roll._kd * (p_roll - last_error_roll) * (0.65f + 0.35f * stable_partial_
roll);
d_pitch = pid_stable_pitch._kd * (p_pitch - last_error_pitch) * (0.65f + 0.35f * stable_
partial_pitch);
d_yaw = pid_stable_yaw._kd * (p_yaw - last_error_yaw) * (0.65f + 0.35f * stable_partial_yaw);

/* 记录历史数据 */
last_error_roll = p_roll;
last_error_pitch = p_pitch;
last_error_yaw = p_yaw;

/* 计算积分 */
i_roll += pid_stable_roll._ki * p_roll * Dt;
i_pitch += pid_stable_pitch._ki * p_pitch * Dt;
i_yaw += pid_stable_yaw._ki * last_error_yaw * Dt;

limit = Thr_Weight * MAX_CTRL_ANGLE/2;

i_roll = constrain_float(i_roll, -limit,limit);
i_pitch = constrain_float(i_pitch, -limit,limit);
i_yaw = constrain_float(i_yaw, -limit,limit);

p_roll = pid_stable_roll._kp * constrain_float(p_roll, -90, 90);
p_pitch = pid_stable_pitch._kp * constrain_float(p_pitch, -90, 90);
p_yaw = pid_stable_yaw._kp * constrain_float(p_yaw, -90, 90);
```

```
/* 角度PID输出 */
target_rate_roll = (p_roll + d_roll + i_roll);
target_rate_pitch = (p_pitch + d_pitch + i_pitch);
target_rate_yaw = (p_yaw + d_yaw + i_yaw);
```

7.4 飞控算法内环 PID 实现

在双环级联 PID 系统中，内环作为控制的速率稳定环，主要负责稳定控制角速率的输出，位于 Task_rateloop()任务中，执行的频率为 500Hz。内环 PID 的详细结构如图 7-4 所示。

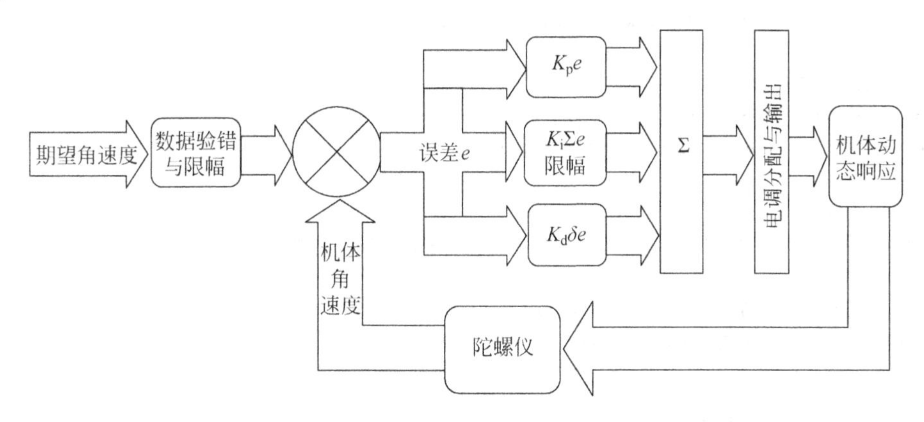

图 7-4　内环控制框图

下面是内环速率环 PID 具体实现的代码示例，位于源码的 PID.c 中的 rate_loop()函数。

```
/* 期望角速度限幅 */
expect_rate_roll = constrain_float(target_rate_roll, - MAX_RATE_LIMIT,MAX_RATE_LIMIT);
expect_rate_pitch = constrain_float(target_rate_pitch, - MAX_RATE_LIMIT,MAX_RATE_LIMIT);
expect_rate_yaw = constrain_float(target_rate_yaw, - MAX_RATE_LIMIT,MAX_RATE_LIMIT);

/* 计算 delta */
rate_error_roll = expect_rate_roll - mpu6050.gx;
rate_error_pitch = expect_rate_pitch + mpu6050.gy;
rate_error_yaw = expect_rate_yaw + mpu6050.gz;

/* 计算比例 P 项 */
p_roll = pid_rate_roll._kp * rate_error_roll;
p_pitch = pid_rate_pitch._kp * rate_error_pitch;
p_yaw = pid_rate_yaw._kp * rate_error_yaw;

/* 计算积分 I 项 */
i_roll += pid_rate_roll._ki * (rate_error_roll) * Dt;
i_pitch += pid_rate_pitch._ki * (rate_error_pitch) * Dt;
i_yaw += pid_rate_yaw._ki * (rate_error_yaw) * Dt;

/* 计算微分 D 项 */
d_roll = pid_rate_roll._kd * (mpu6050.gx - last_gyro_x)/Dt;
d_pitch = - pid_rate_pitch._kd * (mpu6050.gy - last_gyro_y)/Dt;
```

```
d_yaw = - pid_rate_yaw._kd * (mpu6050.gz - last_gyro_z)/Dt;

/* 记录历史数据 */
last_gyro_x = mpu6050.gx;
last_gyro_y = mpu6050.gy;
last_gyro_z = mpu6050.gz;

limit = Thr_Weight * MAX_CTRL_ASPEED/2;

/* 角速度误差积分限幅 */
i_roll = constrain_float(i_roll, - limit,limit);
i_pitch = constrain_float(i_pitch, - limit,limit);
i_yaw = constrain_float(i_yaw, - limit,limit);

/* 角速度 PID 输出 */
rateloop_out = (p_roll + d_roll + i_roll);
telemetering -> rate_target_ef[2] = rateloop_out;   //遥测数据

rateloop_out = (p_pitch + d_pitch + i_pitch);
telemetering -> rate_target_ef[1] = rateloop_out;   //遥测数据

rateloop_out = (p_yaw + d_yaw + i_yaw);
telemetering -> rate_target_ef[0] = rateloop_out;   //遥测数据
```

7.5 信号滤波

信号有各种频率的成分，滤波的含义是指滤掉不想要的成分，即为滤掉常说的噪声，留下想要的成分，这既是滤波的过程，也是目的。数字滤波器就是对数字信号进行滤波处理的线性/非线性时不变系统，它实际上是一种在数字信号处理系统或者嵌入式系统中实现的运算算法过程，通过这个运算过程实现对输入信号的运算处理。由于飞行器的特征数据和传感器信息在采集、获取、传送和转换的过程，都处于复杂的物理和电磁环境当中，很多机体振动、气流影响、电磁干扰、热力学电子白噪声和模拟数字转换等都会成为噪声源，污染信号质量，为此采取的策略就是在飞控处理器中对信号进行一定的前端数字滤波降噪处理。数字信号滤波处理主要有线性滤波和非线性滤波，大多数线性滤波器都具有低通特性。在飞控算法中最重要的数字信号处理就是对各种信号的数字滤波，并且绝大部分的数字滤波都是低通滤波。在软件算法中常用的低通滤波主要采用以下几种滤波方式。

7.5.1 移动平滑滤波

由于飞行器电机马达和桨叶挥舞产生的机体振动较大，频率较高，MEMS 传感器的原始数据会受到该振动的影响，从而输出带有高频噪声的原始数据，如图 7-6(a)所示。这种高频噪声对于后续的姿态解算以及飞控算法都有一定的损害，因此必须将其滤除。

一个比较常用的简单滤波方法是平滑滤波。图 7-6(a)中带有噪声的传感器原始信号在时域内所呈现的短时间跳变的起伏不平的现象转换到频域范围内则代表了高频成分，上升和下降的速度越快，则表示频率越高。不随时间变化或者随时间缓慢变化的部分则是频率较低的信号，所谓平滑滤波就是指使这些不平滑的高频成分变得平滑，使得变化没有原来那么剧烈，整个信号更能反映原信号低频分量的成分。因此平滑滤波实际上是一种低通滤波器，和其他滤波器不同的是，它是一种从时域方面进行设计的滤波算法，属于低频增强的时域滤波技术，有的图像处理技术也通过空间域平滑滤波的算法进行降噪处理。

平滑滤波一般采用时域或空间域的简单平均法的方式实现，也就是对时域或空间域相邻近的采样点的数值求平均来去除突变的数据。因此邻近采样点的数值大小偏差直接影响平滑滤波的效果，邻域的数值相差越大，则平滑效果越好，但高频信息的损失也越大。平滑滤波的思想可以用图 7-5 来表示。

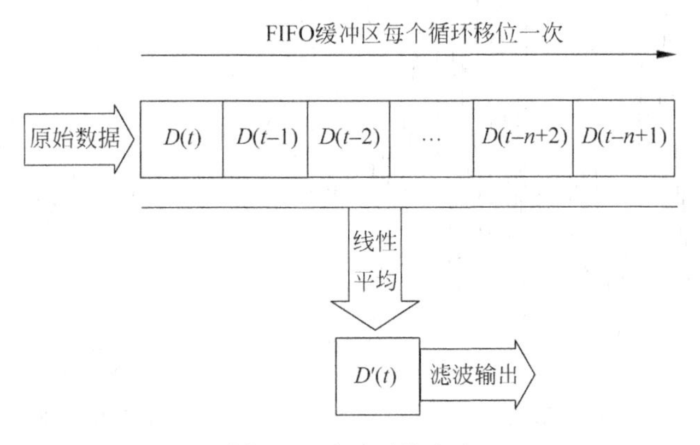

图 7-5　移动平滑滤波

在“光标”飞控中，原始的 MEMS 微机械传感器的数据都是使用移动平滑滤波的方式来进行处理的。滤波驱动代码如下所示。

```
/************************** 实现函数 **********************************
* 函数原型:void MPU6050_newValues(int16_t ax,int16_t ay,int16_t az,int16_t gx,int16_t gy,
int16_t gz)
* 功    能:将新的 ADC 数据更新到 FIFO 数组,进行滤波处理
*******************************************************************/
void MPU6050_newValues(int16_t ax,int16_t ay,int16_t az,int16_t gx,int16_t gy,int16_t gz)
{
    unsigned char i, j;
    int32_t sum = 0;
    for(j = 0;j < 6;j++)
        for(i = 1;i < MPUFIFO_SIZE - 1;i++)          //FIFO 操作
            MPU6050_FIFO[j][i - 1] = MPU6050_FIFO[j][i];

    MPU6050_FIFO[0][MPUFIFO_SIZE - 2] = ax;          //将新的数据放置到数据的最后面
    MPU6050_FIFO[1][MPUFIFO_SIZE - 2] = ay;
    MPU6050_FIFO[2][MPUFIFO_SIZE - 2] = az;
    MPU6050_FIFO[3][MPUFIFO_SIZE - 2] = gx;
    MPU6050_FIFO[4][MPUFIFO_SIZE - 2] = gy;
    MPU6050_FIFO[5][MPUFIFO_SIZE - 2] = gz;

    for(j = 0;j < 6;j++)                             //求当前数组的和,再取平均值
    {
        sum = 0;
        for(i = 0;i < MPUFIFO_SIZE - 1;i++)
```

```
            {
                sum += MPU6050_FIFO[j][i];
            }
            MPU6050_FIFO[j][MPUFIFO_SIZE - 1] = sum/(MPUFIFO_SIZE - 1);
        }
    }
```

针对原始加速度信号,采用平滑滤波算法前后的对比如图 7-6 所示,其中图 7-6(a)是原始数据,而图 7-6(b)是平滑滤波之后的数据。

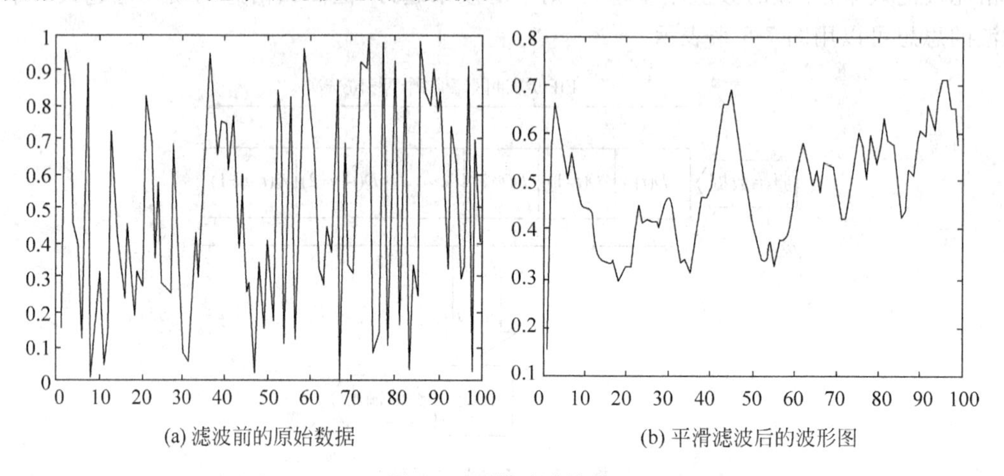

(a) 滤波前的原始数据　　(b) 平滑滤波后的波形图

图 7-6　平滑滤波效果

7.5.2　FIR 滤波

FIR(Finite Impulse Response)滤波器,即有限长单位冲激响应滤波器,又称为非递归型滤波器。FIR 滤波器是数字信号处理中较常用的迭代型滤波器,它可以保证在设计任意幅值-频率特性的同时具有严格的线性相位-频率特性,同时,因为它并没有从输出端的信号反馈回滤波器内部,它的单位冲击响应是有限长度的,因此 FIR 滤波器是一个稳定的系统,在各类通信、信号处理、图像处理、控制和模式识别等领域有着广泛的应用。

FIR 滤波器的基本结构如图 7-7 所示。这种结构特性只需要简单的周期迭代和乘累加运算,非常易于在微处理器和 DSP 中实现。

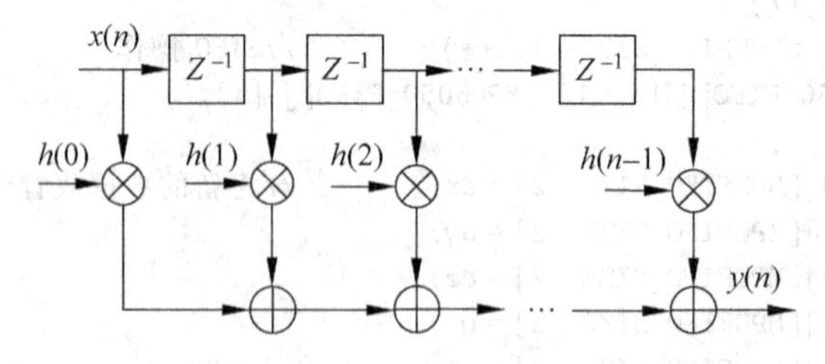

图 7-7　FIR 滤波器横截型基本结构流程图

由图 7-7 的结构可以得到离散 FIR 滤波器系统的差分方程表达式:

$$y(n) = \sum_{m=0}^{n-1} h(m)x(n-m) \tag{7-5}$$

其中，m 表示滤波器的阶数。此外，FIR 滤波器还有其他不同的形态，例如级联型等。FIR 滤波器的特性是：

(1) 系统的单位冲激响应 $h(n)$ 在有限个 n 值处不为零。

(2) 系统函数 $H(z)$ 在 $|z|>0$ 处收敛，极点全部在 $z=0$ 处（因果系统）。

(3) 结构上主要是非递归结构，没有输出到输入的反馈，但有些结构中（例如频率抽样结构）也包含反馈的递归部分。

(4) 单位冲激响应 $h(n)$ 为一个 N 点序列，$0\leqslant n\leqslant N-1$，滤波器的系统函数为 $H(z)=\sum h(n)z-1$，它有 $(N-1)$ 阶极点在 $z=0$ 处，有 $(N-1)$ 个零点位于有限 z 平面的任何位置。

在实际应用中，对于时域信号应用 FIR 滤波器，最简单的方法就是采用二阶 FIR 滤波器。实现的代码示例如下：

```
/**************************** 实现 FIR 滤波器 ************************
输入信号 x[n],输出信号 y[n],FIR 滤波器调节参数 alpha,且 0<alpha<1
y[n] = alpha*x[n] + (1-alpha)x[n]
*********************************************************************/
float fir_filter(float x, float alpha)
{
    static float x_n1 = 0;
    float y;
    y = alpha * x + (1 - alpha) * x_n1;
    x_n1 = x;
    return y;
}
```

由代码可知，滤波系数 alpha 的调整决定了滤波器的响应，当 alpha=1 时，滤波器没有起作用；当 alpha=0 时，滤波器将 x 的值全部滤除。在 0～1 之间调整，可以调整滤波器的响应范围，这就是最简单的 FIR 滤波器。它的 Z 变换是

$$H(z)=\alpha+(1-\alpha)z^{-1} \tag{7-6}$$

这个离散时间系统在 $\alpha=0.5$ 时的幅频特性和相频特性如图 7-8(a)和图 7-8(b)所示。

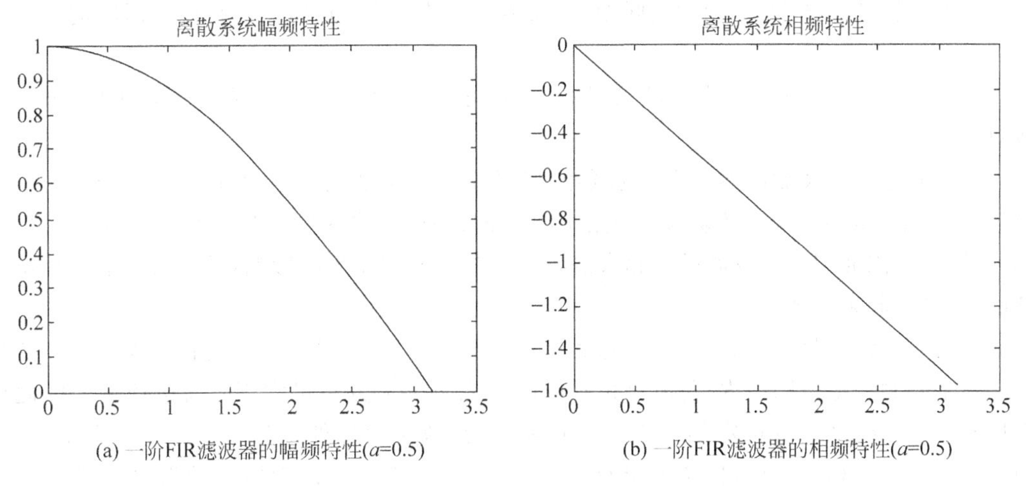

(a) 一阶FIR滤波器的幅频特性(a=0.5)　(b) 一阶FIR滤波器的相频特性(a=0.5)

图 7-8 一阶 FIR 特性

7.5.3 IIR 滤波

IIR(Infinite Impulse Response)滤波器，即无限冲激响应滤波，是一种递归型滤波器。由于它具有输出反馈环路部分，导致任何时刻的输入都会对后续的输出产生影响，因此称为无限冲激响应。

它的直接型基本形态如图 7-9 所示。

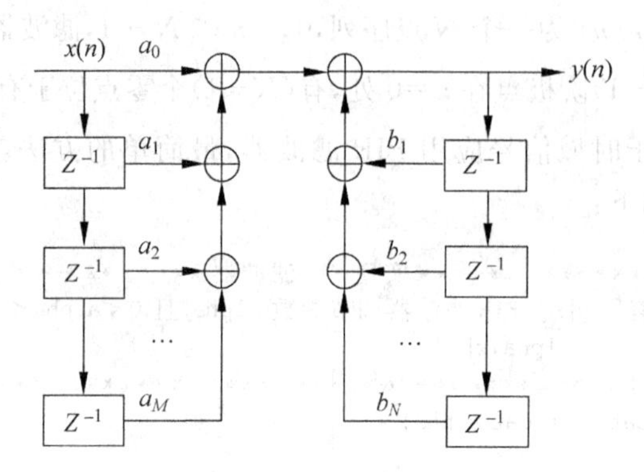

图 7-9 IIR 滤波器直接型的基本形态

IIR 数字滤波器作为线性时不变的因果系统，根据图 7-9 可得它的差分方程形式为

$$y(n)=\sum_{i=0}^{M}a_i x(n-i)+\sum_{i}^{N}b_i y(n-i) \tag{7-7}$$

而它的 Z 变换的系统函数是

$$H(z)=\frac{Y(z)}{X(z)}=\frac{\sum\limits_{i=0}^{M}a_i z^{-i}}{1-\sum\limits_{i}^{N}b_i z^{-i}} \tag{7-8}$$

其中，M 与 N 分别是零极点的个数，也是阶数。IIR 滤波器除了直接型的结构以外，还有很多种其他结构的组合方式，例如级联型、并联型和正准型等，但都是具有反馈回路的。它的特点是：

(1) 单位冲激响应是无限长的，这是由它的网络中有反馈回路导致，这与 FIR 滤波器形成对比。

(2) 相比于 FIR 滤波器，IIR 滤波器的相频特性不线性，也就是不同的频率分量的信号经过 FIR 滤波器后时间差不会发生变化，但是经过 IIR 滤波器时会发生改变，这也是由反馈回路导致的，因此 IIR 滤波器设计起来需要考虑相位变化发生的影响，可能需要增加相位调整网络，设计起来更加复杂。

(3) IIR 滤波器传递函数包括零点和极点两组可调因素，从系统稳定性来说对极点的唯一要求是限制在单位圆以内，位于单位圆内的任意一个地方都可实现系统的收敛。因此可以用较低的阶数来获得指定的效果。在陈怀琛的《数字信号处理教程——MATLAB 释义与实现》中提到，相比来说，FIR 的极点固定在原点，只能通过改变零点位置来实现既定效果，因此想要达到同样的幅频响应则需要更多阶数来实现。对于同样性能的响应效果，FIR 滤波器需要的阶数比 IIR 滤波器高 5～10 倍。

(4) 此外由于有反馈环，IIR滤波器运算的四舍五入导致的误差有可能会产生极限环和寄生振荡，影响稳定性。

在飞控算法当中的很多环节，对于有噪声影响的信号和参量，都可以进行简单的IIR滤波处理，降低噪声对后级运算和控制的影响，例如遥控器的输入和传感器的输入等。这里简单给出一个实际应用的例程。例如要对某个信号$x[n]$进行一阶IIR滤波器处理，采用最简单的IIR滤波器形态。

根据Sanjit K. Mitra的*Digital Signal Processing—A Computer-Based Approach*中的式(A-10)，一阶IIR巴特沃斯低通模拟滤波器为

$$H(s)=\frac{\Omega_c}{s+\Omega_c} \tag{7-9}$$

它的3dB截止频率为Ω_c，对式(7-9)进行冲激响应不变法变换，得到式(7-10)，其中，T为抽样周期。

$$H(z)=\frac{\Omega_c}{1-e^{-\Omega_c T}z^{-1}} \tag{7-10}$$

对式(7-10)中的自然指数进行幂级数展开并忽略高次项，即式(7-11)。

$$e^x=1+\frac{x}{1!}+\frac{x^2}{2!}+\frac{x^3}{3!}+\cdots+\frac{x^n}{n!} \tag{7-11}$$

可以得到式(7-12)：

$$H(z)=\frac{\Omega_c}{1-(1-\Omega_c T)z^{-1}} \tag{7-12}$$

一般保证滤波器带内幅值增益为1，可以设计对直流信号的增益为1，即当$z=1$时，也就是数字角频率ω为0时，$H(z)=1$。这样可以将式(7-12)改成直流幅值增量为1的形式，即式(7-13)：

$$H(z)=\frac{\Omega_c T}{1-(1-\Omega_c T)z^{-1}} \tag{7-13}$$

因此，可以得到一阶巴特沃斯数字滤波器的差分方程：

$$y(n)-(1-\Omega_c T)y(n-1)=\Omega_c Tx(n) \tag{7-14}$$

其中，模拟角频率$\Omega_c=2\pi f$。式(7-14)可变形成式(7-15)：

$$y(n)=(1-2\pi fT)y(n-1)+2\pi fTx(n) \tag{7-15}$$

滤波器的结构形态如图7-10所示。

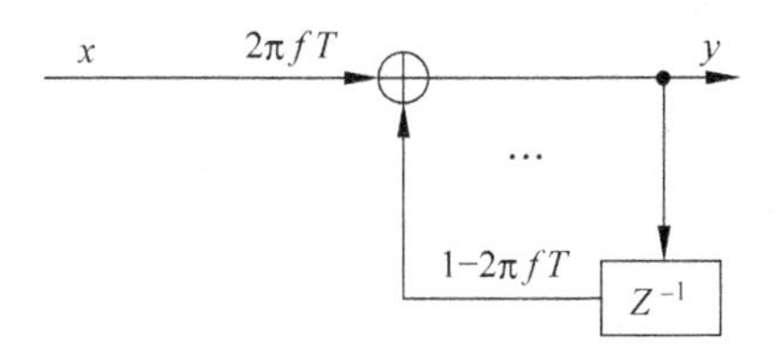

图7-10　一阶巴特沃斯滤波器

因此，该滤波器在$\Omega_c=1\text{Hz}$，$T=5\text{ms}$时的幅频特性如图7-11所示。

它的相频特性如图7-12所示。

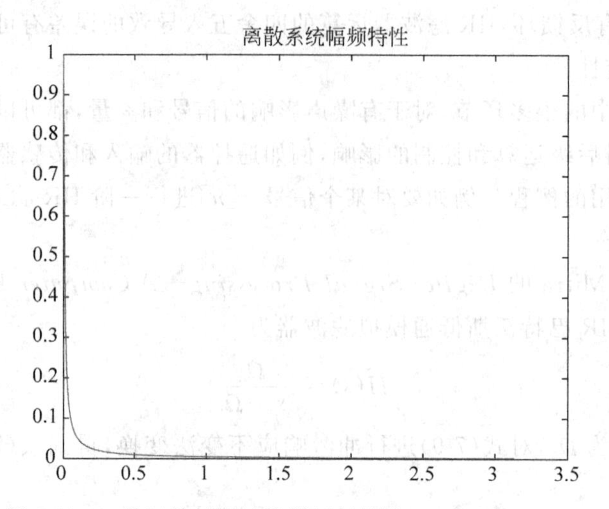

图 7-11　一阶巴特沃斯滤波器幅频特性($\Omega_c=1\text{Hz}, T=5\text{ms}$)

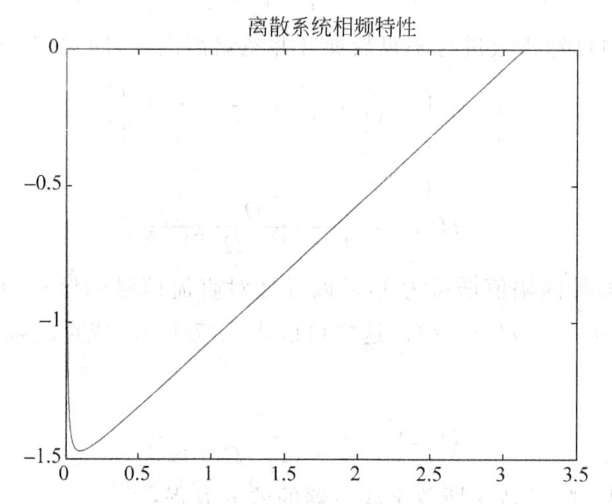

图 7-12　一阶巴特沃斯滤波器相频特性($\Omega_c=1\text{Hz}, T=5\text{ms}$)

该滤波器的实现源代码如下：

```
/******************实现 IIR 一阶巴特沃斯滤波器***********************
输入信号 x[n],输出信号 y[n],FIR 滤波器调节参数 alpha,且 0<alpha<1
y[n] = alpha * x[n] + (1 - alpha)y[n - 1]
*****************************************************************/
float fir_filter(float x,float T)
{
    float y;
    alpha = LPF_Cut_Hz * 2 * pi * T;
    y = (1 - alpha) * y + alpha * x;
    return y;
}
```

7.6 PID 参数的调试

7.6.1 飞控的 PID 参数

“光标”飞控的 SDK 源码提供了 PID 调整的接口，此外还可以通过地面站来远程调节。下面是源码级别中调节 PID 的参数定义：

```
struct FH_PID pid_rate_roll;          //对应内环 roll 通道控制参数
struct FH_PID pid_rate_pitch;         //对应内环 pitch 通道控制参数
struct FH_PID pid_rate_yaw;           //对应内环 yaw 通道控制参数
struct FH_PID pid_stable_roll;        //对应外环 roll 通道控制参数
struct FH_PID pid_stable_pitch;       //对应外环 pitch 通道控制参数
struct FH_PID pid_stable_yaw;         //对应外环 yaw 通道控制参数
```

每一个通道的控制参数均包含比例、积分和微分三项。

比例系数 P 用来控制响应，PID 参数调试的原则是在不产生振动的情况下让比例系数 P 值尽可能地高，也就是在没有超调的情况下尽可能让输出迅速达到指定值，即如图 7-1 所示的③号曲线。这样调节的直接效果是飞行器的动作响应非常快，跟随性很好，延迟小。一般来说比例系数 P 值越高，控制力越强，太大则容易震荡；值越小，则控制力越弱，机体运动的响应更慢，太小则不能迅速地修正角速度误差，表现跟随性较弱。

积分项 I 是对积分周期内的误差情况的累积，主要用于修正系统的误差偏移，太小会使得输出控制量主要依赖当前的误差，可能产生长时间的偏移；但如果太大，则表现为系统对控制的反应能力下降，反应迟缓。累积误差在表现上就是飞行器的漂移，如果在没有输入控制量或者没有打舵的时候飞行器仍然飘向一边，则可以通过积分项的调整来修正飞行器的漂移。

微分项 D 控制的是某个量是否是很快达到目标值，并且是否会过冲，它相当于对 P 参量的一个负向阻尼作用，主要用于抑制机体震荡过冲。如果飞行器在操控者打杆时非常快速地响应，那么它可能会超过指定的输出控制量，然后就会形成机体抖动，增加微分项 D 值则可以修正这种抖动，因此微分需要与比例项一同调节。由于 PID 的参数是将不同的量纲数据进行转换，因此它的参数获取与系统调试密切相关，并且需要经过大量的粗调和精调实验。但对于无人机系统来说，调试实验具有一定的危险性，并且如果参数偏差太大，则摔机的风险较大。因此一般都建议基于已经调好的参数进行微调。例如，“光标”飞控以及 APM 和 Pixhawk 等其他一些开源飞控的默认参数已经可以让飞行器进行基本的飞行动作。此外，还可以采用飞航科技的固定调姿台在一定的限定幅度范围之内安全地调节 PID 参数。调姿台如图 7-13 所示。

7.6.2 调试步骤

多旋翼飞行器调试调参的方式有很多种，一般需要经过长时间的练习才能熟练掌握，通过观察现象来判断哪些参数如何调整。在开源社区有一篇比较详细的调参文档，可以参考网址 https://github.com/betaflight/betaflight/wiki/PID-Tuning-Guide。此外相关文献也介绍了一种新的确定 PID 控制器参数的方法 Ziegler-Nichols 调节法。这里介绍比较通

图 7-13 飞航科技调节 PID 参数的调姿台

用的 PID 调节方法。

(1) 首先是调参前的准备工作，需要在电机打开的情况下(保持机体振动)确保电机与旋翼的动平衡，获得传感器的原始数据输出，并且调整传感器的低通数字滤波器的截止频率，降低传感器本身以及机体振动造成的噪声。

(2) 调整 PID 参数之前，可以先将 I 设为 0，把 P 和 D 降为极低的数值，具体多少取决于飞控本身的量纲特性。

(3) 然后针对单独的横滚 ROLL 和俯仰 PITCH 通道分别调整参数，航向通道与俯仰和横滚之间的耦合度不强，可以最后单独调试。如 7.6.1 节所述，比例项的值在保证不抖动的情况下越大越好。将一个通道的 P 值逐渐增大，增大到多少机体会抖动取决于机体的质量以及电机本身的动力，如果机体较小电机力量较大，则可能 P 值较小时就已经出现抖动；而如果机体较重或者电机力量较弱，则需要调整 P 值较大时才能出现抖动。

(4) 增加比例参数项 P 值直到出现飞行器机体高频抖动之后，将 P 值降低约 60%～80%，即从图 7-1 中的⑤号曲线调整到③号曲线，调整到悬停时不出现机体抖动为止。

(5) 通过遥控器给出一定的操控量，观察飞行器对于给定的操控量是否有一定的过冲反馈，如果有过冲反馈，则可以适当增加微分量来减小过冲。

(6) 最后在悬停或者以某个角度飞行时，改变油门，观察飞行器的飞行情况。如果飞行器有漂移或者不按照控制的方向飞行，则在漂移的反方向增加积分参数项，以消除累积误差漂移的情况。一般积分参数项 I 并不会影响比例项 P 和微分参数项 D。

(7) 对于内外环的双环级联 PID 结构的控制算法，一般先屏蔽外环，把遥控舵量直接加到内环输入上，按照上述调整完内环后再调整外环参数。

(8) 调整完一个通道后再调整另一个通道，最后调整航向通道。

第8章 油门和高度控制

CHAPTER 8

8.1 油门输入曲线

油门曲线的作用是用来调整油门的操作曲线，使得操纵杆动作和输出的响应相协调。本书以乐迪AT为例讲述如何设置遥控器的输出曲线，操作步骤如表8-1所示，设置界面如图8-1所示。油门输出曲线可以设置7个点的坐标，图8-1中1号点的横坐标(-stk-)为0，对应的纵坐标(-out-)也为0，中间4号点横坐标(-stk-)为50，对应的纵坐标(-out-)也为50，以此类推描绘出7个点，用线将这7个点连接起来就是中间那一条折线，即为油门输出曲线，图中与虚线和折线交叉的竖实线表示摇杆位置，从左移动到右表示摇杆位置由低到高。

表8-1 油门曲线设置指引

设定举例	设定举例	操作指引
基点：调整油门曲线的基点直至发动机到达可靠的怠速位置 -out-输出舵机位置； -stk-曲线点，操纵杆位置	打开油门曲线功能	按下Mode键1秒以上(如果进入高级菜单，则再次按下)，到油门曲线，按下Push
	激活此功能	Push旋钮到混控，按下Push，旋转Push到打开
	调整第一个点	Push旋钮1(-out-)，按下Push，旋转Push到期望的舵机位置
	可选功能：分配开关	Push旋钮到开关(SW)，按下Push，旋转Push到需要的开关
	可选功能：移动曲线上的点(例如第三点)	Push旋钮到点3(-stk-)，按下Push，旋转Push到需要的曲线点左或者曲线点右
	可选功能：删除曲线上的点然后恢复曲线上的点(例如第三点)	Push旋钮到点3(-stk-)，按下Push 1秒删除曲线点 Push旋钮到点3(-stk-)，按下Push 1秒返回
	调整下一点	按需要重复
	关闭	按一次END到主菜单，再按一次END退出

图8-2中对第2个点的坐标做了修改，横坐标(stk)为25，对应的纵坐标(out)改为10。

值得注意的是，遥控器的摇杆位置和stk值并不是成线性关系，出厂stk的7个值将横轴(stk轴)等分成6段，如图8-3所示的纵轴(stk轴)，轴上的值并不是均匀分布的，遥控器摇杆位置和stk值大致关系如该图所示。图8-3中的纵轴和图8-2中的横轴一样都是表示stk，这也是图8-1中的out和stk的线性关系不是直线的原因。

类似于图 8-3 的曲线体现了一种常见的油门曲线，在杆量小于 50% 的情况下，斜率不断增长。这样可以在从最低点推杆初期，油门是逐渐加上去，确保操纵手熟悉电机的运转情况。

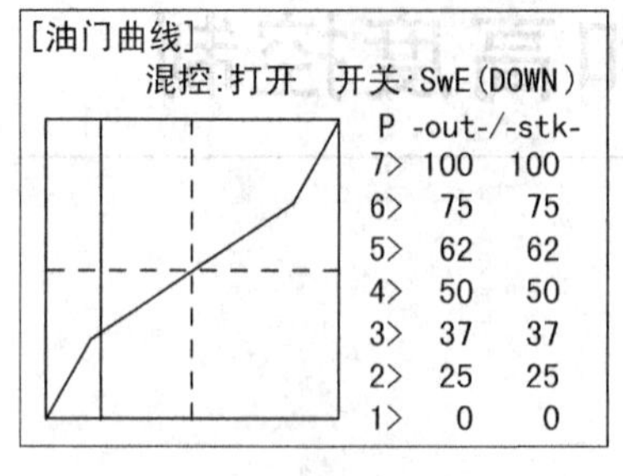

图 8-1 油门曲线设置界面

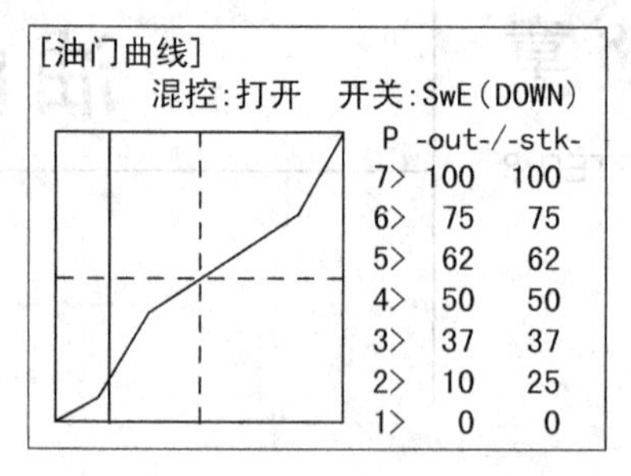

图 8-2 修改后的油门曲线设置界面

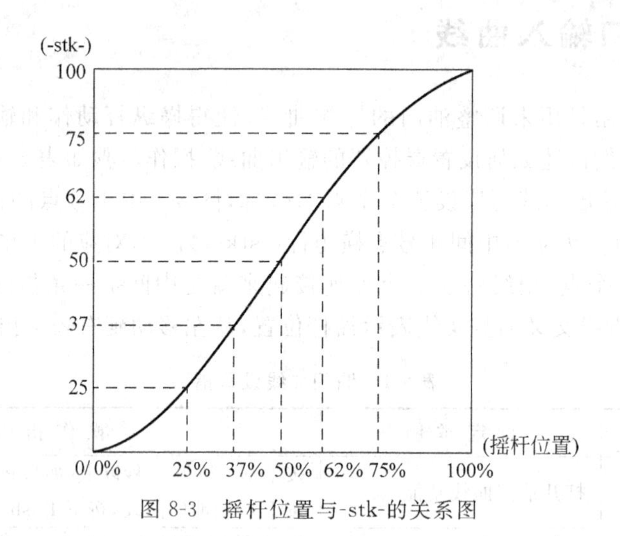

图 8-3 摇杆位置与-stk-的关系图

可以根据不同的飞行器和自己的操作习惯来修改油门曲线，以此来获得更好的操作体验。当然，如果自己手上的遥控器没有设置油门曲线的功能，摇杆和输出量呈现一个线性关系，那么可以通过软件来设置油门曲线。即把读取到的遥控器值当作一个输入量，经过系统处理后输出，输出量就是最终需要使用的值，这个输入量就可以根据自己的需求来处理。

8.2 油门解锁功能

油门锁定和油门解锁是一组对应的功能，也叫作无人机锁定和无人机解锁，容易与油门保持相混淆。油门保持功能的意义在于，自动转换下降时因操作油门保持开关，而使引擎的油门固定形成减速状态或使化油器锁紧形成停止。微调油门的位置以其基准的－50% 到＋50% 范围内来做动作设定。而油门锁定是指飞行器电机停机，电机转速不再受遥控器油门通道影响，进入这个模式的方式对于不同飞控的设定可能不一样，例如使用最多的大疆无人机，它进入油门锁定状态的方式是缓慢向下拉动油门杆，直至飞行器降落，保持油门杆处在最低位置两秒即可。一般不会让飞行器还在空中时就进入油门锁定状态，除非是特殊情况，如飞行器即将冲入人群，这种情况进入锁定状态来最大程度上减少伤害，当然这也会导致飞行器坠毁。油门解锁是指让无人机进入飞行准备状态，在这个状态下，飞行器可根据遥控器的控制信号飞行，不同的飞行器在这个状态下表现也可能不一样（油门杆处于最低位置），一般飞控系统在油门解锁之后会使电机进入怠速状态，拥有一个怠速速度，还有部分飞行器在油门解锁后电机依然处于停机状态，这两种情况电机都可以受油门遥控。

8.3 油门权重分配和电调输出

油门权重主要用在小油门控制的时候，用于平衡各控制量的输出，避免小油门的时候有剧烈运动，这个量是根据油门通道计算出来的一个系数，一般油门通道值越小这个系数值越小，油门通道值越大这个系数值越大。以下为油门权重计算的一种方式：

```
Y = thr/500;
Thr_Weight = constrain_float(Y,0,1);
```

其中，Y 代表中间变量；thr 是油门输入值，范围是 0～1000；Thr_Weight 为油门权重值；constrain_float 是一个函数，功能是将第一个参数限制在第二个和第三个参数范围之间。可见此计算方式下油门权重值 Thr_Weight 与油门值的关系如图 8-4 所示。

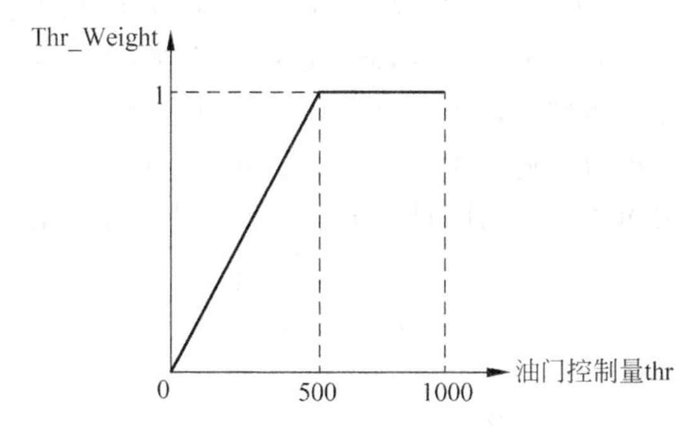

图 8-4 油门控制量与油门权重值的线性关系图

根据 1.6.3 节所分析的飞行原理，如果需要让飞行器升降或者保持悬停，那么就需要让四个电机转速保持相同值，这个值称为油门值，R1、R2、R3 和 R4 分别表示 1 号、2 号、3 号和 4 号电机转速控制量，Thr 表示油门值，四个电机的转速公式分别为

$$R1 = Thr \tag{8-1}$$

$$R2 = Thr \tag{8-2}$$

$$R3 = Thr \tag{8-3}$$

$$R4 = Thr \tag{8-4}$$

当希望飞行器向右飞行时，如图 1-54 空心箭头所示，out_roll 表示向右飞的控制量（正数），那么 4 个电机的控制量可由式(8-5)、式(8-6)、式(8-7)和式(8-8)计算得到。

(1) 增大 3 号和 4 号电机转速，1 号和 2 号电机转速不变。

(2) 减小 1 号和 2 号电机转速，3 号和 4 号电机转速不变。

(3) 增大 3 号和 4 号电机转速的同时减小 1 号和 2 号电机转速。

$$R1 = Thr - out\_roll \tag{8-5}$$

$$R2 = Thr - out\_roll \tag{8-6}$$

$$R3 = Thr + out\_roll \tag{8-7}$$

$$R4 = Thr + out\_roll \tag{8-8}$$

如果 out_roll 为负数，可根据式(8-5)、式(8-6)、式(8-7)和式(8-8)得到电机控制量，使飞行器向左飞行。

如果希望飞行器向前飞行，如图 1-52 所示，out_pitch 表示向前飞的控制量(正数)，那么 4 个电机的控制量可由式(8-9)、式(8-10)、式(8-11)和式(8-12)计算得到。

(1) 增大 2 号和 3 号电机转速，1 号和 4 号电机转速不变。

(2) 减小 1 号和 4 号电机转速，2 号和 3 号电机转速不变。

(3) 增大 2 号和 3 号电机转速的同时减小 1 号和 4 号电机转速。

$$R1 = Thr - out\_pitch \tag{8-9}$$

$$R2 = Thr + out\_pitch \tag{8-10}$$

$$R3 = Thr + out\_pitch \tag{8-11}$$

$$R4 = Thr - out\_pitch \tag{8-12}$$

如果 out_pitch 为负数，可根据式(8-9)、式(8-10)、式(8-11)和式(8-12)得到电机控制量，使飞行器向后飞行。

当希望飞行器如图 1-55 中实心箭头所指方向运动时，4 个电机的计算公式如式(8-13)、式(8-14)、式(8-15)和式(8-16)所示，out_yaw 表示旋转控制量(正数)。

(1) 增大 2 号和 4 号电机转速，1 号和 3 号电机转速不变。

(2) 减小 1 号和 3 号电机转速，2 号和 4 号电机转速不变。

(3) 增大 2 号和 4 号电机转速的同时减小 1 号和 3 号电机转速。

$$R1 = Thr - out\_yaw \tag{8-13}$$

$$R2 = Thr + out\_yaw \tag{8-14}$$

$$R3 = Thr - out\_yaw \tag{8-15}$$

$$R4 = Thr + out\_yaw \tag{8-16}$$

如果 out_yaw 为负数，可根据式(8-13)、式(8-14)、式(8-15)和式(8-16)得到电机控制量，使飞行器如图 1-55 中空心箭头所指方向运动。

综合以上几种运动的电机控制计算，可以得到电机控制量计算公式，即式(8-17)、式(8-18)、式(8-19)和式(8-20)。

$$R1 = Thr - out\_roll - out\_pitch - out\_yaw \tag{8-17}$$

$$R2 = Thr - out\_roll + out\_pitch + out\_yaw \tag{8-18}$$

$$R3 = Thr + out\_roll + out\_pitch - out\_yaw \tag{8-19}$$

$$R4 = Thr + out\_roll - out\_pitch + out\_yaw \tag{8-20}$$

为了避免飞行器在小油门时由 out_roll、out_pitch 和 out_yaw 三个量引起的飞行器剧烈运动，所以在最终的电机计算公式上使用了油门权重(Thr_Weight)值来削弱这三个值对飞行器的影响，电机控制量计算公式如式(8-21)、式(8-22)、式(8-23)和式(8-24)所示。

$$R1 = Thr - Thr\_Weight \times (out\_roll - out\_pitch - out\_yaw) \tag{8-21}$$

$$R2 = Thr - Thr\_Weight \times (out\_roll + out\_pitch + out\_yaw) \tag{8-22}$$

$$R3 = Thr + Thr\_Weight \times (out\_roll + out\_pitch - out\_yaw) \tag{8-23}$$

$$R4 = Thr + Thr\_Weight \times (out\_roll - out\_pitch + out\_yaw) \tag{8-24}$$

8.4 高度控制

要实现对飞行器的高度控制,即实现在飞行器在空中飞行的时候飞行器的高度不再发生大幅度变化,如果单纯只依靠飞行操纵手通过遥控器的油门通道来实现,那效果必然不会很理想,原因之一是飞行操纵手观察飞行器的高度变化并不精确,原因之二是即使飞行操纵手观察飞行器的高度变化比较准确,但是飞行操纵手对遥控器的油门通道操作并不能使飞行器快速稳定地恢复到原本的高度。可见这种通过飞行操作手的操作来实现定高的方式是不可取的,不仅效果不好,最主要的是要求飞行操作手精力高度集中,非常累。那么为了实现对四旋翼飞行器的自主定高控制,飞行控制器中就需要包含高度反馈模块,常用的是气压计和超声波。鉴于超声波的工作特性,因此只能用于飞行器飞行高度比较低的情况。气压计的测量范围就比较宽了,但是测量精度要比超声波差,所以一般采用气压计进行高空高度反馈,超声波则用于在飞行器处于低空时进行反馈,同时使用竖直加速度的数据来计算油补偿量,这一部分补偿量是通过传感器反馈计算出来的为了维持飞行器高度的控制量。

本书采用 mpu6050 传感器获得 x、y 和 z 三个轴的加速度 ax、ay 和 az,通过以下公式计算得到飞行器位置上的加速度 wz_acc:

```
wz_acc + = (1/(1 + 1/(20 * 3.14f * 0.002))) * ((reference_v.z * az + reference_v.x * ax +
reference_v.y * ay - 4096) - wz_acc);
```

其中,reference_v. z、reference_v. x、reference_v. y 三个值是重力加速度 g(归一化后)由大地坐标系 e 通过方向余弦矩阵转换到机体坐标系 b 上的值,如第 6.4 小节中的式(6-18)所示。

控制飞行器的上升或下降是通过遥控的油门通道实现的,如果遥控器的油门通道值位于中值偏上,飞行器上升;如果油门通道位于中值偏下,飞行器下降。飞行器的目标速度可由如下公式计算:

```
exp_height_speed = 300 * deadzone_range(thr - 500,50)/200.0f;
```

其中,300 为竖直方向最快移动速度,表示 300mm/s;Thr 为遥控器控制量;deadzone_range 为函数,如果 thr－500 的值小于 50,那么 deadzone_range(thr－500,50)的结果就为 0,如果(thr－500)＞50,那么 deadzone_range(thr－500,50)结果就为 thr －500－50,这样就可以为遥控留出一个死区范围。

通过期望的移动速度就可以计算得到期望运动高度:

```
exp_height + = exp_height_speed * T;
```

其中,T 为积分时间。

有了期望位置后就可以计算高度串级 PID 中的位置环 PID:

```
ultra_ctrl.err = (ultra_pid.kp * (exp_height - ultra_ height));
ultra_ctrl.err_i + = ultra_pid.ki * ultra_ctrl.err * T;
ultra_ctrl.err_i = constrain_float(ultra_ctrl.err_i, - Thr_Weight * 300,Thr_Weight * 300);
ultra_ctrl.err_d = ultra_pid.kd * (0.6f * ( - wz_speed * T) + 0.4f * (ultra_ctrl.err - ultra_
ctrl.err_old));
```

```
ultra_ctrl.pid_out = ultra_ctrl.err + ultra_ctrl.err_i + ultra_ctrl.err_d;
```

其中，ultra_ height 为超声测量高度；ultra_pid. kp、ultra_pid. ki 和 ultra_pid. kd 三个参数为位置环的 PID 系数；constrain_float 为浮点型的幅度限制函数；Thr_Weight 为 8.3 小节中的油门权重值；ultra_ctrl. err_old 为上次计算的 ultra_ctrl. err 值。

将高度串级 PID 中的位置环 PID 输出作为速度环的输入量来计算最终油门控制量 wz_speed_pid_v. pid_out：

```
wz_speed_pid_v.err = wz_speed_pid.kp * (exp_height_speed - h_speed);
wz_speed_pid_v.err_d = 0.002f/T * 10 * wz_speed_pid.kd * ( - wz_acc) * T;
wz_speed_pid_v.err_i + = wz_speed_pid.ki * wz_speed_pid.kp * (ultra_ctrl.pid_out - h_speed)
 * T;
wz_speed_pid_v.err_i = constrain_float(wz_speed_pid_v.err_i, - Thr_Weight * 300, Thr_Weight *
300);
wz_speed_pid_v.pid_out = thr * 2 + Thr_Weight * constrain_float((wz_speed_pid.kp * exp_height_
speed + wz_speed_pid_v.err + wz_speed_pid_v.err_d + wz_speed_pid_v.err_i), - 300,300);
```

其中，wz_speed_pid. kp、wz_speed_pid. ki 和 wz_speed_pid. kd 三个参数为速度环的 PID 系数；h_speed 为由高度传感器反馈值计算得出的竖直方向上的速度；wz_speed_pid_v. pid_out 就是最终的电机油门控制量。

第9章 自主导航系统

CHAPTER 9

9.1 自主导航概述

如同一个人在陌生环境下行走时需要知道自己所处的位置和行走的路线一样，多旋翼无人飞行器的自主导航也主要包含了自主定位与自主控制两大概念。自主定位的主要功能是让飞行器能够了解自己所处的空间位置坐标，而自主控制则是根据预设的飞行航线来控制行进运动。

无人飞行器的导航定位主要分为室外导航与室内导航两种应用场景。室外导航通常全部或主要依靠惯性导航系统(INS)和卫星定位系统。惯性导航系统通过惯性元器件测量载体相对于惯性空间的角速度和加速度，再通过对量测进行积分来推算而获得载体的导航参数并实时进行输出。其优点主要是自主性好，隐蔽性强，导航信息完备，短时精度高，数据输出率高。主要的缺点是导航误差会随时间累积。随着激光陀螺和光纤陀螺等新型惯性器件的出现，捷联惯性导航系统(SINS)以其体积小、质量轻和成本低等优点已逐渐成为惯性导航系统发展的主流。以GPS为代表的全球卫星导航系统(Global Navigation Satellite System，GNSS)具有全球性、高精度和导航结果误差不随时间发散的优点，但也存在输出频率低、基于码的位置输出具有较大的短时噪声、信号易受干扰和遮挡等缺点。

SINS与GPS具有优势互补的特点，以适当的方式将两者结合可以克服各自的缺点，取长补短，组合后的导航精度高于两个系统单独工作的精度。SINS/GPS组合导航目前通常有两种组合模式，即松组合和紧组合。松组合是直接利用GPS接收机输出的位置和速度与SINS进行组合，对SINS的长时间导航积累误差进行滤波修正；紧组合是从接收机钟提取原始的伪距和伪距率信息，通过观测卫星的星历数据，将SINS的积累误差映射成用户至卫星的视距误差，并根据伪距和伪距率残差观测方程进行滤波，对SINS的误差进行估计、修正。惯性/卫星松组合和紧组合的导航方式分别如图9-1和图9-2所示。

根据最优控制理论和卡尔曼滤波方法设计的滤波器是组合导航系统的核心。它将各类传感器输出的各种导航信息提供给滤波器，应用卡尔曼滤波方法进行信息处理，得出惯性导航系统误差的最优估计值，再由控制器对惯性导航进行校正，从而进一步提高系统的导航精度。

对于在室内导航定位的应用，由于GPS信号较弱甚至完全没有，传统的定位方法较难应用，而基于视觉的定位方法仅使用机载摄像头作为外部传感器，具有体积小、重量轻、价格

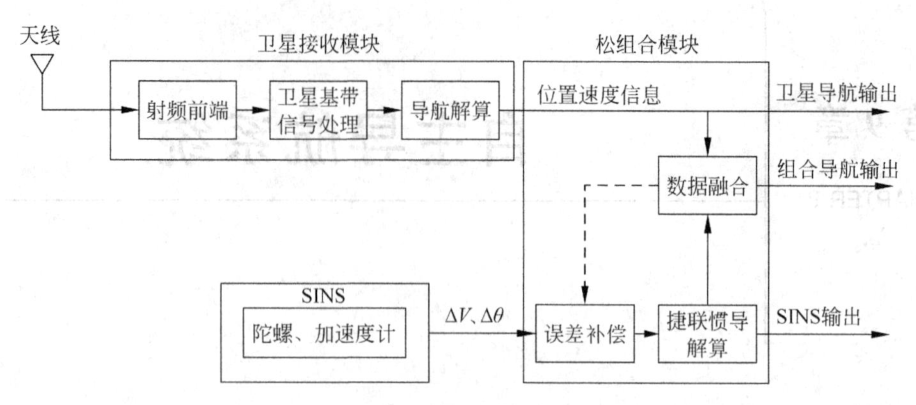

图 9-1 惯性/卫星松组合导航方式

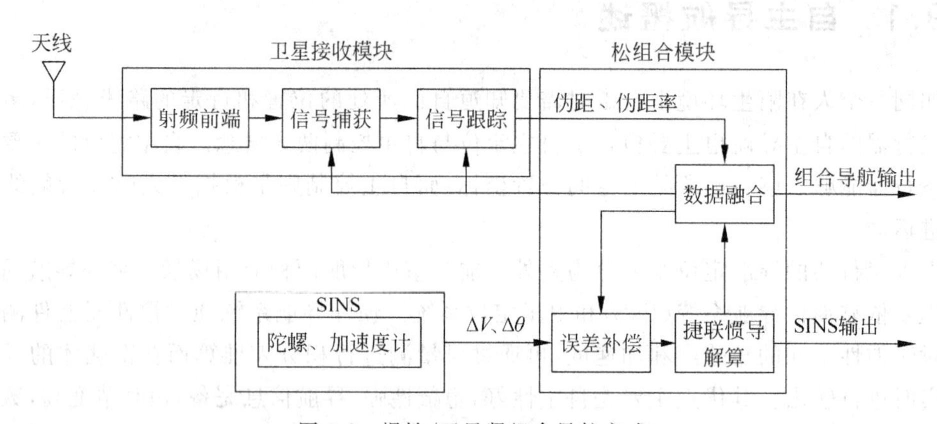

图 9-2 惯性/卫星紧组合导航方式

低和精度高等优势,这也使得视觉方法成为适用于小型多旋翼无人机的定位方法。光流是一种非常适用于小型四旋翼无人机全自主飞行控制的视觉方法,与传统的基于特征点匹配的方法相比,它不需要人工特征标示,适用于已知环境和未知环境;与 VICON 系统相比,它不需要外界运动捕捉系统;与双目视觉里程计相比,其计算量小,更容易满足闭环控制系统实时性的要求。

9.2 室内定位

9.2.1 室内定位技术

室内定位技术针对诸如建筑物内部、地下空间、城市密集区域和峡谷等复杂封闭环境,GPS 信号往往极不稳定甚至完全失效,因此传统的开放环境中基于惯性/GPS 组合导航的方法并不适用。然而室内定位技术的应用效果和体验并不如室外定位那么流畅、精准,一方面是由于这既有室内状况复杂多变,另一方面也受到技术水平的发展限制。

比较精准的室内定位技术是利用室内动作捕捉系统来进行飞行器的状态估计,其代表应用是 VICON 运动捕捉系统。该系统由安装在已知不同位置且经过标定的摄像头阵列组成,并在运行过程中综合处理各个摄像头捕捉的飞行器运动参数,从而实现飞行器的位置估计。该系统具有拍摄速度高、定位精度高和鲁棒性较好等优点。但由于需要事先安装动作捕捉系统，且运行性能依赖摄像头阵列的精确标定，因此该系统的实际应用范围较窄。

当前更主要的应用和研究是利用机载传感器获得外部环境信息，实现基于环境特征的相对运动估计，进而将以上运动估计信息与惯性测量值进行融合获得更精确的飞行器状态估计。当前广泛使用的传感器主要有 WiFi、蓝牙、UWB、超声波、LED、磁场、激光测距仪、彩色摄像头和 RGB-D 相机等视觉设备。这些方案各有特点，适用于不同的需求和场景。有的需要额外搭建室内基站，例如 WiFi、蓝牙和 UWB 等，有的则只需要运动物体自身携带主动探测设备；有的定位精度受外界影响较大，有的则要求算法和处理能力较高。

其中 WiFi、蓝牙和 UWB 采用的是定位目标与基站之间的距离进行 n 点定位运算，其原理如图 9-3 所示。图 9-3 中，定位目标可以获得相对基站之间的距离以及基站本身的位置，通过几何运算，就能得到定位目标的定位坐标，有三个基站就能获得平面坐标，有四个基站就能获得空间坐标。

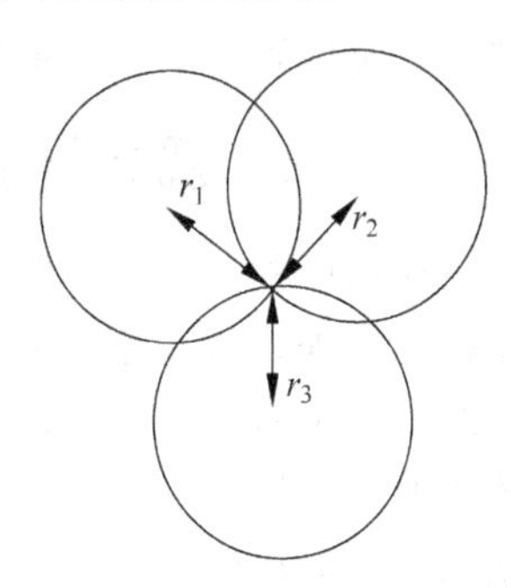

图 9-3　多基站定位法

这种方法根据信号接收强度与距离的关系公式来估计出定位目标到基站的距离，但是这种信号强度本身具有一定的随机性，并且易受外界的环境影响，因此误差较大，导致定位精度也较低。一般需要通过增加部署的基站个数来补充观测源从而提高精度。采用 WiFi 定位技术的公司有 WIFISLAM（已经被苹果公司收购）、Sensewhere（腾讯投资，采用 WiFi＋蓝牙混合定位），而采用蓝牙定位技术的最主要代表就是苹果公司的 iBeacon 技术。由于蓝牙 4.0 的低功耗特性，使得蓝牙室内定位可以以较低的功耗成本实现，也易于在手机中实现，但蓝牙的传输距离限制，也要求基站部署点的密度较高，从而给部署成本和维护成本带来了较大压力。

UWB 技术是 20 世纪 60 年代美国军方研究的一种军用雷达技术，Intel 最早在 2002 年展示了它的商用技术。UWB 信号是指定位信号的时域宽度很窄，而频域宽度极宽的脉冲信号。它通过基站与定位目标之间发送脉冲信号来测量飞行时间 TOF，以进行测距。由于脉冲信号本身的特性，使得它的频域抗干扰性、抗多径能力和稳定性都比较强，并且测距的精度也比 WiFi 和蓝牙定位高，主要应用该技术的公司有 Ubisense 和 LocalSense 等公司。

此外还有 LED 定位，利用安装在室内的 LED 采用调制发射的编码信息来与定位目标通信，定位目标通过解码来获取自身到 LED 灯的距离信息，从而解算出定位。此类应用有 AcuityBrands 公司和华策光通信。

另外一个传统的方式就是惯导定位，但是由于惯导本身的缺陷，导致长时间累积误差和定位漂移。因此一般都是惯导与其他定位方式组合使用。

超声波测距器常简称为声呐，是一种主动发射超声波然后利用声波反射时间来测量距离的探测器，在第 5 章中有所介绍。它的优点主要是价格低、结构简单、精度一般可达厘米级，在对声速实施温度等因素补偿后，其对于环境因素变化的鲁棒性较好。缺点是受温度影响大，高吸收的反射材质可导致其不能工作，量测速度慢而导致不能满足高速运动，方向分辨率差，获取信息单一且少，无法对未知环境进行高密度探测。超声测距器通常用于微小无人机的高度测量或简单障碍检测。

激光测距器由激光发射器、激光接收器和测量电路等组成，它通过激光的反射特性实现测量，利用激光从发射到接收的时间，计算出传感器位置到目标的距离。它在运行时向环境中投射出一系列具有规则几何相对关系的激光束和超声波，然后通过测量激光束能量的反射时间来获得自身相对于环境的相对距离，其测量输出值一般为一系列以固定角度排列的相对距离参数。它的优点是环境感知范围大，数据精度高，位置估算算法计算量小且精度高，能完成大尺度室内环境的自主飞行和环境建模任务，测量不受环境光的影响。其缺点是设备复杂、价格高，重量大。激光测距仪仅可以提供二维的相对距离信息，难以适应复杂的三维环境，限制了它在微小型四旋翼飞行器中的应用。

视觉定位是近年来机器人技术发展和图像处理技术发展的最重要的成果。目前常用的视觉定位传感器主要有单目视觉、双目视觉和 RGB-D 等。

9.2.2 视觉导航

视觉里程计是一个仅利用单个或多个相机的输入信息估计智能体的运动信息的过程。在视觉里程计的具体运用中，系统通过单目或双目相机获取的图像序列，经过特征提取、特征匹配与跟踪和运动估计的处理，得出载体的六个自由度的更新，完成定位。在此过程中，载体通过相机获得图像，匹配前后两个关键帧，在视觉系统已标定好的前提下，可恢复出视觉系统的运动信息，进而获得载体的运动信息。光流与视觉里程计的工作原理在第 5 章传感器中有详细介绍。视觉里程计技术根据所使用的视觉系统不同，可以分为单目和立体两类。

单目视觉是指使用单摄像头采集到的单幅或多幅图像来进行三维重建的方法。单目视觉用于室内定位的优势是低功耗、质量轻、价格低、不需要精确安装，可获取丰富的环境图像信息且测量范围远。其缺点是环境尺寸只能通过单目平移获取，误差较大，无法直接估计运动距离的真实尺度，需要附加惯性传感器，不能同时获取密集的环境三维信息，且算法结构复杂导致实现起来更为困难。单目视觉里程计的方法较多，以 PTAM 算法为例，其主要原理是从图像上捕捉特征点，通过五点法初始化地图，然后检测出平面，在此基础上建立虚拟的 3D 坐标。

双目视觉是一种和人眼测距原理相似并根据双目视差测量深度的方法。双目视觉的优点是方法比较成熟，缺点是计算量大，易受环境中的特征影响。双目视觉(立体视觉)方法采用两个经过标定的彩色摄像头，其工作原理也是通过对连续帧图像的特征提取和匹配实现飞行器的相对运动估计。与单目视觉方法不同，双目视觉方法可利用相同环境特征在两个摄像头中的投影位置，结合两个摄像头的位置关系估计出飞行器与环境的相对距离。双目视觉方法的主要缺点是双目视觉里程计环境深度估计过程的计算量较大，当环境特征距离较远时难以有效估计环境深度。

RGB-D 传感器利用主动发射光来获取环境信息，它同时集成了 CMOS 摄像头和深度测量单元，可同时提供外部环境的彩色图像(RGB)和三维深度数据(D)。RGB-D 传感器根据其获取三维深度数据方式的不同，可分为两类。一类是使用结构光来感知环境的深度信息，通过主动向环境空间发射经过结构化编码的红外光线，从而在环境空间的被测方向投射到物体表面并产生反射光斑，进而通过摄像头检测接收环境中的反射结构光斑图案来测量空间的三维深度。另一类是使用飞行时间测量物体的距离，即通过测量光脉冲之间传输延迟的时间来计算深度信息。RGB-D 传感器的 CMOS 摄像头可获取环境的彩色图像，三维深度的测量基于结构光技术或者 TOF 技术实现。RGB-D 相机成本较低、体积较小、精度高、重量较轻，能获取 RGB-D 图像，可以直接提供三维深度数据，能够在光照不良或纹理较少的环境中有效检测三维深度，因此更适合于复杂三维环境中的微型四旋翼飞行器的运动估计和环境建模。缺点是可视角小，测量距离有限，伴随高级处理会带来噪声等。这种传感器应用最具代表性的就是微软的 Kinect 体感外设。

视觉里程计研究主要以局部视觉特征提取与匹配和运动估计两部分内容为主。局部视觉特征提取算法通常包括局部视觉特征检测和关键点及其区域的描述，检测主要是确定关键点位置及其区域大小，如角点、斑点和区域等；描述则以特征向量描述子的形式完成。特征匹配过程可以归结为一个通过距离度量特征点与特征点间的相似程度的问题，常涉及通过距离度量建立索引结构和通过搜索算法寻找最相似的点集两部分。运动估计则是以从二维图像集中恢复相机运动和三维世界结构为目标，通常有绝对定向和相对定向两种形式。

无人飞行器的视觉导航 SLAM 应用就是基于视觉里程计的原理和方法发展起来的对三维视觉空间建立一种特征点云的集合描述技术。

9.2.3 SLAM 简介

SLAM 即同步定位与地图构建(Simultaneous Localization and Mapping)，可描述为移动机器人在未知环境中根据采集到的环境数据估测当前的位置和姿态，并随着运动实现增量式构图，同时构图又反过来提高定位的精度。该方法一般分为前端和后端两部分，前端根据采集的环境数据估测移动机器人相对运动情况，后端则根据地图实现对运动轨迹的全局位姿校正。相对运动估计是 SLAM 系统的关键技术，相对运动估计算法一般包括两个步骤:第一，寻找前后两次测量结果所包含特征间的匹配关系；第二，根据匹配好的特征集合，搜索最优的、最精确的机体变换情况。全局位姿校正的关键技术一般包括闭环检测和位姿校正。前者主要是解决在大场景中运动时误差累积导致的构图错误问题，后者是在检测到闭环之后根据闭环处的位置误差去校正历史轨迹。

视觉 SLAM 的主流方法主要有基于特征的稀疏方法和直接的稠密方法两种，ORB-SLAM(Oriented FAST and Rotated BRIEF SLAM)和 LSD-SLAM(Large-scale Direct Monocular SLAM)分别是两种方法的典型代表。ORB-SLAM 算法可以支持单目、双目和 RGB-D，能够在小尺度和大尺度、室内和室外环境实时完成位姿确定的同时构建稀疏特征点地图，执行宽基线的闭环检测和重定位，并且能够实现全自动的初始化。该算法采用点云和关键帧技术构建地图，并用局部光束平差法(Local Bundle Adjustment)进行优化。闭环检测采用了 DBoW2(Bags of Binary Words for Fast Place Recognition in Image Sequence)算法，基于图像词袋位置识别模块，优化基本图像(Essential Graph)。LSD-SLAM 是一种能够在 CPU 上实时运行的直接的单目 SLAM 算法，后续出现了适用于双目的方法 Stereo-LSD-SLAM 和全景的方法 Omnidirectional LSD-SLAM，该算法可构建大尺度一致性的环境地图，同时基于直接图像配准高精度地估计摄像机的位姿，以关键帧位姿图的形式重构 3D 环境且构建了半稠密的深度地图。

9.2.4 视觉 SLAM 闭环检测与后端优化

闭环检测(Loop Closure Detection)是指当飞行器到达一个先前已经构建过的地图位置时，能够判断出这个位置已经构建过地图，然后对原来构建过的地图进行更新和修正。如果能够准确判断将显著地减小积累误差，避免噪声引入地图冗余变量。闭环检测本质上也是一个数据关联问题。对于根据两帧图像判断是否重复来过该位置的问题，一般采用判断特征匹配正确比例的方法来解决。首先提取这两帧图像中的特征，并进行匹配，采用类似视觉测程中的 RANSAC 方法估测运动。通过计算出两帧图像的特征匹配的符合程度来判断是否重合。

后端优化是指从特征提取到运动估计以及闭环检测属于图的构建的过程。图包括点和边，点指摄像机的位姿和特征点的位置；而边是对点的约束关系，即摄像机位姿和特征位置的观测。SLAM 的实现方法，先前以贝叶斯估计理论为基础，主要有卡尔曼滤波方法和粒子滤波方法，典型的代表有 EKF-SLAM 和 FAST-SLAM，近几年图优化的方法得到了更多关注。图优化是将所有的点和边放进优化器，得到全局的最优估计，也就是同时对摄像机的位姿和特征点进行全局最优化。图优化可以利用稀疏代数进行快速求解，回环检测也容易实现。因而成为现在视觉 SLAM 中主流的优化方法。利用 g2o（General Graph Optimization，通用图优化算法）可以很容易地对 SLAM 模型进行求解优化。当前研究的热点问题是优化的时机和范围及如何兼顾实时性。

9.3 室外 GPS 定位和 NEMA 实现

9.3.1 GPS 定位系统的基本工作原理

GPS 定位原理是以 GPS 卫星和用户接收机天线之间的距离观测量为基准，根据已知的卫星瞬时坐标，来确定用户接收天线的位置。GPS 系统的定位过程可描述为围绕地球运转的人造卫星连续向地球表面发射经过编码调制的连续波无线电信号，信号中含有卫星信号准确的发射时间，以及不同的时间卫星在空间的准确位置（由卫星运动的星历参数和历书参数描述）；卫星导航接收机接收卫星发出的无线电信号，测量信号的到达时间，计算卫星和用户之间的距离，用导航算法（最小二乘法或滤波估计方法）解算得到用户的位置。

GPS 定位的基本几何原理为三球交汇原理：如果用户到卫星 S_1 的真实距离为 R_1，那么用户的位置必定在以 S_1 为球心、R_1 为半径的球面 C_1 上；同样，如果用户到卫星 S_2 的真实距离为 R_2，那么用户的位置必定在以 S_2 为球心、R_2 为半径的球面 C_2 上，用户的位置既在球 C_1 上，又在球 C_2 上，那它必行处在和这两球面的交线 L_1 上。类似地，如果再有一个以卫星 S_3 为球心、R_3 为半径的球面 C_3，那用户的位置也必定在 C_2 和 C_3 这两个球面的交线 L_2 上。用户的位置既在交线 L_1 上，又在交线 L_2 上，它必定在交线 L_1 和 L_2 的交点上。因此，在 1 个观测站上，只需要 3 个独立距离观测量。

但是，由于 GPS 采用的是单程测距离原理，卫星钟与用户接收机钟之间难以保持严格同步，受卫星钟和接收机钟同步差的共同影响，实际上观测量不是观测站至卫星之间的真实距离，而是含有误差的距离，又称伪距。当然，卫星钟钟差是可以通过卫星导航电文中所提供的相应钟差参数加以修正的，而接收机的钟差，由于精度差、随机性强，难以预先准确测定。所以，可将接收机的钟差作为一个未知参数与观测站坐标在数据处理中一并解出。因此，在一个观测站上，为了实时求解 4 个未知参数（3 个点位坐标分量及 1 个 GPS 接收机钟差误差），至少需要同步观测 4 颗卫星。

根据4颗卫星($i=1,2,3,4$)的瞬时位置(x_i,y_i,z_i)、4个卫星钟钟差(V_{ti},通常为已知)和4个伪距(ρ_i),可以得到如下的参数联立方程表达式:

$$\left.\begin{aligned}
[(x_1-x)^2+(y_1-y)^2+(z_1-z)^2]^{1/2}+c(V_{t1}-V_{t0})=\rho_1\\
[(x_2-x)^2+(y_2-y)^2+(z_2-z)^2]^{1/2}+c(V_{t2}-V_{t0})=\rho_2\\
[(x_3-x)^2+(y_3-y)^2+(z_3-z)^2]^{1/2}+c(V_{t3}-V_{t0})=\rho_3\\
[(x_4-x)^2+(y_4-y)^2+(z_4-z)^2]^{1/2}+c(V_{t4}-V_{t0})=\rho_4
\end{aligned}\right\}\tag{9-1}$$

由上述联立式即可求得接收机位置(x,y,z)和接收机钟差(V_{t0}),这就是GPS定位系统的基本工作原理。

按定位方式划分,GPS定位分为绝对定位、相对定位和差分定位。

9.3.2 单点定位

绝对定位也叫单点定位,就是根据一台接收机的观测数据来确定接收机位置的方式,它只能采用伪距观测量,可用于车船等概略导航定位。

根据用户接收机天线所处的状态不同,绝对定位又可分为动态绝对定位和静态绝对定位。在用户接收设备安置在运动的载体上,并处于动态的情况下,确定载体瞬时绝对位置的定位方法,称为动态绝对定位。动态绝对定位,一般只能得到没有(或很少)多余观测量的实时解。这种定位方法,被广泛地应用于飞机、船舶以及陆地车辆等运动载体的导航。另外,在航空物探和卫星遥感等领域也有着广泛的应用前景。在接收机天线处于静止状态的情况下,用以确定观测站绝对坐标的方法,称为静态绝对定位。这时,由于可以连续地测定卫星至观测站的伪距,所以可获得充分的多余观测量,以便在测后通过数据处理提高定位的精度。静态绝对定位方法,主要用于大地测量,以精确测定观测站在协议地球坐标系中的绝对坐标。

目前,无论是动态绝对定位或静态绝对定位,所依据的观测量都是所测卫星至观测站的伪距,所以相应的定位方法,通常也称为伪距法。根据观测量的性质不同,伪距分为测码伪距和测相伪距,所以,绝对定位又分为测码伪距绝对定位和测相伪距绝对定位。绝对定位的优点是只需一台接收机即可独立定位,观测的组织与实施简便,数据处理简单。其主要缺点是受卫星星历误差和卫星信号在传播过程中的大气延迟误差的影响显著,定位精度较低。

9.3.3 相对定位

相对定位是根据两台以上的接收机的观测数据来确定观测点之间相对位置的方法,它既可以采用伪距观测量也可以采用相位观测量。

在相对定位中,至少其中一点或几个点的位置是已知的,即其在WGS84坐标系的坐标为已知,称之为基准点。由于相对定位是用几点同步观测GPS卫星的数据进行定位,因此可以有效地消除或减弱许多相同的或基本相同的误差,如卫星钟的误差、卫星星历误差、卫星信号在大气中的传播延迟误差和SA的影响等,从而可获得很高的相对定位精度。但相对定位要求各站接收机必须同步跟踪观测相同的卫星,因而其作业组织和实施较为复杂,且两点间的距离受到限制,一般在1000km以内。相对定位是高精度定位的基本方法,广泛应用于高精度大地控制网、精密工程测量、地球动力学、地震监测网和导弹火箭等外弹道测量方面。

9.3.4 差分定位

差分GPS(DGPS)定位是一种介于单点定位和相对定位之间的定位模式,兼有这两种定位模式的某些特点。差分GPS定位广泛应用于实时性要求高以及测量精度要求高的高指标定位需求场合。

差分定位的基本方法是:在定位区域内,在一个或若干个已知点上设置GPS接收机作为基准站,连续跟踪观测视野内所有可见的GPS卫星的伪距,经与已知距离对比求出伪距修正值(称为差分修正参数)、通过数据传输线路,按一定格式播发。测区内的所有待定点接收机,除跟踪观测GPS卫星伪距外,同时还接收基准站发来的伪距修正值,对相应的GPS卫星伪距进行修正。然后,用修正后的伪距进行定位。

因为在两个观测站或多个观测站同步观测相同卫星的情况下,卫星的轨道误差、卫星钟差、接收机钟差以及电离层和对流层的折射误差等对观测量的影响具有一定的相关性。所以,利用这些观测量的不同组合进行差分定位,便可有效地消除或减弱上述误差的影响,从而提高定位精度。该方法的实时定位精度可达10~15m,事后处理的定位精度可达3~5m。但是差分定位需要数据传播路线,用户接收机要有差分数据接口,一个基准站的控制距离约在200~300km范围。

根据用户接收机在定位过程中所处的状态不同,相对定位有静态和动态之分。静态差分定位,即设置在基线端点的接收机是固定不动的,这样便可能通过连续观测,取得充分的多余观测数据,以改善定位的精度。静态差分定位一般均采用载波相位观测值(或测相伪距)为基本观测量。这一定位方法是当前GPS定位中精度最高的一种方法,广泛地应用于工程测量、大地测量和地球动力学研究等项工作中。动态差分定位是用一台接收机安设在基准站上固定不动,另一台接收机安设在运动的载体上,两台接收机同步观测相同的卫星,以确定运动点相对基准站的实时位置。根据采用的观测量的不同,动态差分定位通常可分为以测码伪距为观测量的动态差分定位和以测相伪距为观测量的动态差分定位。

动态差分定位中,根据数据处理的方式不同,通常可分为实时处理和测后处理。数据的实时处理,要求在观测过程中实时地获得定位的结果,无须存储观测数据。但在流动站与基准站之间,对应运动目标的导航、监测和管理具有重要意义。数据的测后处理,要求在观测工作结束后,通过数据处理而获得定位的结果。这种处理数据的方法,可能对观测数据进行详细分析,易于发现粗差,也不需要实时地传输数据。但需要存储观测数据。观测数据的测后处理方式,主要应用于基线较长,不需实时获得定位结果的测量工作,如航空摄影测量和地球物理勘探等。

9.3.5 GPS标准协议NEMA

NEMA协议的由来:NMEA协议是为了在不同的GPS(全球定位系统)导航设备中建立统一的BTCM(海事无线电技术委员会)标准,由美国国家海洋电子协会(The National Marine Electronics Association,NMEA)制定的一套通信协议。GPS接收机根据NMEA-0183协议的标准规范,将位置和速度等信息通过串口传送到PC机和PDA等设备。

NMEA-0183协议是GPS接收机应当遵守的标准协议,也是目前GPS接收机上使用最广泛的协议,大多数常见的GPS接收机、GPS数据处理软件和导航软件都遵守或者至少兼容这个协议。

NMEA-0183 协议定义的语句非常多，但是常用的或者说兼容性最广的语句只有 $GPGGA、$GPGSA、$GPGSV、$GPRMC、$GPVTG 和 $GPGLL 等。市面上部分 GPS 模块(如 U-BLOX GPS)都是使用这样的一种协议，下面给出这些常用 NMEA-0183 语句的字段定义解释(单片机使用串口从 U-BLOX GPS 接收到 6 串数据分别包含 $GPGGA、$GPGSA、$GPGSV、$GPRMC、$GPVTG 和 $GPGLL 这几个字段，通常使用包含 $GPGGA 的那帧数据就可以获得定位信息，当然读取其他字段也可以获得定位信息，如 $GPRMC)。

1) $GPGGA

例：$GPGGA,092204.999,4250.5589,S,14718.5084,E,1,04,24.4,19.7,M,,,,0000*1F。

(1) 字段 0：$GPGGA，语句 ID，表明该语句为 Global Positioning System Fix Data (GGA)GPS，即定位信息。

(2) 字段 1：UTC 时间，hhmmss.sss，时分秒格式。

(3) 字段 2：纬度 ddmm.mmmm，度分格式(前导位数不足则补 0)。

(4) 字段 3：纬度 N(北纬)或 S(南纬)。

(5) 字段 4：经度 dddmm.mmmm，度分格式(前导位数不足则补 0)。

(6) 字段 5：经度 E(东经)或 W(西经)。

(7) 字段 6：GPS 状态，0=未定位，1=非差分定位，2=差分定位，3=无效 PPS，6=正在估算。

(8) 字段 7：正在使用的卫星数量(00～12)(前导位数不足则补 0)。

(9) 字段 8：HDOP 水平精度因子(0.5～99.9)。

(10) 字段 9：海拔高度(－9999.9～99999.9)。

(11) 字段 10：地球椭球面相对大地水准面的高度。

(12) 字段 11：差分时间(从最近一次接收到差分信号开始的秒数，如果不是差分定位将为空)。

(13) 字段 12：差分站 ID 号 0000～1023(前导位数不足则补 0，如果不是差分定位将为空)。

(14) 字段 13：校验值。

2) $GPGLL

例：$GPGLL,4250.5589,S,14718.5084,E,092204.999,A*2D。

(1) 字段 0：$GPGLL，语句 ID，表明该语句为 Geographic Position(GLL)，即地理定位信息。

(2) 字段 1：纬度 ddmm.mmmm，度分格式(前导位数不足则补 0)。

(3) 字段 2：纬度 N(北纬)或 S(南纬)。

(4) 字段 3：经度 dddmm.mmmm，度分格式(前导位数不足则补 0)。

(5) 字段 4：经度 E(东经)或 W(西经)。

(6) 字段 5：UTC 时间，hhmmss.sss 格式。

(7) 字段 6：状态，A=定位，V=未定位。

(8) 字段7：校验值。

3) $GPGSA

例：$GPGSA,A,3,01,20,19,13,,,,,,,,,40.4,24.4,32.2*0A。

(1) 字段0：$GPGSA,语句ID,表明该语句为GPS DOP and Active Satellites(GSA),即当前卫星信息。

(2) 字段1：定位模式,A=自动2D/3D,M=手动2D/3D。

(3) 字段2：定位类型,1=未定位,2=2D定位,3=3D定位。

(4) 字段3：PRN码(伪随机噪声码),第1信道正在使用的卫星PRN码编号(00)(前导位数不足则补0)。

(5) 字段4：PRN码(伪随机噪声码),第2信道正在使用的卫星PRN码编号(00)(前导位数不足则补0)。

(6) 字段5：PRN码(伪随机噪声码),第3信道正在使用的卫星PRN码编号(00)(前导位数不足则补0)。

(7) 字段6：PRN码(伪随机噪声码),第4信道正在使用的卫星PRN码编号(00)(前导位数不足则补0)。

(8) 字段7：PRN码(伪随机噪声码),第5信道正在使用的卫星PRN码编号(00)(前导位数不足则补0)。

(9) 字段8：PRN码(伪随机噪声码),第6信道正在使用的卫星PRN码编号(00)(前导位数不足则补0)。

(10) 字段9：PRN码(伪随机噪声码),第7信道正在使用的卫星PRN码编号(00)(前导位数不足则补0)。

(11) 字段10：PRN码(伪随机噪声码),第8信道正在使用的卫星PRN码编号(00)(前导位数不足则补0)。

(12) 字段11：PRN码(伪随机噪声码),第9信道正在使用的卫星PRN码编号(00)(前导位数不足则补0)。

(13) 字段12：PRN码(伪随机噪声码),第10信道正在使用的卫星PRN码编号(00)(前导位数不足则补0)。

(14) 字段13：PRN码(伪随机噪声码),第11信道正在使用的卫星PRN码编号(00)(前导位数不足则补0)。

(15) 字段14：PRN码(伪随机噪声码),第12信道正在使用的卫星PRN码编号(00)(前导位数不足则补0)。

(16) 字段15：PDOP综合位置精度因子(0.5～99.9)。

(17) 字段16：HDOP水平精度因子(0.5～99.9)。

(18) 字段17：VDOP垂直精度因子(0.5～99.9)。

(19) 字段18：校验值。

4) $GPGSV

例：$GPGSV,3,1,10,20,78,331,45,01,59,235,47,22,41,069,,13,32,252,45*70。

(1) 字段0：$GPGSV,语句ID,表明该语句为GPS Satellites in View(GSV),即可见

卫星信息。

(2) 字段 1：本次 GSV 语句的总数目(1～3)。

(3) 字段 2：本条 GSV 语句是本次 GSV 语句的第几条(1～3)。

(4) 字段 3：当前可见卫星总数(00～12)(前导位数不足则补 0)。

(5) 字段 4：PRN 码(伪随机噪声码)(01～32)(前导位数不足则补 0)。

(6) 字段 5：卫星仰角(00～90)度(前导位数不足则补 0)。

(7) 字段 6：卫星方位角(00～359)度(前导位数不足则补 0)。

(8) 字段 7：信噪比(00～99)dBHz。

(9) 字段 8：PRN 码(伪随机噪声码)(01～32)(前导位数不足则补 0)。

(10) 字段 9：卫星仰角(00～90)度(前导位数不足则补 0)。

(11) 字段 10：卫星方位角(00～359)度(前导位数不足则补 0)。

(12) 字段 11：信噪比(00～99)dBHz。

(13) 字段 12：PRN 码(伪随机噪声码)(01～32)(前导位数不足则补 0)。

(14) 字段 13：卫星仰角(00～90)度(前导位数不足则补 0)。

(15) 字段 14：卫星方位角(00～359)度(前导位数不足则补 0)。

(16) 字段 15：信噪比(00～99)dBHz。

(17) 字段 16：校验值。

5) $GPRMC

例：$GPRMC,024813.640,A,3158.4608,N,11848.3737,E,10.05,324.27,150706,,,A*50。

(1) 字段 0：$GPRMC，语句 ID，表明该语句为 Recommended Minimum Specific GPS/TRANSIT Data(RMC)，即推荐最小定位信息。

(2) 字段 1：UTC 时间，hhmmss.sss 格式。

(3) 字段 2：状态，A=定位，V=未定位。

(4) 字段 3：纬度 ddmm.mmmm，度分格式(前导位数不足则补 0)。

(5) 字段 4：纬度 N(北纬)或 S(南纬)。

(6) 字段 5：经度 dddmm.mmmm，度分格式(前导位数不足则补 0)。

(7) 字段 6：经度 E(东经)或 W(西经)。

(8) 字段 7：速度，节，Knots。

(9) 字段 8：方位角，度。

(10) 字段 9：UTC 日期，DDMMYY 格式。

(11) 字段 10：磁偏角，(000～180)度(前导位数不足则补 0)。

(12) 字段 11：磁偏角方向，E=东 W=西。

(13) 字段 16：校验值。

6) $GPVTG

例：$GPVTG,89.68,T,,M,0.00,N,0.0,K*5F。

(1) 字段 0：$GPVTG，语句 ID，表明该语句为 Track Made Good and Ground Speed (VTG)，即地面速度信息。

(2) 字段 1：运动角度，000～359(前导位数不足则补 0)。

(3) 字段 2：T＝真北参照系。

(4) 字段 3：运动角度,000～359(前导位数不足则补 0)。

(5) 字段 4：M＝磁北参照系。

(6) 字段 5：水平运动速度(0.00)(前导位数不足则补 0)。

(7) 字段 6：N＝节,Knots。

(8) 字段 7：水平运动速度(0.00)(前导位数不足则补 0)。

(9) 字段 8：K＝公里/时,或 km/h。

(10) 字段 9：校验值。

7) Data and time (ZDA)时间和日期信息

$GPZDA,＜1＞,＜2＞,＜3＞,＜4＞,＜5＞＊hh＜CR＞＜LF＞。

(1) ＜1＞ UTC 时间,hhmmss(时分秒)格式。

(2) ＜2＞ UTC 日期,日。

(3) ＜3＞ UTC 日期,月。

(4) ＜4＞ UTC 日期,年。

(5) ＜5＞时区。

8) Datum (DTM)大地坐标系信息

$GPDTM,＜1＞,＜2＞,＜3＞,＜4＞,＜5＞,＜6＞,＜7＞,＜8＞＊hh＜CR＞＜LF＞。

(1) ＜1＞本地坐标系代码 W84。

(2) ＜2＞坐标系子代码空。

(3) ＜3＞纬度偏移量。

(4) ＜4＞纬度半球 N(北半球)或 S(南半球)。

(5) ＜5＞经度偏移量。

(6) ＜6＞经度半球 E(东经)或 W(西经)。

(7) ＜7＞高度偏移量。

(8) ＜8＞坐标系代码 W84。

以下是 GPS 中$GPGGA 采集和解析程序：

```
/*****************************************************************
            GPS 串口采集数据,采集 GPS 发送数据的原始值
            GPS 原始数据存储在寄存器 GPS_GNGGA 中
*****************************************************************/
void USART2_IRQHandler(void)                    //串口接收中断函数
{
    unsigned char temp;
    static unsigned char  index1 = 0, index2 = 0, start_flag = 0;
    if(USART_GetITStatus(USART2, USART_IT_RXNE) != RESET)
    {
        USART_ClearFlag(USART2, USART_FLAG_RXNE);
        temp = USART_ReceiveData(USART2);
        if(temp == '$')
        {
            start_flag = 1;
```

```
            gps_get_flag = 0;
            index2 = 0;
        }
        if(start_flag == 1)
        {
            gps_old_buf[index1] = temp;
            index1++;
            if(index1 == 6)
        {
            index1 = 0;
            start_flag = 0;
            if(gps_old_buf[5] == 'A' &&
                gps_old_buf[4] == 'G' && gps_old_buf[3] == 'G')
            {
                gps_get_flag = 1;
                GPS_GNGGA[0] = '$';
                GPS_GNGGA[1] = 'G';
                GPS_GNGGA[2] = 'N';
                GPS_GNGGA[3] = 'G';
                GPS_GNGGA[4] = 'G';
                index2 = 5;
            }
        }
    }
    if(gps_get_flag == 1)
    {
        GPS_GNGGA[index2] = temp;
        index2++;
    }
  }
}
/***************************************************************
            GPS 数值转换,将 GPS 中的数据填入相对应的数据寄存器中
***************************************************************/
void gps_analysis(void)
{
    static unsigned char i,j = 0,index = 0;
    for(i = 0;i < sizeof(GPS_GNGGA);i++)
    {
        if(GPS_GNGGA[i] == ',')
        {
            index++;
            j = 0;
        }
        else
        {
            if(index == 1)
            {
                gps_temp_buf.time[j] = GPS_GNGGA[i];
                j++;
            }
```

```
            else if(index == 2 || index == 3)
            {
                if(index == 2)
                {
                    gps_temp_buf.lat[j] = GPS_GNGGA[i];
                    j++;
                }
                else if(index == 3)    gps_temp_buf.lat[10] = GPS_GNGGA[i];
            }
            else if(index == 4 || index == 5)
            {
                if(index == 4)
                {
                    gps_temp_buf.lon[j] = GPS_GNGGA[i];
                    j++;
                }
                if(index == 5)    gps_temp_buf.lon[11] = GPS_GNGGA[i];
            }
            else if(index == 6)
            {
                gps_temp_buf.state = GPS_GNGGA[i];
            }
            else if(index == 7)
            {
                gps_temp_buf.satellite[j] = GPS_GNGGA[i];
                j++;
            }
            else if(index == 8)
            {
                gps_temp_buf.HDOP[j] = GPS_GNGGA[i];
                j++;
            }
            else if(index == 9)
            {
                gps_temp_buf.altitude[j] = GPS_GNGGA[i];
                j++;
            }
        }
    }
    index = 0;
}
/*************************************************************************
                              获取 GPS 的纬度值
*************************************************************************/
void get_latitude(void)
{
    int32_t temp_dd;
    int32_t temp_mm;
    if(gps_temp_buf.lat[0] == '0')
        temp_dd = gps_temp_buf.lat[1] - '0';
    else
```

```
        temp_dd = (gps_temp_buf.lat[0] - '0') * 10 + gps_temp_buf.lat[1] - '0';
    if(gps_temp_buf.lat[2]!= '0')
    {
        temp_mm = (gps_temp_buf.lat[2] - '0') * 1000000 + (gps_temp_buf.lat[3] - '0') * 100000 +
(gps_temp_buf.lat[5] - '0') * 10000 + (gps_temp_buf.lat[6] - '0') * 1000 + (gps_temp_buf.lat[7] - '0')
* 100 + (gps_temp_buf.lat[8] - '0') * 10 + (gps_temp_buf.lat[9] - '0');
    }
    else if(gps_temp_buf.lat[3]!= '0')
    {
        temp_mm = (gps_temp_buf.lat[3] - '0') * 100000 + (gps_temp_buf.lat[5] - '0') * 10000 +
(gps_temp_buf.lat[6] - '0') * 1000 + (gps_temp_buf.lat[7] - '0') * 100 + (gps_temp_buf.lat[8] -
'0') * 10 + (gps_temp_buf.lat[9] - '0');
    }
    else if(gps_temp_buf.lat[5]!= '0')
    {
        temp_mm = (gps_temp_buf.lat[5] - '0') * 10000 + (gps_temp_buf.lat[6] - '0') * 1000 +
(gps_temp_buf.lat[7] - '0') * 100 + (gps_temp_buf.lat[8] - '0') * 10 + (gps_temp_buf.lat[9] - '0');
    }
    else if(gps_temp_buf.lat[6]!= '0')
    {
        temp_mm = (gps_temp_buf.lat[6] - '0') * 1000 + (gps_temp_buf.lat[7] - '0') * 100 + (gps_
temp_buf.lat[8] - '0') * 10 + (gps_temp_buf.lat[9] - '0');
    }else if(gps_temp_buf.lat[7]!= '0')
    {
        temp_mm = (gps_temp_buf.lat[7] - '0') * 100 + (gps_temp_buf.lat[8] - '0') * 10 + (gps_
temp_buf.lat[9] - '0');
    }
    else if(gps_temp_buf.lat[8]!= '0')
    {
        temp_mm = (gps_temp_buf.lat[8] - '0') * 10 + (gps_temp_buf.lat[9] - '0');
    }
    else if(gps_temp_buf.lat[9]!= '0')
    {
        temp_mm = (gps_temp_buf.lat[9] - '0');
    }

    gps_temp_buf.latitude = temp_dd * 10000000 + (int32_t)(temp_mm * 5/3);
    if(gps_temp_buf.lat[10] == 'S')  gps_temp_buf.latitude = - gps_temp_buf.latitude;
}
/ ****************************************************************************
                              获取 GPS 的经度值
**************************************************************************** /
void get_longitude(void)
{
    int32_t temp_dd;
    int32_t temp_mm;
    if(gps_temp_buf.lon[0]!= '0')
    {
        temp_dd = (gps_temp_buf.lon[0] - '0') * 100 + (gps_temp_buf.lon[1] - '0') * 10 + (gps_
temp_buf.lon[2] - '0');
    }
```

```
    else if(gps_temp_buf.lon[1]!= '0')
    {
        temp_dd = (gps_temp_buf.lon[1] - '0') * 10 + (gps_temp_buf.lon[2] - '0');
    }else if(gps_temp_buf.lon[2]!= '0')
    {
        temp_dd = (gps_temp_buf.lon[2] - '0');
    }

    if(gps_temp_buf.lon[3]!= '0')
    {
        temp_mm = (gps_temp_buf.lon[3] - '0') * 1000000 + (gps_temp_buf.lon[4] - '0') * 100000 +
(gps_temp_buf.lon[6] - '0') * 10000 + (gps_temp_buf.lon[7] - '0') * 1000 + (gps_temp_buf.lon[8] -
'0') * 100 + (gps_temp_buf.lon[9] - '0') * 10 + (gps_temp_buf.lon[10] - '0');
    }
    else if(gps_temp_buf.lon[4]!= '0')
    {
        temp_mm = (gps_temp_buf.lon[4] - '0') * 100000 + (gps_temp_buf.lon[6] - '0') * 10000 +
(gps_temp_buf.lon[7] - '0') * 1000 + (gps_temp_buf.lon[8] - '0') * 100 + (gps_temp_buf.lon[9] -
'0') * 10 + (gps_temp_buf.lon[10] - '0');
    }
    else if(gps_temp_buf.lon[6]!= '0')
    {
        temp_mm = (gps_temp_buf.lon[6] - '0') * 10000 + (gps_temp_buf.lon[7] - '0') * 1000 +
(gps_temp_buf.lon[8] - '0') * 100 + (gps_temp_buf.lon[9] - '0') * 10 + (gps_temp_buf.lon[10] - '0');
    }
    else if(gps_temp_buf.lon[7]!= '0')
    {
        temp_mm = (gps_temp_buf.lon[7] - '0') * 1000 + (gps_temp_buf.lon[8] - '0') * 100 + (gps_
temp_buf.lon[9] - '0') * 10 + (gps_temp_buf.lon[10] - '0');
    }
    else if(gps_temp_buf.lon[8]!= '0')
    {
        temp_mm = (gps_temp_buf.lon[8] - '0') * 100 + (gps_temp_buf.lon[9] - '0') * 10 + (gps_
temp_buf.lon[10] - '0');
    }
    else if(gps_temp_buf.lon[9]!= '0')
    {
        temp_mm = (gps_temp_buf.lon[9] - '0') * 10 + (gps_temp_buf.lon[10] - '0');
    }
    else if(gps_temp_buf.lon[10]!= '0')
    {
        temp_mm = (gps_temp_buf.lon[10] - '0');
    }
    gps_temp_buf.longitude = temp_dd * 10000000 + (int32_t)(temp_mm * 5/3);
    if(gps_temp_buf.lon[11] == 'W')  gps_temp_buf.longitude = - gps_temp_buf.longitude;
}
/ ***************************************************************
                          获取高度值
*************************************************************** /
void get_alt(void)
{
```

```
    int32_t temp_dd = 0;
    int32_t temp_mm = 0;
    int i = 0 , j = 0;

    for(i =0; i<7; i++){

        if(gps_temp_buf.altitude[i] == '.')
        {
            j = i;
        }
    }
    if(gps_temp_buf.altitude[0] != '-')
    {
        i = 1;
        while(j--)
        {
            temp_dd = temp_dd + (gps_temp_buf.altitude[j] - '0') * i;
            i = i * 10;
        }
    }else
    {
            i = 1;
            while(--j)
            {
                temp_dd = temp_dd + (gps_temp_buf.altitude[j] - '0') * i/10;
                i = i * 10;
        }

    }
    gps_temp_buf.alt = temp_dd;
}
/*****************************************************************
                    获取有效卫星数
*****************************************************************/
void get_satellites_visible(void)
{
    if(gps_temp_buf.satellite[0] == '0')  gps_temp_buf.satellites_visible = gps_temp_buf
.satellite[1] - '0';
    else gps_temp_buf.satellites_visible = (gps_temp_buf.satellite[0] - '0') * 10 + gps_temp
_buf.satellite[1] - '0';
}
/*****************************************************************
                    获取定位状态
*****************************************************************/
void GPS::get_fix_type(void)
{
    gps_temp_buf.fix_type = gps_temp_buf.state - '0';
}
```

9.4 航路规划

航线/轨迹规划是航线规划与轨迹规划的统称，二者都属于飞行器任务规划的底层问题。航迹规划是指在综合考虑无人机的飞行特性、燃油消耗以及规划空间障碍、威胁等因素的前提下，为无人机规划出一条从起点到终点的最优或者次优飞行轨迹。航线规划与轨迹规划的共同点是考虑地形、气象等环境因素以及平台自身的飞行性能，为飞行器制定出从初始位置到目标位置的最优飞行路径；区别主要在于对飞行路径的表达粒度，以及对微分、姿态等约束条件的处理能力上。在航线规划中，飞行路径由多个航线点顺序连接所形成的航段序列表示，平台的飞行性能主要通过航段速度及航段间的夹角限制体现，一般适用于较大范围内的飞行路径的搜索与求解，其规划结果对飞行过程仅具有引导作用。轨迹规划直接从飞行器的飞行性能模型出发，在充分考虑速度和过载变化等微分约束以及航向、俯仰角、坡度等姿态约束的条件下生成飞行轨迹的控制指令序列，其规划结果具有可飞性，能够被飞行器跟踪，且始终处于飞行包线和操控能力范围内，其缺点是计算量大、求解复杂，一般用于需要进行精确的轨迹控制和姿态控制的场合。

9.4.1 航线规划

航线规划主要由规划环境建模及优化搜索两部分组成。在规划环境建模中，需要首先构造一个C空间。C空间实际上就是一种搜索空间，航线规划就是要在C空间中找到一条满足约束且使目标泛函最大/小的飞行器航迹函数。常用的规划空间表示方法有：基于概略图的规划方法、基于单元分解的规划方法和人工势场法。在此基础上设计高效的搜索算法，从上述结构化空间中搜索出最优航线。针对航线优化搜索问题，需要采用基于几何学的搜索算法进行求解。这类算法通常不考虑飞行器的运动动力学约束，其搜索效率与C空间的复杂度紧密相关。搜索算法首先用一定的准则产生满足部分约束条件的航迹点，然后在这些航迹点集合中寻找能够使航迹代价最小的点集。搜索算法主要分为确定性算法和随机性算法两大类。对给定的输入集，确定性搜索算法的搜索行为可预见、可重复，算法具有完全性，能够得到某项性能指标最优的航迹。常用的确定性算法包括 A^* 搜索算法、D^* 搜索算法、稀疏 A^* 搜索(Sparse A^* Search，SAS)算法等；随机性搜索算法由于在求解过程中采用了随机概率因子，对给定的输入集，随机过程搜索的规划行为是不可预测的，规划的结果不能保证最优，一般只能得到一条满意的航迹。随机性算法包括遗传算法、粒子群优化算法和蚁群算法等。

1. 规划空间的表示方法

1）基于概略图的规划方法

概略图(Skeleton)也称路线图(Roadmap)。在基于概略图的路径规划方法中，首先根据一定的规则将自由的C空间表示成一个由一维线段构成的网络图，然后采用某一搜索算法在该网络图上进行航迹搜索，这样路径规划问题被转化为一个网络图搜索问题。概略图必须表示出C空间中的所有可能的路径，否则该方法就是不完全的，即可能丢失最优解。常用的概略图方法包括通视图法、Voronoi 图法、轮廓图法(Sihouette)、子目标网络法(Subgoal Network)和随机路线图法(Probabilistic Roadmap，PRM)。

2）基于单元分解的规划方法

基于单元分解(Cell Decomposition)的规划方法首先将自由的C空间分解成为一些简单的单元，并判断这些单元之间是否是连通的(存在可行路径)。为了寻找从起始点到目标点之间的路径，首先找到包含起始点和目标点的单元，然后寻找一系列连通的单元将起始单元和目标单元连接起来。单元的分解过程可以是对象依赖的，也可以是对象独立的。栅格法和四叉树法是常用的两种对象独立单元分解的方法。

3）人工势场法

人工势场法的主要思想是将运动体在物理空间中的运动设计成在一种抽象的人工势场中的运动，在该空间中，目标点产生一个引力场，对运动体产生吸引力，而障碍物产生一个斥力场，对运动体产生斥力，引力和斥力同时作用于运动体，控制其运动方向，使得运动体向着目标点进行避障运动。该方法规划时间短，执行效率高且不需对全局路径进行搜索，对于路径生成实时性和安全性要求较高的规划任务非常适用，它得到的规划路径虽然不一定最短，但却是最平滑和最安全的。人工势场法主要缺陷在于：存在陷阱区域；在相近的障碍物群中不能识别路径；在障碍物前震荡；在狭窄通道中摆动，因而可能会使飞行器在到达目标前就停止运动。常用的势场法有波传播法和调和函数法。

2. 搜索算法

1）确定性搜索算法

A^*算法中，节点x的代价函数$f(x)$表示为$f(x)=g(x)+h(x)$，其中，$g(x)$为运动体从$x_{initial}$过渡到x的代价，$h(x)$为启发式函数，代表运动体从x到达x_{goal}的代价估计值。在路径扩展的每一步中都以代价函数$f(x)$作为启发式信息，选择代价值最小的节点插入到可能路径的链表中，并对代价函数进行更新。可以证明，只要启发式函数$h(x)$满足可接纳性条件$h(x)\leqslant h^*(x)$($h^*(x)$为从x到达x_{goal}的实际代价值)且可行解存在，A^*算法一定可以找到最优路径。A^*算法本质上属于静态搜索方法，主要应用于全局已知环境信息的静态路径规划问题中。

D^*算法是在A^*算法的基础上，对二次路径规划进行改进得到的启发式搜索算法。D^*算法利用启发函数计算二维平面上节点的代价估计值，每次选择具有最小代价估计值的节点作为最佳的扩展方向，并迭代循环搜索计算周围节点的代价估计值，如果失败，则选择其他路径进行搜索，直到找到目标节点为止。D^*算法能够较好地应用于动态环境下的路径规划。但是D^*算法存在搜索空间较大的缺陷，尤其是在比较复杂的环境下，算法的搜索空间将大大增加，并且时间复杂度随地图维数的增加而呈指数级增长，从而极大地降低了路径规划的速度。

稀疏A^*算法可将飞行器约束进行简化并转化至代价函数中，在节点扩展过程中通过约束条件减少了搜索空间，有效缩短了运算时间，但该算法并不适用于在线实时应用中。

2）随机性搜索算法

遗传算法是可用于复杂系统优化的具有鲁棒性的搜索算法。该算法通过染色体的复制、交叉和变异得到新的个体，并对个体性能进行评估，从而得到最优的符合要求的个体。对全局信息有效利用和隐含并行性是遗传算法的两大特点，同时遗传算法对问题本身的限制较少，因而具有很强的通用优化能力。但遗传算法容易过早收敛，这样就会使其他个体中的有效基因不能得到有效复制，最终丢失；而且在进化后期染色体之间的差别极小，整个种群进化停滞不前，搜索效率较低，这样就会导致搜索到的结果不是全局最优解。

3）蚁群算法

蚁群算法是一种基于种群寻优的通用型随机仿生优化算法。它以蚂蚁的觅食行为和觅食策略为基础，用蚂蚁的爬行路线来表示待求解问题的初始解，不依赖于所求问题的具体数学表达式描述，具有很强地找到全局最优解的优化能力。该算法具有正反馈、较强的鲁棒性、优良的分布式并行计算机制以及易于与其他方法相结合等诸多优点；但同时也存在着搜索时间过长、容易陷入局部最优化和收敛速度慢等一些缺陷。蚁群算法包含两个基本阶段：适应阶段和协作阶段。在适应阶段，各候选解根据积累的信息不断调整自身结构；在协作阶段，候选解之间通过信息交流，以期产生性能更好的解。

粒子群算法是基于群体的，它根据某种特定的评价标准使群体中的个体向着较好的方向移动，它将每个个体当作是在 D 维搜索空间中一个不存在质量和体积的粒子。在 D 维的搜索空间中，粒子个体以一定的速度飞行，而这个速度将会依据个体本身信息和其他粒子个体提供的信息来作出调整。该算法具有通用性较强、原理简单且搜索能力全面的特点。该算法缺点主要为：在以全局最优值为搜索目标时局部搜索能力较差；容易陷入局部最优值，无法保证一定能够搜索到全局最优值；算法对参数的依赖性比较高；缺乏比较规范和统一的理论方法。

9.4.2 轨迹规划

1. 最优控制方法

间接法和直接法是求解最优控制问题数值解的两种方法。间接法基于 Pontryagin 极小值原理推导最优控制的一阶必要条件，进而构成最优轨迹的 Hamilton 边值问题进行求解。常用算法有：牛顿法、最速下降法、共轭梯度法和变尺度法等；直接法则采用参数化方法将最优控制问题转化为非线性规划问题（Nonlinear Programming Problem，NLP），并通过数值优化方法求解来获得最优轨迹。常用算法有：奇异摄动法、非线性规划法和可行方向法等。间接法求解的精度较高，且最优解满足一阶最优性必要条件。与间接法相比，直接法对初估值的敏感度低、不需要推导一阶最优性条件、易于编程实现且收敛性好。

2. 微分平坦方法

微分平坦方法以飞行状态方程组的平坦输出为出发点，通过求取平坦输出到输入空间的逆映射来获取最优轨迹控制量，目前已在无人机等飞行器轨迹规划中展开了初步应用。而根据微分平坦理论，通过平坦输出参数化，可以将最优控制问题转化为非线性规划问题进行求解。利用微分平坦理论进行轨迹规划具有很多优点：平坦输出空间的维数低于状态空间，从而能够在低维空间进行轨迹规划；微分平坦和状态反馈线性化等价，因此轨迹规划能满足运动体的动力学微分方程这一非完整性约束；利用平坦输出进行简单的微分计算即可得到期望的状态及控制输入轨迹，从而轨迹生成更加简单。

9.5 SINS/GPS 组合导航的模型和算法

9.5.1 SINS和GPS接收机的误差模型

由于SINS/GPS组合系统采用线性卡尔曼滤波器，为了系统设计方便，选择导航参数误差作为滤波器的状态，利用估计出来的误差来校正SINS的输出。其中，SINS/GPS组合导航松组合系统采用位置、速度组合方式，紧组合系统采用伪距、伪距率组合方式。

1. SINS误差状态方程

SINS误差状态由位置误差、速度误差、姿态误差角、加速度计零偏误差以及陀螺仪漂移误差等组成。误差状态向量为

$$\boldsymbol{X}_{\mathrm{I}}=[\delta L \quad \delta\lambda \quad \delta h \quad \delta v_x \quad \delta v_y \quad \delta v_z \quad \varphi x \quad \varphi y \quad \varphi z \quad \varepsilon_{\mathrm{b}x} \quad \varepsilon_{\mathrm{by}} \quad \varepsilon_{\mathrm{b}z} \quad \nabla_{\mathrm{b}x} \quad \nabla_{\mathrm{by}} \quad \nabla_{\mathrm{b}z}]$$

坐标系的定义为：i为地心坐标系，t为当地地理坐标系，e为地心地固坐标系，p为惯导平台坐标系，b为载体坐标系，c为大地坐标系。

1）平台误差角方程

SINS的导航系为当地地理坐标系(t)即东北天坐标系，平台系(p)与导航系之间的姿态误差角$\boldsymbol{\varphi}^{\mathrm{t}}$，其在t系中表示为$\boldsymbol{\varphi}^{\mathrm{t}}=[\varphi_x \quad \varphi_y \quad \varphi_z]^{\mathrm{T}}$。

平台误差方程的矢量表达式为

$$\dot{\boldsymbol{\varphi}}=\delta\boldsymbol{\omega}_{\mathrm{ie}}^{\mathrm{t}}+\delta\boldsymbol{\omega}_{\mathrm{et}}^{\mathrm{t}}-(\boldsymbol{\omega}_{\mathrm{ie}}^{\mathrm{t}}+\boldsymbol{\omega}_{\mathrm{et}}^{\mathrm{t}})\times\boldsymbol{\varphi}^{t}+\boldsymbol{C}_{\mathrm{b}}^{\mathrm{t}}\boldsymbol{\varepsilon}^{\mathrm{b}} \tag{9-2}$$

其中，$\boldsymbol{C}_{\mathrm{b}}^{\mathrm{t}}$为载体系到地理系的转换矩阵，可由姿态角实时计算得到；$\boldsymbol{\varepsilon}^{\mathrm{b}}$为陀螺仪在载体系中表示的陀螺仪漂移。

2）速度误差方程

速度误差方程的矢量表示形式为

$$\delta\dot{v}^{\mathrm{t}}=\boldsymbol{f}^{\mathrm{t}}\times\boldsymbol{\varphi}^{\mathrm{t}}-(2\delta\boldsymbol{\omega}_{\mathrm{ie}}^{\mathrm{t}}+\delta\boldsymbol{\omega}_{\mathrm{et}}^{\mathrm{t}})\times v^{\mathrm{t}}-(2\,\boldsymbol{\omega}_{\mathrm{ie}}^{\mathrm{t}}+\boldsymbol{\omega}_{\mathrm{et}}^{\mathrm{t}})\times\delta v^{t}+\boldsymbol{C}_{\mathrm{b}}^{\mathrm{t}}\,\nabla^{\mathrm{b}} \tag{9-3}$$

其中，$v^{\mathrm{t}}=[v_x \quad v_y \quad v_z]$；$\nabla^{\mathrm{b}}=[\nabla_{\mathrm{b}x} \quad \nabla_{\mathrm{by}} \quad \nabla_{\mathrm{b}z}]$；$\boldsymbol{f}^{\mathrm{t}}$为加速度计测得的比力在地理系中的表示形式。

3）位置误差方程

$$\begin{bmatrix}\delta\dot{L}\\ \delta\dot{\lambda}\\ \delta\dot{h}\end{bmatrix}=\begin{bmatrix}\dfrac{\delta v_y}{R+h}-\dfrac{v_y\delta h}{(R+h)^2}\\ \dfrac{\delta v_x}{R+h}\sec L+\dfrac{v_x}{R+h}\sec L\tan L\delta L-\dfrac{v_x}{(R+h)^2}\sec L\delta h\\ \delta v_z\end{bmatrix} \tag{9-4}$$

4）SINS误差状态方程

综合平台角误差方程式、速度误差方程式以及位置误差方程式，可以得到SINS的误差状态方程式为

$$\dot{\boldsymbol{X}}_{\mathrm{I}}=\boldsymbol{F}_{\mathrm{I}}\boldsymbol{X}_{\mathrm{I}}+\boldsymbol{G}_{\mathrm{I}}\boldsymbol{W}_{\mathrm{I}} \tag{9-5}$$

其中，系统噪声为

$$\boldsymbol{W}_{\mathrm{I}}=[\omega_{gx} \quad \omega_{gy} \quad \omega_{gz} \quad \omega_{ax} \quad \omega_{ay} \quad \omega_{az}]^{\mathrm{T}} \tag{9-6}$$

系统噪声分配矩阵为

$$\boldsymbol{G}_{\mathrm{I}} = \begin{bmatrix} \boldsymbol{O}_{6\times3} & \boldsymbol{O}_{6\times3} \\ \boldsymbol{C}_{\mathrm{b}}^{\mathrm{t}} & \boldsymbol{O}_{3\times3} \\ \boldsymbol{O}_{3\times3} & \boldsymbol{O}_{3\times3} \\ \boldsymbol{O}_{3\times3} & \boldsymbol{I}_{3} \end{bmatrix}_{15\times6} \tag{9-7}$$

$$\boldsymbol{F}_{\mathrm{I}}(t) = \begin{bmatrix} \boldsymbol{F}_{\omega} & \boldsymbol{F}_{s} \\ \boldsymbol{O}_{6\times9} & \boldsymbol{O}_{6\times6} \end{bmatrix}_{15\times15} \tag{9-8}$$

$$\boldsymbol{F}_{\mathrm{s}} = \begin{bmatrix} \boldsymbol{O}_{3\times3} & \boldsymbol{O}_{3\times3} \\ \boldsymbol{O}_{3\times3} & \boldsymbol{C}_{\mathrm{b}}^{\mathrm{t}} \\ \boldsymbol{C}_{\mathrm{b}}^{\mathrm{t}} & \boldsymbol{O}_{3\times3} \end{bmatrix} \tag{9-9}$$

其中，$\boldsymbol{F}_{\omega}$ 为对应 9 个误差的状态转移矩阵。

2. GPS 误差方程

在紧组合中，采用伪距和伪距率作为量测信息，通常选取两个与时间有关的误差：

(1) 与时钟误差等效的距离误差 b_{clk}，即时钟误差与光速的乘积；

(2) 与时钟频率误差等效的距离率误差 d_{clk}，即时钟频率误差与光速的乘积。

GPS 的误差状态方程可以表示为

$$\left.\begin{aligned} \dot{b}_{\mathrm{clk}} &= d_{\mathrm{clk}} + \omega_{\mathrm{b}} \\ \dot{d}_{\mathrm{clk}} &= \frac{1}{T_{\mathrm{clk}}} d_{\mathrm{clk}} + \omega_{\mathrm{d}} \end{aligned}\right\} \tag{9-10}$$

其中，T_{clk} 为相关时间。式(9-10)的矩阵表示形式为

$$\dot{\boldsymbol{X}}_{\mathrm{G}} = \boldsymbol{F}_{\mathrm{G}}\boldsymbol{X}_{\mathrm{G}} + \boldsymbol{G}_{\mathrm{G}}\boldsymbol{W}_{\mathrm{G}} \tag{9-11}$$

$$\boldsymbol{X}_{\mathrm{G}} = [b_{\mathrm{clk}} \quad d_{\mathrm{clk}}]^{\mathrm{T}}$$

$$\boldsymbol{F}_{\mathrm{G}} = \begin{bmatrix} 1 & 0 \\ 0 & -\frac{1}{T_{\mathrm{clk}}} \end{bmatrix}$$

$$\boldsymbol{G}_{\mathrm{G}} = \boldsymbol{I}_{2}$$

$$\boldsymbol{W}_{\mathrm{G}} = [\omega_{\mathrm{b}} \quad \omega_{\mathrm{d}}]^{\mathrm{T}}$$

9.5.2 SINS/GPS 松组合的状态方程和量测方程

1. SINS/GPS 松组合系统的状态方程

在松组合系统中，选择速度和位置作为量测信息，因此松组合系统的状态方程和 SINS 误差状态方程相同。

2. SINS/GPS 松组合系统的量测方程

设载体的真实位置为(x,y,z)，速度为(v_x, v_y, v_z)；SINS 解算出的位置为(x_1, y_1, z_1)，速度为(v_{x1}, v_{y1}, v_{z1})；GPS 给出的位置为$(x_{\mathrm{G}}, y_{\mathrm{G}}, z_{\mathrm{G}})$，速度为$(v_{x\mathrm{G}}, v_{y\mathrm{G}}, v_{z\mathrm{G}})$。量测信息为地理系中 SINS 与 GPS 的位置差和速度差。

SINS 解算的位置可以表示为

$$\left.\begin{aligned} x_1 &= x + \delta x \\ y_1 &= y + \delta y \\ z_1 &= z + \delta z \end{aligned}\right\} \tag{9-12}$$

GPS得到的位置可以表示为

$$\left.\begin{aligned} x_G &= x - n_x \\ y_G &= y - n_y \\ z_G &= z - n_z \end{aligned}\right\} \tag{9-13}$$

其中，n_x、n_y、n_z 分别是GPS接收机沿地理坐标系 x、y、z 三个轴方向上的位置误差噪声。

根据式(9-12)和式(9-13)，可以得到位置误差方程如下：

$$\left.\begin{aligned} \Delta x &= x_1 - x_G = \delta x + n_x \\ \Delta y &= y_1 - y_G = \delta y + n_y \\ \Delta z &= z_1 - z_G = \delta z + n_z \end{aligned}\right\} \tag{9-14}$$

将式(9-13)中的位置误差转换到大地坐标系中，可以得到位置误差量测方程如下：

$$\boldsymbol{Z}_p = \begin{bmatrix} R\cos L\delta\lambda + n_x \\ R\delta L + n_y \\ \delta h + n_z \end{bmatrix} = \boldsymbol{H}_p\boldsymbol{X} + \boldsymbol{V}_p \tag{9-15}$$

$$\boldsymbol{H}_p = \left[\begin{array}{ccc:c} 0 & R\mathrm{con}L & 0 & \\ R & 0 & 0 & \boldsymbol{O}_{3\times 12} \\ 0 & 0 & 0 & \end{array}\right]$$

$$\boldsymbol{V}_p = [n_x \quad n_y \quad n_z]^{\mathrm{T}}$$

同理，可以得到速度量测方程：

$$\boldsymbol{Z}_v = \begin{bmatrix} \delta v_x + n_{vx} \\ \delta v_y + n_{vy} \\ \delta v_z + n_{vz} \end{bmatrix} = \boldsymbol{H}_v\boldsymbol{X} + \boldsymbol{V}_v \tag{9-16}$$

其中，n_{vx}、n_{vy}、n_{vz} 分别是GPS接收机沿地理坐标系 x、y、z 三个轴方向上的速度误差噪声，且

$$\boldsymbol{H}_v = [\boldsymbol{O}_{3\times 3} \quad I_3 \quad \boldsymbol{O}_{3\times 9}]$$

$$\boldsymbol{V}_v = [n_{vx} \quad n_{vy} \quad n_{vz}]^{\mathrm{T}}$$

将位置量测方程与速度量测方程合并，可以得到松组合系统的量测方程：

$$\boldsymbol{Z}_l = \begin{bmatrix} \boldsymbol{H}_p \\ \boldsymbol{H}_v \end{bmatrix}\boldsymbol{X}_l + \begin{bmatrix} \boldsymbol{V}_p \\ \boldsymbol{V}_v \end{bmatrix} = \boldsymbol{H}_l\boldsymbol{X}_l + \boldsymbol{V}_l \tag{9-17}$$

9.5.3 SINS/GPS紧组合的状态方程和量测方程

1. SINS/GPS紧组合系统的状态方程

将SINS误差状态方程式(9-5)与GPS误差状态方程式(9-11)合并，可以得到紧组合导航系统状态方程

$$\begin{bmatrix} \dot{\boldsymbol{X}}_I \\ \dot{\boldsymbol{X}}_G \end{bmatrix} = \begin{bmatrix} \boldsymbol{F}_I & \boldsymbol{O} \\ \boldsymbol{O} & \boldsymbol{F}_G \end{bmatrix}\begin{bmatrix} \boldsymbol{X}_I \\ \boldsymbol{X}_G \end{bmatrix} + \begin{bmatrix} \boldsymbol{G}_I & \boldsymbol{O} \\ \boldsymbol{O} & \boldsymbol{G}_G \end{bmatrix}\begin{bmatrix} \boldsymbol{W}_I \\ \boldsymbol{W}_G \end{bmatrix} \tag{9-18}$$

即

$$\dot{\boldsymbol{X}}_t = \boldsymbol{F}_t\boldsymbol{X}_t + \boldsymbol{G}_t\boldsymbol{W}_t \tag{9-19}$$

其中，$\boldsymbol{X}_t = [\delta L \quad \delta\lambda \quad \delta h \quad \delta v_x \quad \delta v_y \quad \delta v_z \quad \varphi_x \quad \varphi_y \quad \varphi_z \quad \varepsilon_{bx} \quad \varepsilon_{by} \quad \varepsilon_{bz} \quad \nabla_{bx} \quad \nabla_{by} \quad \nabla_{bz} \quad b_{clk} \quad d_{clk}]$。

2. SINS/GPS 紧组合系统的量测方程

1）伪距量测方程

在地心地固坐标系中，设载体的真实位置为(x,y,z)，SINS 测量得到的载体位置为$(x_\mathrm{I},y_\mathrm{I},z_\mathrm{I})$，由卫星星位给出的卫星位置为$(x_\mathrm{s},y_\mathrm{s},z_\mathrm{s})$。由 SINS 推算的载体到卫星 S_i 的伪距 $\rho_{\mathrm{I}i}$ 为

$$\rho_{\mathrm{I}i}=\sqrt{(x_\mathrm{I}-x_\mathrm{s}^i)^2+(y_\mathrm{I}-y_\mathrm{s}^i)^2+(z_\mathrm{I}-z_\mathrm{s}^i)^2} \tag{9-20}$$

真实载体到卫星S_i 的距离 r_i 为

$$r_i=\sqrt{(x_\mathrm{I}-x_\mathrm{s}^i)^2+(y_\mathrm{I}-y_\mathrm{s}^i)^2+(z_\mathrm{I}-z_\mathrm{s}^i)^2} \tag{9-21}$$

将式(9-20)在(x,y,z)处进行泰勒级数展开，取一次项误差可以得到

$$\rho_{\mathrm{I}i}=r_i+\frac{x-x_\mathrm{s}^i}{r_i}\delta x+\frac{y-y_\mathrm{s}^i}{r_i}\delta y+\frac{z-z_\mathrm{s}^i}{r_i}\delta z \tag{9-22}$$

令$\frac{x-x_\mathrm{s}^i}{r_i}=l_i$、$\frac{y-y_\mathrm{s}^i}{r_i}=m_i$、$\frac{z-z_\mathrm{s}^i}{r_i}=n_i$ 为载体到卫星S_i 的向量的方向余弦。将其带入式(9-22)中，可以得到

$$\rho_{\mathrm{I}i}=r_i+l_i\delta x+m_i\delta y+n_i\delta z \tag{9-23}$$

载体上 GPS 接收机测量得到的伪距 $\rho_{\mathrm{G}i}$可以表示为

$$\rho_{\mathrm{G}i}=r_i+b_{\mathrm{clk}}+v_{\rho i} \tag{9-24}$$

根据式(9-23)和式(9-24)，可以得到伪距差量测方程

$$\delta\rho_i=\rho_{\mathrm{I}i}-\rho_{\mathrm{G}i}=l_i\delta x+m_i\delta y+n_i\delta z-b_{\mathrm{clk}}-v_{\rho i} \tag{9-25}$$

以选择 4 颗卫星$(i=1,2,3,4)$为例，则伪距量测方程为

$$\delta\dot{\rho}=\begin{bmatrix}l_1 & m_1 & n_1 & -1\\ l_2 & m_2 & n_2 & -1\\ l_3 & m_3 & n_3 & -1\\ l_4 & m_4 & n_4 & -1\end{bmatrix}\begin{bmatrix}\delta x\\ \delta y\\ \delta z\\ b_{\mathrm{clk}}\end{bmatrix}\begin{bmatrix}v_{\rho 1}\\ v_{\rho 2}\\ v_{\rho 3}\\ v_{\rho 4}\end{bmatrix} \tag{9-26}$$

式(9-26)的建模采用了地心地固坐标系，若组合系统的状态变量在大地系$(L\ \lambda\ h)$中表示，则需要将式(9-26)中的位置误差转换到大地系中。两个坐标系之间的转换关系为

$$\left.\begin{aligned}x&=(R+h)\cos\lambda\sin L\\ y&=(R+h)\sin\lambda\cos L\\ z&=[R(1-\mathrm{e}^2)+h]\sin L\end{aligned}\right\} \tag{9-27}$$

对式(9-27)两边取微分得到

$$\left.\begin{aligned}\delta x&=-(R+h)\cos\lambda\sin L\delta L-(R+h)\cos L\sin\lambda\delta\lambda+\cos L\cos\lambda\delta h\\ \delta y&=-(R+h)\sin\lambda\sin L\delta L+(R+h)\cos\lambda\cos L\delta\lambda+\cos L\sin\lambda\delta h\\ \delta z&=[R(1-\mathrm{e}^2)+h]\cos L\delta L+\sin L\delta h\end{aligned}\right\} \tag{9-28}$$

将式(9-28)代入式(9-26)，得到伪距量测方程为

$$\boldsymbol{Z}_\rho=\boldsymbol{H}_\rho\boldsymbol{X}_T+\boldsymbol{V}_\rho \tag{9-29}$$

$$\boldsymbol{H}_\rho=[\boldsymbol{H}_{\rho 1}\quad \boldsymbol{O}_{4\times 12}\quad \boldsymbol{H}_{\rho 2}] \tag{9-30}$$

2）伪距率量测方程

SINS 与 GPS 卫星S_i 之间的伪距率在地心地固坐标系中可表示为

$$\dot{\rho}_{\mathrm{I}i}=l_i(\dot{x}_\mathrm{I}-\dot{x}_\mathrm{s}^i)+m_i(\dot{y}_\mathrm{I}-\dot{y}_\mathrm{s}^i)+n_i(\dot{z}_\mathrm{I}-\dot{z}_\mathrm{s}^i) \tag{9-31}$$

其中，SINS 给出的速度等于真实值与误差的和，因此式(9-31)可表示为

$$\dot{\rho}_{\mathrm{I}i} = l_i(\dot{x}_{\mathrm{I}} - \dot{x}_{\mathrm{s}}^i) + m_i(\dot{y}_{\mathrm{I}} - \dot{y}_{\mathrm{s}}^i) + n_i(\dot{z}_{\mathrm{I}} - \dot{z}_{\mathrm{s}}^i) + l_i\delta\dot{x} + m_i\delta\dot{y} + n_i\delta\dot{z} \tag{9-32}$$

GPS 接收机测量计得到的伪距率可表示为

$$\dot{\rho}_{\mathrm{I}i} = l_i(\dot{x}_{\mathrm{I}} - \dot{x}_{\mathrm{s}}^i) + m_i(\dot{y}_{\mathrm{I}} - \dot{y}_{\mathrm{s}}^i) + n_i(\dot{z}_{\mathrm{I}} - \dot{z}_{\mathrm{s}}^i)d_{\mathrm{clk}} + v_{\dot{\rho}^i} \tag{9-33}$$

根据式(9-32)与式(9-33),可以得到伪距率差量测方程为

$$\delta\dot{\rho}_i = \dot{\rho}_{\mathrm{I}i} - \rho_{\mathrm{G}i} = l_i\delta\dot{x} + m_i\delta\dot{y} + n_i\delta\dot{z} - d_{\mathrm{clk}} - v_{\dot{\rho}i} \tag{9-34}$$

取 $i=1,2,3,4$,则伪距率量测方程为

$$\delta\dot{\rho} = \begin{bmatrix} l_1 & m_1 & n_1 & -1 \\ l_2 & m_2 & n_2 & -1 \\ l_3 & m_3 & n_3 & -1 \\ l_4 & m_4 & n_4 & -1 \end{bmatrix} \begin{bmatrix} \delta\dot{x} \\ \delta\dot{y} \\ \delta\dot{z} \\ d_{\mathrm{clk}} \end{bmatrix} \begin{bmatrix} v_{\dot{\rho}^1} \\ v_{\dot{\rho}^2} \\ v_{\dot{\rho}^3} \\ v_{\dot{\rho}^4} \end{bmatrix} \tag{9-35}$$

将地心地固坐标系中的速度转换到地理系中,则伪距率量测方程为

$$\boldsymbol{Z}_{\dot{\rho}} = \boldsymbol{H}_{\dot{\rho}}\boldsymbol{X}_{\mathrm{T}} + \boldsymbol{V}_{\dot{\rho}} \tag{9-36}$$

其中

$$\boldsymbol{H}_{\dot{\rho}} = [\boldsymbol{O}_{4\times3} \quad \boldsymbol{H}_{\dot{\rho}1} \quad \boldsymbol{O}_{4\times9} \quad \boldsymbol{H}_{\dot{\rho}2}]$$

将伪距量测方程(9-29)与伪距率量测方程(9-36)合并,得到紧组合系统的量测方程为

$$\boldsymbol{Z}_{\mathrm{t}} = \begin{bmatrix} \boldsymbol{H}_{\rho} \\ \boldsymbol{H}_{\dot{\rho}} \end{bmatrix}\boldsymbol{X}_{\mathrm{t}} + \begin{bmatrix} \boldsymbol{V}_{\rho} \\ \boldsymbol{V}_{\dot{\rho}} \end{bmatrix} = \boldsymbol{H}_{\mathrm{t}}\boldsymbol{X}_{\mathrm{t}} + \boldsymbol{V}_{\mathrm{t}} \tag{9-37}$$

9.5.4 方程离散化和卡尔曼滤波

将紧组合系统的状态方程和量测方程离散化,可得

$$\boldsymbol{X}_k^{\mathrm{t}} = \boldsymbol{\Phi}_{k,k-1}^{\mathrm{t}}\boldsymbol{X}_{k-1}^{\mathrm{t}} + \boldsymbol{\Gamma}_{k-1}^{\mathrm{t}}\boldsymbol{W}_{k-1}^{\mathrm{t}} \tag{9-38}$$

$$\boldsymbol{Z}_k^{\mathrm{t}} = \boldsymbol{H}_k^{\mathrm{t}} + \boldsymbol{V}_k^{\mathrm{t}} \tag{9-39}$$

其中,

$$\boldsymbol{\Phi}_{k,k-1}^{\mathrm{t}} = \frac{\sum_{n=0}^{2}[\boldsymbol{F}_t(t_k)T]^n}{n!}$$

$$\boldsymbol{\Gamma}_{k-1}^{\mathrm{t}} = \left\{\sum_{n=1}^{3}\frac{1}{n!}[\boldsymbol{F}_t(t_k)T]^{n-1}\right\}\boldsymbol{G}_t(t_k)T$$

其中,T 为卡尔曼滤波器的迭代周期。

将松组合系统的状态方程和量测方程离散化,可得

$$\boldsymbol{X}_k^l = \boldsymbol{\Phi}_{k,k-1}^l\boldsymbol{X}_{k-1}^l + \boldsymbol{\Gamma}_{k-1}^l\boldsymbol{W}_{k-1}^l \tag{9-40}$$

$$\boldsymbol{Z}_k^l = \boldsymbol{H}_k^l\boldsymbol{X}_k^l + \boldsymbol{V}_k^l \tag{9-41}$$

其中,

$$\boldsymbol{\Phi}_{k,k-1}^l = \sum_{n=0}^{2}\frac{[\boldsymbol{F}_l(t_k)T]^n}{n!}$$

$$\boldsymbol{\Gamma}_{k-1}^l = \left\{\sum_{n=1}^{3}\frac{1}{n!}[\boldsymbol{F}_t(t_k)T]^{n-1}\right\}\boldsymbol{G}_l(t_k)T$$

采用开环卡尔曼滤波器对误差进行最优估计,分别把松组合和紧组合离散化后的状

态方程和量测方程中的对应参量带入流程中，并用滤波得到的状态误差去校正 SINS 的输出，从而分别实现 SINS/GPS 的松组合和紧组合导航。

9.6 避障系统

萨特·福莱费施曾说过“无人机如果不能避障，跟会飞的咸鱼有什么区别”。在无人机发展已成为热潮的今天，无人机避障成为当前研发无人机系统的主流，在这个主流趋势下产生了各式各样的避障系统。避障是指飞行器在飞行过程中，通过传感器感知在其规划路线上的静态或者动态障碍物，按照算法实时更新路径，绕过障碍物，达到终点的过程。避障功能与室内定位使用的技术和传感器基本相同，因此通常情况下，两种需求是同时实现、同时应用，有着相辅相成的特点。

9.6.1 避障使用的传感器

避障的开始是需要采集到周围的环境数据，因此需要传感器对周围的环境数据进行采集，涉及的传感器与部分室内定位的设备类似。主要包括超声波传感器、激光传感器、红外传感器和视觉传感器。

9.6.2 避障算法

避障算法主要决定了飞行器的避障策略和方案，因此算法本身会影响飞行器的避障效果。常用的避障算法有 BUG 算法、人工势场法和向量场直方图。

BUG 算法，算起来是避障系统中最简单的一种避障算法，基本思路是发现障碍物后，围着检测的障碍物轮廓飞行一圈，检测出最短距离然后绕开它。目前有很多 BUG 算法，其中 BUG1 飞行器能够完全地绕开物体，然后从距离目标最近的点离开。BUG1 能够准确到达目的地，但是由于其自身算法的原因，执行的效率比较低，对于无人机续航方面影响较大。

针对 BUG1 算法进行改进后的 BUG2 算法，如图 9-4 所示，无人机开始跟踪障碍物的轮廓，并且计算当前位置与目标位置的距离，在条件触发的情况下，飞行器可以直接离开当前障碍物而不必要完全绕障碍物一圈，总体行走的路程就会减少很多。

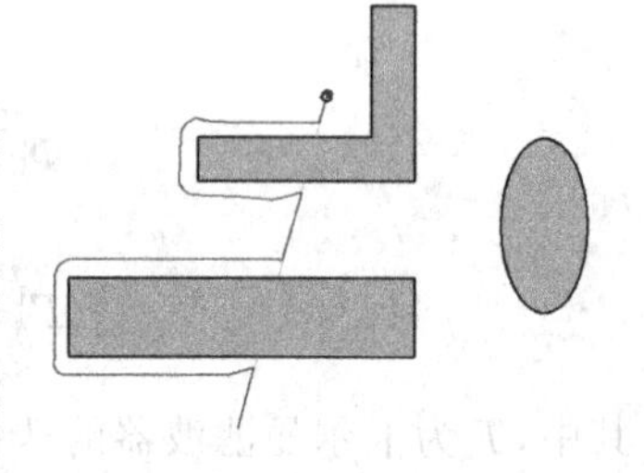

图 9-4 BUG2 算法说明

除了上述两个算法以外，还有很多其他种类的 BUG 算法，BUG 算法实现起来比较容易，但是必须需要考虑无人机行动条件和飞行环境等，在现实环境中具有很多外部干扰，尤其是绕障碍物飞行，特别容易造成飞行事故。

人工势场法的基本思想是目标对飞行器产生“引力”，障碍物对目标产生“斥力”，最后通过合力来控制飞行器的运动。应用势场法规划的路径一般都是比较平滑并且安全的。这种算法存在局部最优问题，并且当飞行器逐渐靠近目标的时候，周围的“斥力”将会增大，“引力”将会减小，若目标位置周围存在障碍物的话，“斥力”将比“引力”大得多，这样目标点将不是整个势场的全局最小点，因此无人机将不可能到达目标。这样就存在局部最优解的问题，因此如何设计“引力场”问题就成为该方法的关键。如图 9-5 所示，小球的起点为顶部，目标位置为谷底，周围的障碍物给予小球斥力，谷底给予小球引力，小球根据引力与斥力的矢量和得出了一条路径。

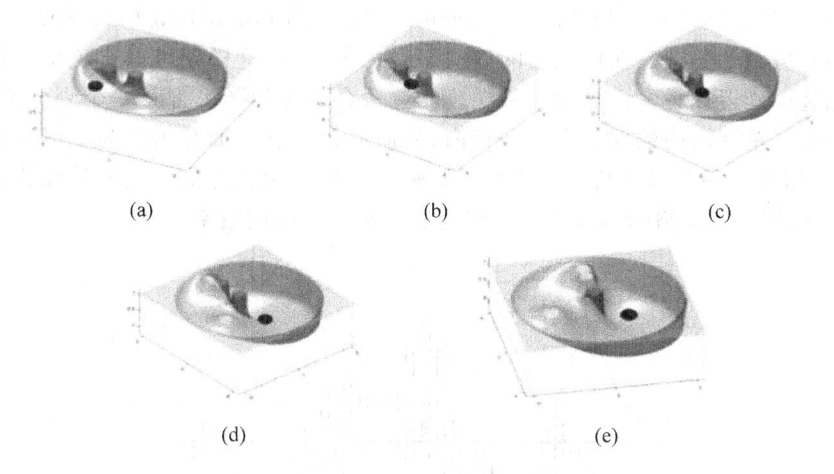

图 9-5　小球运动路径

其中，常用的引力场函数为式(9-42)：

$$U_{\text{att}}(q)=\frac{1}{2}\xi\rho^{2}(q\cdot q_{\text{goal}}) \tag{9-42}$$

其中，ξ 的尺度因子 $\rho(q\cdot q_{\text{goal}})$ 表示物体当前状态与目标之间的距离。其引力就是引力场对距离的导数，即

$$F_{\text{att}}(q)=-\nabla U_{\text{att}}(q)=\xi(q_{\text{goal}}-q) \tag{9-43}$$

传统斥力场公式为

$$U_{\text{rep}}(q)=\begin{cases}\dfrac{1}{2}\eta\left(\dfrac{1}{\rho(q\cdot q_{\text{obs}})}-\dfrac{1}{\rho_0}\right)^2, & \rho(q\cdot q_{\text{obs}})<\rho_0\\ 0, & \rho(q\cdot q_{\text{obs}})\geqslant\rho_0\end{cases} \tag{9-44}$$

其中，η 是斥力尺度因子；$\rho(q\cdot q_{\text{obs}})$ 代表物体和障碍物之间的距离；ρ_0 代表每个障碍物的影响半径。

其斥力等于斥力场的梯度，即

$$\begin{aligned}F_{\text{rep}}(q)&=-\nabla U_{\text{rep}}(q)\\&=\begin{cases}\eta\left(\dfrac{1}{\rho(q\cdot q_{\text{obs}})}-\dfrac{1}{\rho_0}\right), & \rho(q\cdot q_{\text{obs}})<\rho_0\\ \dfrac{1}{p^2(q\cdot q_{\text{obs}})}\nabla\rho(q\cdot q_{\text{obs}}), & \rho(q\cdot q_{\text{obs}})\geqslant\rho_0\end{cases}\end{aligned} \tag{9-45}$$

其中，总的场就是斥力场和引力场的叠加，即 $U(q)=U_{\text{att}}(q)+U_{\text{rep}}(q)$，总的力也是对应的分力的叠加。

所存在的问题有：

(1) 当物体离目标较远的时候，引力将变得非常大，在斥力相对较小甚至可以忽略的情况下，飞行器在飞行的过程中有可能没有判断出障碍物，出现事故。

(2) 当目的地附近有障碍物的时候，由于飞行器逐渐靠近目的地，这时候斥力变得非常大，当引力变得较小甚至可忽略不计，飞行器就无法到判定具体的目标位置。

(3) 当在某一个位置，恰好引力等于斥力时，若目标方向与飞行器的方向相反，则飞行器容易陷入局部最优解或者震荡。

向量直方图法是(Vector Field Histogram，VFH)是由 Borenstein 和 Koren 一起提出来的。向量场直方图的关键是在传感器的周围建立一个图形，这样就可以避免由于传感器所获取的数据暂时延迟或丢失而导致的错误。任意适合创建的图形都是一个划分的栅格，只有在传感器扫描范围内的数据才会在栅格内，从而取代已有的旧数据。为了能够有效地避开障碍物，它形成了一个极坐标图，如图 9-6 所示，x 轴表示行走的方向与障碍物所构成的角度，y 表示根据占有栅格的多少来计算障碍物在运动方向的概率。

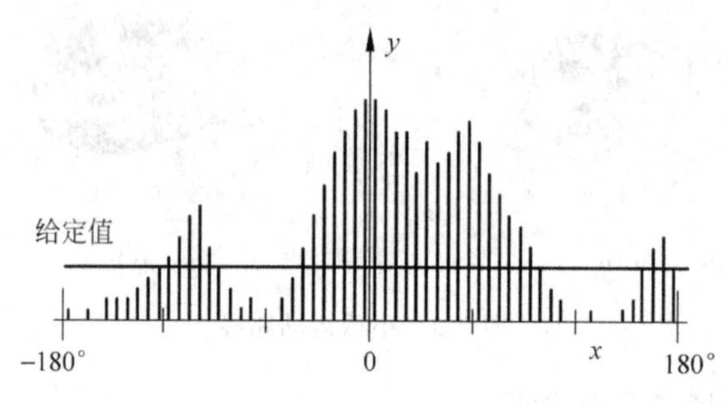

图 9-6 向量场的极坐标图

利用上述的极坐标图可以计算出飞行器的飞行方向。首先需要确定飞行器可以安全避开障碍物的有效范围，再在这些范围中选择损耗最低的路径，即选定最优路径。其损耗函数 L 可以表示为

$$L = k\theta_{\text{tar}} + u\theta_{\text{wheel}} + w\theta_{\text{bef}} \tag{9-46}$$

其中，θ_{tar}表示目的角度；θ_{wheel}表示飞行器旋转角度；θ_{bef}表示原来的角度；k、u 和 w 为比例系数，损耗最小的路径就是最优路径，调整这些系数可以改变飞行器的避障效果。

向量场直方图法存在某些缺陷，在不同的环境下，即使对于同一个给定值，也可能使得飞行器无法安全避开障碍物，给定值太大或者太小都会出现错误。当给定值太大时，飞行器在飞行时可能无法发现障碍，如图 9-7(a)所示；若给定值太小，则可能会丢弃可以安全通过的路径，进而进入死角，如图 9-7(b)所示。

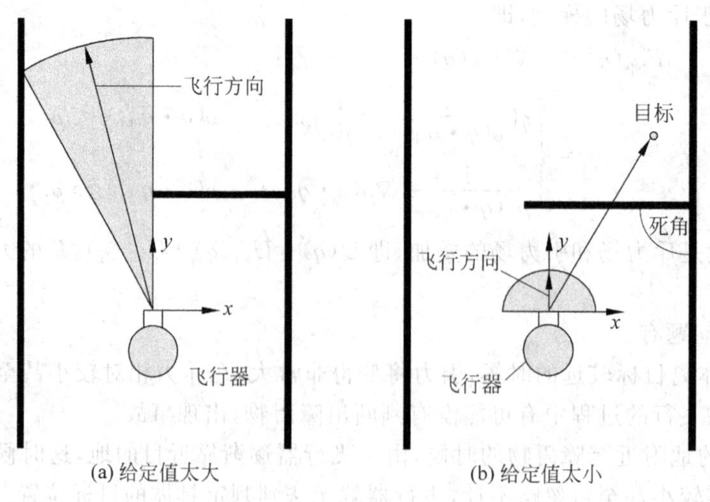

图 9-7 给定值错误

9.6.3 避障过程中存在的问题

1. 传感器采值失效

在各式各样的传感器集合成的集成板上，都有可能出现传感器失效的情况，如 Pixhawk 为了防止 GPS 没有定位到信息，甚至使用了两个 GPS 来采集数据，以防止其中一个 GPS 失效或者损坏。避障使用的传感器也是一样的道理，如红外线和激光等在面对完全透明的玻璃(现在有些高层建筑都是玻璃墙面)，就可能因为红外线直接穿过玻璃导致检测失败。如超声波测距，一般需要超声阵列，而阵列之间的传感器若是同时工作的话，可能导致超声波传感器之间相互干扰，采集到错误的信息；若是一个个逐次工作的话，采集周期较长，不利于飞行器方向的判断。

2. 算法规划

在上述三个算法中，设计时仅仅只是考虑到飞行器如何完成避障，到达指定目的地；很多设计没有考虑到飞行器本身的动力学模型和运动学模型，这样的算法规划出来的轨迹有可能在运动学上是无法实现的，或者有可能在运动学上可以实现，但是操控起来非常困难。因此在设计的时候，最好优化原程序的结构，优化好飞行器本身的结构和控制，设计避障方案的时候，也要尽可能考虑可行性的问题。

在整个飞行器算法结构设计时，需要考虑避免伤人或者是避免飞行器发生事故，在程序执行中，避障程序的任务优先级较高，同时这个算法实现起来速度要足够快，这样才能满足实时性的要求。

总之，避障在某种程度上可以看作是无人飞行器在自主导航规划的一种特殊情况，相比于整体全局的导航，它对实时性和可靠性的要求更高一些，局部性和动态性是它的一个特点，在设计整个无人飞行器硬件软件架构时，这点一定要特别注意。

第10章 遥测数传通信链路

CHAPTER 10

10.1 通用数传模块分类及其性能

10.1.1 无人机数传模块简介

在多旋翼无人机上常常会用到的433MHz/915MHz数传模块，这种模块常被称为“数传电台”、“无线数传模块”和“无线电遥测”等。它是利用数字信号处理技术(Digital Signal Processing,DSP)和无线电技术(Radio Engineering)来实现稳定可靠的数据传输功能。

由于采用了DSP技术，使得数传这种通信媒介具有很优异的性能并被广泛应用于各个行业。数传抗干扰能力强，受噪声影响小且可以通过校验等方式滤除干扰信息，对器件和电路的差异不敏感，最大的特点是可以多次再生恢复而不降低质量，还具有易于处理、调度灵活、高质量、高可靠性和维护方便等特点。

数传作为和飞控的无线数据交互工具，可以把无人机的实时状态信息传回到地面接收装置，这些信息包括电机转速、电池电压、实时高度、GPS位置和姿态角度等，可以供爱好者或开发者更好地对无人机进行各方面的优化工作。

数传在其他领域也有很广泛的应用，如电力电气SCADA(Supervisory Control And Data Acquisition)系统以及点多而分散的配变站都十分适合数传的使用；油田、煤矿、水文和气象等地理环境复杂的数据采集工作，城市水处理和集中供热等市政工程无人值守化的推进等，数传也在大展身手。

10.1.2 调制方式的划分

数字信号的调制方式有MSK(Minimum Shift Keying)、GFSK(Gaussian Frequency Shift Keying)、QPSK(Quadrature Phase Shift Keying)、QAM(Quadrature Amplitude Modulation)、CPFSK(Continuous-phase Frequency-shift Keying)和GMSK(Gaussian Filtered Minimum Shift Keying)等，它们都是根据ASK、FSK和PSK(调幅、调频和调相)的组合或改进而得来的。下面简单介绍常见的数字调制方法ASK、FSK、MSK、GFSK和GMSK的原理。

1. ASK

ASK(Amplitude Shift Keying)即幅移键控，又称为振幅键控，也可称为开关键控(或通断键控)，可记作OOK信号。ASK是一种相对简单的调制方式。幅移键控(ASK)相当于模拟信号中的调幅，只不过与载频信号相乘的是二进制数码而已。幅移就是把频率和相位作为常量，而把振幅作为变量，信息比特是通过载波的幅度来传递的。二进制振幅键控（2ASK）的调制信号只有0或1两个电平，相乘的结果相当于将载频关断或者接通，它的实际意义是当调制的数字信号为1时，传输载波；当调制的数字信号为0时，不传输载波。其中，$s(t)$为基带矩形脉冲。一般载波信号用余弦信号，而调制信号是把数字序列转换成单极性的基带矩形脉冲序列，通断键控的作用就是把这个输出与载波相乘，就可以把频谱搬移到载波频率附近。

2. FSK

FSK（Frequency-shift Keying）即频移键控，它是利用载波的频率变化来传递数字信息的，是利用基带数字信号离散取值的特点去键控载波频率以传递信息的一种数字调制技术。FSK是信息传输中使用得较早的一种调制方式，它的主要优点是实现起来较容易，抗噪声与抗衰减的性能较好，在中低速数据传输中得到了广泛的应用，最常见的是用两个频率承载二进制1和0的双频FSK系统。技术上FSK有两个分类，即非相干和相干的FSK。在很多现代民用通信领域，例如计算机数据线路通信（电话线、网络电缆、光纤或者无线媒介），就是采用的FSK调制信号，即把二进制数据转换成FSK信号传输，反过来又将接收到的FSK信号解调成二进制数据，并将其转换为用高、低电平所表示的二进制语言，从而被计算机识别。

3. MSK

最小频移键控MSK（Minimum Shift Keying）是一种特殊的连续相位的平移键控，其最大频移为比特速率的1/4，即MSK是调制系数为0.5的连续相位的FSK。其工作过程可分为：对输入的二进制数据进行差分编码；经串（并）转换后相互交织成一个码元宽度的两路信号I_k和Q_k；用加权函数$\cos(\pi t/2T_s)$和$\sin(\pi t/2T_s)$分别再对两路信号进行加权操作；将加权后的两路信号分别对正交载波$\cos(w_c t)$和$\sin(w_c t)$进行调制；将所得到的两路已调信号相加，经过带通滤波器得到MSK信号。MSK解调也有相干和不相干两种方式。MSK信号的特点主要有：已调信号振幅稳定；信号频率偏移严格符合$\pm 1/4T_s$，相位调制指数$h=1/2$；以载波相位为基准的信号相位，在一个码元期间内准确地按线性变化$\pm\pi/2$；在一个码元（T_s）期间内，信号是1/4载波周期的整数倍；码元转换时，信号相位连续波形无突变。

MSK调制是一种高效的调制方式，特别适合在移动通信中使用。它具有很好的特性：信号包络是恒定的，系统可以采用便宜的非线性器件，另外它还具有频谱利用率高，误码率低和自同步的特性。

4. GFSK

高斯频移键控GFSK（Gaussian Frequency Shift Keying），是在调制之前通过一个高斯低通滤波器来限制信号的频谱宽度，以减小两个不同频率的载波切换时的跳变能量，以使得在相同的数据传输速率时频道间距可以变得更紧密，它是一种连续相位频移键控技术，起源于FSK。所以，GFSK可以看成把输入的数据进行高斯低通滤波器预调制后，再进行FSK调制的数字调制方式。

GFSK分为直接调制和正交调制两种方式。

1）直接调制

输入的数字信号经过高斯低通滤波后，直接对射频载波信号进行模拟调频。当调频器的调制指数等于 0.5 时，它就是人们所熟知的 GMSK（高斯最小频移键控）调制，因此 GMSK 调制可以看成是 GFSK 调制的一个特例。在 GFSK 中，调制信号被分成两部分，一部分按常规的调频法加在 PLL 的 VCO 端，另一部分则加在 PLL 的主振荡器一端。由于主振荡器不在控制反馈环内，它能够被信号的低频分量所调制。这样，所产生的复合 GFSK 信号具有可以扩展到直流的频谱特性，且调制灵敏度基本上为一常量，不受环路带宽的影响。

2）正交调制

正交调制则是一种间接调制的方法。该方法将数字信号进行高斯低通滤波并作适当的相位积分运算后分成同相和正交两部分，分别对载波的同相和正交分量相乘，再合成 GFSK 信号。相对而言，这种方法物理概念清晰，也避免了直接调制时信号频谱特性的损害。另一方面，GFSK 参数控制可以在一个带有标定因子的高斯滤波器中实现，而不受后续调频电路的影响，因而参数的控制要简单一些。正因为如此，GFSK 正交调制解调器的基带信号处理特别适合于用数字方法实现。

5. GMSK

高斯最小频移键控（Gaussian Filtered Minimum Shift Keying）是 GSM 系统采用的调制方式，它是由 MSK 演变而来的一种简单的二进制调制方法。直接采用 FM 构成 GMSK 发射机的框图如图 10-1 所示。

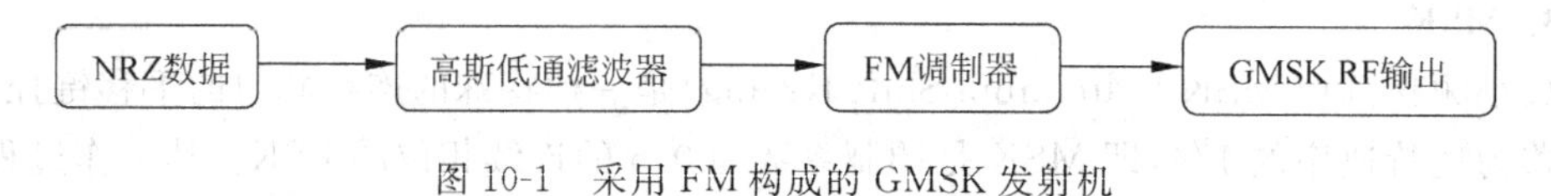

图 10-1　采用 FM 构成的 GMSK 发射机

由于高斯滤波器 $G(f)$ 的冲激响应 $g(t)$ 仍是高斯函数，并且 $g(t)$ 的倒数在 $(-\infty,+\infty)$ 区间上都是连续的。将高斯函数进行调频，就可以使功率谱高频分量滚降变快。GMSK 信号的解调可以用正交相干解调，也可以采用鉴相器或差分检测器。

10.1.3　传输距离及其影响因素

市场上常见的航模数传都是采用 3DR 方案的数传模块，分为 100MW 和 500MW 两个版本，100MW 的传输距离为 500～1000m，500MW 的传输距离为 3000～5000m（此为实际传输距离，非理论值）。对于数传而言，传输距离的影响因素很多，如发射机功率、接收机灵敏度、天线的增益和有无遮挡等都会影响传输距离。也有基于 3G 或 4G 网络的图传数传一体设备，这样基本不受距离的限制。但是由于多轴的续航大部分在 20 分钟左右，从而超远距离的数传对于飞行的实际意义不大，通常采用 1～5km 的数传基本可以达到使用要求。

数传接收机的灵敏度一般都在 −100～−120dBm，一般只能通过改变发射机的功率来增加传输距离；也可以通过天线来增加通信距离。一般来讲，天线的增益越高，可以提供的通信距离越远，大的多轴可以采用定向天线来获得更远的传输距离。遮挡也会对传输信号产生影响，所以应尽量在空旷的地方飞行；此外还有传播衰耗，这种衰耗可以理解为是由于辐射能量的扩散引起的衰耗。

10.2 ST 微控制器的串口通信和数传模块硬件接口

10.2.1 ST 微控制器的串口通信

微型无人飞行器的飞控通常都是通过 UART 串行通信口与数传模块相连构成遥测链路。而机载数传模块与地面数传模块形成配对,地面数传模块与地面站也是通过串行通信口或者 USB 口来通信。

任何 UART 双向通信均至少需要两个引脚:接收数据输入引脚(RX)和发送数据输出引脚(TX)。

RX:接收数据输入引脚就是串行数据输入引脚。过采样技术可区分有效输入数据和噪声,从而用于恢复数据。

TX:发送数据输出引脚。如果关闭发送器,则该输出引脚模式由其 I/O 端口配置决定。如果使能了发送器但没有待发送的数据,则 TX 引脚处于高电平。在单线和智能卡模式下,该 I/O 用于发送和接收数据(USART 电平下,在 SW_RX 上接收数据)。

在同步模式下连接时需要以下引脚:

SCLK:发送器时钟输出。该引脚用于输出发送器数据时钟,以便按照 SPI 主模式进行同步发送(起始位和结束位上无时钟脉冲,可通过软件向最后一个数据位发送时钟脉冲)。RX 上可同步接收并行数据,这一点可用于控制带移位寄存器的外设(如 LCD 驱动器)。时钟相位和极性可通过软件编程。在智能卡模式下,SCLK 可向智能卡提供时钟。

在硬件流控制模式下需要以下引脚:

nCTS:“清除以发送”,用于在当前传输结束时阻止数据发送(高电平时)。

nRTS:“请求以发送”,用于指示 USART 已准备好接收数据(低电平时)。

USART 的驱动程序在 bsp_uart_fifo. c 文件中,下面主要介绍该文件中使用时需要用到的代码,在这里一共用到了 6 个串口,接下来将以串口 1 和串口 3 的驱动配置以及中断为例进行讲解。

```
/******************* 串口 1 的驱动配置程序以及中断 ***********************
*********************************************************************/
#if UART1_OPEN
//bound:波特率
void UART1_init(u32 bound)
{
//GPIO 端口配置
GPIO_InitTypeDef GPIO_InitStructure;
USART_InitTypeDef USART_InitStructure;
    /* 第一步:配置 GPIO */
    /* 打开 GPIO 时钟 */
    RCC_AHB1PeriphClockCmd(RCC_AHB1Periph_GPIOB, ENABLE);
    /* 打开 UART 时钟 */
    RCC_APB2PeriphClockCmd(RCC_APB2Periph_USART1, ENABLE);
    /* 将 PB6 映射为 USART1_TX */
    GPIO_PinAFConfig(GPIOB, GPIO_PinSource6, GPIO_AF_USART1);
    /* 将 PB7 映射为 USART1_RX */
```

```
    GPIO_PinAFConfig(GPIOB, GPIO_PinSource7, GPIO_AF_USART1);
    /* 配置 USART Tx 为复用功能 */
    GPIO_InitStructure.GPIO_OType = GPIO_OType_PP;          /* 输出类型为推挽 */
    GPIO_InitStructure.GPIO_PuPd = GPIO_PuPd_UP;            /* 内部上拉电阻使能 */
    GPIO_InitStructure.GPIO_Mode = GPIO_Mode_AF;            /* 复用模式 */
    GPIO_InitStructure.GPIO_Pin = GPIO_Pin_6;
    GPIO_InitStructure.GPIO_Speed = GPIO_Speed_50MHz;
    GPIO_Init(GPIOB, &GPIO_InitStructure);
    /* 配置 USART Rx 为复用功能 */
    GPIO_InitStructure.GPIO_Mode = GPIO_Mode_AF;
    GPIO_InitStructure.GPIO_Pin = GPIO_Pin_7;
    GPIO_Init(GPIOB, &GPIO_InitStructure);
//USART1 初始化设置
USART_InitStructure.USART_BaudRate = bound;                 //波特率设置
//字长为 8 位数据格式
USART_InitStructure.USART_WordLength = USART_WordLength_8b;
USART_InitStructure.USART_StopBits = USART_StopBits_1;      //一个停止位
USART_InitStructure.USART_Parity = USART_Parity_No;         //无奇偶校验位
USART_InitStructure.USART_HardwareFlowControl = USART_HardwareFlowControl_None;
                                                            //无硬件数据流控制
USART_InitStructure.USART_Mode = USART_Mode_Rx | USART_Mode_Tx;  //收发模式
USART_Init(USART1, &USART_InitStructure);                   //初始化串口 1
USART_Cmd(USART1, ENABLE);                                  //使能串口 1
#if EN_USART1_RX
    USART_ITConfig(USART1, USART_IT_RXNE, ENABLE);          //开启相关中断
    //Usart1 NVIC 配置
    NVIC_InitStructure.NVIC_IRQChannel = USART1_IRQn;       //串口 1 中断通道
    NVIC_InitStructure.NVIC_IRQChannelPreemptionPriority = 3; //抢占优先级 3
    NVIC_InitStructure.NVIC_IRQChannelSubPriority = 3;      //子优先级 3
    NVIC_InitStructure.NVIC_IRQChannelCmd = ENABLE;         //IRQ 通道使能
    NVIC_Init(&NVIC_InitStructure);                      //根据给定的参数初始化 VIC 寄存器
#endif
}
void USART1_IRQHandler(void)                                //串口 1 中断服务函数
{
    u8 Res;
    if(USART_GetITStatus(USART1, USART_IT_RXNE) != RESET)  //接收中断
    {
        Res = USART_ReceiveData(USART1);                 //(USART1->DR); //读取接收到的数据
        USART_SendData(USART1, Res);                        //发送接收到的数据
  }
}

/****************** 串口 3 的驱动配置程序以及中断 ************************
*******************************************************************/
u8 USART3_RX_BUF[USART3_REC_LEN];                       //接收缓冲,最大 USART_REC_LEN 字节
u16 USART3_RX_STA = 0;                                      //接收状态标记
void UART3_init(u32 bound)
{
    //GPIO 端口设置
    GPIO_InitTypeDef GPIO_InitStructure;
```

```
    USART_InitTypeDef USART_InitStructure;
    //USART_ClockInitTypeDef USART_ClockInitStruct;
    NVIC_InitTypeDef NVIC_InitStructure;

    /* 第一步：配置 GPIO */
    /* TX = PD8 RX = PD9 */
    /* 打开 GPIO 时钟 */
    RCC_AHB1PeriphClockCmd(RCC_AHB1Periph_GPIOD, ENABLE);
    /* 打开 UART 时钟 */
    RCC_APB1PeriphClockCmd(RCC_APB1Periph_USART3, ENABLE);
    /* 将 PB6 映射为 USART1_TX */
    GPIO_PinAFConfig(GPIOD, GPIO_PinSource8, GPIO_AF_USART1);
    /* 将 PB7 映射为 USART1_RX */
    GPIO_PinAFConfig(GPIOD, GPIO_PinSource9, GPIO_AF_USART1);
    /* 配置 USART Tx 为复用功能 */
    GPIO_InitStructure.GPIO_OType = GPIO_OType_PP;            /* 输出类型为推挽 */
    GPIO_InitStructure.GPIO_PuPd = GPIO_PuPd_UP;              /* 内部上拉电阻使能 */
    GPIO_InitStructure.GPIO_Mode = GPIO_Mode_AF;              /* 复用模式 */
    GPIO_InitStructure.GPIO_Pin = GPIO_Pin_8;
    GPIO_InitStructure.GPIO_Speed = GPIO_Speed_50MHz;
    GPIO_Init(GPIOD, &GPIO_InitStructure);
    /* 配置 USART Rx 为复用功能 */
    GPIO_InitStructure.GPIO_Mode = GPIO_Mode_AF;
    GPIO_InitStructure.GPIO_Pin = GPIO_Pin_9;
    GPIO_Init(GPIOD, &GPIO_InitStructure);
    //USART3 初始化配置
    USART_InitStructure.USART_BaudRate = bound;               //波特率设置
    //字长为八位数据格式
    USART_InitStructure.USART_WordLength = USART_WordLength_8b;
    USART_InitStructure.USART_StopBits = USART_StopBits_1;    //一个停止位
    USART_InitStructure.USART_Parity = USART_Parity_No;       //无奇偶校验位
    USART_InitStructure.USART_HardwareFlowControl = USART_HardwareFlowControl_None;
                                                              //无硬件数据流控制
    USART_InitStructure.USART_Mode = USART_Mode_Rx | USART_Mode_Tx;   //收发模式
    USART_Init(USART3, &USART_InitStructure);                 //初始化串口 3
    USART_Cmd(USART3, ENABLE);                                //使能串口 3
#if EN_USART3_RX
    USART_ITConfig(USART3, USART_IT_RXNE, ENABLE);            //开启相关中断
    //Usart3 NVIC 配置
    NVIC_InitStructure.NVIC_IRQChannel = USART3_IRQn;         //串口 3 中断通道
    NVIC_InitStructure.NVIC_IRQChannelPreemptionPriority = 3; //抢占优先级 3
    NVIC_InitStructure.NVIC_IRQChannelSubPriority = 3;        //子优先级 3
    NVIC_InitStructure.NVIC_IRQChannelCmd = ENABLE;           //IRQ 通道使能
    NVIC_Init(&NVIC_InitStructure);                   //根据指定的参数初始化 VIC 寄存器
#endif
}
extern Telemetering_Str * package;
uint16_t TxBuffer[sizeof(Telemetering_Str)];
uint8_t TxCounter = 0;
uint8_t count = 0;
unsigned char rx_buf = 0;
void USART3_IRQHandler(void)                                  //串口 3 中断服务函数
{
```

```
    uint8_t i = 0;
    //发送
    if(USART_GetITStatus(USART3,USART_IT_TXE))
    {
        USART3 -> DR = TxBuffer[TxCounter++];                //写 DR 清除中断标志位
        if(TxCounter == count)
        {
            Delay_us(1);
            TxCounter = count = 0;
            USART3 -> CR1 &= ~USART_CR1_TXEIE;               //关闭发送中断
        }
    }
    //接收
    else if(USART_GetITStatus(USART3,USART_IT_RXNE))
    {
        rx_buf = USART_ReceiveData(USART3);         //(USART3 -> DR); //读取接收到的数据
        USART3_RX_BUF[USART3_RX_STA & 0x3FFF] = rx_buf;
        USART3_RX_STA++;
        //USART_SendData(USART1, rx_buf);
    }
}
#include "mavlink_types.h"
void Usart3_Send_MAV(unsigned char *DataToSend,u8 data_num)
{
    u8 i;
    for(i = 0;i < data_num;i++)
    {
        TxBuffer[count++] = *(DataToSend + i);
    }
    if(!(USART3 -> CR1 & USART_CR1_TXEIE))
    {
        USART_ITConfig(USART3, USART_IT_TXE, ENABLE);        //打开发送中断
    }
}
```

10.2.2 数传模块的硬件接口

通常用到的数传接口有 USB 接口和 TTL 的异步串行通讯口。

1. USB 接口

USB 接口是英文 Universal Serial Bus 的缩写，中文含义是“通用串行总线”。它是一种应用在 PC 端的接口技术。早在 1995 年，就已经有 PC 机带了 USB 接口，但由于缺乏软件和硬件设备的支持，这些 PC 机的接口都闲置未用。1998 年后，随着微软在 Windows 98 中内置了对 USB 的支持模块，加上 USB 设备日益增多，USB 接口才逐步进入了实际应用阶段。

USB 设备之所以会被大量应用，主要具有以下优点：

(1) 可以热插拔。用户在外接设备时无须开关机，而是直接在 PC 机开机状态下插上 USB 就可以使用了。

(2) 携带方便。USB 设备大多小而轻，方便用户在任意场合随时使用。

(3) 标准统一。早年，常见的是 IDE 接口的硬盘、串口的鼠标键盘和并口的打印机等，

但是在有了USB之后，这些外用设备统统可以用同样的标准与PC机进行连接。

(4) 可以连接多个设备。USB在PC机上往往具有多个接口，可以同时连接多个设备。

2. TTL的异步串行通信口

TTL的异步串行通信口为串口的最基本TTL电平实现形态。通常采用1.27mm间距4～6pin的接口来实现。主要用于机载端的遥测数传模块。

10.3 简单通信信源编码协议及其实现

10.3.1 信源编码

信源编码是一种以提高通信有效性为目的而对信源符号进行的变换。具体而言，就是针对信源输出符号序列的统计特性来寻找某种方法，把信源输出符号序列变换为最短的码字序列，使后者的各码元所载荷的平均信息量最大，同时又能保证无失真地恢复原来的符号序列。

信源编码的作用之一是设法减少码元数目和降低码元速率，即通常所说的数据压缩；码元速率将直接影响传输所占的带宽，而传输带宽又直接反映了通信的有效性；作用之二是当信息源给出的是模拟语音信号时，信源编码器将其转换成数字信号，以实现模拟信号的数字化传输。

信源编码是对输入信息进行编码，优化信息和压缩信息并且转换成符合标准的数据包。

10.3.2 串口通信协议

通信协议是指通信双方的一种约定。约定包括对数据格式、同步方式、传送速度、传送步骤、检错纠错方式以及控制字符定义等问题做出的统一规定，通信双方必须共同遵守。

串口的配置参数有波特率、数据位、停止位和奇偶校验。在飞控程序中对使用到的串口进行相应的配置，就能发送数据，在接收端进行相应的设置，就可以接收飞控发出的数据。简单的串口通信协议的数据包格式可以自行规定，例如55 AA XX XX AA 55这样的数据包，其中55 AA作为协议的开始标志，AA 55作为协议的结束标志，XX XX作为发送的数据，在主机端数据以这样的格式进行打包发送，PC端或者是其他接收端将接收到数据包按数据格式进行解析就能获取相应的数据。

10.4 MAVLink协议实现

10.4.1 MAVLink协议简介

MAVLink(全称Micro Air Vehicle Communication Protocol)是一种轻量的只包含头文件信息调度库的通信协议，遵从GNU的LGPL许可协议，主要用于地面站(GCS)和微型无人运载工具间的通信，可以传输微型无人运载工具的方向、GPS和速度等信息。MAVLink协议可以工作在2.4GHz、900MHz和433MHz波段，兼容传统无线发射设备，能够全双工工作。该协议比较简单，可完全满足一般微型无人机的通信需求，是一种极具应用价值的开源通信协议。MAVLink技术参数如表10-1所示。

表 10-1 MAVLink 技术参数

波特率	载波频率	刷新率	数据负载	浮点值
115200	2.4GHz	50Hz	224 字节	56
115200	2.4GHz	100Hz	109 字节	27
57600	2.4GHz	100Hz	51 字节	12
9600	900MHz	50Hz	13 字节	3
9600	900MHz	20Hz	42 字节	10

MAVLink 完全面向两个特性而设计：速度与安全。它允许检查丢失的数据包，但是每个消息只需要 6 字节的开销。MAVLink 的体系结构，如图 10-2 所示。MAVLink 分为地面站和载具两部分。两者可以通过串行通信、无线调制解调器、UDP（用户数据报协议）和 WiFi802.11bgn 链接。地面站部分分为三层：MAVLink 层、MAV 抽象层和用户接口层。MAVLink 层是硬件层，产生与载具通信的数据帧，保证报文格式的稳定，负责直接与载具通信。在 MAV 抽象层中包括各种 MAV 目标函数，这一层允许 MAVLink 适用于不同的自驾仪系统。最上层是用户界面层，包括 2D 地图界面和平显。载具部分有两层：底层为与地面直接通信的数据格式层；上层包括自驾仪数据结构和任务库（包括参数和航点等），任务库是载具快速执行参数和航线协议的保证。

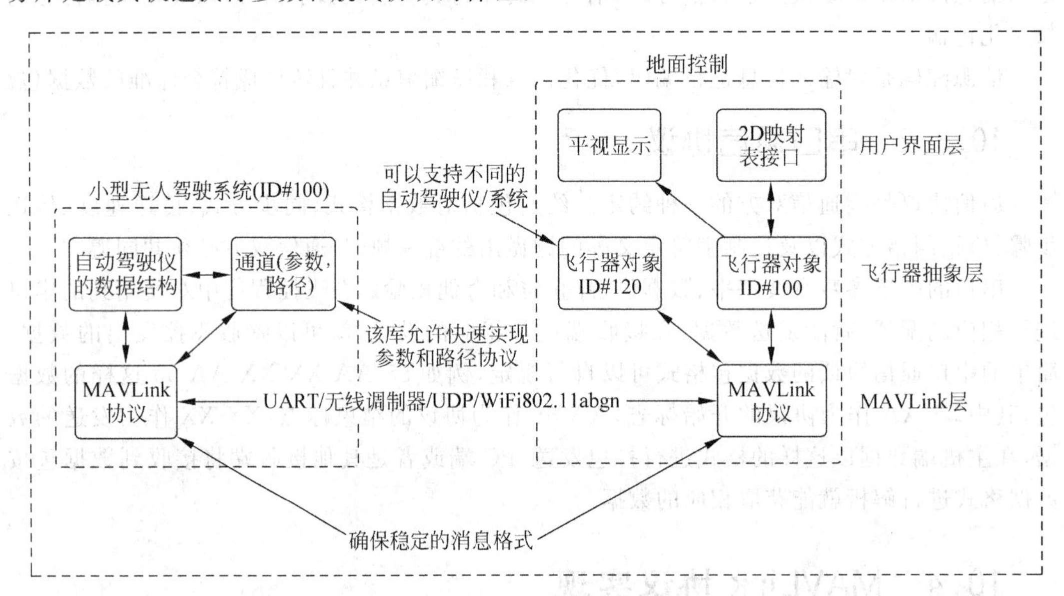

图 10-2 MAVLink 的体系结构

10.4.2 MAVLink 数据包结构

MAVLink 传输时的基本单位是消息帧，每一帧的消息结构如图 10-3 所示。

图 10-3 中除了灰色 PAYLOAD 外，其他的格子都代表了一个字节的数据。

首先是起始标志位（STX），在 v1.0 版本中以“FE”作为起始标志。这个标志位在 mavlink 消息帧接收端进行消息解码时有用处。

第二个格子代表的是 PAYLOAD（称作有效载荷，要传输的数据在有效载荷里面）的字

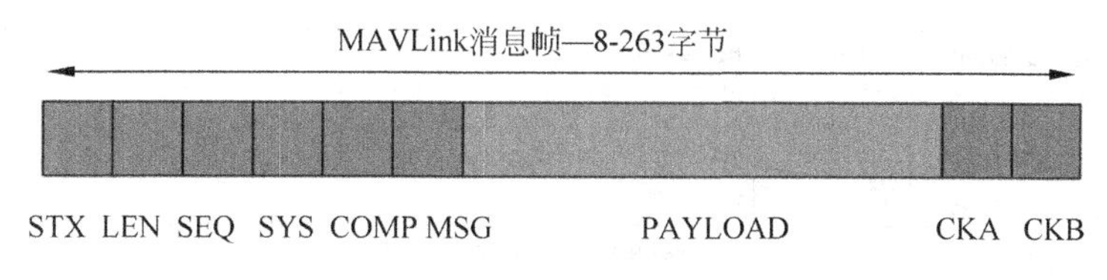

图 10-3 MAVLink 的消息帧结构

节长度(LEN),范围是 0～255。在 MAVLink 消息帧接收端可以用它和实际收到的有效载荷的长度比较,以验证有效载荷的长度是否正确。

第三个格子代表的是本次消息帧的序号(SEQ),每次发完一个消息,这个字节的内容会加 1,加到 255 后会从 0 重新开始。这个序号用于 MAVLink 消息帧接收端计算消息丢失比例,相当于是信号强度。

第四个格子代表发送本条消息帧的设备的系统编号(SYS),用于 MAVLink 消息帧接收端识别是哪个设备发来的消息。

第五个格子代表发送本条消息帧的设备的单元编号(COMP),用于 MAVLink 消息帧接收端识别是设备的哪个单元发来的消息(暂时未用)。

第六个格子代表有效载荷中消息包的编号(MSG),注意它和序号是不同的,这个字节很重要,MAVLink 消息帧接收端要根据该编号来确定有效载荷里到底放了什么消息包,并根据编号选择对应的方式来处理有效载荷里的信息包。

最后两个字节是 16 位校验位,CKB 是高八位,CKA 是低八位。校验码由 CRC16 算法得到,算法将整个消息(从起始位开始到有效载荷结束,还要额外加上个 MAVLINK_CRC_EXTRA 字节)进行 CRC16 计算,得出一个 16 位的校验码。之前提到的每种有效载荷里的信息包(由消息包编号来表明是哪种消息包)会对应一个 MAVLINK_CRC_EXTRA,这个 MAVLIN_CRC_EXTRA 是由生成 MAVLink 代码的 xml 文件生成的,加入这个额外的字节是为了应对以下情况:当飞行器和地面站使用不同版本的 MAVLink 协议时,双方计算得到的校验码会不同,这样不同版本间的 MAVLink 协议就不会在一起正常工作,加入该字段可避免由于不同版本间通信时带来的重大潜在问题。

为了方便介绍,以下将消息包称作包,包所代表的信息称作消息。图 10-3 中的 SYS 将称为 sysid,COMP 将称为 compid,MSG 将称为 msgid。

官方介绍如图 10-4 所示。

10.4.3 MAVLink 消息帧讲解

MAVLink 消息帧里最重要的是 msgid 和 PAYLOAD,前者是 PAYLOAD 中内容的编号,后者则存放了消息。消息有许多种类型,在官网的网页中以蓝色的“♯”加数字的方式来表示消息的编号,如“♯0”(这样的表示方法应该是为了方便在网页中查找相应编号消息的定义)。下面将以 HEARTBEAT 消息为例讲解 MAVLink 消息。

以“♯0”消息为例,这个消息称为心跳包(HEARTBEAT)。它一般用来表明发出该消息的设备是活跃的,飞行器和地面站都会发出这个信号(一般以 1Hz 的频率发送),地面站和飞行器会根据是否及时收到了心跳包来判断是否和飞行器或地面站失去了联系。具体如表 10-2 所示。

Byte Index	Content	Value	Explanation
0	Packet start sign	v1.0: 0xFE (v0.9: 0x55)	Indicates the start of a new packet.
1	Payload length	0 - 255	Indicates length of the following payload.
2	Packet sequence	0 - 255	Each component counts up his send sequence. Allows to detect packet loss
3	System ID	1 - 255	ID of the SENDING system. Allows to differentiate different MAVs on the same network.
4	Component ID	0 - 255	ID of the SENDING component. Allows to differentiate different components of the same system, e.g. the IMU and the autopilot.
5	Message ID	0 - 255	ID of the message - the id defines what the payload "means" and how it should be correctly decoded.
6 to (n+6)	Data	(0 - 255) bytes	Data of the message, depends on the message id.
(n+7) to (n+8)	Checksum (low byte, high byte)	ITU X.25/SAE AS-4 hash, **excluding packet start sign, so bytes 1..(n+6)** Note: The checksum also includes MAVLINK_CRC_EXTRA (Number computed from message fields. Protects the packet from decoding a different version of the same packet but with different variables).	

- The checksum is the same as used in ITU X.25 and SAE AS-4 standards (W CRC-16-CCITT), documented in SAE AS5669A. **Please see the MAVLink source code for a documented C-implementation of it. LINK TO CHECKSUM**
- The minimum packet length is 8 bytes for acknowledgement packets without payload
- The maximum packet length is 263 bytes for full payload

图 10-4　MAVLink 消息包官方介绍

表 10-2　HEARTBEAT 心跳包

MAVLink Messages 消息

HEARTBEAT(#0)心跳包

心跳消息指示飞行器正在运作并有反应。飞机类型和飞控型号用于通知对方使用相应的其他消息。如根据飞行器的型号，地面站软件的用户界面可做出相应调整

参数名称	类　型	描　述
type	uint8_t	飞行器类型
autopilot	uint8_t	飞控型号
base_mode	uint8_t	系统当前模式，可参考 MAV_MODE_FLAG
custom_mode	uint32_t	用户自定义模式
system_status	uint8_t	系统状态，可参考 MAV_STATE
mavlink_version	uint8_t_ mavlink_version	MAVLink 版本，用户不可编辑，协议使用专用数据类型自动生成

从表 10-2 中可以看出，心跳包由 6 个数据组成，第一个是占一个字节的飞行器类型数据(type)，这个数据表示了当前发消息的是什么飞行器，如四旋翼和固定翼等。type 的取值与飞行器类型的对应关系，可在官方的 MAVLink 消息介绍网页找到，位于网页开始处的数据枚举中。飞行器类型 MAV_TYPE 枚举如表 10-3 所示。

表 10-3 飞行器类型 MAV_TYPE 枚举

CMD ID	名 称	描 述
0	MAV_TYPE_GENERIC	通用
1	MAV_TYPE_FIXED_WING	固定翼
2	MAV_TYPE_QUADROTOR	四轴
3	MAV_TYPE_COAXIAL	共轴
4	MAV_TYPE_HELICOPTER	直机
5	MAV_TYPE_ANTENNA_TRACKER	地面跟踪天线
6	MAV_TYPE_GCS	地面站
7	MAV_TYPE_AIRSHIP	有控飞艇
8	MAV_TYPE_FREE_BALLOON	自由飞气球
9	MAV_TYPE_ROCKET	火箭
10	MAV_TYPE_GROUND_ROVER	地面车辆
11	MAV_TYPE_SURFACE_BOAT	水面船艇
12	MAV_TYPE_SUBMARINE	潜艇
13	MAV_TYPE_HEXAROTOR	六轴
14	MAV_TYPE_OCTOROTOR	八轴
15	MAV_TYPE_TRICOPTER	三轴
16	MAV_TYPE_FLAPPING_WING	扑翼机
17	MAV_TYPE_KITE	风筝

表 10-3 中，第一个是通用飞行器，对应的 type 数值是 0；第二个是固定翼类型，对应的数值是 1；第三个是四旋翼，对应的数值是 2，以此类推。对于飞行器端则代表了当前飞行器的类型，地面站可以根据这个参数来判断飞行器的类型并做出相应的反应。

第二个参数是自驾仪(即通常所说的飞控)类型，如 APM、PPZ 和 Pixhawk 等飞控，具体定义查找方法和之前查找飞行器类型时的方法一样。同样地，对于发送心跳包的飞行器而言，该参数代表了自己的飞控类性，对地面站发出的心跳包来说意义不大。飞控类型 MAV_AUTOPILOT 枚举如表 10-4 所示。

表 10-4 飞控类型 MAV_AUTOPILOT 枚举

MAV_AUTOPILOT 飞控类型		
CMD ID	名 称	描 述
0	MAV_AUTOPILOT_GENERIC	通用飞控，支持全部功能
1	MAV_AUTOPILOT_PIXHAWK	Pixhawk 飞控
2	MAV_AUTOPILOT_SLUGS	SLUGS 飞控
3	MAV_AUTOPILOT_ARDUPILOTMEGA	APM 飞控
4	MAV_AUTOPILOT_OPENPILOT	OPENPILOT 飞控
5	MAV_AUTOPLOT_GENERIC_WAYPOINTS_ONLY	通用飞控，只支持航点飞行

续表

CMD ID	名 称	描 述
6	MAV_AUTOPILOT_GENERIC_WAYP OINTS_AND_SIMPLE_NAVIGATION_ONLY	通用飞控，支持航点和简单的导航指令
7	MAV_AUTOPILOT_GENERIC_MISSION_FULL	通用飞控，支持全部指令
8	MAV_AUTOPILOT_INVALID	无效飞控
9	MAV_AUTOPILOT_PPZ	Paparazzi 飞控
10	MAV_AUTOPILOT_UDB	UAV Dev Board
11	MAV_AUTOPILOT_FP	FlexiPilot
12	MAV_AUTOPILOT_PX4	PX4 飞行器

第三个参数是基本模式(base_mode)，是指飞控现在处在哪个基本模式，对于发心跳包的地面站来说没有意义，而对于发送心跳包的飞控来说是有意义的。这个参数要看各个飞控自己的定义方式，在 MAVLink 官网中的枚举模式标记位 MAV_MODE_FLAG 如表 10-5 所示。

表 10-5 模式标记位 MAV_MODE_FLAG 枚举

CMD ID	名 称	描 述
128	MAV_MODE_FLAG_SAFETY_ARMED	主发动机使能，准备好起飞
64	MAV_MODE_FLAG_MANUAL_INPUT_ENABLED	遥控输入信号使能
32	MAV_MODE_FLAG_HIL_ENABLED	硬件环在线模拟使能。所有发动机、舵机及其他动作设备阻断，但内部软件处于完全可操作状态
16	MAV_MODE_FLAG_STABILIZE_ENABLED	高度/位置电子增稳使能。在此状态下，飞行器仍需要外部操作指令以实现操作
8	MAV_MODE_FLAG_GUIDED_ENABLED	全自主航行模式使能。系统自行决定目的地。前一项“导航使能”可以设置为 0 或 1 状态，这取决于具体的应用
4	MAV_MODE_FLAG_AUTO_ENABLED	全自主航行模式使能，系统自行决定目的地。前一项“导航使能”可以设置为 0 或 1 状态，这取决于具体的应用
2	MAV_MODE_FLAG_TEST_ENABLED	测试模式使能。本标识仅供临时的系统测试之用，不应该用于实际航行的应用中
1	MAV_MODE_FLAG_CUSTOM_MODE_ENABLED	留待扩展

第四个参数是用户模式(custom_mode)，在 Pixhawk 的用户模式中以多轴为例，它分为主模式(MAIN MODE)和子模式(SUB MODE)，两种模式组合在一起成为最终的模式。主模式分为 3 种：手动(MANUAL)、辅助(ASSIST)和自动(AUTO)。手动模式类似 APM 的姿态模式。在辅助模式中，又分为高度控制模式(ALTCTL)和位置控制模式(POSCTL)两个子模式。高度控制模式类似 APM 的定高模式，油门对应到飞行器高度控制上；位置模式控制飞行器相对地面的速度，油门和高度控制模式一样，偏航轴控制和手动模式一样。

自动模式里又分为3个子模式：任务模式(MISSION)、留待模式(LOITER)和返航模式(RETURN)。任务模式就是执行设定好的航点任务，留待模式就是GPS悬停模式，返航模式就是直线返回Home点并自动降落。在APM里这个参数是没有用的，注意这个数据占了4个字节，在Pixhawk中，前两个字节(低位)是保留未用的，第三个字节是主模式，第四个字节是子模式。

第五个参数是系统状态(system_status)，其中的STANDBY状态在Pixhawk里就是还未解锁的状态，ACTIVE状态就是已经解锁，准备起飞的状态。在MAVLink官网中的枚举状态MAV_STATE如表10-6所示。

表10-6 状态MAV_STATE枚举

CMD ID	名称	描述
0	MAV_STATE_UNINIT	未初始化，状态为止
	MAV_STATE_BOOT	正在启动
	MAV_STATE_CALIBRATING	正在校准，未准备好起飞
	MAV_STATE_STANDBY	系统地面待命，随时可以起飞
	MAV_STATE_ACTIVE	开车/开航。发动机已经启动
	MAV_STATE_CRITICAL	系统处于失常飞行状态，仍能导航
	MAV_STATE_EMERGENCY	系统处于失常飞行状态，若干设备失灵，坠落状态
	MAV_STATE_POWEROFF	系统刚执行了关机指令，正在关闭

第六个参数是MAVLink版本(mavlink_version)，现在是版本3。

其余的消息也是类似的结构，各个数据的定义可以查看MAVLink官方网页的说明，这些说明一般在网页的前面部分。具体说明以飞控为准，MAVLink仅提供基本的定义。

10.4.4 MAVLink消息帧发送与解析

原始的MAVLink消息放在common文件夹里(大部分消息都在common文件夹中)。checksum.h中存放的是计算校验码的代码。mavlink_helper.h将各个消息包补充完整(调用checksum.h中的函数计算校验码并补上消息帧的头，如sysid和compid等)成为MAVLink消息帧再发送。

下面以发送心跳包(HEARTBEAT)为例讲解如何使用MAVLink头文件。首先打开common文件夹中的mavlink_msg_heartbeat.h头文件。这个头文件可以分为两部分，一部分用来打包并发送heartbeat消息，另一部分用来接收到heartbeat消息时解码消息。heartbeat.h定义了HEARTBEAT消息对应的数据类型，以下为HEARTBEAT消息对应数据类型的代码。

```
/****************** HEARTBEAT消息对应的数据类型代码 ************************
*******************************************************************/

#define MAVLINK_MSG_ID_HEARTBEAT 0
typedef struct __mavlink_heartbeat_t
{
    uint16_t current_mpu; /*< current_mpu */
    uint16_t voltage_mpu; /*< voltage_mpu */
```

```
        uint16_t current_dev; /*< current_dev */
        uint16_t voltage_dev; /*< voltage_dev */
        uint8_t devId; /*< devId */
        uint8_t enable; /*< ENABLE_STAT */
    } mavlink_heartbeat_t;
    #define MAVLINK_MSG_ID_HEARTBEAT_LEN 10
    #define MAVLINK_MSG_ID_0_LEN 10
    #define MAVLINK_MSG_ID_HEARTBEAT_CRC 107
    #define MAVLINK_MSG_ID_0_CRC 107
```

其中，消息 ID 是 MAVLINK_MSG_ID_HEARTBEAT，值为 0；消息长度为 MAVLINK_MSG_ID_HEARTBEAT_LEN，值为 10；CRC 校验为 MAVLINK_MSG_ID_HEARTBEAT_CRC，值为 107。

其中的枚举内容如上节 HEARTBEAT 消息帧内容所讲。

MAVLink 的发送方式可以使用串口发送或者是 USB 口发送。其中，static inline void mavlink_msg_heartbeat_send(mavlink_channel_t chan, uint8_t type, uint8_t autopilot, uint8_t base_mode, uint32_t custom_mode, uint8_t system_status)函数是将传入的各个参数按照对应的格式放到 HEARTBEAT 消息包中。在该函数的内部有一句预处理，即 #if MAVLINK_CRC_EXTRA，这里表明是否使用额外的 CRC 校验字符(默认使用)，此时函数会调用_mav_finalize_message_chan_send(chan, MAVLINK_MSG_ID_HEARTBEAT, buf, MAVLINK_MSG_ID_HEARTBEAT_LEN, MAVLINK_MSG_ID_HEARTBEAT_CRC)，这个函数位于 mavlink_helper.h 中，用于更新消息帧的编号(SEQ 每发送一帧，编号加 1)并加上消息帧的头和计算校验码，使其成为完整的一个 MAVLink 消息帧。最后调用串口发送函数进行消息帧的发送。

将对应的心跳包参数按照心跳包的格式存放好，则可以只调用 static inline uint16_t mavlink_msg_heartbeat_pack(uint8_t system_id, uint8_t component_id, mavlink_message_t * msg,uint8_t type, uint8_t autopilot, uint8_t base_mode, uint32_t custom_mode, uint8_t system_status)函数，将参数打包为 HEARTBEAT 消息帧，待所有消息帧打包好就可以一起发送，也可以打包一个发送一个。在打包好的消息帧后面调用 MAVLINK_HELPER uint16_t mavlink_msg_to_send_buffer(uint8_t * buffer, const mavlink_message_t * msg)函数进行数据的处理，复制与计算出整个消息的长度，然后通过串口发送或者是 USB 发送函数将其发送出去。心跳包的发送函数代码如下。

```
/******************心跳包的发送函数代码*****************************
*****************************************************************/
void mavlink_send_with_dma(mavlink_message_t * msg)
{
    uint16_t len = mavlink_msg_to_send_buffer(tx_buf, msg);
    DMA1_Stream6->NDTR = len;
    DMA_Cmd(DMA1_Stream6, ENABLE);
}
```

解析消息帧时可以调用 mavlink_helper.h 中的 MAVLINK_HELPER uint8_t mavlink_parse_char(uint8_t chan, uint8_t c, mavlink_message_t * r_message, mavlink_status_t * r_mavlink_status)函数,它会将收到的字符逐个进行解码,检验收到的校验码是否正确。有效载荷的长度小于最大长度并且和该消息的长度一致,如果一切顺利,将会得到解码到的消息,并放在解码得到的消息帧类型中。消息帧数据包程序如下。

```
/****************** 消息帧数据包程序 **********************************
*****************************************************************************/
MAVPACKED(
typedef struct __mavlink_message {
      uint16_t checksum;                                    ///<校验和
      uint8_t magic;                                        ///<起始标志
      uint8_t len;                                          ///<有效负荷长度
      uint8_t seq;                                          ///<包数量
      uint8_t sysid;                                        ///< 系统/飞机消息发送者 ID
      uint8_t compid;                                       ///< 该消息发送者组件的 ID
      uint8_t msgid;                                        ///<有效负荷消息的 ID
      uint64_t payload64[(MAVLINK_MAX_PAYLOAD_LEN + MAVLINK_NUM_CHECKSUM_BYTES + 7)/8];
}) mavlink_message_t;
```

其中的 magic 是一帧的起始标志(0XFE=254),即 mavlink_stx 的值,payload64 则是消息的具体数据,对应相应的消息 ID 就会得到相应的数据。具体的消息解析如以下程序所示。

```
void mavlink_parse_message(void)                            //消息解析
{
  while(rx_index != sizeof(mavlink_message_t) - DMA1_Stream5 - > NDTR)
  {
    uint8_t result = mavlink_parse_char(MAVLINK_COMM_0, rx_buf[rx_index], &rx_message, &rx_
status);
    switch(result)
    {
      case MAVLINK_FRAMING_INCOMPLETE:
        break;
      case MAVLINK_FRAMING_OK:
          xQueueSendToBack(RecMavlinkQueue, &rx_message, MAVLINK_WAIT);
        break;
      case MAVLINK_FRAMING_BAD_CRC:
        break;
    }
    if(rx_index++ == sizeof(mavlink_message_t))
    {
      rx_index = 0;
    }
  }
}
```

其余的消息帧也是相同的发送过程和解析过程。旧版本的 MAVLink 代码中有些消息类型可能会找不到,使用时要注意接收和发送方使用的 MAVLink 版本是否兼容。common 文件夹中的 common.h 里包含了要用到的数据类型和所有消息的头文件,使用时直接包含进来即可。

10.5 地面站数据接收与数据解析

10.5.1 PC端地面站数据采集与存储

无人机的地面站系统可以使用基于 Android 或 iOS 的移动设备，也可以使用基于 Windows 系统的工控计算机设备。

无人飞行器通过数传发送模块(AIR)发送数据，地面站数传接收模块(GROUND)接收数据，地面站数传接收到数据后再通过串口发送到移动设备或者计算机设备。在计算机端的地面站软件一般采用基于.Net 架构的 C#编程。

数据接收采用的是串口数据读取的方式，使用 MAVLink 协议传输与读取，在 main 主类中初始化串口类对象 SerialPort，C#把对串口的操作封装成了 SerialProt 函数，通过该函数就可以取出串口的数据，具体流程如图 10-5 所示。

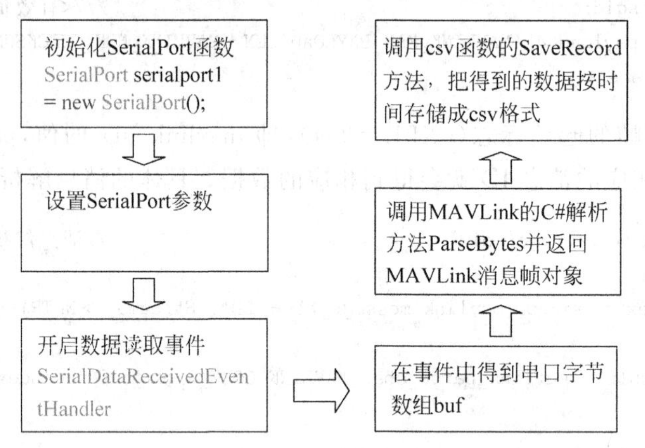

图 10-5 地面站数据采集流程

在初始化完成之后需要打开相应的端口信息，获取串口缓存区中的数据，其中需要设定串口的波特率、数据位、校验位和停止位等。部分设定代码如下：

```
#region 打开串口 1
if (btnOpen.Content.ToString() == "连接飞控")
{
    isClosing = false;
    if (serialport1.IsOpen)
    {
        serialport1.Close();
    }
    if (ComComBox.SelectedItem != null)
    {
      //设置串口
     serialport1.PortName = portNames[ComComBox.SelectedIndex];      //默认的串口
    }
    serialport1.BaudRate = (int)BaudComBox.SelectedValue;  //波特率
    serialport1.DataBits = 8;
    try
    {
       this.serialport1.Open();
       this.btnOpen.Content = "关闭飞控";
```

```
        //注册数据到达处理函数
         this.serialport1.DataReceived += new System.IO.Ports.SerialDataReceivedEventHandler
(this.serialPort_DataReceived);
      }
    catch (Exception)
    {
        System.Windows.MessageBox.Show("\n 串口错误!\n");    //ex.ToString() +
         return;
    }
}
#endregion
```

当串口获取到数据后会调用 serialPort_DataReceived 方法，下面使用该方法获取该串口的数据，并将数据保存在文件名为"地址+当前时间+"-"+消息编号+文件格式(.csv 格式)"，其中 PC 端地面站部分代码如下。

```
private void serialPort_DataReceived(object sender, SerialDataReceivedEventArgs e)
    {
        if (isClosing)
        {
            return;
        }
        try
        {
            isListening = true;
            int n = serialport1.BytesToRead; //先记录下来,避免某种原因或人为的原因使操作
                                            //几次之间的时间间隔不一致导致缓存不一致
            byte[] buf = new byte[n];             //声明一个临时数组存储当前来的串口数据
            serialport1.Read(buf, 0, n);          //读取缓冲数据
    /* ------------------------------------------------------------ */
            //<校验数据>
            mavlink.ParseBytes(buf);
            //<存储数据>
            try
            {
                if (this.e.Message != null)
                {
//文件名为:地址 + 当前时间 + " - " + 消息编号 + 文件格式(.csv 格式)
filename = "./" + DateTime.Now.ToString("yyyy - MM - dd HH") + " - " + this.e.Message
.GetMsgId() + ".csv";
                        GroundStationCsv.SaveRecord(this.e, filename);
                 }
            }
            catch (Exception)
            {
                System.Windows.MessageBox.Show("\n 正在保存数据,请勿打开文档!请关闭打开
的 *.CSV 文档\n");                        //ex.ToString()
            }
        }
        finally
        {
            isListening = false;                  //我用完了,ui 可以关闭串口了
        }
}
```

由于串口读取数据是按字节读取的，所以得到的数据会是一个字节数组 buf，然后我们就要对 buf 字节数组进行数据的解析，使用 MAVLink 协议，把协议的每一种消息帧定义为一个消息对象，一次对数据帧的每一位进行比对，符合要求则存入相对应的对象中返回。MAVLink 的具体解析协议可参考 10.4 节。

飞航科技 PC 端地面站如图 10-6 所示。

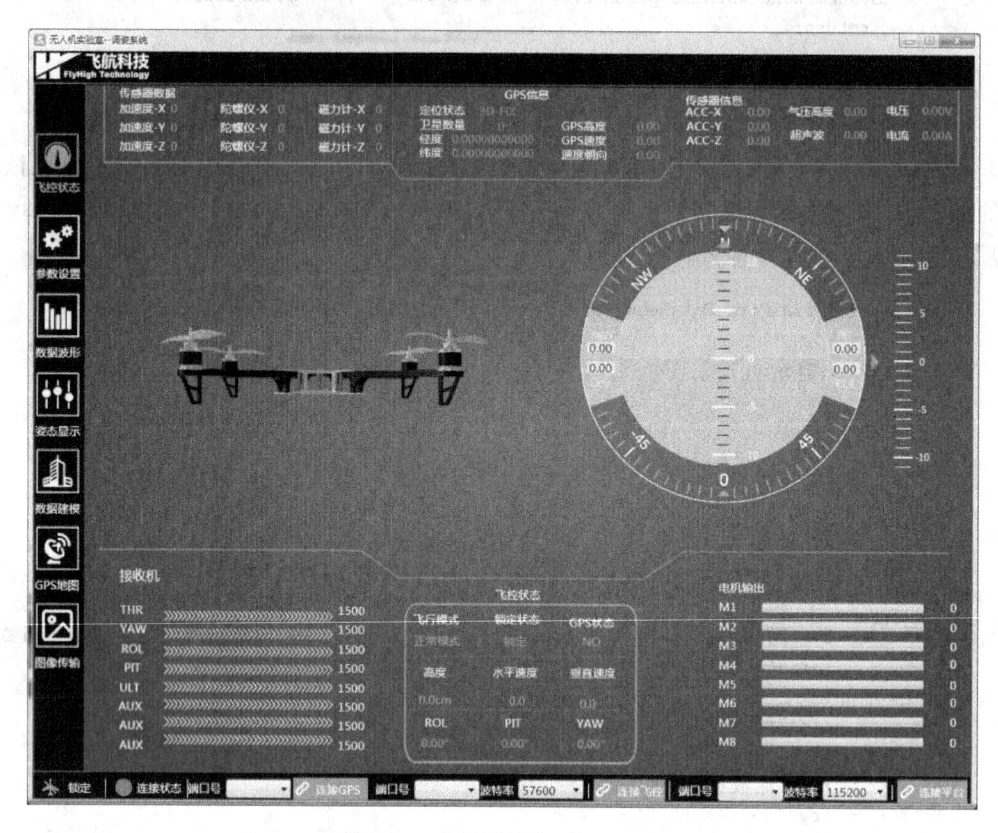

图 10-6　飞航科技 PC 端地面站

10.5.2　Android 地面站数据接收

Android 地面站与无人机之间使用 3DR 公司的 3DR Radio Telemetry（下文统称数传系统）模块进行数据通信，数传系统地面站端使用的是标准 USB 接口，要在运行 Android 系统的手机或平板上使用数传系统，需要将手机或平板与数传系统通过 OTG 转接线进行连接，手机或平板连接上数传系统后就可以通过代码对数传系统进行操作了，通过代码配置并使用数传系统的具体过程如下。

（1）在 AndroidManifest.xml 中添加使用 USB 设备的声明。

代码如下：

```
<uses-feature android:name="android.hardware.usb.host" android:required="true"/>
```

然后在 Android Studio 项目中查看 res 目录下是否存在 xml 目录，如果不存在则右击 res→new→Android resource directory，在弹出的窗口 Directory name 中输入 xml，单击 OK

按钮，这样就创建了 xml 目录，接着右击 xml→new→XML resource file，在弹出的窗口 File name 中输入 device_filter，然后单击 OK 按钮，device_filter 的文件内容为

```
    <?xml version = "1.0" encoding = "utf - 8"?>
    <resources>
    <!-- 0x0403 / 0x6001: FTDI FT232R UART -->
    <usb - device vendor - id = "1027" product - id = "24577" />
    <!-- 0x0403 / 0x6015: FTDI FT231X -->
    <usb - device vendor - id = "1027" product - id = "24597" />
    <!-- 0x2341 / Arduino -->
    <usb - device vendor - id = "9025" />
    <!-- 0x16C0 / 0x0483: Teensyduino -->
    <usb - device vendor - id = "5824" product - id = "1155" />
    <!-- 0x10C4 / 0xEA60: CP210x UART Bridge -->
    <usb - device vendor - id = "4292" product - id = "60000" />
    <!-- 0x067B / 0x2303: Prolific PL2303 -->
    <usb - device vendor - id = "1659" product - id = "8963" />
</resources>
```

在 device_filter 中列举了常见的 USB 串口设备，USB 设备的 ProductID 和 VendorID，即我们常说的 PID 和 VID，这两个值可以在 Windows 的设备管理器属性中查看(Windows 采用的是十六进制，这里必须将它转为十进制)。

然后在要操作 USB 设备的 Activity 中添加以下代码：

```
<intent - filter>
<action android:name = "android.hardware.usb.action.USB_DEVICE_ATTACHED"/>
</intent - filter>
<meta - data
android:name = "android.hardware.usb.action.USB_DEVICE_ATTACHED"
android:resource = "@xml/device_filter"/>
```

<intent-filter>和<meta-data>的作用是使应用过滤符合 dexice-filter 中定义的 USB 设备的接入事件，当有符合 dexice-filter 中定义的 USB 设备接入时，Android 设备会列举出所有声明了该过滤器的应用，这样就为应用添加了数传系统的使用支持。

(2) 在 Activity 中获取接入的数传系统对应的 USB 设备。

首先需要获取 Android 系统的 USB 管理工具 UsbManager，代码如下：

```
(UsbManager) getSystemService(Context.USB_SERVICE);
```

然后通过 UsbManager 获取接入的 USB 设备，因为获取 USB 设备是一个耗时过程，所以获取 USB 设备列表的过程应该在后台线程中操作，具体获取过程如下：

```
final List<DeviceEntry> result = new ArrayList<>();
Map<String, UsbDevice> deviceList = mUsbManager.getDeviceList();
if (deviceList.isEmpty()) {
    LogUtils.d("设备列表为空");
} else {
    for (final UsbDevice device : mUsbManager.getDeviceList().values()) {
        final List<UsbSerialDriver> drivers = UsbSerialProber.probeSingleDevice(mUsbManager,
device);
        LogUtils.d("发现设备: " + device);
```

```
            if (drivers.isEmpty()) {
                LogUtils.d(" - 空设备列表.");
                result.add(new DeviceEntry(null));
            } else {
                for (UsbSerialDriver driver : drivers) {
                    result.add(new DeviceEntry(driver));
                }
            }
        }
    }
        sDriver = result.get(0).driver;
```

在获取到USB设备列表后找到数传系统对应的USB设备(在OTG只接入数传系统的情况下能够获取到的只有数传设备,所以直接取出USB设备列表中的第一个就是所需要的设备了),获取到数传系统对应的USB设备后就可以对数传系统进行操作了。

(3) 连接数传系统对应的USB设备并读写数据。

上一步获取到了数传系统对应的USB设备,现在就可以进行连接并获取数据了,首先打开USB设备,并为USB设备设置配置信息,过程如下:

```
sDriver.open();
sDriver.setParameters(57600, 8, 1, 0);
```

第一行:打开USB设备。

第二行:配置USB设备的波特率和截止位等信息。

打开成功后通过循环方式读取USB设备中缓存的数据,并将读取到的数据存入data中,方法如下:

```
ByteBuffer mReadBuffer = ByteBuffer.allocate(4096);
int len = sDriver.read(mReadBuffer.array(), 50);
byte[] data = new byte[len];
mReadBuffer.get(data, 0, len);
```

此时的数据是无人机端数传系统传回的原始数据,需要经过解析后才能使用。

获取到数据后通过MAVLink协议(协议格式详见10.4节介绍)生成工具生成的Java代码中MAVLink包下的Parser工具类对数据进行解析:依次取出接收到的数据中的每一位(data[i]),然后调用。

```
Parser mParser = new Parser();
MAVLinkPacket receivedPacket = mParser.mavlink_parse_char(0xFF & data[i]);
```

当解析成功后会返回一个数据包MAVLinkPacket,通过数据包中的msgid属性可以知道数据包的具体类型,强制转型为具体数据(如心跳包的msgid为0,若数据包的msgid为0时就可以将数据包强制转型为心跳包)之后就可以使用该数据了。

10.5.3 Android地面站数据存储与分析

数据解析成功后可以直接在Android设备中显示,但是很多时候我们需要对数据进行分析,这时就需要将接收到的数据进行存储了。这里将数据存储为xls文件,使用到了Java第三方Jar包jxl.jar,jxl.jar提供了将数据导出到xls文件的方法,具体使用过程如下:

(1) 创建 WritableWorkbook 工具。

```
WritableWorkbook writableWorkbook = Workbook.createWorkbook(xlsFile);
```

其中,xlsFile 是要导出的文件。

(2) 在 xls 表中添加多个页,分别存放不同 msgid 的数据,添加多个页的方法如下:

```
WritableSheet sheet = writableWorkbook.createSheet(pageName, index);
```

其中,pageName 是添加的页标题,这里使用接收到的消息包名称,index 是页码,返回的 sheet 是添加的页,可以在返回的 sheet 中添加具体数据。

(3) 有了页之后,就可以在页中添加数据了,添加数据的方法如下:

以心跳包为例:

```
msg_heartbeat heartbeat = (msg_heartbeat) mAVLinkMessage;
sheet.addCell(new jxl.write.Number(0, lineNumber, heartbeat.custom_mode));
sheet.addCell(new jxl.write.Number(1, lineNumber, heartbeat.type));
sheet.addCell(new jxl.write.Number(2, lineNumber, heartbeat.autopilot));
sheet.addCell(new jxl.write.Number(3, lineNumber, heartbeat.base_mode));
sheet.addCell(new jxl.write.Number(4, lineNumber, heartbeat.system_status));
sheet.addCell(new jxl.write.Number(5, lineNumber, heartbeat.mavlink_version));
writableWorkbook.write();
writableWorkbook.close();
```

上面的代码中 addCell 方法提供了向 xls 表中添加一个数据格子的功能,Number 类的作用是向格子中添加一个数字类型的数据,其中第一个参数表示格子所在的列数,第二个参数代表格子所在的行数,每完整地添加一条数据就应该将行数加 1。writableWorkbook.write()表示将数据写入到 xls 文件中,在写入完成后调用 writableWorkbook.close()方法关闭文件。至此,数据就保存在 xls 文件中了。

将存储完成的 xls 文件导出到电脑中,使用 WPS 等软件打开便可以查看和分析数据了。飞航科技 Android 地面站如图 10-7 所示。

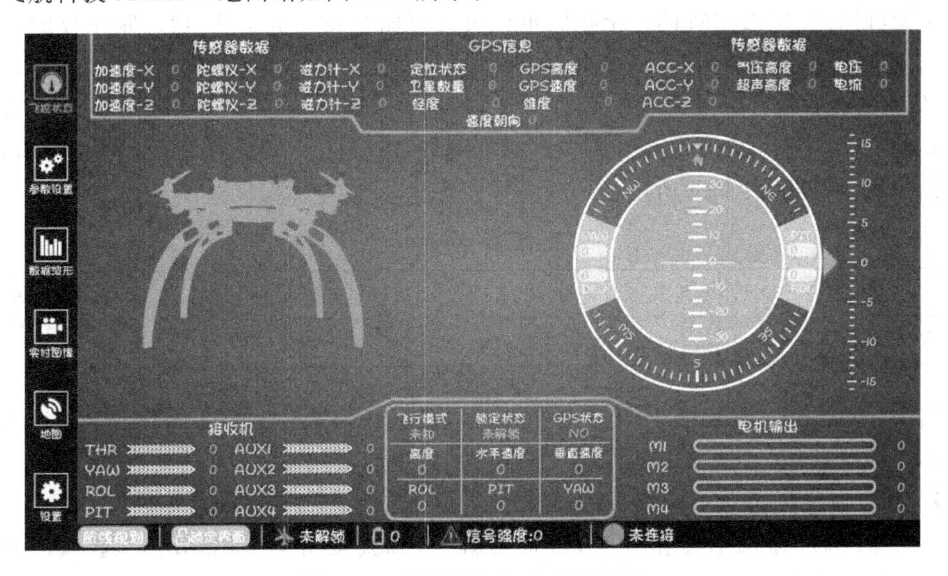

图 10-7 飞航科技 Android 地面站

第11章 其他辅助功能

CHAPTER 11

11.1 参数存储、在线更新与加载

飞控系统在运行过程中，需要更新、存储很多数据，怎样有效正确地存储、加载和在线更新数据对整个飞控系统来说至关重要。

数据存储方面，我们使用AT24C16芯片，这是一块EEPROM通电可擦、可写，掉电数据不丢失的存储芯片，这块芯片具有以下特点：

(1) 存储空间：2048×8(16KB)。

(2) 双向IIC传输协议：100kHz(1.8V,2.5V,2.7V)和400kHz(5V)。

(3) 施密特触发，噪声抑制滤波输入。

(4) 封装：8引脚的SOIC和TSSOP封装，14引脚的SOIC封装。

(5) 工作温度：−40～125(℃)。

(6) 数据保留时长：100年。

1. 参数存储、加载

当需要向AT24C16芯片里存储/读取三个陀螺仪传感器的参考值时，从AT24C16的数据手册可知该EEPROM的一个存储单位可以存储8位二进制数，然而陀螺仪的参数为16位二进制，因此需要将每个陀螺仪的参数拆分成高八位二进制和低八位二进制。由于AT24C16的读写缓存区最多缓存16个字节(1字节=8位二进制数)，因此在连续读写方面不能超过16个字节。为了保证数据读写的准确性，需要向AT24C16芯片里面写入相对应的数据格式，具体如表11-1所示。

表11-1 数据格式

top1	top2	X_H	X_L	Y_H	Y_L	Z_H	Z_L	P	end1	end2
0xAA	0x55	x	x	x	x	x	x	x	0x55	0xAA

其中，top1，top2表示帧头，用于告知处理器数据开始；end1，end2表示帧尾，用于告知处理器通信结束；X_H～Z_L表示陀螺仪参数；P表示奇偶校验位。

2. 参数在线更新

飞控系统通常需要在工作过程中实时更新一些状态数据，因此需要给飞控系统配置参数在线更新的功能。

更新的参数需要替换存放在AT24C16里面的旧参数，更新的参数一般是通过上位机发送到处理器，最后由处理器来识别参数命令后将新的参数存进AT24C16，因此需要定义特殊的数据格式来告知处理器以执行相应的任务并存放数据。如更新三个陀螺仪传感器的参考值，具体的数据格式如表11-2所示。

表11-2　更新数据格式

top1	top2	cont	add	Num	X_H	X_L	Y_H	Y_L	Z_H	Z_L	P	end1	end2
0xAA	0x55	x	x	x	x	x	x	x	x	x	x	0x55	0xAA

其中，top1，top2表示同步帧头，用于告知处理器数据开始；end1，end2表示帧尾，用于告知处理器通信结束；X_H～Z_L表示陀螺仪参数；P表示奇偶校验位；cont表示命令参数，用于告知处理器该数据包的作用；add表示AT24C16存储更新数据的起始地址；Num表示参数长度(AT24C16读写缓存区为16字节，超过该长度的话，系统会拆分参数长度。

参数在线更新的部分驱动代码如下。

注：参数i每过1秒钟都会初始化一遍，防止无法刷新的错误。

```
void USART1_IRQHandler(void){
    if(USART_GetITStatus(USART1, USART_IT_RXNE) != RESET){
        USART_ClearITPendingBit(USART1,USART_IT_RXNE);
        recieve_Data[i] = USART_ReceiveData(USART1);
        recieve_data[i] = (uint8_t)recieve_Data[i];
        i++;
        if(i == 14){
            i = 0;
            if(recieve_data[0] == 0xAA && recieve_data[1] == 0x55 && recieve_data[12] ==
0x55 && recieve_data[13] == 0xAA){                    /* 帧头帧尾校验 */
            if((recieve_data[5] + recieve_data[6] + recieve_data[7] + recieve_data[8] +
recieve_data[9] + recieve_data[10]) % 2 == recieve_data[11]){   /* 奇偶校验 */
            AT24C16_data[0] = recieve_data[0];    /* top1 */
            AT24C16_data[1] = recieve_data[1];    /* top2 */
            AT24C16_data[2] = recieve_data[5];    /* X_H */
            AT24C16_data[3] = recieve_data[6];    /* X_L */
            AT24C16_data[4] = recieve_data[7];    /* Y_H */
            AT24C16_data[5] = recieve_data[8];    /* Y_L */
            AT24C16_data[6] = recieve_data[9];    /* Z_H */
            AT24C16_data[7] = recieve_data[10];   /* Z_L */
            AT24C16_data[8] = recieve_data[11];   /* P */
            AT24C16_data[9] = recieve_data[12];   /* end1 */
            AT24C16_data[10] = recieve_data[13];  /* end2 */
            AT24C16_add = recieve_data[3];        /* AT24C16 d 写地址位 */
            I2C_WriteBuffer(I2C2, AT24C16_add,0x00,AT24C16_data,11); /* AT24C16 写数据 */
            USART1_SendData(succeed, 8);          /* 返回更新成功 */
            }
            else{
                USART1_SendData(parity, 12);      /* 返回校验位出错 */
            }
        }
```

```
                else{
                    USART1_SendData(fault, 12);            /* 返回更新失败 */
                }
            }
        }
    }
```

11.2 调试 LED

在“光标”飞控系统中，飞行器状态是用 LED 灯来显示的，通过使用 4 个 LED 来对操作者阐述飞行器当前的运行情况。

通过 4 个 LED 的闪烁方式来具体说明飞行器的异常状态，如表 11-3 所示。

表 11-3 LED 闪烁方式

状态指示灯	状态指示灯说明
灯全灭	严重错误，影响飞行
L1 亮	传感器误差较大
L1 闪烁	电量不足
L2 亮	地面站控制系统断开
L2 闪烁	GPS 系统无法定位
L3 亮	高度计无法使用
L3 闪烁	避障系统无法使用
L4 亮	光流定位失效
L4 闪烁	图传系统失效
灯全亮	初始化成功，可以起飞

注：未说明的 LED 状态为熄灭状态，4 个 LED 分别命名为 L1、L2、L3 和 L4。

在一般的飞控系统中，均可以采用系统的 GPIO 来控制 LED 灯的亮、灭及闪烁。此外，深入研究的开发人员还可以利用调试 LED 进行系统时序鉴定与测量。例如，在每个任务的起始和结束时控制 LED 灯的亮灭；在全速运行时，可以通过 LED 的闪烁以及示波器的测量来鉴定各任务的执行时间和执行效率，以便优化系统的时间片配置。

接下来介绍在 STM32F4 处理芯片中的 GPIO 驱动以及如何控制 LED 灯的亮灭。STM32F407VET6 共有 7 组 IO 口，每组 IO 口有 16 个 IO，一共 16×7＝112 个 IO，外加 2 个 PH0 和 PH1，一共 114 个 IO 口。

1) 4 种输入模式

(1) 输入浮空；

(2) 输入上拉；

(3) 输入下拉；

(4) 模拟输入。

2) 4 种输出模式

(1) 开漏输出(带上拉或者下拉)；

(2) 开漏复用功能(带上拉或者下拉)；

(3) 推挽式输出(带上拉或者下拉);

(4) 推挽式复用功能(带上拉或者下拉)。

3) 4 种最大输出速度

(1) 2MHz;

(2) 25MHz;

(3) 50MHz;

(4) 100MHz。

每组 GPIO 端口的寄存器包括:

(1) 一个端口模式寄存器(GPIOx_MODER),如表 11-4 所示。

表 11-4　GPIOx_MODER 寄存器

31	30	29	28	27	26	25	24	23	22	21	20	19	18	17	16
MODER15[1:0]		MODER14[1:0]		MODER13[1:0]		MODER12[1:0]		MODER11[1:0]		MODER10[1:0]		MODER9[1:0]		MODER8[1:0]	
rw	rw	rw	rw	rw	rw	rw	rw	rw	rw	rw	rw	rw	rw	rw	rw
15	14	13	12	11	10	9	8	7	6	5	4	3	2	1	0
MODER7[1:0]		MODER6[1:0]		MODER5[1:0]		MODER4[1:0]		MODER3[1:0]		MODER2[1:0]		MODER1[1:0]		MODER0[1:0]	
rw	rw	rw	rw	rw	rw	rw	rw	rw	rw	rw	rw	rw	rw	rw	rw

位: 2y:2y+1 MODERy[1:0]: 端口 x 配置位(Port x configuration bits) (y = 0～15)

这些位通过软件写入,用于配置 I/O 方向模式

00: 输入(复位模式)

01: 通用输出模式

10: 复用功能模式

11: 模拟模式

(2) 一个端口输出类型寄存器(GPIOx_OTYPER),如表 11-5 所示。

表 11-5　GPIOx_OTYPER 寄存器

31	30	29	28	27	26	25	24	23	22	21	20	19	18	17	16
保留															
15	14	13	12	11	10	9	8	7	6	5	4	3	2	1	0
OT15	OT14	OT13	OT12	OT11	OT10	OT9	OT8	OT7	OT6	OT5	OT4	OT3	OT2	OT1	OT0
rw	rw	rw	rw	rw	rw	rw	rw	rw	rw	rw	rw	rw	rw	rw	rw

位 31:16 保留,必须保持复位值

位 15:0 OTy[1:0]: 端口 x 配置位(Port x configuration bits)　(y = 0～15)

这些位通过软件写入,用于配置 I/O 端口的输出类型

0: 输出推挽(复位状态)

1: 输出开漏

(3) 一个端口输出速度寄存器(GPIOx_OSPEEDR),如表 11-6 所示。

表 11-6　GPIOx_OSPEEDR 寄存器

31	30	29	28	27	26	25	24
OSPEEDR15[1:0]		OSPEEDR14[1:0]		OSPEEDR13[1:0]		OSPEEDR12[1:0]	
rw	rw	rw	rw	rw	rw	rw	rw
23	22	21	20	19	18	17	16
OSPEEDR11[1:0]		OSPEEDR10[1:0]		OSPEEDR9[1:0]		OSPEEDR8[1:0]	
rw	rw	rw	rw	rw	rw	rw	rw
15	14	13	12	11	10	9	8
OSPEEDR7[1:0]		OSPEEDR6[1:0]		OSPEEDR5[1:0]		OSPEEDR4[1:0]	
rw	rw	rw	rw	rw	rw	rw	rw
7	6	5	4	3	2	1	0
OSPEEDR3[1:0]		OSPEEDR2[1:0]		OSPEEDR1[1:0]		OSPEEDR0[1:0]	
rw	rw	rw	rw	rw	rw	rw	rw

位：2y:2y+1 OSPEEDERy[1:0]：端口 x 配置位(Port x configuration bits) (y = 0～15)

这些位通过软件写入,用于配置 I/O 输出速度

00:2MHz(低速)

01:15MHz(中速)

10:50MHz(高速)

11:30pF 时为 100MHz(高速),15pF 时为 80MHz 输出(最大速度)

(4) 一个端口上拉下拉寄存器(GPIOx_PUPDR),如表 11-7 所示。

表 11-7　GPIOx_PUPDR 寄存器

31	30	29	28	27	26	25	24	23	22	21	20	19	18	17	16
PUPDR15 [1:0]		PUPDR14 [1:0]		PUPDR13 [1:0]		PUPDR12 [1:0]		PUPDR11 [1:0]		PUPDR10 [1:0]		PUPDR9 [1:0]		PUPDR8 [1:0]	
rw	rw	rw	rw	rw	rw	rw	rw	rw	rw	rw	rw	rw	rw	rw	rw
15	14	13	12	11	10	9	8	7	6	5	4	3	2	1	0
PUPDR7 [1:0]		PUPDR6 [1:0]		PUPDR5 [1:0]		PUPDR4 [1:0]		PUPDR3 [1:0]		PUPDR2 [1:0]		PUPDR1 [1:0]		PUPDR0 [1:0]	
rw	rw	rw	rw	rw	rw	rw	rw	rw	rw	rw	rw	rw	rw	rw	rw

位：2y:2y+1 PUPDRy[1:0]：端口 x 配置位(Port x configuration bits) (y = 0～15)

这些位通过软件写入,用于配置 I/O 上拉或者下拉

00：无上拉或者下拉

01：上拉

10：下拉

11：保留

（5）一个端口输入数据寄存器(GPIOx_IDR)，如表 11-8 所示。

表 11-8　GPIOx_IDR 寄存器

31	30	29	28	27	26	25	24	23	22	21	20	19	18	17	16
保留															
15	14	13	12	11	10	9	8	7	6	5	4	3	2	1	0
IDR15	IDR14	IDR13	IDR12	IDR11	IDR10	IDR9	IDR8	IDR7	IDR6	IDR5	IDR4	IDR3	IDR2	IDR1	IDR0
r	r	r	r	r	r	r	r	r	r	r	r	r	r	r	r
位 31:16 保留，必须保持复位值 位 15:0 IDRy[1:0]：端口输入数据(Port input data)　(y = 0～15) 这些位为只读状态，只能在字模式下访问，它们包含响应 I/O 端口的输入值															

（6）一个端口输出数据寄存器(GPIOx_ODR)，如表 11-9 所示。

表 11-9　GPIOx_ODR 寄存器

31	30	29	28	27	26	25	24	23	22	21	20	19	18	17	16
保留															
15	14	13	12	11	10	9	8	7	6	5	4	3	2	1	0
ODR 15	ODR 14	ODR 13	ODR 12	ODR 11	ODR 10	ODR 9	ODR 8	ODR 7	ODR 6	ODR 5	ODR 4	ODR 3	ODR 2	ODR 1	ODR 0
r	r	r	r	r	r	r	r	r	r	r	r	r	r	r	r
位 31:16 保留，必须保持复位值。 位 15:0 ODRy[1:0]：端口输出数据(Port output data)　(y = 0～15) 这些位可通过软件读取和写入 注：对于原子置位/复位，通过写入 GPIO_BSRR 寄存器，可分别对 ODR 位进行置位和复位(x=A～V)															

（7）一个端口置位/复位寄存器(GPIOx_BSRR)，如表 11-10 所示。

表 11-10　GPIOx_BSRR 寄存器

31	30	29	28	27	26	25	24	23	22	21	20	19	18	17	16
BR15[1:0]		BR14[1:0]		BR13[1:0]		BR12[1:0]		BR11[1:0]		BR10[1:0]		BR9[1:0]		BR8[1:0]	
w	w	w	w	w	w	w	w	w	w	w	w	w	w	w	w
15	14	13	12	11	10	9	8	7	6	5	4	3	2	1	0
BR7[1:0]		BR6[1:0]		BR5[1:0]		BR4[1:0]		BR3[1:0]		BR2[1:0]		BR1[1:0]		BR0[1:0]	
w	w	w	w	w	w	w	w	w	w	w	w	w	w	w	w
位 31:16 BRy：端口 x 复位位 y(Port x reset bit y)(y = 0～15) 这些位为只写形式，只能够在字、半字或者字节模式下访问。读取这些位可返回值 0x0000 0：不会对相应的 ODR 位进行任何操作 1：对相应的 ODRx 位进行置位															

（8）一个端口配置锁存寄存器(GPIOx_LCKR)，如表 11-11 所示。

表 11-11 GPIOx_LCKR 寄存器

31	30	29	28	27	26	25	24	23	22	21	20	19	18	17	16
保留															LCKK
															rw
15	14	13	12	11	10	9	8	7	6	5	4	3	2	1	0
LCK15	LCK14	LCK13	LCK12	LCK11	LCK10	LCK9	LCK8	LCK7	LCK6	LCK5	LCK4	LCK3	LCK2	LCK1	LCK0
rw	rw	rw	rw	rw	rw	rw	rw	rw	rw	rw	rw	rw	rw	rw	rw

位 31:17 保留，必须保持复位值

位 16 LCKK[16]：锁定键(Lock key)，可随时读取此位，可以使用锁定键写序列对其进行修改

0：端口配置锁定键未激活

1：端口配置锁定键已激活，知道 MCU 复位时，才锁定 GPIOx_LCKR 寄存器

锁定键写序列：

WRLCKR[16] = '1' + LCKR[15:0]

WRLCKR[16] = '0' + LCKR[15:0]

WRLCKR[16] = '1' + LCKR[15:0]

RD LCKR

RD LCKR = '1'(此读写操作为可选操作，但它可确认锁定已激活)

注：在锁定键写序列期间，不能更改 LCK[15:0]的值；锁定序列中的任何错误将中止锁定操作；在任一端口位上的第一个锁定序列之后，对 LCKK 位的任何读写访问都将返回“1”，直到下一次 CPU 复位为止

位 15:0 LCKy：端口 x 锁定位 y(Port x lock bit y) (y = 0～15)

这些位都是读/写位，但只能在 LCKK 位等于“0”时执行写操作

0：端口配置未锁定

1：端口配置已锁定

(9) 两个复位功能寄存器(低位 GPIOx_AFRL 和高位 GPIOx_AFRH)，分别如表 11-12a 和表 11-12b 所示。

表 11-12a 低位 GPIOx_AFRL 寄存器

31	30	29	28	27	26	25	24	23	22	21	20	19	18	17	16
AFRL7[3:0]				AFRL6[3:0]				AFRL5[3:0]				AFRL4[3:0]			
rw	rw	rw	rw	rw	rw	rw	rw	rw	rw	rw	rw	rw	rw	rw	rw
15	14	13	12	11	10	9	8	7	6	5	4	3	2	1	0
AFRL3[3:0]				AFRL2[3:0]				AFRL1[3:0]				AFRL0[3:0]			
rw	rw	rw	rw	rw	rw	rw	rw	rw	rw	rw	rw	rw	rw	rw	rw

位：AFRLy[1:0]：端口 x 位 y 的复用功能选择(Alternate function selection for port x bit y) (y = 0～7)

这些位通过软件写入，用于配置复用功能 I/O

AFRLy 选择：

0000：AF0	0001：AF1	0010：AF2	0011：AF3
0100：AF4	0101：AF5	0110：AF6	0111：AF7
1000：AF8	1001：AF9	1010：AF10	1011：AF11
1100：AF12	1101：AF13	1110：AF14	1111：AF15

表 11-12b 高位 GPIOx_AFRH

31	30	29	28	27	26	25	24	23	22	21	20	19	18	17	16
AFRH7[3:0]				AFRH6[3:0]				AFRH5[3:0]				AFRH4[3:0]			
rw	rw	rw	rw	rw	rw	rw	rw	rw	rw	rw	rw	rw	rw	rw	rw
15	14	13	12	11	10	9	8	7	6	5	4	3	2	1	0
AFRH3[3:0]				AFRH2[3:0]				AFRH1[3:0]				AFRH0[3:0]			
rw	rw	rw	rw	rw	rw	rw	rw	rw	rw	rw	rw	rw	rw	rw	rw
位：AFRHy[1:0]：端口 x 位 y 的复用功能选择(Alternate function selection for port x bit y) (y = 8～0～15) 这些位通过软件写入，用于配置复用功能 I/O AFRHy 选择： 0000：AF0　0001：AF1　0010：AF2　0011：AF3 0100：AF4　0101：AF5　0110：AF6　0111：AF7 1000：AF8　1001：AF9　1010：AF10　1011：AF11 1100：AF12　1101：AF13　1110：AF14　1111：AF15															

通过库函数初始化 GPIO，设置 PE0 为推挽输出，代码如下：

```
/******************** 通过库函数初始化 GPIO 程序 **********************
*************************************************************************/

void Init_GPIO(void)
{
//定义初始化结构图
GPIO_InitTypeDef GPIO_InitStructure;
//使能外设引脚时钟
RCC_AHB1PeriphClockCmd(RCC_AHB1Periph_GPIOE, ENABLE);
//初始化引脚端口
GPIO_InitStructure.GPIO_Pin = GPIO_Pin_0;
//设置引脚为输出模式输出
GPIO_InitStructure.GPIO_Mode = GPIO_Mode_OUT;
//设置输出为推挽输出
GPIO_InitStructure.GPIO_OType = GPIO_OType_PP;
//设置引脚数度 100MHz
GPIO_InitStructure.GPIO_Speed = GPIO_Speed_100MHz;
//设置上拉
GPIO_InitStructure.GPIO_PuPd = GPIO_PuPd_UP;
//初始化
GPIO_Init(GPIOE, &GPIO_InitStructure);
}
//通过库函数设置 PE0 输出高电平
GPIO_SetBits(GPIOE,GPIO_Pin_0);

//通过库函数设置 PE0 输出低电平
GPIO_ResetBits(GPIOE,GPIO_Pin_0);
```

11.3 失控保护功能

由于无人飞行器是无人驾驶，在飞行过程中缺少驾驶员主观判断和应急处理的能力，因此需要飞行器的机载电子管理系统能够自动检测出失控状态并及时进行相应的处理。由于飞行器的各种部件和外界环境非常复杂，飞行器失控的类型也有很多种不同的情况，一般无人飞行器系统的失控保护功能分为几个层次和方案。传统的保护方式有物理级保护和电子保护。

物理级保护是一些无人机采用的比较直接比较彻底的保护方式，也就是飞行器判断出现了任何错误状态或者丢失控制信号以及传感器数据受损等情况的时候，直接采用展开降落伞或者气垫设备的方式硬着陆，以保护机体机械和电子设备不至于受损。一般一些高端的或者成本较高的无人机系统会采用这种方案来进行故障处理和安全保护。

电子保护是不带物理保护装置的无人机采用的成本较低的失控保护措施和方案，它也分为几个基本层次。

(1) 第一层次，也是最传统的航模的失控保护，主要在遥控器和接收机上实现。现在一般的遥控器都带有这项功能。它的主要措施是当机载设备的遥控接收机在收到遥控器的信号强度低于阈值或者无法收到信号的时候，可以对所操控的某些通道进行失控保护处理。简单来说，就是维持通道的遥控信号控制量为失控前的量。这种失控处理的方案好处是可以确保飞行器不会突然因为失去控制信号而坠落，而是可以继续保持之前的飞行姿态和状态，以便地面控制人员采取紧急措施在尽可能短的时间内恢复通信。它的缺点也很明显，那就是如果飞行器失联前是朝着某个方向运动的话，它就会一直朝该方向运动，有可能跑到更远的地方或者撞机，导致严重损坏。一般的遥控器都可以设置每个通道的失控保护功能开启或关闭。图 11-1 所示是某遥控器的失控保护功能的设置界面。

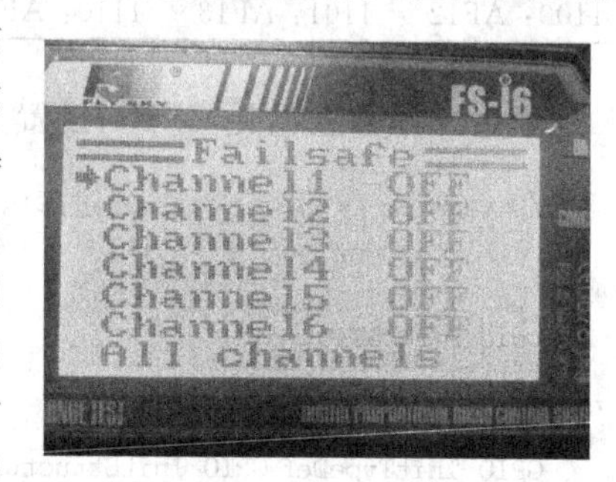

图 11-1 某遥控器的失控保护

(2) 比遥控器失控保护更有效的保护是飞控系统软件的自我预设保护指令。当然这要求飞控系统能够感知到遥控器的失控状态，如果遥控器本身带有失控保护通道的话，那么飞控可能无法识别当前是否已经处于失控保护状态了，因为遥控器接收机即使在失控状态下也会不断地补充与失控之前相同的控制信号。因此飞控需要通过特定的信标或者由接收机通知来确定失控状态。有了飞控稳定系统参与失控保护，飞行器可以更可靠地处理失控情况。处理的策略可以有如下几种：

① 失控悬停——即飞行器自动切换到悬停模式，在原位置不动，等待操控手采取措施恢复控制链路或者下达进一步的飞行指令。

② 失控就地自主着陆——即飞行器在原地点进行自主着陆尝试，以便使得飞行器处于安全状态，落地后等待操控手到达着陆地并处理，这种策略如图 11-2 所示。

③ 失控返场着陆——即飞行器检测到失控之后，先上升到预设的返航高度以上，然后自主飞往预设的返航点后自主着陆，以保证飞行器的安全，保护策略如图 11-3 所示。

(3) 虽然前面所介绍的失控保护的处理是处理失去遥控信号的情况，但实际上并不限于该情况，飞行器还可能遇到其他类型的失控状态，针对不同的失控状态，飞控系统也应该有不同的应对措施。

① GPS 定位系统失效——遇到这种情况的时候，飞行器已经无法获得准确可靠的位置和速度信息，只能通过自身的惯导在短时间内推算出位置信息，但是惯导的定位信息随着时

图 11-2 失控就地自主着陆策略

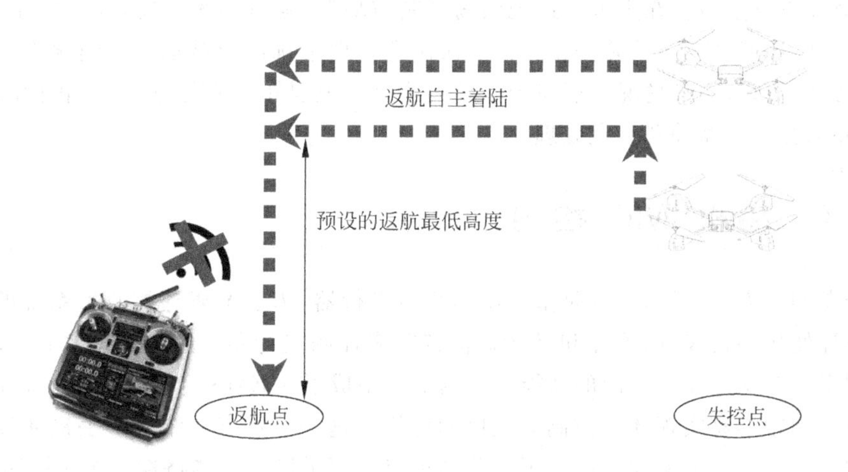

图 11-3 失控返场着陆策略

间的推移误差累积较大，无法长时间提供准确的定位信息。这时如果采用返航自主着陆的策略，则可能由于返航时间过长，导致航线偏离，无法正确返航，因此不能使用返航自主着陆的策略。同样由于没有 GPS 定位信号，飞行器也不能采用 GPS 定点悬停的方式应对，只能采用光流定点悬停或者就地自主着陆的策略来处理。

② 电池电量或油量不足——电量不足的情况说明飞行器无法继续维持长时间的飞行，因此只有通过紧急就地自主着陆来实施保护措施，而不能采用悬停和返航等耗时较长耗能较高的措施。

③ 传感器失效——飞行器上的飞控系统通过传感器感知飞行状态和外界环境，其中最重要的是 MEMS 传感器、磁力计和高度传感器，此外还有避障和温度传感器等。当这些最重要的传感器失效的时候，意味着飞控系统无法感知正确的飞行状态，因此无法实现正确稳定可靠的飞行控制，此时唯一的选择就是尽快下降高度，进行紧急自主着陆保护。

④ 电机或油机失效——飞行器的电机或油机系统是整个飞行器的机载动力来源。如果动力来源出现问题，则飞行器也无法完成正常的飞行活动。对于多旋翼飞行器来说，它的升力一般有一定的冗余，但是由于它采用对称机架设计，如果其中一个电机系统出现问题，

则会由于飞行器的动力不对称而有可能出现飞行器自旋等异常状态。一般飞控可以通过预先规划的特殊控制算法来针对这种单个或者少数电机失效的情况并屏蔽异常电机。不过控制规律也决定了它能够应付失效电机最多的个数，在能够尽量保持飞行器稳定的情况下，应使其迅速就地着陆。

⑤ 强电磁干扰导致电子系统失效——强电磁干扰的环境一般出现在电力巡线应用的场景，当然也可能由当地异常磁暴和天气异常等自然现象引起。在此类情况发生时，对于专用的电力巡线任务飞行器，一般应该事先采取一定的屏蔽措施降低电磁系统的干扰，并且能够应付一定强度的干扰发生。

⑥ 遭遇反无人机系统——反无人机系统是近几年来民航和军警等部门针对民用无人机迅速增长并且经常无证照黑飞以及非法闯入管制空域的情形而采取的应对手段。这些措施主要包含人工驱离、射频干扰武器系统、飞禽捕捉、捕捉网和致命性武器攻击等手段。本书也建议无人机爱好者和拥有者应该严格遵守当地的相关法规和政策，以安全为第一考虑要素，不擅闯飞行禁地。在无人机系统误闯管制空域时，遇到驱离措施，应该要主动采取返航着陆的措施迅速飞离区域并停止飞行。在遇到物理干扰以及被捕获的情况下，则基本上无法实现继续飞行，这种情况一般飞控系统无法自主识别外界情况的发生，操作手应迅速关停电机，并前往飞行器捕获地点处理。

11.4 手机 WiFi 控制

对于微型无人飞行器，尤其是室内用的微型飞行器，为了节省遥控收发系统的成本，通常可以设计使用手机 WiFi 和手机蓝牙通信链路来控制飞行器。这类系统尤其在玩具无人机上应用得更广泛。而且目前的智能手机内部都集成了 MEMS 传感器实现体感检测，因此通过手机控制很容易实现体感控制无人机的应用。这一节重点介绍一下手机通过 WiFi 链路来实现无人机控制的实现方法。下一节则重点介绍手机蓝牙链路控制无人机的方法。

WiFi 以 WiFi 联盟(国际 WiFi 联盟组织)制造商的商标作为产品的品牌认证，是一个创建于 IEEE 802.11 标准的无线局域网技术，WiFi 这个术语被人们普遍误以为是指无线保真(Wireless Fidelity)，类似历史悠久的音频设备分类，如长期高保真(1930 年开始采用)或 HiFi(1950 年开始采用)。即使 WiFi 联盟本身也经常在新闻稿和文件中使用 Wireless Fidelity 这个词。事实上，WiFi 一词没有任何意义，也没有全写。IEEE 802.11 第一个版本发表于 1997 年，其中定义了介质访问接入控制层和物理层。物理层定义了在 2.4GHz 的 ISM 频段上的两种无线调频方式和一种红外线传输方式，总数据传输速率设计为 2Mbit/s。两个设备之间的通信可采用自由直接(Ad Hoc)的方式进行，也可以在基站(Base Station，BS)或者访问点(Access Point，AP)的协调下进行。1999 年加上了两个补充版本：802.11a 定义了一个在 5GHz ISM 频段上的数据传输速率可达 54Mbit/s 的物理层；802.11b 定义了一个在 2.4GHz 的 ISM 频段上但数据传输速率高达 11Mbit/s 的物理层。

2.4GHz 的 ISM 频段为世界上绝大多数国家通用，因此 802.11b 得到了最为广泛的应用。苹果公司把自己开发的 802.11 标准命名为 AirPort。1999 年工业界成立了 WiFi 联盟，致力解决匹配 802.11 标准的产品的生产和设备兼容性问题。WiFi 为制定 802.11 无线网络的组织，并非代表无线网络。

时至今日，WiFi可分为五代。由于ISM频段中的2.4GHz频段被广泛使用，例如微波炉和蓝牙，它们会干扰WiFi，令速度减慢，5GHz干扰则较小。即使双频路由器可同时使用2.4GHz和5GHz，设备则也只能使用某一个频段。

第一代802.11，1997年制定，只使用2.4GHz，最快2Mbit/s。

第二代802.11b，只使用2.4GHz，最快11Mbit/s，正逐渐淘汰。

第三代802.11g/a，分别使用2.4GHz和5GHz，最快54Mbit/s。

第四代802.11n，可使用2.4GHz或5GHz，20MHz和40MHz信道宽度下最快72Mbit/s和150Mbit/s。

第五代802.11ac，只使用5GHz。

IEEE 802.11的设备已经安装于市面上的许多产品，几乎所有智能手机、平板电脑和笔记本电脑都支持WiFi上网，是当今使用最广的一种无线网络传输技术。实际上它是把有线网络信号转换成无线信号，使用无线路由器发射无线电波供支持其技术的相关电脑、手机和平板等接收。手机如果有WiFi功能的话，在有WiFi无线信号的时候就可以不通过移动联通的网络上网，节省了流量费。无线上网方式在大城市比较常用，虽然由WiFi技术传输的无线通信质量不是很好，数据安全性能比蓝牙差一些，传输质量也有待改进，但传输速度非常快，可以达到54Mbit/s，符合个人和社会信息化的需求。WiFi最主要的优势在于不需要布线，可以不受布线条件的限制，因此非常适合移动办公用户的需要，并且由于发射信号功率低于100mw，低于手机发射功率，所以WiFi上网相对于其他无线接入互联网的方式也是最安全健康的。

既然WiFi可以用来进行数据交互，那么也能用它来传输无人机的控制信号。和蓝牙的使用类似，在使用蓝牙技术进行数据交互时需要用到一个蓝牙适配器，使用WiFi来进行数据交互时也需要使用一个WiFi模块。本书以ESP8266wifi模块为例，主要参数可参考表11-13。

表11-13　ESP8266wifi的主要参数

项　　目	说　　明
网络标准	无线标准：IEEE 802.11b、IEEE 802.11g和IEEE 802.11n
无线传输速率	802.11b：最高可达11Mbit/s 802.11b：最高可达54Mbit/s 802.11b：最高可达HT20，MCS7
频率范围	2.412～2.484GHz
发射功率	11～18dBm
WiFi工作模式	WiFi STA WiFi AP WiFi STA＋WiFi AP
无线安全	安全机制：WEP/WPA-PSK/WPA2-PSK 加密类型：WEP64/WEP128/TKIP/AES
用户配置	AT＋指令集，Web页面Android/iOS终端，Smart Link智能配置App
串口波特率	110～921600bit/s(默认波特率115200)
通信接口	通信接口
TCP Client	5个

ESP8266wifi 模块电路图如图 11-4 所示，图中的 TXD 接单片机串口 RX，图中的 RXD 接单片机串口 TX。

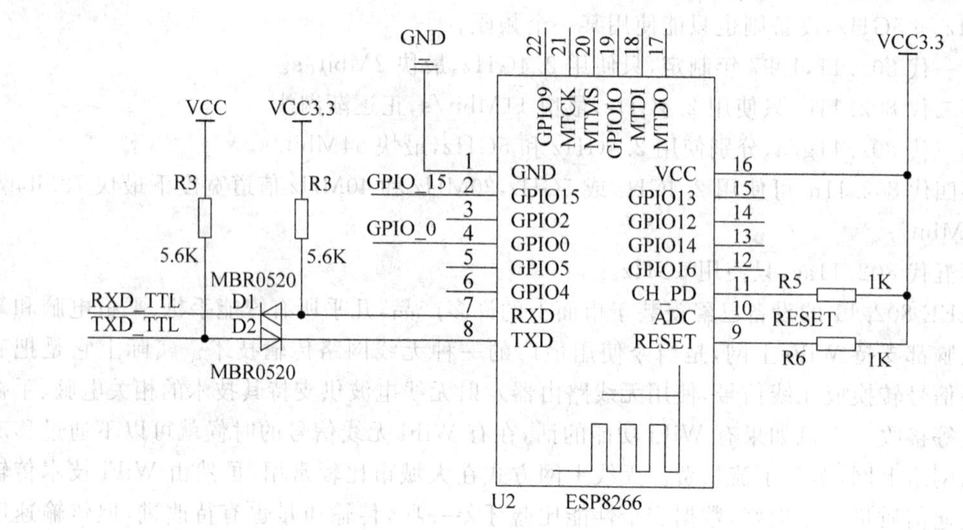

图 11-4　ESP8266 电路图

ESP8266wifi 模块 AP 模式配置命令步骤如下：

(1) 为了避免之前的错误配置导致连接不成功，配置之前恢复出厂设置：

AT+RESTORE

(2) 串口参数设置，波特率为 115200，8 位数据位，1 位停止位，无校验位，无流控制：

AT+UART=115200,8,1,0,0

(3) 设置为 AP 模式：

AT+CWMODE=2

(4) WiFi 设置，名字为 ESP8266，密码为 11111111，通道号为 6，加密方式如下：

AT+CWSAP="ESP8266","11111111",6,3

(5) 设置本机 IP 地址为 192.168.5.1：

AT+CIPAP="192.168.5.1"

(6) 开启多链接：

AT+CIPMUX=1

(7) 设置端口号为 8080：

AT+CIPSERVER=1,8080

以上几个步骤配置完成后就可以等待移动设备连接此 WiFi 模块，需要注意的是，如果想通过 ESP8266 发送数据，在发送之前需要先发送命令 AT+CIPSEND=x,y。x 表示设备号，每连接一个移动设备，ESP8266 就会给它编一个号，通过这个参数来决定把数据发送给哪个移动设备；y 表示需要发送的字节长度。例如，AT+CIPSEND=0,5，就是将要给设备 0(第一个链接上 ESP8266 的设备)发送 5 个字节的数据。这个命令发送完成后就可以发送数据(封装如下)了：

```
void wifi_ap_send_buf(uint8_t * Buffer, uint32_t Length)
{
```

```
    printf("AT+CIPSEND=0,%d\r\n",Length);       //向设备 0 发送 Length 长度的数据(串口 2)
    Delay_ms(1);                                //延时 1ms,等待命令接收完成
    UART2_Send(Buffer,Length);                  //串口 2 发送 Buffer,长度为 Length
    Delay_ms(2);                                //等待发送完成
}
```

单片机从 Wi-Fi 模块中接收和保存数据部分功能放在串口中断中处理,中断处理函数如下:

```
#define BUFF_LEN 255                                //接收缓存区大小
uint8_t buffer[BUFF_LEN];                           //接收缓存区
uint8_t index=0;
void USART2_IRQHandler(void)
{
    if(USART_GetITStatus(USART2,USART_IT_RXNE))     //分析中断类型,现在为接收中断
    {
        USART_ClearFlag(USART2,USART_IT_RXNE);      //清除产生的中断标志
        buffer[index]=USART_ReceiveData(USART2);
        if(++index==BUFF_LEN)                       //判断接收缓存区是否存满
        {
            index=0;
        }
    }
}
```

通过 Wi-Fi 模块接收到的数据就保存在 buffer 数组中,只需要对这个数组进行解析,提取其中的有效信息即可,接下来将以简单的自定义协议为例来介绍整个传输和解析过程:

(1) 定义一个数据帧协议,手机需要遵循这个协议发送数据,单片机需要根据这个协议来解析还原数据,此处通过这个协议帧发送 4 个大小均为 16 位的控制数据,分别为油门控制量(throttle)、俯仰控制量(pitch)、横滚控制量(roll),航向控制量(yaw),由这几个控制量组成的数据帧格式如表 11-14,数据的传输是以字节为单位,所以数据位数超过 8 位的需要拆分,这里的控制量均为 16 位,所以在传输时需要将各个控制量分解成高 8 位和低 8 位。

表 11-14 数据协议帧组格式

send[0]	send[1]	send[2]	send[3]	send[4]	send[5]	send[6]	send[7]	send[8]	send[9]	send[10]	send[11]	send[12]
top1	top2	thr(H)	thr(L)	pitch(H)	pitch(L)	roll(H)	roll(L)	yaw(H)	yaw(L)	P	end1	end2
0xAA	0x55	x	x	x	x	x	x	x	x	x	0x55	0xAA

① top1,top2:帧头,可用于判断一帧数据的开始

② end1,end2:帧尾,可用于判断一帧数据的结束

- thr(H):油门控制量 throttle 的高 8 位,thr(H)=(throttle>>8) & 0x00ff;
- thr(L):油门控制量 throttle 的低 8 位,thr(L) = throttle & 0x00ff;
- pitch(H):俯仰控制量 throttle 的高 8 位,pitch(H)=(pitch>>8) & 0x00ff;
- pitch(L):俯仰控制量 throttle 的低 8 位,pitch(L) = pitch & 0x00ff;
- roll(H):横滚控制量 throttle 的高 8 位,roll(H)=(roll>>8) & ox00ff;
- roll(L):横滚控制量 throttle 的低 8 位,roll(L) = roll& 0x00ff;

➢ yaw(H)：航向控制量 throttle 的高 8 位，yaw(H)=(yaw>>8) & 0x00ff；
➢ yaw(L)：航向控制量 throttle 的低 8 位，yaw(L)=yaw & 0x00ff；
➢ P：校验位，此处以和校验的方式确定这个值，P=(thr(H)+thr(L)+pitch(H)+pitch(L)+roll(H)+roll(L)+yaw(H)+yaw(L))&0x00ff；

(2) 手机获取到上述的 4 个控制量并按照表 11-14 填充需要发送的数据包 send，将数据包里的数据从左到右依次发送出去。

(3) 单片机一直接收手机通过 Wi-Fi 发送出来的数据，存放在 buffer 数组中，单片机需要解析 buffer，将对应的高、低字节组合还原成原始数据，由于数据的接收并不是每次刚好接收到一个完整的数据包，所以需要在解析时判断数据包的完整性，解析函数如下：

```
#define GET_LEN 13                          //数据帧的长度，上述协议共 13 个字节
void parse(uint8_t * buf)
{
    uint8_t i,j,sum = 0;
    for(i = 0;i <= BUFF_LEN - GET_LEN;i++)
    {
      //判断包头和包尾
      if (buf[i] == 0xAA && buf[i + 1] == 0x55 && buf[i + 11] == 0x55 && buf [i + 12] == 0xAA)
      {
          //通过和校验中间的数据位
          for(j = i + 2;j <= i + 9;j++)
          {
              sum += buf[j];
          }
          if (sum == buf[j])
          {
              throttle = buf[i + 2]<<8|buf[i + 3];
              pitch = buf[i + 4]<<8|buf[i + 5];
              roll = buf[i + 6]<<8|buf[i + 7];
              yaw  = buf[i + 8]<<8|buf[i + 9];
              memset(buffer,0,BUFF_LEN);   //解析成后清空接收缓存区，又从头开始保存
              index = 0;
              break;
          }
      }
    }
}
```

在解析函数中还原了手机发送出来的 4 个控制量，单片机就可以根据这 4 个量来计算各个电机的转速，从而达到使用 Wi-Fi 来控制无人机的目的。

11.5 手机蓝牙控制

蓝牙技术是一种短距离的无线通信技术，拥有一套无线技术标准，可实现固定设备或者移动设备之间的短距离数据交互，以形成个人局域网络。蓝牙的标准是 IEEE 802.15.1，蓝牙协议工作在无须许可的 ISM(Industrial Scientific Medical)频段的 2.45GHz。最高速度

可达 723.1kbit/s。为了避免干扰可能使用 2.45GHz 的其他协议，蓝牙协议将该频段划分成 79 个频道(带宽为 1MHz)，每秒的频道转换可达 1600 次。它最初的设计是希望创建一个 RS-232 数据线的无线通信代替版本。它能够链接多个设备，克服同步问题。移动电话和免提设备之间的无线通信是最初流行的应用，目前电脑与外设的无线连接也基本全部采用蓝牙，如鼠标、键盘和打印机等，还有一些医用器材、GPS，以及超市的条形码扫描仪也采用蓝牙技术，可见蓝牙技术的应用已经是非常广泛了。

正是由于蓝牙技术在移动设备上的大量应用，才会有人去开发关于蓝牙的应用，本书介绍的飞控系统也可以使用蓝牙技术，使用手机或者平板通过蓝牙通信来控制无人机的飞行，由于其具备全双工通信的特点，在操作无人机的同时也可以使用手机或者平板实时监控无人机的飞行参数。但是使用蓝牙技术来对无人机进行操控也受蓝牙的性能限制，如发送速度、功耗以及有效范围等。表 11-15 列出了经典蓝牙和低功耗蓝牙的对比，可以根据实际需求选择符合使用条件的版本。从表 11-15 可以看出传输距离是最大的限制，所以一般用蓝牙进行室内的短距离遥控和数据监测。

表 11-15 典型蓝牙与低功耗蓝牙对比

技术规范	典型蓝牙 BT	低功耗蓝牙 BLE
无线电频率	2.4GHz	2.4GHz
传输距离	10m/100m	30m
应用吞吐量	0.7～2.1Mbit/s	0.2Mbit/s
发送数据总时间	100ms	<6ms
耗电量	100%(参考)	1%～50%

要实现使用移动设备上的蓝牙与无人机进行通信并控制无人机的目的，需要准备一台带蓝牙的智能手机(或者平板)和一个收发一体的蓝牙转串口的蓝牙适配器模块，如果使用的是一台 Android 智能手机，那么可以使用 Java 语言编写一个可以与蓝牙适配器模块进行通信的应用程序，控制的界面可以按照自己喜欢的风格进行绘制，也可以参考图 11-5 做一个比较简单的控制界面。图 11-5 中左边是一个滑动条，用来控制无人机的油门，右边是一个虚拟遥杆，用于控制无人机的俯仰和横滚，中间是一个解锁按键，共有 4 个控制量。如果之前曾使用 2.4GHz 遥控器实现了无人机的控制，那么可以将手机输出的控制范围和原来接收到的遥控器控制范围设置成一样，解锁键发送的是状态标志，0 和 1 分别表示解锁和锁定。将这几个数据进行封装，数据协议可以参考第 10 章介绍的 MAVLink 协议，或者自定义协议。

值得注意的是蓝牙适配器模块需要使用透传模式，所谓透传即为透明传输，是指不管所传数据是什么样的比特组合，都应当能够在链路上传送。当所传数据中的比特组合恰巧与某一个控制信息完全一样时，就必须采取适当的措施，使接收方不会将这样的数据误认为是某种控制信息。这样才能保证数据链路层的传输是透明的。也就是说发送方和接收方数据的长度和内容完全一致，相当于一条无形的传输线，那么蓝牙适配器模块就可以将从手机上接收到的数据原封不动地发送给飞控系统，飞控系统通过串口读取到数据后根据自己定义的数据结构协议就可以解析出发送的控制信号，以此来实现手机控制无人机的运动。蓝牙串口模块的电路图如图 11-6 所示，图中的 TXD 接单片机串口 RX，图中的 RXD 接单片机串口 TX。

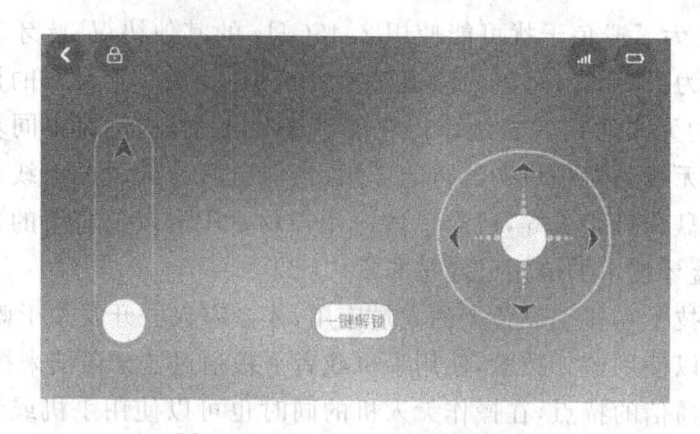

图 11-5 Android 应用程序界面

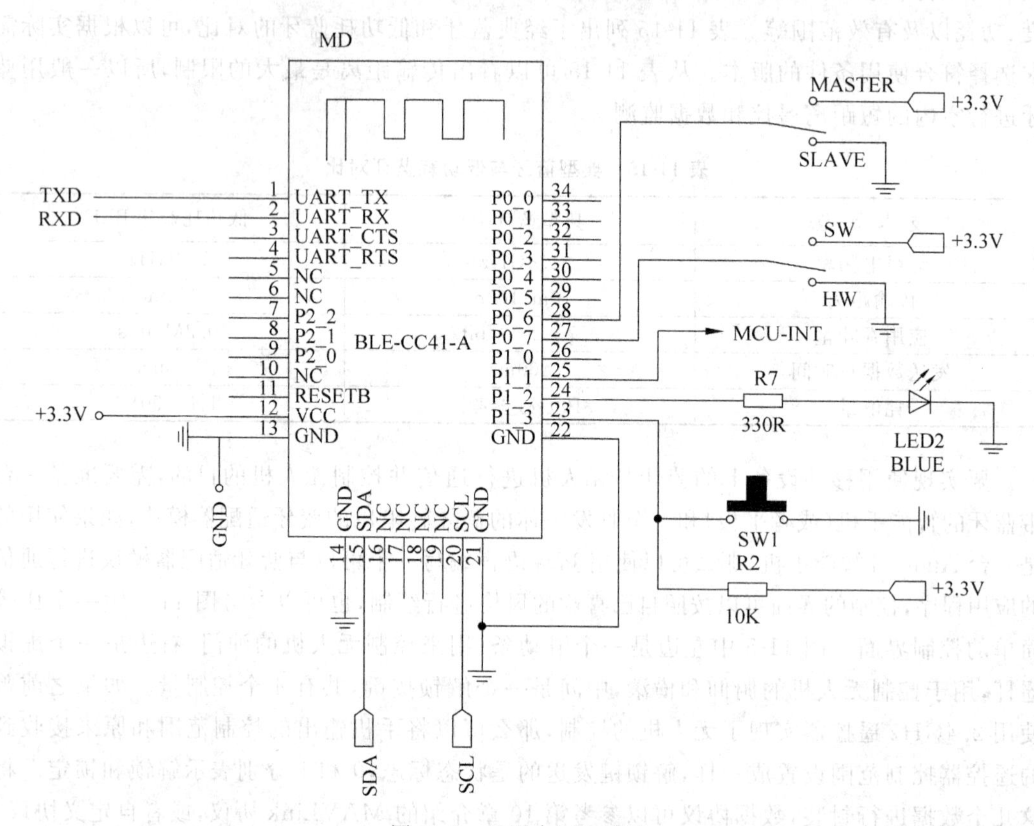

图 11-6 蓝牙串口电路图

单片机发送需要通过蓝牙把数据发送出去可直接通过调用串口发送函数实现，单片机从蓝牙模块中接收和保存数据部分功能放在串口中断中处理，中断处理函数如下：

```
#define BUFF_LEN 255                              //接收缓存区大小
uint8_t buffer[BUFF_LEN];                         //接收缓存区
uint8_t index = 0;
void USART2_IRQHandler(void)
{
    if(USART_GetITStatus(USART2,USART_IT_RXNE)) //分析中断类型,现在为接收中断
    {
```

```
        USART_ClearFlag(USART2,USART_IT_RXNE); //清除产生的中断标志
        buffer[index] = USART_ReceiveData(USART2);
        if(++index == BUFF_LEN)              //判断接收缓存区是否存满
        {
            index = 0;
        }
    }
}
```

通过蓝牙模块接收到的数据就保存在 buffer 数组中，只需要对这个数组进行解析，提取其中的有效信息即可，接下来将以简单的自定义协议为例来介绍整个传输和解析过程。

(1) 定义一个数据帧协议，手机需要遵循这个协议发送数据，单片机需要根据这个协议来解析还原数据，此处通过这个协议帧发送 4 个大小均为 16 位的控制数据，分别为油门控制量(throttle)、俯仰控制量(pitch)、横滚控制量(roll)，航向控制量(yaw)，和上一小节一样，组成的数据帧格式如表 11-14 所示。

(2) 手机获取到上述的 4 个控制量并按照表 11-14 填充需要发送的数据包 send，将数据包里的数据从左到右依次发送出去。

(3) 单片机一直接收手机通过蓝牙发送出来的数据，存放在 buffer 数组中，单片机需要解析 buffer，将对应的高、低字节组合还原成原始数据，由于数据的接收并不是每次刚好接收到一个完整的数据包，所以需要在解析时判断数据包的完整性，解析函数如下：

```
#define GET_LEN 13                          //数据帧的长度，上述协议共 13 个字节
void parse(uint8_t * buf)
{
  uint8_t i,j,sum = 0;
  for(i = 0;i <= BUFF_LEN - GET_LEN;i++)
  {
    //判断包头和包尾
    if (buf [i] == 0xAA && buf [i + 1] == 0x55 & & buf[i + 11] == 0x55 && buf[i + 12] == 0xAA)
    {
        //通过和校验中间的数据位
        for(j = i + 2;j <= i + 9;j++)
        {
            sum += buf[j];
        }
        if (sum == buf[j])
        {
            throttle = buf[i + 2]<< 8|buf[i + 3];
            pitch = buf[i + 4]<< 8|buf[i + 5];
            roll = buf[i + 6]<< 8|buf[i + 7];
            yaw = buf[i + 8]<< 8|buf[i + 9];
            memset(buffer,0,BUFF_LEN);      //解析成后清空接收缓存区，又从头开始保存
            index = 0;
            break;
        }
    }
  }
}
```

在解析函数中还原了手机发送出来的4个控制量，单片机就可以根据这4个量来计算各个电机的转速，从而达到使用蓝牙来控制无人机的目的。

11.6 第一人称视角FPV控制

11.6.1 FPV的定义

FPV是英文First Person View的缩写，即"第一人称主视角"，它是一种基于遥控航空模型或者车辆模型上加装无线摄像头回传设备，在地面看屏幕操控模型的新玩法。

一般的遥控模型都是由操纵者手持遥控器，目视着远处的模型控制它的姿态，完成各种动作，但是怎样才能获得更加刺激和真实的体验呢？近几年随着电子设备的小型化，我们有机会把无线视频传输设备装在体积和载重量都非常有限的模型上，从而实现以第一视角操纵模型的方式。所能达到的效果就是操作者可以身临其境地以驾驶员的视角操纵模型飞机或者赛车而不用担心任何风险。

随着飞行控制模块和地面站系统的配合使用，FPV系统已经可以实现全自动、定点定时定高巡航、自动驾驶、人工控制与电脑驾驶混合模式，以及数据实时传输等功能。

11.6.2 FPV的设备组成

FPV设备由载机、天线、图传和摄像机等组成。

其中，载机是用于装载航拍设备和系统用的航空器，即飞行器本体。

天线可分以下几类：

1）全向天线

无线电专业中常称其为鞭状天线。它就像一个灯管，垂直放置时，是在水平方向上向周围散射，在360°范围内都有均匀的场强分布，是比较常用的一种形式。水平放置时，假如天线是东西方向放置，场强分布包括天空在内的南北方向，以及天线到地面的南北方向空间。因此垂直天线，主要针对水平方向的目标，水平天线主要针对垂直高度上的目标和窄范围内的水平目标。

2）八木天线

八木天线又称定向传输天线，由比天线稍短的引向器和比天线稍长的反射器，中间安装天线的结构构成。八木天线的场强主要集中在引向器一侧，反射器将天线发出的信号反射回引向器方向，使场强增强，同时有屏蔽后方干扰的作用。八木天线在垂直安装时，上下的场强分布角与全向天线差不多，在水平方向上场强分布角与引向器的数目有关，引向器越多，夹角越小，方向性越强，夹角内的场强越高。一般常见引向器有3～5支，再多效果则不明显。主要特点是在有效范围内场强分布均匀，方向性好，抗干扰能力强。

3）抛物面天线

这种天线的场强分布有两部分，类似手电光，一部分是灯泡直接射出的散射光；另一部分，也是主要部分，是反射器反射形成的直射光。所以抛物面天线的效率是最高的，方向性也是最强的，常用于固定点对点的微波通信，如果用在飞行器上的通信，则必须装在高精度跟踪云台上才可以，如果跟踪云台精度不高则效果不佳。另外抛物面天线对组装精度要求也很高。

4) 平板状天线

平板天线的特性和八木天线基本相同，好的平板天线结构较复杂，但体积小，重量轻，安装简单，体积效率比高，是野外 FPV 应用的首选天线，但需配合跟踪云台使用。

图传(包括视频发射机、视频接收机和图像显示存储)：无人机图像传输系统就是将天空中处于飞行状态的无人机所拍摄的画面实时稳定地发射给地面无线图传遥控接收设备。

整个图传工作过程大致如下(以数字图传为例)：

无人机上挂载的视频拍摄装置将采集的视频信号传输到安装在无人机上的图传信号发送器，然后由图传信号发送器的 2.4GHz 无线信号(市面上单卖的无人机图传套件有 1.2GHz、2.4GHz 和 5.8GHz 频段可选，抗干扰能力和带宽各不相同)传送到地面的接收系统，由接收系统再通过视频信号通道传输到显示设备上(显示器或平板电视)，或者通过 USB 或无线传输到手机与平板电脑上。由此，操控者就能实时地监控到无人机航拍的图像。无人机飞行范围有限，范围过大会使遥控信号变差，同时实时高清图传也是个问题。图像传输距离的远近，图像传输质量的好坏，图像传输的稳定性等是衡量无人机图传性能的关键因素。同时图像传输系统的性能是区分无人机档次的一个关键因素。

现有的图传主要有模拟和数字两种：

1) 模拟图传

早期的图传设备采用的是模拟制式，它的特点是只要图传发射端和接收端工作在一个频段上，就可以收到画面。

优点：

(1) 价格低廉，市面上的模拟图传发射和接收套装通常在 1000 元以内。

(2) 可以同时接收多个视频信号，模拟图传的发射端相当于广播，只要接收端的频率和发射端一致，就可以接收到视频信号，方便多人观看；选择较多、搭配不同的天线可实现不同的接收效果。

(3) 工作距离较远，以常用的 600mW 图传发射为例，开阔地工作距离在 2km 以上。

(4) 无信号时显示雪花的显示屏，在信号微弱时，也能勉强判断飞机姿态。

(5) 一体化的视频接收及 DVR(录像)和 FPV 专用视频眼镜技术成熟，产品选择多。

(6) 视频信号基本没有延迟，是低空高速飞行必备。

缺点：

(1) 发射、接收和天线的产品质量良莠不齐，新手玩家选择困难。

(2) 易受到同频干扰，两个发射端的频率接近时，很有可能导致本机的视频信号被别人的图传信号插入，导致飞机丢失。

(3) 接线、安装和调试需要一定经验，对于新手而言增加了学习成本。

(4) 飞行时安装连接天线、接收端电池和显示器支架等过程烦琐。

(5) 没有 DVR(视频录制)功能的接收端无法实时回看视频，而有 DVR 功能的接收端回看视频也较为不便。

(6) 模拟图传发射端通常安装在机身外，影响一体机的美观。

(7) 玩家个人安装的图传天线若安装不当，可能在有的飞行姿态下被机身遮挡，导致此时接收信号欠佳，影响飞行安全。

(8) 视频带宽小，画质较差，通常分辨率在 640×480，影响拍摄时的感观。

适应人群：有一定基础，对穿越飞行等项目热衷的进阶玩家。

2）数字图传

现在厂商所开发的无人机套机通常都搭载了专用的数字图传，它的视频传输通过2.4GHz或5.8GHz的数字信号进行。

优点：

（1）使用方便，通常只需在遥控器上安装手机/平板电脑作为显示器即可。

（2）中高端产品的图像传输质量较高，分辨率可达720p甚至1080p。

（3）中高端产品的传输距离亦可达2km，可与普通模拟图传相媲美。

（4）方便实时回看拍摄的照片和视频。

（5）集成在机身内，可靠性较高，一体化设计较为美观。

缺点：

（1）中高端产品的价格昂贵。

（2）低端产品的有效距离短，图像延迟问题非常严重，影响飞行体验和远距离飞行安全。

（3）普通手机和平板电脑在没有配备遮光罩的情况下，在室外环境下飞行时，较低的屏幕亮度使得操作手难以看清画面。

（4）限于厂商实力和研发成本，不同的数字图传对手机/平板作为显示器的兼容性没有充分验证，某些型号可能适配性较差。

适应人群：新手玩家。中高端数字图传亦可适应高端玩家要求，但对于穿越飞行而言，要实现航拍功能时需外接显示器或使用手机/平板电脑作为显示器。

摄像机分为以下几类：

（1）摄录一体的简单摄像头，多为常规镜头；直接安装到飞机上，目视航拍，只把摄到图像录制下来，然后回收飞机后观看回放。

（2）单摄像头，选配镜头；把拍到内容输出给图传无线回传，实现FPV（第一视角）操控飞机，录制靠地面设备，回放效果一般。因为图传对视频信号传输的能力有限，即使用了高清摄像头，也不会传回高清的效果。

（3）摄像头+录制卡，选配镜头；可实现空地同时录像，但录制卡的录像质量较差，而且录制卡和摄像头的总造价很不经济，甚至拍摄像素不匹配，在适配过程中被重新整理过像素的视频，效果比较差。

（4）卡片相机，广角镜头；1080p的广角高清，视频输出，自身可以同时录像，但价格比较高。

（5）行车记录仪，广角镜头；行车记录仪的选择范围非常广，包括普清、标清、超清和高清等，价格也从两三百元到一两千元不等，外形布局比较附和空气动力学，对航模而言，比卡片机的立式安装更具科学性。行车记录仪使用的都是广角镜头，自录的功能是必然的，同时有视频输出，还自带电池和液晶屏。

11.6.3 FPV眼镜与VR眼镜的区别

FPV眼镜与VR眼镜分别如图11-7与图11-8所示。

VR眼镜及虚拟现实显示头戴设备，是结合仿真技术与计算机图形学人机接口技术、多媒体技术、传感技术和网络技术等多种技术的产品，是借助计算机及最新传感器技术创造的一种崭新的人机交互手段。VR眼镜是一个跨时代的产品，不仅因为它让每一个爱好者带着惊奇和欣喜去体验，更因为它前景的未知让人们深深着迷。

图 11-7 FPV 眼镜

图 11-8 VR 眼镜

VR 眼镜与 FPV 眼镜虽然都是头戴式显示器，目前市场价格皆高，不过产品特性却有很大的差异。VR 眼镜的游戏内容多由厂商设计，其他剧情内容或故事也由第三方进行导演设计；然而 FPV 智能眼镜却是由观赏者掌控，主观移动观看，更重要的是 FPV 观赏或活动内容是以免费为主，二者发展路径上有很大的不同。整体而言，VR 眼镜较重视内容，而 FPV 较重视硬设备，现阶段两者硬件利润皆高。只是相较于 VR，FPV 眼镜目前被市场忽略，FPV 眼镜有更真实强烈的应用，是值得相关厂商评估投入的一块市场。

11.7 无人机应用领域

伴随着无人机行业的高速发展与法律法规对无人机飞行制度的完善，无人机的民用价值越发体现出来，不管是用于个人喜好或者是作为普通的商业行为，无人机都能绽放光彩；甚至是在军事领域上也大放异彩，以下介绍无人机在民事上的运用。

11.7.1 拍照摄影

对于喜欢旅游的朋友来说，拍照摄影是一项绝对少不了的环节。在人力所能及的角度拍摄出来的照片往往大同小异，缺少新鲜感，因此无人机相当于一个万能的摄影师，能够在任一角度上拍摄。

实现无人机拍摄功能的时候，添加了：①手势自拍；②物体识别；③视觉跟随中的平行跟随，焦点跟随，自动环绕；④精准降落的功能。这些智能功能的背后都是试图解决视觉与机器人领域中最头疼也是最核心的问题。

1. 手势自拍

很多的小型无人机都是属于跟拍，通过跟踪人或人脸来实现拍摄。大疆的 Phantom 4 已经实现了这个功能，而 Mavic Pro 则是实实在在地实现了脱离遥控器的自拍，也就是通过手势来进行抓拍。

当你走进画面里的时候，Mavic Pro 会自己识别移动的目标，并且你可以让它跟着你飞行，在飞行过程中只要做出拍照手势，它就会帮你抓拍。这一过程中完全不需要使用到遥控器，即使是飞行器跟丢了，只要重新回到画面中，就可以让飞行器继续飞行如图 11-9 所示。

对于手势识别系统而言，整体大概分为三步：手势定位、建模和识别。手势建模主要有

图 11-9 手势自拍

两种方法：2D 和 3D。根据建模得出来的数据判断是握手还是张手。据悉，从这个 3D 手部模型到手势识别是有不同的方法的，有的是直接用 3D 手部模型去识别，有的是把 3D 模型转化成 2D 图像，再在这个基础上利用深度学习进行分类识别。目前在室内环境中，由于距离较近，手势识别的难度并不大，像微软的 Kinect 就在电视游戏上得到了很好的应用。但在户外的场景下，在无人机上用这种摄像头远距离识别手势有一定困难。

2. 物体检测识别

物体的识别是针对画面中的主体进行判定的，其分类方式可以使用粗粒的类别，也可以使用细粒的类别。物体检测是在画面中自动找到感兴趣的物体，并且标示出它们的轮廓，再根据标示出的轮廓判断物体。

Phantom 4 的智能跟随功能的一个痛点是需要用户手动在屏幕上框出要跟随的目标，而新手用户常常难以做到，尤其当目标在运动中时。一方面会因为框的不准确，而造成智能跟随表现不理想，另一方面对于正在运动中的物体，很难框中。物体检测和识别技术，可以让用户实现即点即走，让智能跟随的体验有了质的提升。Mavic Pro 可以自动检测识别多种常见物体（人、汽车、卡车、动物、船、人骑自行车或摩托车等），并号称其跟随的动作会根据不同的物体有相应的优化，如图 11-10 所示。

3. 智能跟随模式

无人机跟随模式主要有两种方式：一种是依靠 GPS，一种是依靠视觉。GPS 跟随需要用户携带额外的遥控接收器，并且要处在空旷的场地以确保 GPS 收到的信号足够强。除这些之外，GPS 跟随模式下难以保证拍摄主体在画面中。视觉跟随就能很好地克服这些缺点，但是视觉跟随的难度比较大。由于视觉跟随没有与人类相互交互，与人类交互的数据全部存储在第一帧的框中，由这个框告诉算法什么是目标，什么是背景，而算法并不知道这个目标在其他视角的样子是什么，也不知道这个目标自身会改变成什么样的形态。如果目标的姿态变化过大，或者目标在另一个视角下看起来跟一开始的样子差别很大，算法还需要判断现在框里的还是不是当初那个目标，或者是不是已经变成另一个物体了。也就是说，第一帧的框，是不是能紧紧框住目标的边缘，不包含太多背景，也不遗漏掉目标的其他部分，对于跟随的算法来说至关重要。

图 11-10　人体跟随

4. 精准降落

无人机在与地面失去联系或者是低电量的情况下将自动返航。旅行拍摄时，会长时间使用无人机进行拍摄，因此要保证让无人机回到用户身边或者让无人机精准降落在一个指定的用户，以保证用户顺利回收无人机。

11.7.2　植保无人机

植保无人机是使用无人机来进行农林植物保护作业的无人驾驶飞机，该类型的无人飞行器是由无人机、GPS 锁定和喷洒机组成，通过地面遥控或者 GPS 锁定来实现对植物进行喷洒药剂、播种和洒粉等工作，如图 11-11 所示。

图 11-11　无人机喷洒药剂

作为农业大国的中国，每年有 18 亿亩的基本农田，需要雇佣大量的劳动力来进行农业植保工作。植保无人机服务农业在日本和美国等发达国家快速发展。1990 年，日本山叶公司率先推出世界上第一家无人机，主要是用于喷洒农药。我国南方也首先将无人机喷洒农药运用于水稻种植区。2016 年，无人机逐渐成了行业的新宠，陆陆续续出现了众多无人机喷洒农药的案例，无人机喷洒农药成为无人机运用的一种新趋势。

1. 植保无人机的优势

农用无人机飞行速度快，操作规模作业可达每小时120～150亩，其效率比常规喷洒至少高出100倍；植保无人机通过遥控器/GSP飞控操作，喷洒作业人员可以远距离操作，避免了暴露于农药下的危险，提高了务农人员的安全性。

无人机喷洒技术采用的是喷雾喷洒方式，比起传统的喷洒方式节省了至少50%的农药使用量，并且喷洒农药时旋翼产生的向下气流有助于增加物流对农作物的穿透性。并且人工喷洒有时候出现喷洒遗漏和喷洒不均的特点，大大增加了农药使用量，破坏了环境。

无人机整体尺寸小，重量轻，折旧率低，易包养，单位工作人工成本低，容易操作，一般的操作人员经过30天左右的训练就能掌握要领并执行喷洒工作。

2. 植保无人机的缺点

由于民用无人机的快速发展，植保无人机也逐渐进入了人们的视野，随着土地规模的扩大，植保无人机产业存在接近千亿的价值，但是目前植保无人机发展仍然面临诸多障碍。

价格是阻碍大多数农业户使用植保无人机的关键因素之一。目前，国内大多数省份的农业规模化较好的北方平原地区，植保无人机已经开始尝试使用了，但能够享受到"农机补贴"的省份却寥寥无几。并且在南方地区，农业规模零碎，无人机的高价格占据着较高的农业支出比例，让一些用户望而却步。

目前，我国植保无人机在实际运用中存在的一大难点是"行业势力不均，配套服务不足"。近年来，民用无人机兴起，全国各地都有植保无人机制造商，但是相关的产业链区域分布不均匀，当农户在使用无人机过程中造成元件损坏或者遇到其他的使用问题时，往往不能及时甚至是得不到相关的售后服务，维修成本也是相当昂贵，这需要各个制造商不断完善。

11.7.3 电力巡检

虽然现今国内使用无人机巡检电线的供电公司不多，但是为什么某些供电公司会看上无人机呢？

使用无人机的主要原因就是方便、快捷和数据清晰，另外就是能够节省时间与人力资源。利用无人机进行电路巡检，最显而易见的优势就是快，无人机可以飞在天上，不用像传统的巡检方式那样，走进深山爬上爬下。而且随着无人机航拍技术的发展，遥感技术不断成熟，可以利用无人机获取极为清晰的数据，并且根据数据分析电路情况。这与人工巡检相比，完全从手动流转向了技术流，随之而来的是时间的节约，人们不用浪费大量的时间在巡线的途中，节约下来的时间就可以用到真正的线路维护上去，线路安全也将得到提高。无人机巡检如图11-12所示。

无人机在巡线上，可以识别架空输电线路的基础、塔体、支架、巡线、绝缘子、防震锤、耐张线夹和悬垂线等容易发生事故的关键部位，也可以识别出偷窃、数目放电、雷击、污染和雾气等影响输电线路造成性能下降的问题。假如依靠平常的检测方式的话，就需要耗费巨大的人力和物力。

1. 巡线无人机的优点

与常规人工巡检方法相比较，巡线无人机技术更为先进有效，已成为保障线路安全运行的一种新的经济可行的手段。利用无人飞机巡线，可以减轻工人"千里巡线"的劳动强度，降

图 11-12　无人机巡线

低高压输电线路的运行维护成本。

无人驾驶飞机机身轻巧，并装载有先进的航测系统，和有人飞机、直升机相比，受阴、雨、雾等天气的限制要小得多。这些优越的性能使无人飞机成为输电网巡线更为有效的工具。无人飞机巡线还可以提高巡检作业的质量和科学管理技术水平，可以增强电力生产自动化综合能力，创造更高的经济效益和社会效益。

随着输电可靠性指标的要求越来越高，以及无人飞机巡线各种实践内容的不断丰富，无人飞机巡线的优越性将越来越突出。无人飞机巡线必将成为一种快速、高效、大有发展前途的巡线方式。

对于传统的电路巡检而言，无人机巡检仍然是改变传统作业的一个好的开端。对于高压线路而言，如果巡检工人进行带电作业的话，人身安全将受到很大的威胁，如果出动无人机的话，工人的安全将得到很大的保障。

2. 巡线无人机的缺点

利用无人机巡线也具有一定的限制，首先是地形方面，无人机起飞仍对地面有一定的要求，在飞行过程中对周边的环境也具有一定的要求，无人机在平原地区巡线的推广比较容易，在地形比较复杂的地区还需要对无人机进行进一步改善。

另外无人机电路巡检要求极熟练的操作人员进行操作，对于操作手的要求不是那么简单，无人机电路巡检要求驾驶员可以将无人机精确地控制到每一个需要检查的点上，因此成熟操作手的缺乏也会影响无人机巡检的推广。

无人机操作人员在使用多旋翼无人机进行电力巡线时，对于无人机飞行的稳定性、悬停精准度以及图传效果都要求很高。无人机挂载云台后，无人机重量增加，惯性变大，经验不足的操作人员很容易失去对飞机的控制，甚至有可能出现“撞塔”事故。

还要关注的点就是无人机进行电路巡检要用到的主体是无人机，那么无人机续航问题就是我们不得不面对的。现在一般的无人机续航时间仍然很短，然而在很短的时间内完成长线段的巡检是不可能的，如果在巡检到一定地段，无人机的续航时间结束的话，如何返程也是棘手的问题。

11.7.4 环保领域的应用

近二三十年来，中国建设了全球规模最大、花费最高的污染排放在线监控系统，耗资数百亿元。但是根据现实来看，这套系统很难防止排放造假和偷排，这个小小的漏洞恰恰是造成我国空气和水环境恶化的主要原因之一。

无人机在环保领域的运用主要有三方面：

(1) 环境监测：观测空气、土壤和水质状况，也可以实时快速跟踪和检测突发环境污染事件的发展。

(2) 环境执法：环检部门利用搭载了采集与分析设备的无人机在特定区域进行巡航，检测企业工厂的废气与废水排放，寻找污染源。

(3) 环境治理：利用携带了催化剂和气象探测设备的柔翼无人机在空中进行喷撒，与无人机撒播农药的工作原理一样，在一定区域内消除雾霾。

目前无人机在环保领域方面运用比较频繁。环保部近几年多次动用无人机对钢铁、焦化和电力等重点企业的脱硫设施运行等情况进行直接检测，发现了不少企业存在污染治理设备不正常运行，废水、烟气排放超标等问题。

在武汉曾利用无人机追踪黑烟囱，黑龙江利用无人机监察秸秆焚烧以及兰州利用无人机为冬防保驾护航等，如图 11-13 所示。

图 11-13 无人机拍摄烟气排放

用于环境监测的无人机，除需要在无人机上搭载一套遥感系统之外，还需要在飞行器上搭载大气监测传感器，用于检测当前的空气质量。例如气体滤光分析器、红外干涉仪、傅里叶变换干涉仪、可见光辐射偏振仪和激光雷达等；另一种是基于泵吸式点状采样监测模式的机载气体监测设备，如粒子探测仪、差分吸收光谱探测系统和电化学类气体监测设备等。

气体滤光分析器采用选择性滤光器使样品池里的气体能吸收一定波长的光波，用于研究大气中污染物对光谱的吸收作用，以分辨气体的光谱。这种仪器适用于 2～20μm 的光谱段。在飞机上装置的气体滤光分析器，可测得一氧化碳的浓度。对二氧化硫、二氧化氮、氨、甲醛、甲烷和二氧化碳也能用气体滤光分析器进行试验监测。

红外干涉仪可以分辨一氧化碳、一氧化二氮、二氧化氮、氨和碳酸等污染物成分，适用于 1～5μm 的光谱段。变换干涉仪也可用于 1～5μm 的光谱段，可用于测定二氧化硫、二氧化氮、一氧化二氮和氨等。测量大气中的悬浮颗粒物一般应用可见光辐射偏振仪和激光雷达。可见光辐射偏振仪可从太阳辐射能的偏振反射中测出颗粒物的物理特性，如颗粒大小、形状和组成以及垂直分层分布和空间浓度变化。激光探测大气污染是向大气中发射一定波长的光束，从接收的回波中获知大气物理量的分布规律。

正是由于无人机不受空间和地形限制，时效性、机动性好，具备巡查范围广等特点，执法部门才能够方便地利用它们找到污染源头并测试污染程度。

第12章 基于STM32F4的基础程序开发

CHAPTER 12

12.1 处理器STM32F4简介

ST(意法半导体)推出了基于ARM Cortex-M4为内核的STM32F4系列高性能微控制器,采用了90nm的NVM工艺和ART(自适应实时存储器加速器,Adaptive Real-Time Memory Accelerator);ART技术使得程序零等待执行,提升了程序的执行效率,将控制器的性能发挥到极致。采用自适应加速器能够完全释放Cortex-M4内核的性能,当CPU工作于所有允许的频率(≤168MHz)时,程序运行可以达到几乎为零等待周期的性能。

飞控系统上采用的控制系统为STM32F407VET6微控制器,它集成了32位ARM Cortex-M4内核,工作频率为168MHz,自带512KB的程序Flash和192KB的RAM,工作温度范围−40~105℃。在外设方面,微控制器自带当前流行的通信接口(例如,I2C、UART、SPI和USB等接口)和转换接口(模数转换ADC和数模转换DAC)。本章将重点介绍基于光标飞控硬件平台可进行的基础嵌入式应用开发,作为嵌入式飞控的开发基础知识。

在开发方面,STM32F4配置有固件函数库,固件函数库是一个固件函数包,由程序、数据结构和宏组成,包括了微控制器所有外设的性能特征,并且在函数库中还包括每一个外设驱动的描述和相应的实验案例。通过使用函数库能够节省程序员的学习周期,使得程序员无需深入了解和掌握细节,就能轻松应用每个外设,减少程序编写时间,进而降低项目开发成本。

Cortex-M4处理器是一款高性能的32位处理器,它建立在一个高性能的处理器核心之上。采用哈佛架构,提供高端处理硬件,包括IEEE 754兼容单精度浮点计算、一系列单循环和IMD乘法运算和饱和算法专用硬件设备,使其广泛适用在嵌入式行业。这款处理器给开发者带来了显著的效益,包括:

(1) 出色的处理性能和快速中断处理功能;

(2) 强化程序调试功能和断点跟踪能力;

(3) 强化处理器内核,增强系统的稳定性;

(4) 超低功耗的集成的睡眠模式;

(5) 平台安全健壮,集成内存保护单元。

12.1.1 系统总线

主系统由32位多层AHB总线矩阵构成,借助总线可以实现主控总线到被控总线的访问,这样即使在多个高速外设同时运行期间,系统也可以实现并发访问和高效运行,以下列举出 STM32F4 的总线。

1）八条主控总线：

（1）Cortex-M4F 内核 I 总线、D 总线和 S 总线；

（2）DMA1 存储器总线；

（3）DMA2 存储器总线；

（4）DMA2 外设总线；

（5）以太网 DMA 总线；

（6）USB OTG HS DMA 总线。

2）七条被控总线：

（1）内部 Flash ICode 总线；

（2）内部 Flash DCode 总线；

（3）主要内部 SRAM1（112KB）；

（4）辅助内部 SRAM2（16KB）；

（5）辅助内部 SRAM3（64KB）（仅适用于 STM32F42xxx 和 STM32F43xxx 器件）；

（6）AHB1 外设（包括 AHB-APB 总线桥和 APB 外设）；

（7）AHB2 外设；

（8）FSMC。

可以借助总线矩阵，实现主控总线到被控总线的访问，即使有多个高速外设同时运行，系统也会实现并发访问和快速运行，总线的存在极大减小了处理器的负担，实现程序执行的快速性，图 12-1 为总线矩阵图。

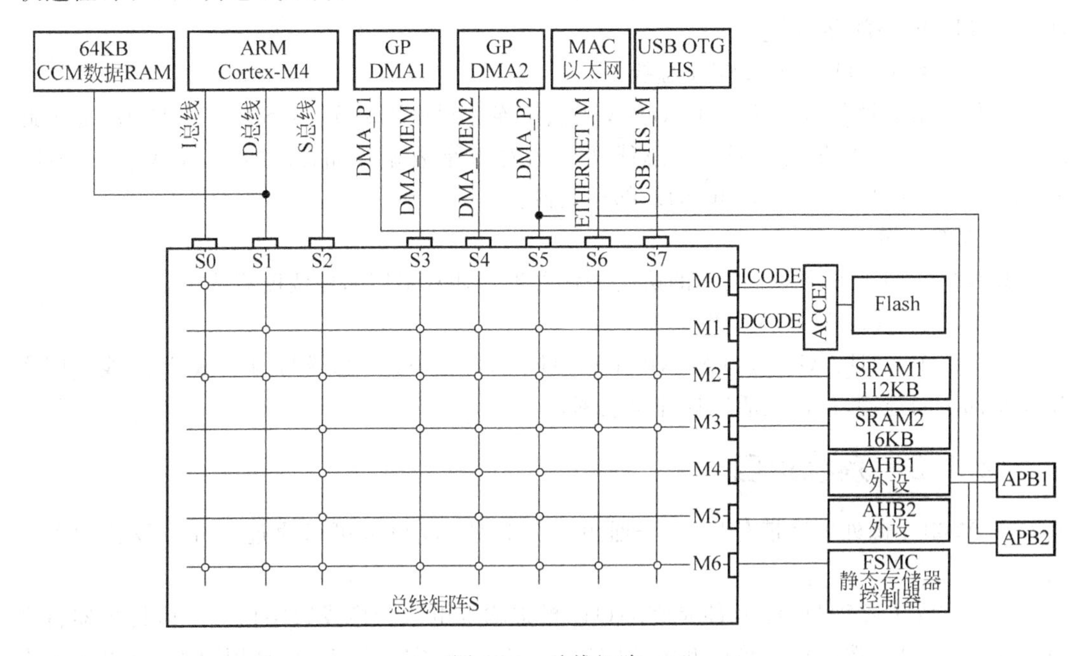

图 12-1　总线矩阵

1）S0：I 总线

此总线将 Cortex-M4F 内核指令总线连接到总线矩阵。内核通过总线获取到内核指令,访问的对象包含了代码的寄存器。

2) S1：D 总线

Cortex-M4F 数据总线和 64KB 数据 RAM 连接到总线矩阵。内核通过此总线进行立即加载和调试访问。次总线访问的对象是包含代码或数据的存储器。

3) S2：S 总线

此总线用于将 Cortex-M4F 内核的系统总线连接到总线矩阵。此总线用于访问位于外设或 SRAM 中的数据,也可通过此总线获取指令(效率低于 ICode)。此总线访问的对象是 112KB、64KB 和 16KB 的内部 SRAM、包括 APB 外设在内的 AHB1 外设、AHB2 外设以及通过 FSMC 的外部存储器。

4) S3、S4：DMA 存储总线

此总线用于将 DMA 存储器总线主接口连接到总线矩阵。DMA 通过此总线来执行存储器数据的传入和传出。此总线访问的对象是数据存储器：内部 SRAM(112KB、64KB 和 16KB)以及通过 FSMC 的外部存储器。

5) S5：DMA 外设总线

此总线用于将 DMA 外设主总线接口连接到总线矩阵。DMA 通过此总线访问 AHB 外设或执行存储器间的数据传输。此总线访问的对象是 AHB 和 APB 外设以及数据存储器(内部 SRAM 以及通过 FSMC 的外部存储器)。

6) S6：以太网 DMA 总线

此总线用于将以太网 DMA 主接口连接到总线矩阵。以太网 DMA 通过此总线向存储器存取数据。此总线访问的对象是数据存储器：内部 SRAM(112KB、64KB 和 16KB)以及通过 FSMC 的外部存储器。

7) S7：USB OTG HS DMA 总线

此总线用于将 USB OTG HS DMA 主接口连接到总线矩阵。USB OTG DMA 通过此总线向存储器加载/存储数据。此总线访问的对象是数据存储器：内部 SRAM(112KB、64KB 和 16KB)以及通过 FSMC 的外部存储器。

8) 总线矩阵

总线矩阵用于主控总线之间的访问仲裁管理。仲裁采用循环调度算法。

9) AHB/APB 总线桥(APB)

借助两个 AHB/APB 总线桥 APB1 和 APB2,可在 AHB 总线与两个 APB 总线之间实现完全同步的连接,从而灵活选择外设频率。

12.1.2 系统接口

STM32F4 微处理器带有 84 个普通 IO 口,这些 IO 口也可以通过寄存器设置为以下功能：

(1) 模数转换(ADC)：功能是将端口的模拟输入电压转换成数字信号。微处理器自带有最高 12 位可设置的逐次趋近型的 ADC 模数转换器,它具有 19 个复用通道,可以测量来自16 个外部源、2 个内部源和 V_{BAT} 通道的信号。通道具有如下采样模式：单次采样、连续采样、扫描式采样和不连续采样模式。ADC 模数转换器采集到的数值存储在一个左对齐或右对齐的 16 位存储器中。

（2）数模转换（DAC）：功能与模数转换相反，将处理器内部的数字信号转换成相应的输出电压。STM32F4的DAC控制器为12位电压输出转换器，DAC可以按照8位或者12位模式进行配置，并且可以与DMA控制器配合使用。在12位模式下，数据可以设置为左对齐或右对齐的方式，DAC有两个输出通道，每个通道各带有一个转换器，可以进行同时转换。

（3）通用同步异步收发器（USART）：通用同步异步收发器（USART）能够灵活地与外部设备进行通信，满足外部设备与微控制器通信，USART通过小数波特率发生器提供了多种波特率。它支持同步单向通信和半双工单线通信；还支持LIN（局域互连网络）、智能卡协议与IrDA（红外线数据协会）SIR ENDEC规范以及调制解调器。

（4）串行外设接口（SPI）：串行接口提供两个主要的功能，可以通过软件设置端口为SPI协议或I^2S通信协议。

SPI通信可基于三条线的全双工同步传输，也可以基于双线的单工同步传输，其中一条可作为双向数据线。在传输数据的格式方面，可以选择8位或16位传输帧格式；支持主从操作，兼容多主模式功能。

I^2S通信可支持全双工通信和半双工通信（仅作为发送器或者接收器）；可通过软件设置主从模式；带有8位可编程线性预分频器，可以实现精确频率的音频采样；数据格式方面，可支持16位、24位或者32位数据格式，在发送和接收数据方面可以使用同一个16位数据寄存器；支持I^2S Phillps协议、MSB对准标准（左对齐）、LSB对准标准（右对齐）和PCM标准（16位通道帧和拓展为32位通道帧的16位数据上进行短帧和长帧同步）；可以配合微处理器自带的DMA通道功能（16位）。

12.2　开发环境简介

12.2.1　软件安装

Keil MDK，也称为MDK_ARM，为基于Cortex-M、Cortex-R4、ATM7和ARM9等处理器的设备提供了一个完整的开发环境，不仅简单易用，而且功能强大。MDK集成了开发环境、调试器和仿真环境，能够满足大多数的嵌入式应用。Keil MDK 5可以通过下载获得免费试用，用户可根据自己的需要选择相应的免费版或者购买正版。本次安装的版本为MDK 5.18版本；和安装其他的软件一样，双击MDK518.EXE这个文件，之后会出现如图12-2所示的安装界面，单击Next按钮。

接着出现如图12-3所示的界面，这是一系列的使用协议，需要勾选红色框，接受Keil MDK使用协议，之后单击Next按钮。

接下来如图12-4所示，需要填写两个安装路径，注意两个安装路径不能是同一个路径。填写完后，单击Next按钮进入下一步。

之后出现如图12-5所示的界面，需要填写使用者姓名、公司名称和E-mail地址。之后再次单击Next按钮，进入安装界面如图12-6所示。

安装完成后打开Keil MDK 5，如图12-7所示，表示已经安装完成，可以进入下面的编程。

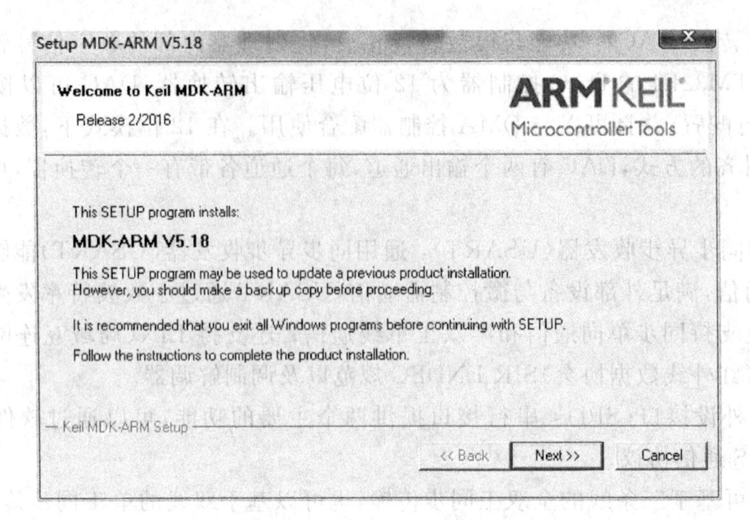

图 12-2　环境安装

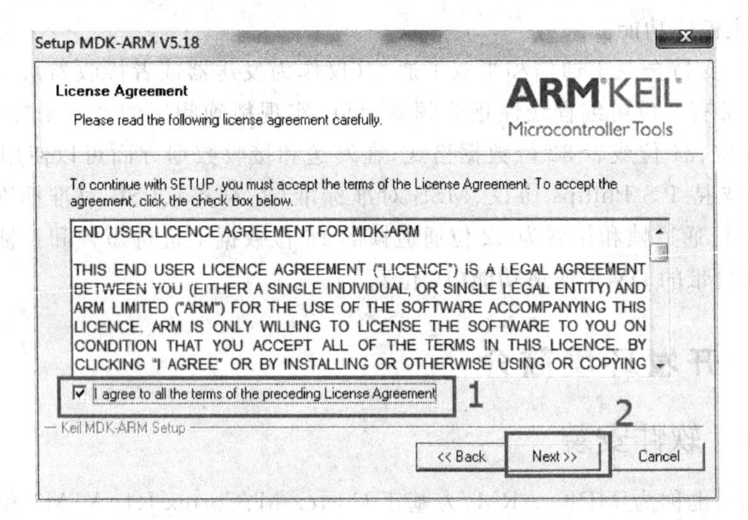

图 12-3　MDK 安装图

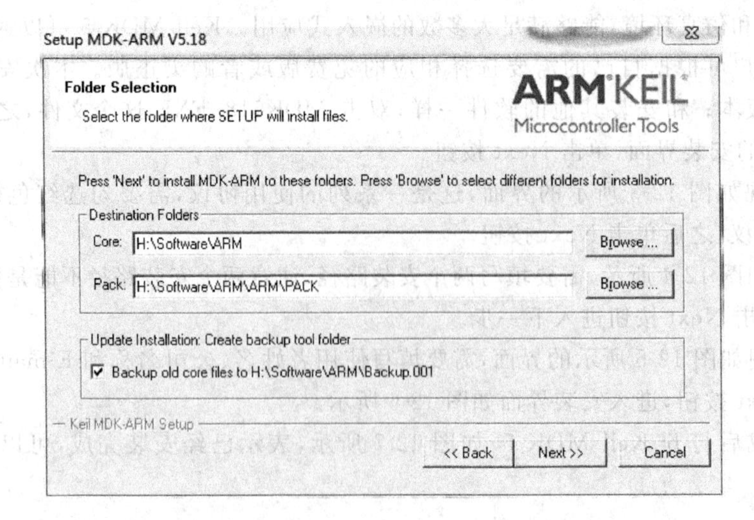

图 12-4　MDK 环境安装路径选择

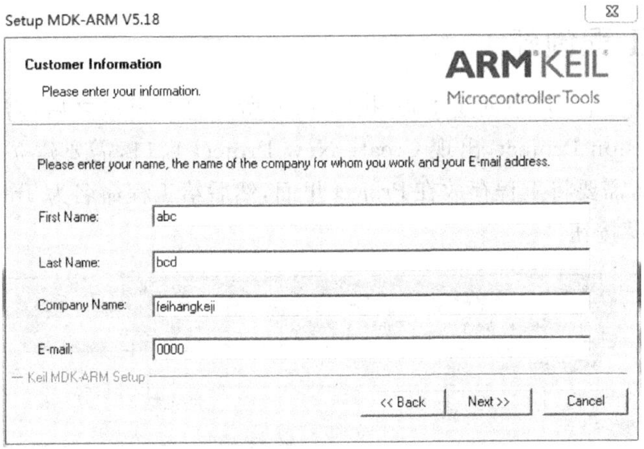

Setup MDK-ARM V5.18

Customer Information

Please enter your information.

ARM KEIL
Microcontroller Tools

Please enter your name, the name of the company for whom you work and your E-mail address.

First Name: abc

Last Name: bcd

Company Name: feihangkeji

E-mail: 0000

Keil MDK-ARM Setup

<< Back　Next >>　Cancel

图 12-5　MDK 环境安装信息填写

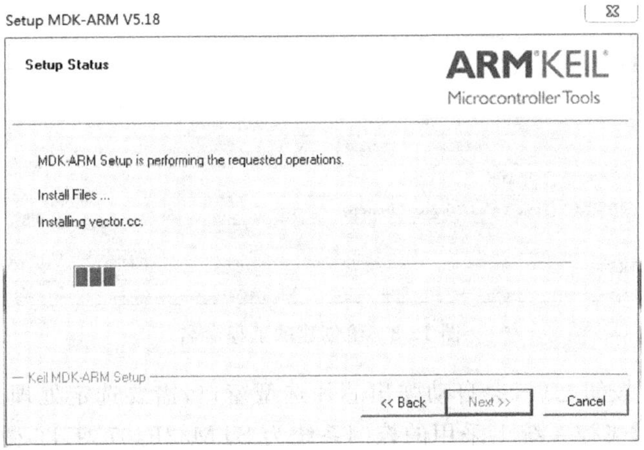

Setup MDK-ARM V5.18

Setup Status

ARM KEIL
Microcontroller Tools

MDK-ARM Setup is performing the requested operations.

Install Files ...

Installing vector.cc.

Keil MDK-ARM Setup

<< Back　Next >>　Cancel

图 12-6　正在安装 MDK

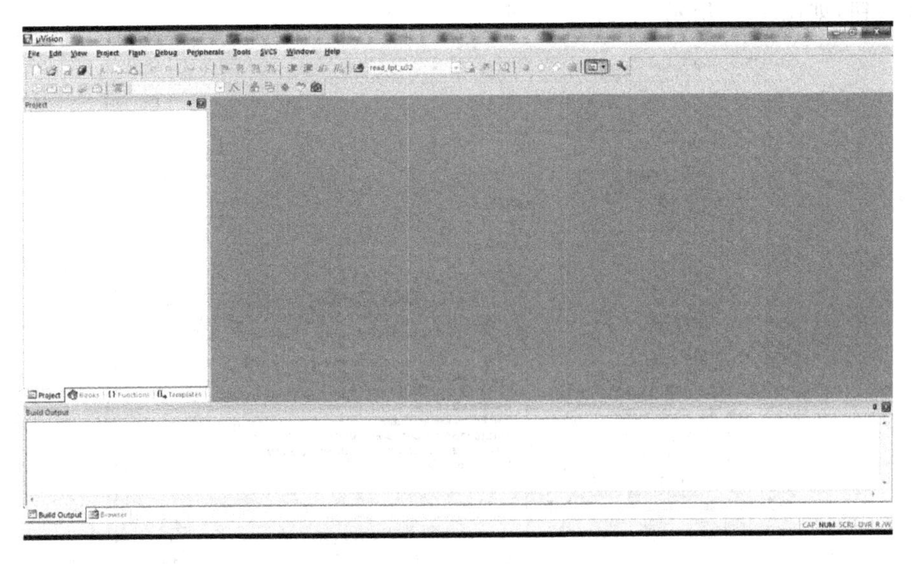

图 12-7　MDK 安装完成界面

12.2.2 工程创建

当安装完 Keil 之后，开始创建工程，按图 12-8 所示打开窗口之后，需要单击菜单栏上的 Project→New uVision Project，出现 Create New Project 窗口，需要建立文件夹来存放所要建立的工程。例如，需要将工程存放在 Project 里面，然后给工程命名为 Translate，如图 12-8 所示，之后单击“保存”按钮。

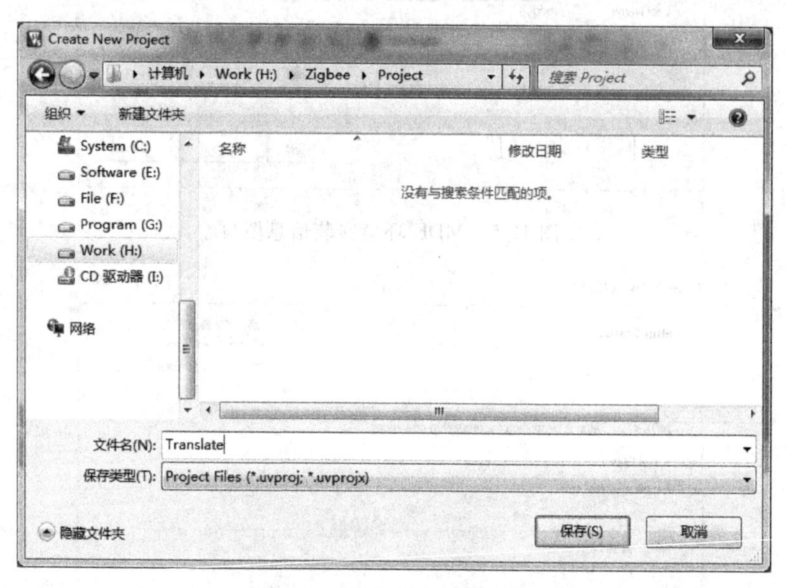

图 12-8 给创建的工程命名

当单击“保存”按钮之后，会自动弹出芯片选型窗口，需要选定处理器芯片的型号；在 12.1 节中曾介绍过飞控系统上采用的控制系统为 STM32F407VET6 微控制器，因此需要选定 STMicroelectronics→STM32F407→STM32F407VE→STM32F407VETx，选定后单击 OK 按钮，如图 12-9 所示。

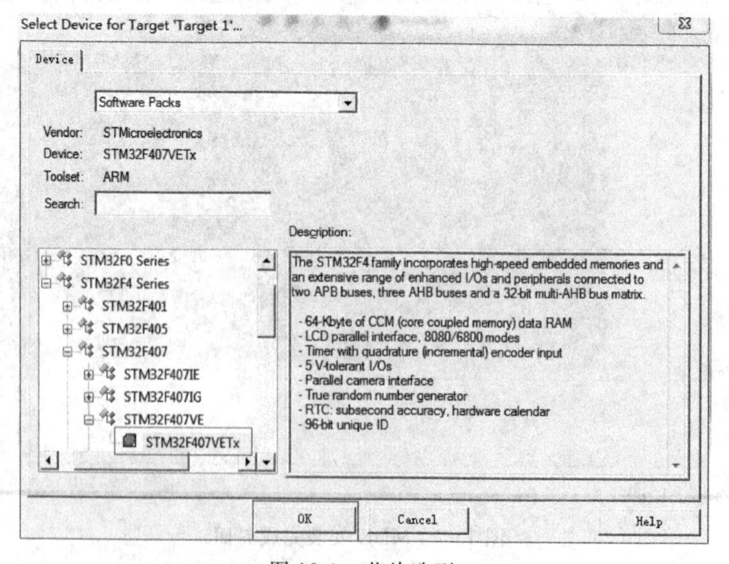

图 12-9 芯片选型

单击 OK 按钮后，MDK 会弹出 Manage Run-Time Environment 对话框，如图 12-10 所示。

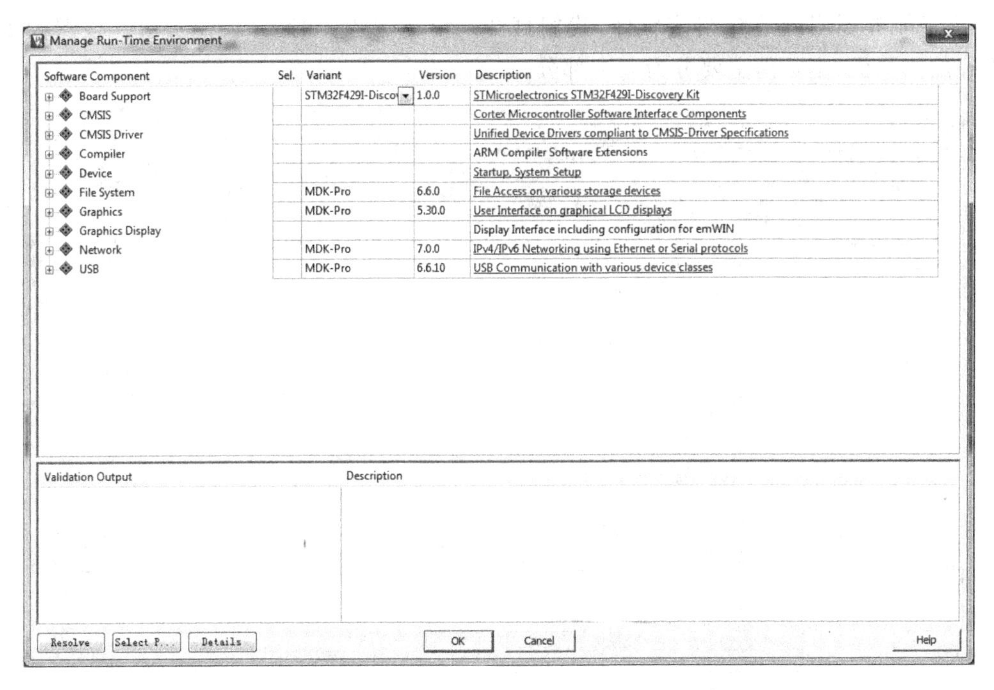

图 12-10　弹出 Manage Run-Time Environment 对话框

这个是 MDK Keil 5 新增的功能，在这个界面上，可以需要添加自己需要的组件，从而方便构建开发环境，不过对此暂时不做介绍，直接单击 Cancel 即可，之后出现如图 12-11 所示的编程界面。

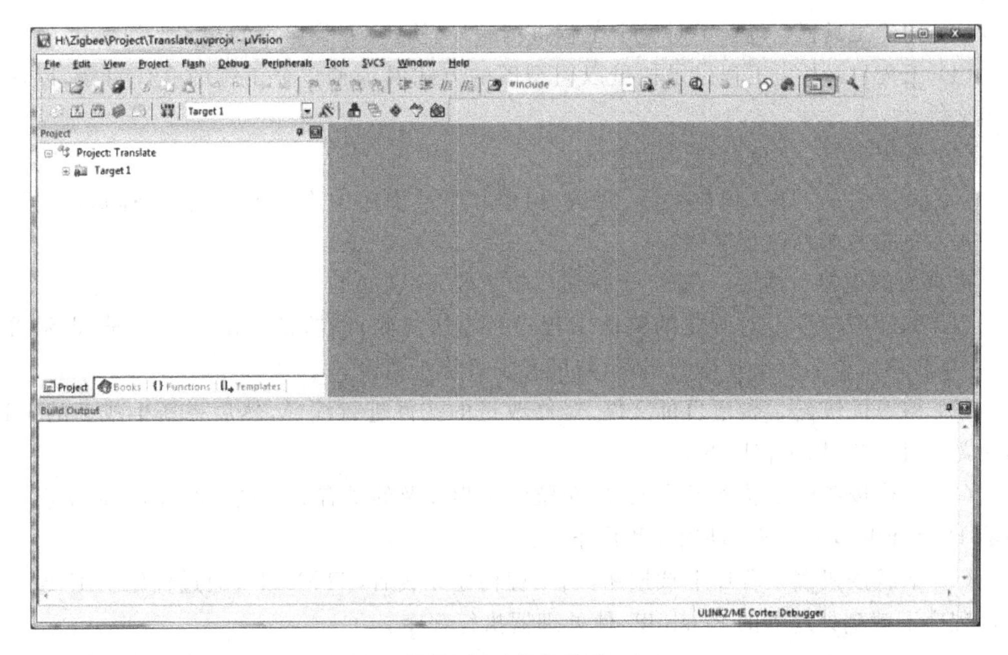

图 12-11　编程界面

12.2.3 软件介绍

为了能够更明确地介绍该软件，我们打开一个空工程，如图 12-12 所示。该图为 Keil MDK 的主页面，主页面主要分为 6 个部分。

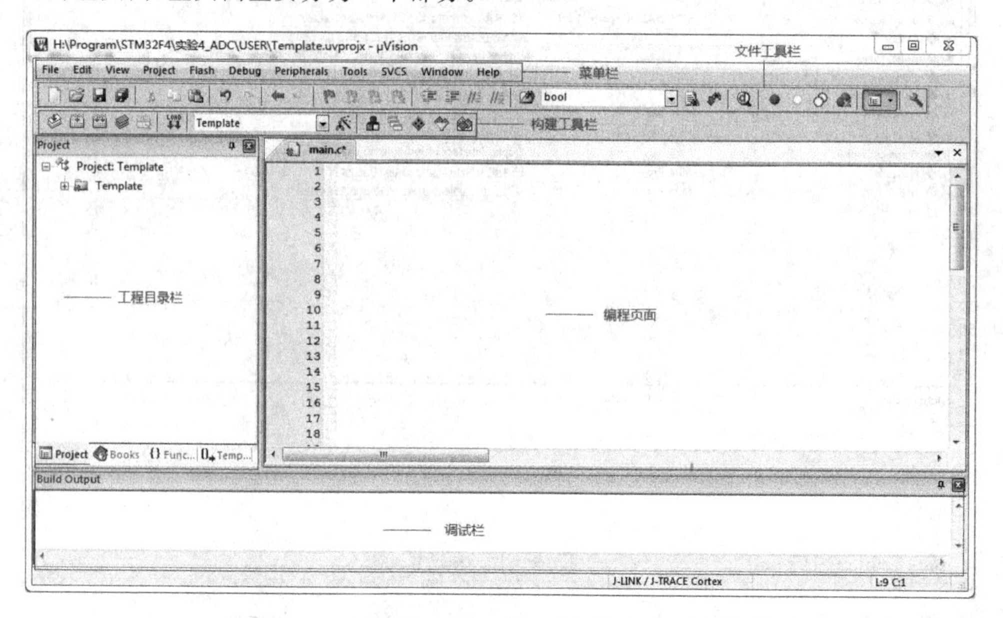

图 12-12 Keil MDK

(1) 菜单栏：菜单栏里集成了 Keil MDK 开发环境的所有工具与设置选项。

(2) 文件工具栏：工具栏包含有创建、保存和打开文件的按钮，并且还有调试窗口相关按钮。

(3) 构建工具栏：包含了对整个工程进行编译、构建、下载程序的相关按钮。

(4) 工程目录栏：工程目录栏里以树型图的方式展示了整个工程的文件目录，以便于调出文件。

(5) 编程页面：即编写程序的窗口。

(6) 调试栏：打印工程在编译、调试、构建和下载程序中出现的问题，工程师可根据调试栏提示的信息来修改程序错误。

主页面的构建工具栏中，有 5 个按钮比较重要，分别如下：

(1) 编译按钮：对所在的整体工程进行语法检测，能够检测出语法错误，提示警告等，并且在调试栏显示出具体的错误，帮助开发者修正错误。

(2) 构建按钮：构建目标文件，对修改过的文件进行编译，然后更新生成新的 HEX File 文件，该文件用于程序下载。

(3) 重构按钮：构建所有文件，对整体工程涉及的所有文件进行编译，然后更新生成新的 HEX File 文件，该文件用于程序下载。

(4) 下载按钮：程序下载按钮，当工程构建完成后，STM32F4 通过程序 JLINK 下载器把程序下载到处理器的 Flash 里，使处理器执行程序。

(5) 调试按钮：当程序下载到 Flash 之后，该如何得知程序的运行情况呢？这时候就需要程序调试按钮，程序调试按钮能够调动程序调试界面，帮助开发者更好地验证程序。下面会讲述具体如何使用调试界面。

12.2.4　程序调试

开发者在编写完程序之后，通过下载按钮将程序下载到处理器的 Flash 里，下载完成后，界面自动弹出一个调试窗口，如图 12-13 所示。

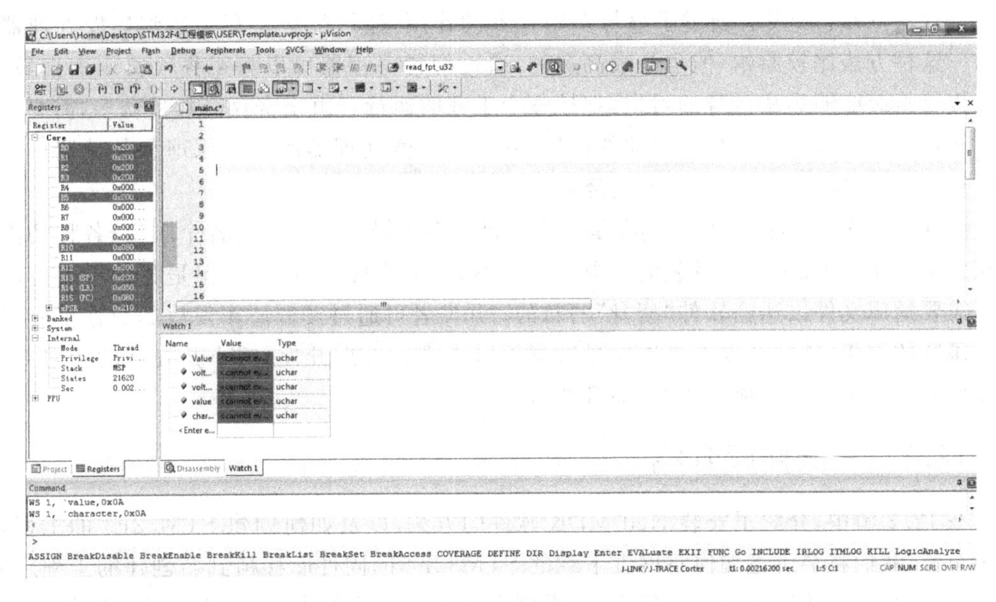

图 12-13　调试界面

图中构建工具栏里面的功能按钮被替换成另外的按钮，以下列出一些常用的按钮：

(1) 复位按钮：初始化运行中的程序，停止程序运行。

(2) 程序运行按钮：程序刚下载到 Flash 中时，由于自动弹出调试窗口，程序无法自动运行，因此需要单击程序运行按钮，让程序执行。

(3) 按步执行按钮：针对微处理器开发的开发者，使用的基本是面向过程的编程语言，在编程的过程中或许会出现一些逻辑错误，因此可通过按步执行按钮来审核程序执行过程是否符合开发者的思路。按钮可以进入调用函数；按钮可以跳过调用函数；由于函数在手动运行的时候无法跳出事件循环函数，因此需要按钮来跳出循环。

(4) 按钮：该按钮可以调用出 Watch Window 窗口，该窗口可用于实时查询微处理器中自定义的全局变量，可以在程序运行的过程中通过查询自定义变量数值的变化来判断程序运行的情况，这是个很实用的功能。

(5) 按钮：该按钮可以调用出 Serial Window，用于观测串口采集的值，通过该窗口可以实现 Keil MDK 与微处理器之间的数据交换。

(6) 按钮：该按钮可以调出 Memory Window，存储器窗口可以显示内存中的值，通过在 Address 后的编辑框内输入“字母：数字”就可以显示相应的内存值，其中字母可以是 C、D、I 和 X，分别为代码存储空间、直接寻址的片内存储空间、间接寻址的片内存储空间和拓展的外部 RAM 空间；数字代表想要查看的地址，如输入 D:0，即观测地址 0 开始的片内

RAM 单元值、输入 C:0 表示读取地址 0 开始的 ROM 单元中的数值。

12.3 STM32 固件库

在操控 STM32F4 处理器方面，除了常规的寄存器操作之外还有一种操作方法——固件库操作。下面描述两者之间的区别。

寄存器操作：开发者通过了解每个寄存器的作用，通过配置寄存器达到操控处理器的目的。这种方法比较原始，但也是最高效的，通过配置寄存器可以将工程代码压缩到最小，函数接口封装能够顺从自身的习惯，把控整个工程的运行。由于寄存器数目众多，需要开发者有充足的时间来了解每个寄存器的作用，并且深知微处理器的工作原理和各种端口通信的原理，需要扎实的理论基础和开发经验。

固件库操作：固件库操作，其实是厂家通过寄存器操作的方法将各个端口，各种功能封装在一个个函数里面，往往封装的函数可读性不高，虽然代码量较多，但是我们可以剪裁一些不需要的库文件以达到软件“瘦身”的目的；开发者可通过读取厂家发放的数据手册了解每个函数的作用，这样开发者可以通过数据手册来进行二次开发，减小开发者的学习周期，可以使开发者更专注于项目质量，提升效益。

12.3.1 固件库介绍

在 12.2 节中，介绍了安装 Keil MDK 软件的方法，以及如何创建 STM32F4 的工程，在这一小节，我们将会讲述如何将网上下载的 STM32F4 的固件库移植到新创建的工程之中。在 12.3 节介绍了使用固件库的优点后，需要真正地使用固件库，因此需要手动移植一份固件库工程。

网上下载固件库包，本书下载的固件库包为 STM32F4_1.4.0 版本的。将包解压到硬盘上，单击该文件包，可以看到固件包的文件夹结构如图 12-14 所示。

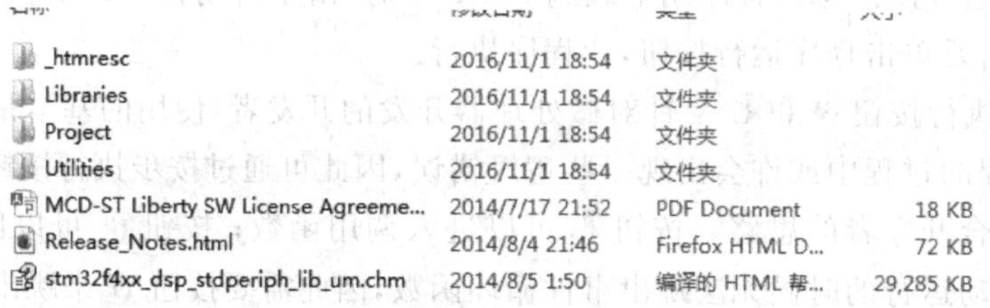

_htmresc	2016/11/1 18:54	文件夹	
Libraries	2016/11/1 18:54	文件夹	
Project	2016/11/1 18:54	文件夹	
Utilities	2016/11/1 18:54	文件夹	
MCD-ST Liberty SW License Agreeme...	2014/7/17 21:52	PDF Document	18 KB
Release_Notes.html	2014/8/4 21:46	Firefox HTML D...	72 KB
stm32f4xx_dsp_stdperiph_lib_um.chm	2014/8/5 1:50	编译的 HTML 帮...	29,285 KB

图 12-14　固件包文件夹

注：每个版本的固件库里面包含的文件夹是不一样的。

_htmresc：文件存放着 ST 公司的 logo 和相对应的图标，此处可以忽略它。

Libraries：文件存放着所需要的固件库文件和相对应的启动文件，本节重点是如何移植该文件目录下的部分库，库里面包含有针对 Keil 和 IAR 的启动文件，这里仅仅只需要 Keil 的启动文件。

Project：里面放置一些 ST 公司给予开发者们参考使用的案例，可以借鉴其中移植案例来进行移植(注：其中仅仅是部分移植，并且里面的工程是只读类型，不可操作)。

Utilities：里面放置着一些使用的程序，如 IAR 和 Keil 软件，这里可以忽略它。

MCD-ST Liberty SW License Agreement V2. pdf：库说明文件。

Release_Notes. html：固件库下载页面，可以点击该文件进入网页中下载新版的固件库。

stm32f4xx_dsp_stdperiph_lib_um. chm：固件库使用手册。可以从手册中查找出各个库函数的使用方法和相对应的例子，这个对于我们来说是非常重要的。

12.3.2　固件库移植

库文件介绍完后，下面就开始准备移植库文件，首先需要建立一个名为 example 的文件夹，用于存放工程。然后在 example 的文件夹中新创建 5 个文件夹：BSP、CMSIS、OBJ、STM32F4_LIB 和 USER，分别用于存放个人添加的工程文件、固件库的启动文件和顶层文件、生成文件存放路径、固件库文件以及工程启动文件和主函数存放文件；并且在 BSP、CMSIS 和 STM32F4_LIB 每个文件夹下面各建立 inc 和 src 文件夹，用于存放头文件和源文件。具体目录如图 12-15 所示。

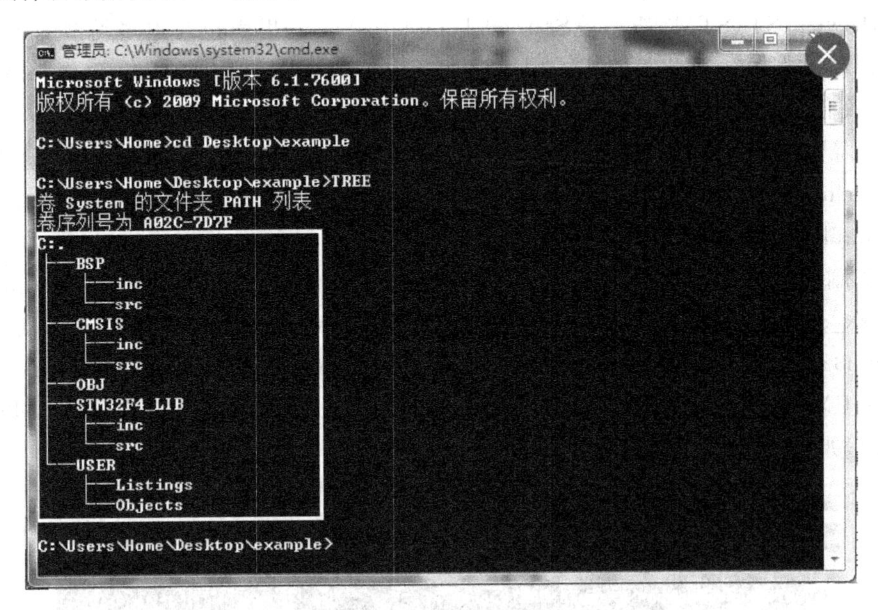

图 12-15　文件夹列表

创建之后按照 12.2.2 节的介绍将新创建名为 example 的工程存放到 USER 目录下，具体可参考 12.2.2 节的工程创建章节。创建后 USER 的文件中有如图 12-16 所示的文件目录。

创建完工程之后，打开固件包，将固件包的 Libraries\STM32F4xx_StdPeriph_Driver 下面的 inc、src 两个文件夹复制到新建 example 工程的 STM32F4_LIB 目录下面，替换掉刚刚所创建的 inc、src 两个空文件夹。替换之后 inc 中存放着固件库的头文件，src 中存放着固件库的源文件。

复制库文件之后，将固件包的 Libraries\CMSIS\Device\ST\STM32F4xx\Include 中的 stm32f4xx. h、system_stm32f4xx. h 的两个顶层头文件复制到新建 example 工程的 CMSIS 文件夹下面的 inc 文件夹中。

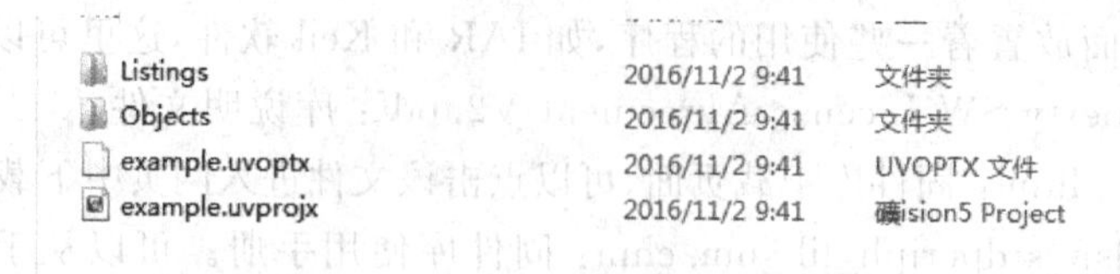

图 12-16 USER 文件夹中的文件

复制完两个顶层头文件后，需要接着复制相对应的源文件，打开固件包，Libraries\CMSIS\Device\ST\STM32F4xx\Source\Template 的目录下面有个 system_stm32f4xx.c 的源文件，需要将它复制到新建 example 工程目录下面 CMSIS 的 src 目录下。

复制完上述文件之后，需要复制起始文件，打开固件包，寻找目录下面的 Libraries\CMSIS\Device\ST\STM32F4xx\Source\Templates\arm，里面包含很多类型的 STM32F4 系列的启动文件，由于此处使用的是 STM32F407xx 系列，因此将 startup_stm32f40_41xxx.s 文件复制到新建 example 工程目录下面 CMSIS 的 inc 目录下。

接着需要复制相对应的兼容文件，用于兼容不同的 Keil MDK 软件，将 Libraries\CMSIS\Include 目录下面的 core_cm4.h、core_cm4_simd.h、core_cmFunc.h、core_cmInstr.h 复制到 example 下面 CMSIS 文件夹的 inc 目录中。

在复制完上述文件之后，打开 Project\STM32F4xx_StdPeriph_Templates，将 stm32f4xx_conf.h、stm32f4xx_it.h 文件复制到 example 下面 CMSIS 文件夹下面的 inc 目录中；stm32f4xx_it.c 文件复制到 example 下面 CMSIS 文件夹下面的 src 目录中。

由于 CMSIS 目录下集成了众多来自很多固件包目录下的文件，因此列出 CMSIS 的树形结构图，如图 12-17 所示。

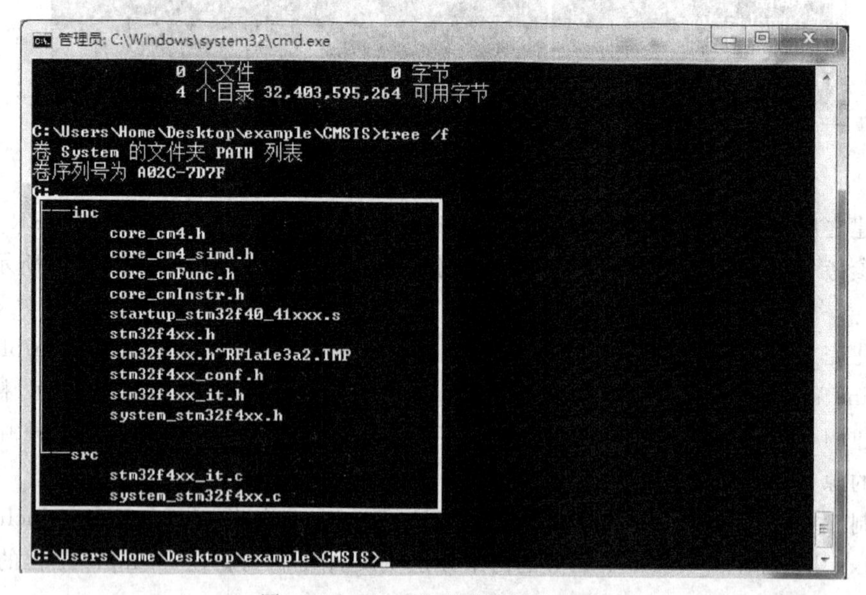

图 12-17 CMSIS 文件夹中的文件

将需要的文件复制之后，打开之前创建的 example 工程。需要单击按钮来创建工程目录，此处是按照之前 example 文件目录来创建工程目录的，如图 12-18 所示，读者也可以按照自己的习惯来创建工程目录。

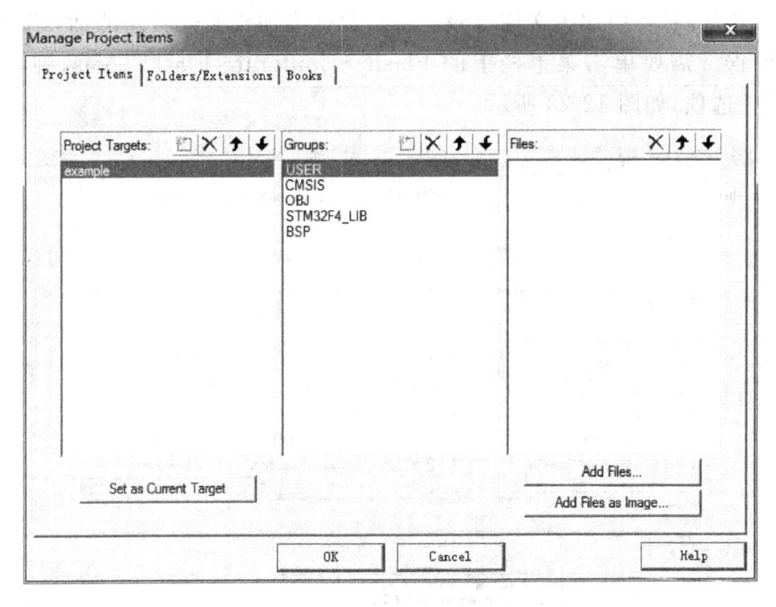

图 12-18　创建工程目录

然后，在工程目录 CMSIS 添加 exmaple 文件夹下的 CMSIS 下的 src 文件夹中的源文件和 inc 文件夹的起始文件 startup_stm32f40_41xxx. s。

工程目录 STM32F4_LIB 中添加 exmaple 文件夹下的 STM32F4_LIB 下的 src 文件夹中的源文件。

工程目录下添加 main. c 主函数文件夹，完成之后如图 12-19 所示。

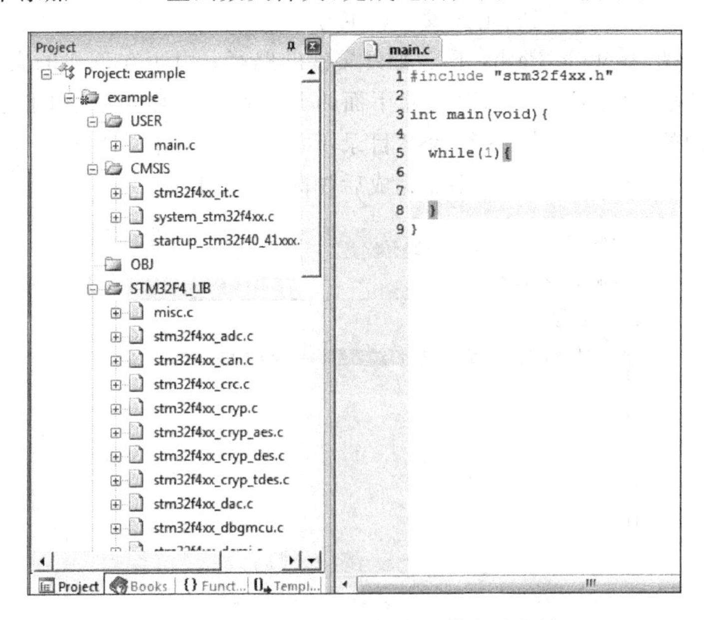

图 12-19　给工程目录添加完文件之后的界面

完成后需要在工程目录的 STM32F4_LIB 下，将 stm32f4xx_fmc. c 源文件移除，不然会出现很多错误警告，并且需将 stm32f4xx_it. h 文件下第 32 行的 # include "main. h"和第 144 行的 TimingDelay_Decrement()；注释掉。

修改文件之后，需要添加头文件目录；假如没有添加头文件目录的话，编译会出现找不到头文件的错误。需要单击菜单栏上的 Flash→Configure Flash Tools，弹出以下的对话框，单击 C/C++选项，如图 12-20 所示。

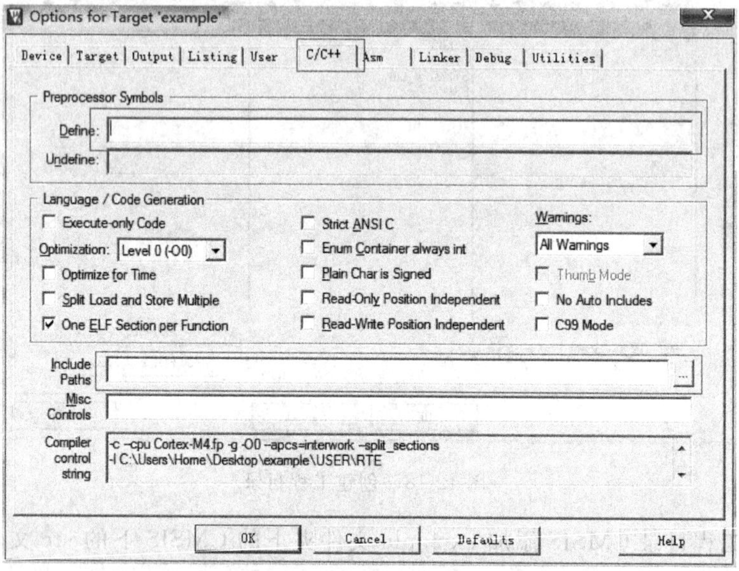

Options for Target 'example'
Device | Target | Output | Listing | User | C/C++ | Asm | Linker | Debug | Utilities
Preprocessor Symbols
Define:
Undefine:
Language / Code Generation
Execute-only Code
Optimization: Level 0 (-O0)
Optimize for Time
Split Load and Store Multiple
One ELF Section per Function
Strict ANSI C
Enum Container always int
Plain Char is Signed
Read-Only Position Independent
Read-Write Position Independent
Warnings:
All Warnings
Thumb Mode
No Auto Includes
C99 Mode
Include Paths
Misc Controls
Compiler control string
-c --cpu Cortex-M4.fp -g -O0 --apcs=interwork --split_sections
-I C:\Users\Home\Desktop\example\USER\RTE
OK | Cancel | Defaults | Help

图 12-20　添加头文件目录

第一步，需要在 Preprocessor Symbols 的 Define 框中填入全局宏定义 STM32F40_41xxx，USE_STDPERIPH_DRIVER，不能填错，填错的话会出现很多变量找不到的问题，很多错误的发生就是由于全局宏定义没有设定好。

第二步，需要在 Include Paths 下添加头文件的路径；由于在创建的文件夹路径中，固件库的头文件放置在 STM32F4_LIB 目录下面的 inc，固件库顶层头文件和起始文件放置在 CMSIS 目录下面的 inc 下，外加一个 BSP 目录下面的 inc 文件夹用于存放个人头文件，因此，此处需要添加三个头文件路径，添加完成后如图 12-21 所示。

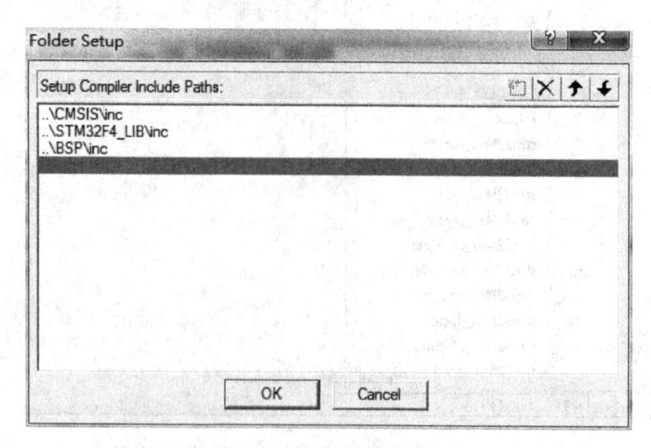

图 12-21　添加头文件路径

当以上步骤全部完成之后，需要更改 system_stm32f4xx.c 文件中第 316 行代码，需要把 PLL 第一级分频系数 M 修改为 8，修改之后为 #define PLL_M 8；除此之外还要将 stm32f4xx.h 文件中第 123 行的 25000000 更改为 8000000，修改之后为 #define HSE_VALUE((uint32_t)8000000)，这样，新建的固件工程已经建立完毕了。

完成之后就可以单击 按钮进行编译了，在调试栏出现如图 12-22 所示的结果，表示固件库移植完成，后续需要编写例程来验证该固件库工程。

```
Build Output
compiling stm32f4xx_rtc.c...
compiling stm32f4xx_sai.c...
compiling stm32f4xx_sdio.c...
compiling stm32f4xx_spi.c...
compiling stm32f4xx_syscfg.c...
compiling stm32f4xx_tim.c...
compiling stm32f4xx_usart.c...
compiling stm32f4xx_wwdg.c...
linking...
Program Size: Code=704 RO-data=408 RW-data=0 ZI-data=1632
".\Objects\example.axf" - 0 Error(s), 0 Warning(s).
Build Time Elapsed:  00:00:32
```

图 12-22　编译结果

12.4 LED 显示

LED 显示是操控整块 STM32F4 微处理器最基础，也是最简单的步骤，它包含了操作整块微处理器的基本思路。操作 LED 灯相当于操作 STM32F4 的 GPIO 口，之后的串口操作和 I2C 操作都离不开 GPIO 口的操作。

12.4.1 硬件设计

飞控板上自带四个绿色的 LED 灯，如图 12-23 所示，LED 灯连线如下：四个绿色 LED 灯分别连接在 STM32F4 芯片的 PE0、PE1、PE2 和 PE3 端口，四个 LED 灯一端接 3.3V 的电压并且串联一个分压电阻以防止 LED 灯烧坏，另一端接 IO 口，因此只要拉低 IO 口电压就可以使 LED 灯点亮。

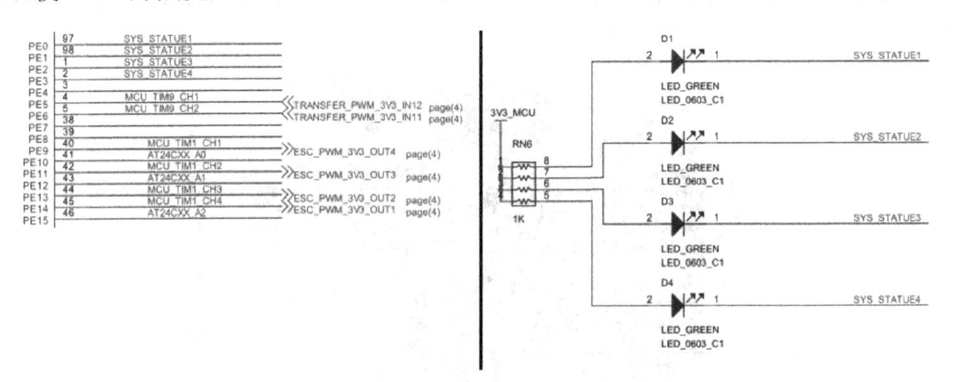

图 12-23　LED 灯连线图

12.4.2 软件设计

操作PE口之前,需要给端口初始化。即使是普通的GPIO口,STM32F4也有8种输出模式,这一方面显示了STM32F4芯片的强大,另一方面促使我们了解更多的知识来辨识不同的工作方式。

初始化的步骤:使能GPIOE(PE端口)的时钟→设置端口为输出模式→输出方式为推挽输出→设定要使能的具体端口号→使能上拉→设定端口的响应速度。端口初始化程序如下:

注:程序使用12.3节移植的STM32F4xx_DFP.1.4.0系列固件库。

```
GPIO_InitTypeDef GPIO_InitStructure;                       //定义GPIO初始化结构体
RCC_AHB1PeriphClockCmd(RCC_AHB1Periph_GPIOE, ENABLE);      //初始化GPIOE的时钟
GPIO_InitStructure.GPIO_Mode = GPIO_Mode_OUT;              //设置为输出模式
GPIO_InitStructure.GPIO_OType = GPIO_OType_PP;             //推挽输出
GPIO_InitStructure.GPIO_Pin = GPIO_Pin_0 | GPIO_Pin_1 | GPIO_Pin_2 |
                              GPIO_Pin_3;                  //定义初始化的引脚
GPIO_InitStructure.GPIO_PuPd = GPIO_PuPd_UP;               //引脚上拉
GPIO_InitStructure.GPIO_Speed = GPIO_Fast_Speed;           //端口速度为50MHz
GPIO_Init(GPIOE, &GPIO_InitStructure);                     //调用GPIO初始化库函数
```

主程序如下:

```
delay_init(168);                                           //初始化延时函数
GPIO_Init();                                               //端口初始化 while(1){
GPIO_Reset();                                              //拉低端口电压(LED灯亮)
delay_ms(500);                                             //延时
GPIO_Set();                                                //拉高端口电压(LED灯灭)
delay_ms(500);                                             //延时
}
```

12.4.3 实验现象

按照主程序,四个LED灯设定为同时闪烁,四个LED同时为亮的状态如图12-24所示。

图12-24 闪烁的LED灯

12.5 USART 串口的使用

USART(通用同步/异步串行收发器)是一种高度灵活的串行通信设备,USART 收发模块一般分为三大部分:时钟发生器、数据发送器和数据接收器。(具体通信过程可见 10.3 节)。

UASRT 可以通过串口转 USB 接口的 PL2303 转换芯片来实现单片机的串口转 USB 接口的电路,实现单片机与电脑之间的通信。

12.5.1 硬件设计

STM32F4 微处理器上的 PB6 端口为 USART1 的 TX 端(数据发送端),PB7 端口为 USART1 的 RX 端(数据接收端),因此 USART 端口与 USB 接口的接线图如图 12-25 所示。

图 12-25　串口连接

12.5.2 软件设计

在实现串口通信之前,需要对端口初始化。通过 PCB 原理图可知 PB6 与 USART1_TX 相连接,PB7 与 USART1_RX,PB6 与 PB7 端口有多种功能,需要设定为串口工作模式;设定端口初始化之后,需要对 USART1 进行设定;若需要接收电脑发送的数据,则需要设定串口中断的优先级,具体的设定步骤如下。

端口初始化步骤:使能 GPIOB(PB 端口)的时钟→设定端口为复用模式→输出方式为推挽输出→设置上拉→设置端口响应速度→复用模式设定 USART1。

USART1 初始化步骤:使能 USART1 的时钟→设置波特率→无硬件数据流控制→可收可发模式→无校验位→1 位停止位→8 位数字有效长度。

串口中断设定:使能串口中断 USART1→选定串口通道 1→先占优先级→从优先级。

具体设置的程序如下:

注:程序使用 STM32F4xx_DFP.1.4.0 系列固件库。

```
USART_InitTypeDef USART_InitStructure;              //定义串口初始化结构体
GPIO_InitTypeDef GPIO_InitStructure;                //定义 GPIO 初始化结构体
NVIC_InitTypeDef NVIC_InitStructure;                //定义中断初始化结构体
```

```
RCC_AHB1PeriphClockCmd(RCC_AHB1Periph_GPIOB,ENABLE);  //初始化 GPIO 时钟
RCC_APB2PeriphClockCmd(RCC_APB2Periph_USART1,ENABLE); //初始化串口时钟

GPIO_PinAFConfig(GPIOB,GPIO_PinSource6,GPIO_AF_USART1);           //PB6 复用为串口引脚
GPIO_PinAFConfig(GPIOB,GPIO_PinSource7,GPIO_AF_USART1);

USART_InitStructure.USART_BaudRate = 115200;          //定义串口波特率为 115200
USART_InitStructure.USART_HardwareFlowControl = USART_HardwareFlowControl_None;
                                                      //串口通信无硬件流控制
USART_InitStructure.USART_Mode = USART_Mode_Rx | USART_Mode_Tx;          //收发模式
USART_InitStructure.USART_Parity = USART_Parity_No;   //无奇偶校验
USART_InitStructure.USART_StopBits = USART_StopBits_1;//1 位停止位
USART_InitStructure.USART_WordLength = USART_WordLength_8b;          //8 位数据长度
USART_Init(USART1, &USART_InitStructure);             //调用串口初始化库函数

GPIO_InitStructure.GPIO_Mode = GPIO_Mode_AF;          //GPIO 为复用模式
GPIO_InitStructure.GPIO_OType = GPIO_OType_PP;        //推挽输出
GPIO_InitStructure.GPIO_Pin = GPIO_Pin_6 | GPIO_Pin_7; //定义引脚
GPIO_InitStructure.GPIO_PuPd = GPIO_PuPd_UP;          //GPIO 引脚为上拉
GPIO_InitStructure.GPIO_Speed = GPIO_Speed_50MHz;     //速度为 50MHz
GPIO_Init(GPIOB,&GPIO_InitStructure);                 //调用 GPIO 初始化库函数

USART_Cmd(USART1, ENABLE);                            //串口使能
USART_ITConfig(USART1, USART_IT_RXNE,ENABLE);         //使能接收中断
USART_ITConfig(USART1, USART_IT_TXE,DISABLE);         //失能发送中断
NVIC_InitStructure.NVIC_IRQChannel = USART1_IRQn;     //中断为串口 1 通道
NVIC_InitStructure.NVIC_IRQChannelCmd = ENABLE;       //IRQ 通道使能
NVIC_InitStructure.NVIC_IRQChannelPreemptionPriority = 2;  //抢占优先级为 2
NVIC_InitStructure.NVIC_IRQChannelSubPriority = 2;    //响应优先级为 2
NVIC_Init(&NVIC_InitStructure);                       //调用中断初始化库函数
USART_GetFlagStatus(USART1, USART_FLAG_TC);
```

主程序如下：

```
uint16_t character[10] = {'U','S','A','R','T',' ','S','e','n','d'};
int main(void){
    UART1_Init();                                     //串口初始化
    delay_init(168);                                  //延时初始化
    while(1){
        USART1_SendData(character,10);                //串口发送数据
        delay_ms(1000);                               //延时 1s
    }
}
```

12.5.3 实验现象

按照主程序可知，处理器每秒通过串口向电脑发送“USART Send”数据，电脑可以通过串口助手接收发送的数据，数据如图 12-26 所示。

图 12-26 串口发送字符串上位机显示

12.6 ADC 模数转换器

处理器在处理数据方面只能识别数字量，无法识别模拟量。在数据采集方面，有些传感器数据输出端口为电压值的大小(模拟量)，处理器就需要将模拟量转换成数字量以便后续的数据处理，这就需要用到数模转换器。

STM32F4 处理器自带有 12 位 ADC 逐次逼近型模数转换器，可配置为 12 位、10 位、8 位或者 6 位分辨率。通过 PCB 原理图可知端口 A1、A2 和 A3 分别与 PC1、PC2 和 PC3 相连。

12.6.1 软件设计

ADC 模数转换器一共有 19 个复用通道，可以测量来自 16 个外部源。根据数据手册可知，PC1 占用第 11 通道，因此需要在采集 AD 数值之前对 PC1 端口进行初始化，初始化步骤如下。

ADC 初始化步骤：使能 GHIOC 端口的时钟→使能 ADC1 的时钟→设置端口为 AD 采集模式→设定 AD 采集为 12 位右对齐连续采样→设置指定 ADC 的规则组通道，设置它们的转化顺序和采样时间。具体初始化程序如下：

```
GPIO_InitTypeDef GPIO_InitStructure;                    //定义 GPIO 初始化结构体
ADC_InitTypeDef ADC_InitStructure;                      //定义 ADC 初始化结构体
ADC_CommonInitTypeDef ADC_CommonInitStructure;          //定义通用初始化函数结构体

RCC_AHB1PeriphClockCmd(RCC_AHB1Periph_GPIOC,ENABLE); //初始化 GPIO 时钟
```

```
    RCC_APB2PeriphClockCmd(RCC_APB2Periph_ADC1,ENABLE); //初始化 ADC1 时钟

    GPIO_InitStructure.GPIO_Mode = GPIO_Mode_AN;        //设置 GPIO 引脚为模拟输入模式
    GPIO_InitStructure.GPIO_Pin = GPIO_Pin_1;           //定义 GPIO 引脚
    GPIO_InitStructure.GPIO_PuPd = GPIO_PuPd_NOPULL;    //浮空
    GPIO_Init(GPIOC, &GPIO_InitStructure);              //调用 GPIO 初始化库函数
    RCC_APB2PeriphResetCmd(RCC_APB2Periph_ADC1,ENABLE); //ADC1 使能再失能,把
    RCC_APB2PeriphResetCmd(RCC_APB2Periph_ADC1,DISABLE); //ADC 复位

    ADC_InitStructure.ADC_ContinuousConvMode = ENABLE;  //开启连续转换模式
    ADC_InitStructure.ADC_DataAlign = ADC_DataAlign_Right;                  //右对齐
    ADC_InitStructure.ADC_ExternalTrigConv =
ADC_ExternalTrigConv_T1_CC1;
    ADC_InitStructure.ADC_ExternalTrigConvEdge =
ADC_ExternalTrigConvEdge_None;                          //禁止出发检测,使用软件触发
    ADC_InitStructure.ADC_NbrOfConversion = 1;          //一个转换在规则序列中
    ADC_InitStructure.ADC_Resolution = ADC_Resolution_12b;                  //12 位模式
    ADC_InitStructure.ADC_ScanConvMode = ENABLE;        //扫描模式
    ADC_Init(ADC1, &ADC_InitStructure);                 //调用 ADC 初始化库函数
    ADC_CommonInitStructure.ADC_DMAAccessMode = ADC_DMAAccessMode_Disabled;
                                                        //DMA 失能
    ADC_CommonInitStructure.ADC_Mode = ADC_Mode_Independent; //独立模式
    ADC_CommonInitStructure.ADC_Prescaler = ADC_Prescaler_Div4; //预分频为 4
    ADC_CommonInitStructure.ADC_TwoSamplingDelay
= ADC_TwoSamplingDelay_5Cycles;                        //两个采样阶段之间延时 5 个时钟周期
    ADC_CommonInit(&ADC_CommonInitStructure);
    ADC_Cmd(ADC1, ENABLE);                              //使能 ADC1
    ADC_RegularChannelConfig(ADC1, ADC_Channel_11, 1, ADC_SampleTime_480Cycles);
                                   //设定 ADC 规则组通道,一个序列,采样时间为 480 个时钟周期
    ADC_SoftwareStartConv(ADC1);                        //使用指定的 ADC1 的软件转换启动功能
```

主程序如下:

```
uint16_t value;                                         //定义数据接收变量
float voltage;
uint16_t character[17] = {'V','o','l','t','a','g','e',' ','i','s',':'};
//定义发送的字符串数组
int main(void){
    UART1_Init();                                       //初始化串口
    ADC_init();                                         //初始化 ADC1
    delay_init(168);                                    //初始化延时函数
    while(1){
        value = adc_getvalue();                         //得到 AD 转换值
        voltage = value * 3.3/4096 + 0x30;              //对得到的数据进行处理
        character[11] = (uint16_t)voltage;              //得到数据的整数位
        character[12] = '.';
        character[13] = ((uint16_t)(voltage * 10)) % 10 + 0x30;          //得到数据的小数位
        character[14] = ((uint16_t)(voltage * 100)) % 10 + 0x30;
        character[15] = ((uint16_t)(voltage * 1000)) % 10 + 0x30;
        character[16] = 'V';
        USART1_SendData(character,17);                  //串口发送出字符串
```

```
        delay_ms(1000);                           //延时 1s
    }
}
```

12.6.2 实验现象

根据上述主程序，将 A1(PC1)端口采集到的 AD 值转换成电压值，并且通过串口发送到电脑上；端口的极限电压为 3.3V，因此 AD 的量程为 0～3.3V。实验现象如图 12-27 所示。

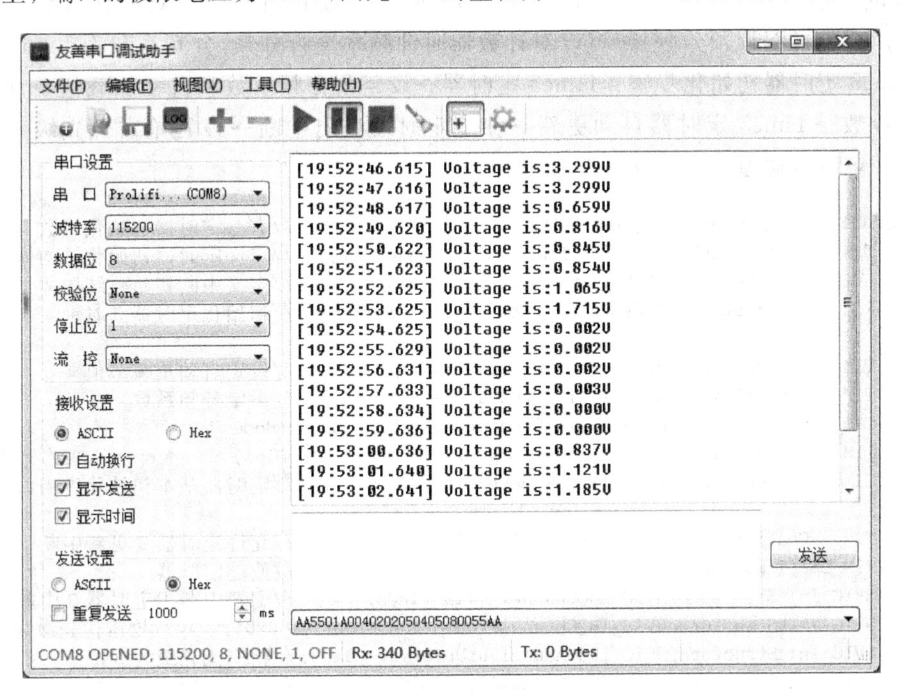

图 12-27 采集的 AD 值转化为电压值串口显示

12.7 定时器中断

定时器中断，就是让定时器每隔一段时间产生一次中断，抢占 CPU 的使用权来运行一些特殊的任务。通过定时器中断，可以一定程度上提升微处理器的工作效率。上面的 1 秒时间仅仅只是把程序停在延时函数上，CPU 并没有执行其他的程序，浪费了大量的时钟周期，下面将使用定时器中断来实现 1 秒的定时。

12.7.1 定时器中断的原理

在第 4 章中，介绍了 STM32F4 微控制器的定时器模块。本节使用通用定时器实现定时器中断的功能。

通用定时器的计数模式有向上计数、向下计数和向上向下双向计数模式。

向上计数模式：计数器从 0 开始计数到自动加载值，然后初始化为 0 重新开始计数并且产生一个计数器溢出事件。

向下计数模式：计数器从自动加载值开始向下计数，计数到0时自动初始化为自动加载值并且产生一个计数器溢出事件。

向上向下双向计数模式：计数器从0开始计数到自动加载值－1，计数器产生一个计数器溢出事件，然后向下计数到1并且产生一个计数器溢出事件；然后再重新从0开始计数。

12.7.2 软件设计

Time3定时器是一个16位可以向上计数、向下计数和向上向下双向计数的通用定时器，具有16位可编程预分频器，可以对计数器时钟频率进行分频，分频系数为1～65536。

Time3定时器初始化步骤：Time3定时器→设定预分频系数和自动加载值→计数模式为向上计数→Time3定时器自动更新→使能定时器溢出中断→设置抢占优先级和从优先级→打开定时器通道。初始化程序如下：

```
void TIM3_Int_Init(u16 arr,u16 psc){                            //有参定时器初始化函数
    TIM_TimeBaseInitTypeDef TIM_TimeBaseInitStructure;         //定义定时器初始化结构体
    NVIC_InitTypeDef NVIC_InitStructure;                       //定义中断初始化结构体
    RCC_APB1PeriphClockCmd(RCC_APB1Periph_TIM3,ENABLE);        //初始化定时器3时钟

    TIM_TimeBaseInitStructure.TIM_Period = arr;                //设定自动重装载值
    TIM_TimeBaseInitStructure.TIM_Prescaler = psc;             //设定分频系数
    TIM_TimeBaseInitStructure.TIM_CounterMode = TIM_CounterMode_Up;              //向上计数
    TIM_TimeBaseInitStructure.TIM_ClockDivision = TIM_CKD_DIV1;                 //死区控制用
    TIM_TimeBaseInit(TIM3,&TIM_TimeBaseInitStructure);         //定时器基本初始化库函数

    TIM_ITConfig(TIM3,TIM_IT_Update,ENABLE);                   //允许定时器3更新中断
    TIM_Cmd(TIM3,ENABLE);                                      //使能定时器3
    NVIC_InitStructure.NVIC_IRQChannel = TIM3_IRQn;            //配置中断为定时器3中断
    NVIC_InitStructure.NVIC_IRQChannelPreemptionPriority = 0x01;      //抢占优先级为1
    NVIC_InitStructure.NVIC_IRQChannelSubPriority = 0x03; //相应优先级为3
    NVIC_InitStructure.NVIC_IRQChannelCmd = ENABLE;            //使能中断
    NVIC_Init(&NVIC_InitStructure);                            //初始化NVIC
}
```

主程序如下：

```
uint16_t interrupt[14] = {'T','i','m','e',' ','i','n','t','e','r','r','u','p','t'};
                                                               //定义发送字符串数组
int main(void){
    UART1_Init();                                              //初始化串口1
TIM3_Int_Init(10000 - 1,8400 - 1);   /* 定时器时钟84M,分频系数8400,所以84M/8400 = 10kHz的
                                        计数频率,计数10000次为1s */
    while(1){
    }
}
```

Time3定时器中断服务函数如下：

```
void TIM3_IRQHandler(void){
    if(TIM_GetITStatus(TIM3,TIM_IT_Update) == SET){            //溢出中断
            USART1_SendData(interrupt,14);                     //串口发送数据
    }
    TIM_ClearITPendingBit(TIM3,TIM_IT_Update);                 //清除中断标志位
}
```

12.7.3 实验现象

主程序进行初始化之后，程序一直运行在 while 循环中，当时间计数器从 0 计数到自动加载值(10000－1)时，Time3 发生溢出并且产生中断，这时 Time3 定时器中断服务程序抢占 CPU 的使用权，执行中断服务程序中的程序；根据初始化程序可知定时器每 1s 发生一次溢出中断，并且中断程序将会通过串口发送数据“Time interrupt”给电脑，因此得出实现现象如图 12-28 所示。

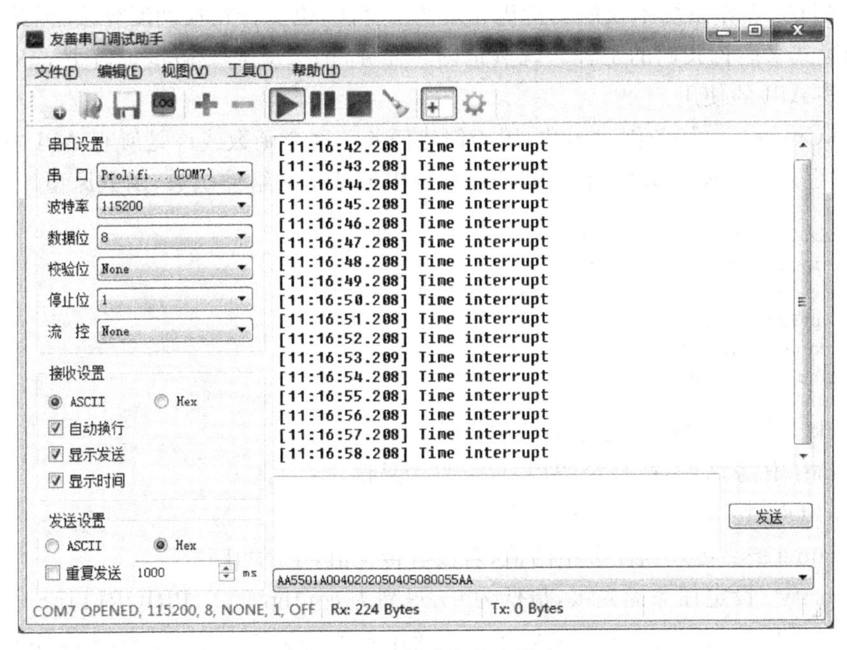

图 12-28 定时发送字符串

12.8 FreeRTOS 实时操作系统简介

在嵌入式领域中，每个工程师都会面临如何才能高效、合理地利用 CPU 资源之类的问题。嵌入式实时操作系统可帮助工程师解决该问题，因此嵌入式实时操作系统得到了广泛的应用。

实时操作系统需要占用一定的系统资源，只有 μC/OS-Ⅱ、embOS、salvo 和 FreeRTOS 等少数实时操作系统能在小 RAM 单片机上运行。与 μC/OS-Ⅱ 和 embOS 等商业操作系统比较，FreeRTOS 操作系统具有完全免费、源码公开、可移植、可裁剪以及调度陈列灵活等特点；FreeRTOS 提供的功能包括：任务管理、时间管理、信号量、消息队列、内存管理和记录功能等，可基本满足较小系统的需要。本书在第 3 章针对实时操作系统以及 FreeRTOS 进行了详细的介绍。

FreeRTOS 操作系统不仅支持优先级调度算法，也支持轮换调度算法。任务调度制度是一旦优先级高的任务就绪就能剥夺优先级比较低的任务的 CPU 使用权，同一级优先级的任务共享 CPU 使用权，以提高系统的实时响应能力。时间片轮转调度是给每个任务分配一定的运行时间，当时间结束任务还在运行的话，系统就直接强制结束任务，将CPU的使用权交给下个任务运行。

12.8.1 FreeRTOS基础应用

FreeRTOS中是以创建任务的形式来运行的，其中每个任务都是在自己权限范围内的一段小程序。任务都具有程序入口，通常运行在一段死循环中，也不会退出任务(除非自己删除任务)，任务不允许以任何方式实现函数返回，也就是说在任务中不存在一条return语句。

FreeRTOS操作系统不仅能支持优先级调度算法，也支持轮换调度算法，因此需要以创建任务的形式来运行我们的工程。既然是创建任务，那么就需要初步了解FreeRTOS操作系统中一些API的使用。

xTaskCreate()：任务创建函数，用于创建任务。这个函数或许是所有API中最难的函数，但是它也是最重要的函数，它是多任务系统中最基本的组件函数，函数原型如下：

```
portBASE_TYPE xTaskCreate(pdTASK_CODE pvTaskCode,
const signed portCHAR * const pcName,
unsigned portSHORT usStackDepth,
void * pvParameters,
unsigned portBASE_TYPE uxPriority,
xTaskHandle * pxCreatedTask);
```

pvTaskCode：一个指向任务函数的指针。

pcName：任务名，不被系统调用，仅仅只为易读。

usStackDepth：设定该任务的栈空间。

pvParameters：传递到任务中的值，若没有传递值，填NULL。

uxPriority：设定任务优先级，最低为0；最高为configMAX_PRIORITIES－1。

pxCreatedTask：传出任务的句柄，用于改变任务优先级或者删除任务，不需要填NULL。

vTaskDelay()：在之前12.5节的串口发送数据中，使用阻塞延时来实现1秒钟发送一次数据；在12.7节中，我们使用固件库中断的方式，实现1秒钟发送一次数据；在FreeRTOS操作系统中，可使用vTaskDelay()函数将任务强制进入阻塞状态，使CPU执行其他任务，当时间1秒过后，系统将继续执行该任务。其函数原型如下：

```
void vTaskDelay(portTickType xTicksToDelay);
```

xTicksToDelay：设定函数阻塞时间time/portTICK_RATE_MS表示该任务的阻塞时间为time毫秒。

12.8.2 FreeRTOS实例

创建任务实例，用于执行具体的功能函数，本次创建任务为Task_1，其中传入的参数为pvParameters，在死循环中执行窗口发送数据并且使该任务阻塞1000毫秒，具体任务如下：

```
void Task_1(void * pvParameters){
    while(1){
                    USART1_SendData(character,10);
                    vTaskDelay(1000 / portTICK_RATE_MS);
    }
}
```

任务创建函数，将所有的任务全部放置在 AppTaskCreate()函数中，由于该任务创建函数的第四个参数为 NULL，因此没有参数传入该任务。

```
static void AppTaskCreate (void){
    xTaskCreate(     Task_1,                  /* Task_1 任务函数指针 */
                     "Task 1",                /* 任务名 */
                     150,                     /* 指定任务的栈空间 */
                     NULL,                    /* 无传递到任务中的值 */
                    2,                        /* 设定任务优先级 */
                     NULL);                   /* 传出任务句柄,用于调用该任务 */
}
```

在主函数中，首先执行的是串口初始化，设定串口波特率和初始化一些外设，与 12.5 节和 12.7 节的串口初始化一样。然后创建任务，在所有的任务创建完之后，开始执行任务调度函数，FreeRTOS 会根据当前所创建的任务按照一定规则来进行任务切换运行。

```
int main(void){
    UART1_Init();                             /* 串口初始化,与 12.5 节和 12.7 节一样 */
    AppTaskCreate();                          /* 任务创建函数,集成了所有任务的函数 */
  vTaskStartScheduler();                      /* 启动任务,实现任务调度 */
        while(1){

    }
}
```

12.8.3　实验现象

按照上述程序创建任务并且执行任务之后，程序执行的效果和使用定时器中断执行的效果是一样的，每过 1 秒钟执行一次串口函数传输数据。虽然两种程序执行的效果是一样的，但是思路完全不一样，实验现象如图 12-29 所示。

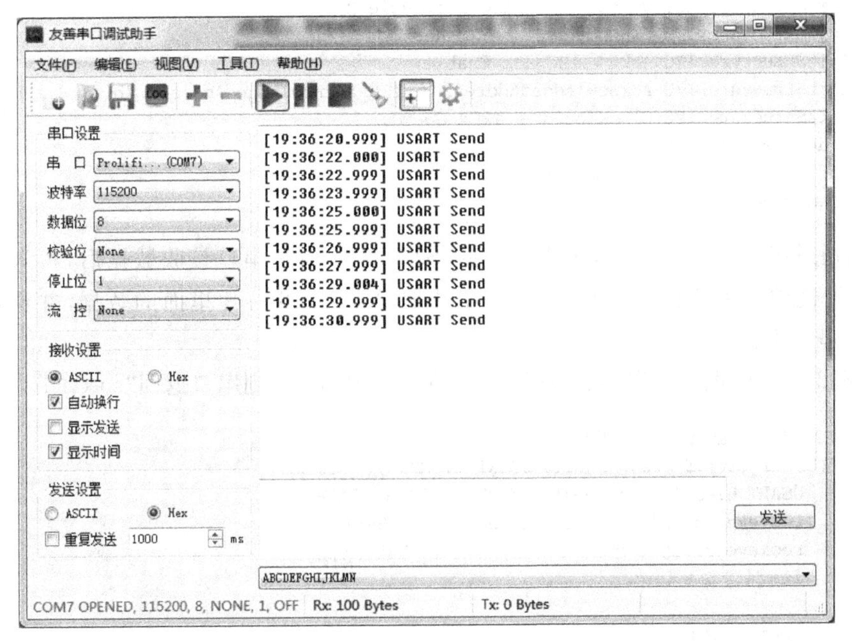

图 12-29　FreeRTOS 控制时间定时串口发送字符串

12.9 FreeRTOS 操作 EEPROM

第 11.1 节中介绍了 EEROM 存储数据，其中飞控板上使用 AT24C16 作为 EEPROM 的存储芯片。本节使用 FreeRTOS 操作系统对 AT24C16 芯片进行读写操作。

12.9.1 程序设计

AT24C16 芯片与处理器之间的通信是使用 I2C 通信，AT24C16 芯片的设备地址为 0xA0。由于飞控板上使用 I2C，根据数据手册可知 AT24C16 的 SCL 端口与 PB10，SDK 与 PB11 相连接，因此初始化步骤如下。

I2C 端口初始化步骤：使能 PB 端口时钟→使能 I2C→设定端口为复用功能→设置为推挽输出→设置端口上拉→设置端口响应速度→设置端口为 I2C 输出模式。端口初始化程序如下：

```
GPIO_InitTypeDef GPIO_InitStructure;
RCC_APB1PeriphClockCmd(RCC_APB1Periph_I2C2,ENABLE);
RCC_AHB1PeriphClockCmd(RCC_AHB1Periph_GPIOB,ENABLE);
GPIO_PinAFConfig(GPIOB,GPIO_PinSource10,GPIO_AF_I2C2);
GPIO_PinAFConfig(GPIOB,GPIO_PinSource11,GPIO_AF_I2C2);
GPIO_InitStructure.GPIO_Pin = GPIO_Pin_10 | GPIO_Pin_11;
GPIO_InitStructure.GPIO_Mode = GPIO_Mode_AF;
GPIO_InitStructure.GPIO_OType = GPIO_OType_OD;
GPIO_InitStructure.GPIO_Speed = GPIO_Speed_50MHz;
GPIO_InitStructure.GPIO_PuPd = GPIO_PuPd_UP;
GPIO_Init(GPIOB, &GPIO_InitStructure);
```

I2C 初始化步骤：使能快速 I2C 模式→设置自身地址→设置从地址地址→使能应答→设置地址位为七位→设置时钟频率→开启 I2C→允许 1 字节应答模式。I2C 初始化程序如下：

```
I2C_InitStructure.I2C_Mode = I2C_Mode_I2C;
I2C_InitStructure.I2C_DutyCycle = I2C_DutyCycle_2;
I2C_InitStructure.I2C_OwnAddress1 = I2C_Addr;
I2C_InitStructure.I2C_Ack = I2C_Ack_Enable;
I2C_InitStructure.I2C_AcknowledgedAddress = I2C_AcknowledgedAddress_7bit;
I2C_InitStructure.I2C_ClockSpeed = I2Cx_Speed;
I2C_Cmd(I2Cx, ENABLE);
I2C_Init(I2Cx, &I2C_InitStructure);
I2C_AcknowledgeConfig(I2Cx, ENABLE);
```

电脑通过串口发送 14 位 ASCII 码数据，STM32F4 通过串口接收数据后，写入 AT24C16 芯片；另外创建一个 2 秒的周期任务，用于读取 AT24C16 芯片里面的数据，并通过串口发送到电脑串口上。

STM32F4 接收电脑数据，如果数据写入 AT24C16 成功，则串口返回“succeed”，程序如下：

```
void USART1_IRQHandler(void){
    if(USART_GetITStatus(USART1, USART_IT_RXNE) != RESET){
        USART_ClearITPendingBit(USART1,USART_IT_RXNE);
        recieve_Data[i] = USART_ReceiveData(USART1);
        recieve_data[i] = (uint8_t)recieve_Data[i];
        i++;

        if(i == 14){
```

```
                i = 0;
                I2C_WriteBuffer(I2C2,0xA0,0x00,recieve_data,14);
                USART1_SendData(succeed, 8);
            }
        }
}
```

主程序如下：

```
int main(void){
    bsp_Init();
    UART1_Init();                          //串口初始化
    bsp_InitI2C(I2C2,0x00,100000);         //I2C 初始化,设定 I2C 传输速率
    AppTaskCreate();                       //创建任务函数
    vTaskStartScheduler();                 //任务调度函数
    while (1){
    }
}
```

2 秒的周期任务，程序如下：

```
void vUart2_send_data(void * pvParameters){
    portTickType xLastWakeTime;
    int a;
    xLastWakeTime = xTaskGetTickCount();            //采集当前心跳值
    while(1){
        I2C_ReadBuffer(I2C2,0xA0,0x00,da1,16);      //I2C 读取 AT24C16 的数据
        for(a = 0;a < 15;a++){
        send_data[a] = da1[a];
    }
    USART1_SendData(send_data, 16);                 //串口发送 I2C 读取值
    vTaskDelayUntil(&xLastWakeTime,2000 / portTICK_RATE_MS);            //设定任务运行周期
    }
}
```

12.9.2 实验现象

按照上述的程序，可得如图 12-30 所示的实验现象。

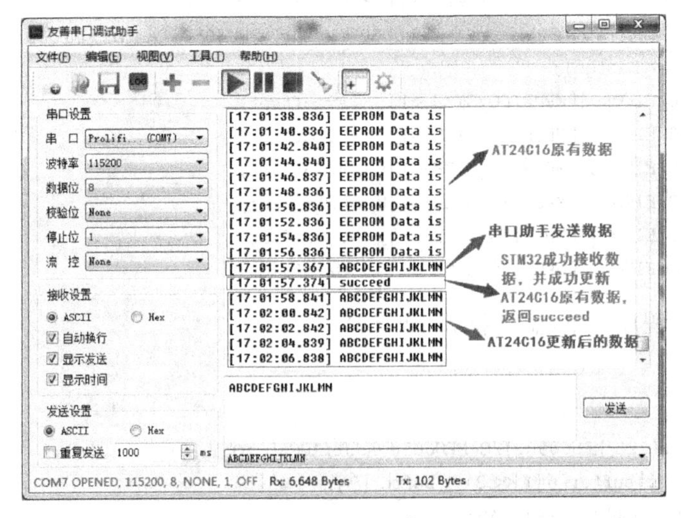

图 12-30　FreeRTOS 操作 EEPROM

12.10 FreeRTOS 操作 MPU6050

在飞控系统上经常使用 MPU6050 陀螺仪加速度计，它具有稳定性好、采值精确和抗干扰性强的特点。MPU6050 可以输出 16 位三相加速度与三相陀螺仪的值，并且能够采集 16 位温度值，用于温度补偿计算。

12.10.1 软件设计

MPU6050 传感器在采集数据之前需要初始化，具体的初始化步骤如下。

MPU6050 初始化步骤：I2C 接口初始化→设置传感器内部时钟→设置采样频率→设置滤波器→设置陀螺仪和加速度计的量程。程序如下：

```
bsp_InitI2C(I2C_MPU6050,I2C_MPU6050_Addr,I2C_Speed);            /*初始化 I2C 接口*/
I2C_WriteByte(I2C_MPU6050,I2C_MPU6050_Addr,PWR_MGMT_1,0x00);    /*唤醒内部 8MHz 时钟*/
I2C_WriteByte(I2C_MPU6050,I2C_MPU6050_Addr,SMPLRT_DIV,0x00);    /*设置采样频率*/
I2C_WriteByte(I2C_MPU6050,I2C_MPU6050_Addr,CONFIG,0x01);        /*设置数字低通滤波器*/
I2C_WriteByte(I2C_MPU6050,I2C_MPU6050_Addr,GYRO_CONFIG,0x18);/*设置陀螺仪量程 +-1000*/
I2C_WriteByte(I2C_MPU6050,I2C_MPU6050_Addr,ACCEL_CONFIG,0x10); /*设置加速度计量程 +-8g*/
```

由以上程序可以得知，MPU6050 一共输出 7 个变量，但由于 I2C 通信每次只能采集 1 个字节，因此要采集 7 个变量就需要采集 14 次数值。以下程序用于读取 MPU6050 的原始数据。

```
I2C_ReadBuffer(I2C_MPU6050,I2C_MPU6050_Addr,ACCEL_XOUT_H,buffer,14);
MPU6050_Lastax = (((int16_t)buffer[0]) << 8) | buffer[1];
MPU6050_Lastay = (((int16_t)buffer[2]) << 8) | buffer[3];
MPU6050_Lastaz = (((int16_t)buffer[4]) << 8) | buffer[5];
MPU6050_Lastgx = (((int16_t)buffer[8]) << 8) | buffer[9];
MPU6050_Lastgy = (((int16_t)buffer[10]) << 8) | buffer[11];
MPU6050_Lastgz = (((int16_t)buffer[12]) << 8) | buffer[13];
MPU6050_newValues(MPU6050_Lastax, MPU6050_Lastay, MPU6050_Lastaz, MPU6050_Lastgx, MPU6050_
Lastgy, MPU6050_Lastgz);
*ax = MPU6050_FIFO[0][MPUFIFO_SIZE-1] - Ax_offset;
*ay = MPU6050_FIFO[1][MPUFIFO_SIZE-1] - Ay_offset;
*az = MPU6050_FIFO[2][MPUFIFO_SIZE-1] - Az_offset;
*gx = MPU6050_FIFO[3][MPUFIFO_SIZE-1] - Gx_offset;
*gy = MPU6050_FIFO[4][MPUFIFO_SIZE-1] - Gy_offset;
*gz = MPU6050_FIFO[5][MPUFIFO_SIZE-1] - Gz_offset;
```

读取温度值，程序如下(温度扩大 100 倍)：

```
short raw;
float temp;
I2C_ReadBuffer(I2C_MPU6050,I2C_MPU6050_Addr,ACCEL_XOUT_H,buffer,14);
raw = (((int16_t)buffer[6]) << 8) | buffer[7];
temp = 36.53 + ((double)raw)/340;
```

```
return temp * 100;
```

MPU6050 数据采集程序如下：

```
int16_t accgyroval[6];
short tem = 0;
MPU6050_ getMotion6 (&accgyroval [ 0 ], &accgyroval [ 1 ], &accgyroval [ 2 ], &accgyroval [ 3 ],
&accgyroval[4], &accgyroval[5]);
tem = MPU_Get_Temperature();
printf("temperature = %4d \n",tem);
printf("acc_x = %4d acc_y = %4d acc_z = %4d \ngry_x = %4d gry_y = %4d gry_z = %4d \n"\
,accgyroval[0],accgyroval[1],accgyroval[2],accgyroval[3],accgyroval[4],accgyroval[5]);
```

12.10.2　实验现象

由 MPU6050 数据采集程序可以得知，采集到的数据由 printf 函数通过串口打印到串口助手上，可以直观观测到 MPU6050 数值的变化值，如图 12-31 所示。

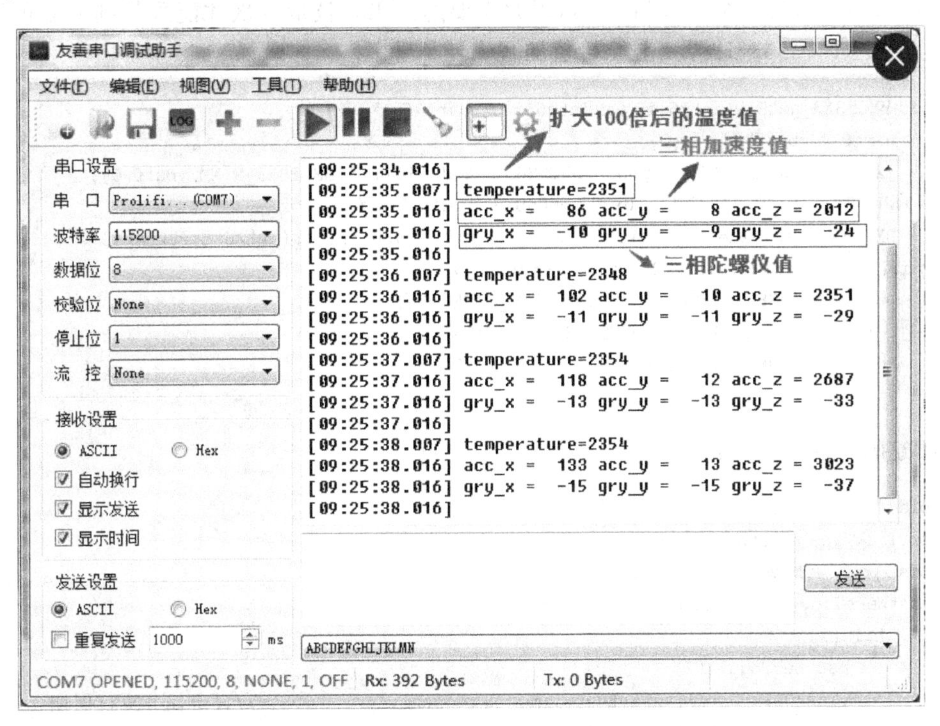

图 12-31　串口打印 MPU6050 采集的数据

12.11　FreeRTOS 操作磁力计

在飞控系统中，无人机飞行的方向是由磁力计判断的，HMC5883L 磁力计采集了三轴磁力数值，每轴输出为 16 位数值。

12.11.1 软件设计

磁力计在采集数据之前，也需要进行初始化，具体初始化步骤如下。

HMC5883L 磁力计初始化步骤：I2C 接口初始化→设置采样平均值与数据输出速率→输出增益设置→模式设置。

```
bsp_InitI2C(I2C_MPU6050,I2C_MPU6050_Addr,I2C_Speed);
I2C_WriteByte(I2C_HMC5883L,HMC5883L_WRITE_ADDRESS,HMC58X3_R_CONFA,0x70);
/*关闭采样均值,数据输出速率为 0.75Hz */
I2C_WriteByte(I2C_HMC5883L,HMC5883L_WRITE_ADDRESS,HMC58X3_R_CONFB,0xA0);
/*输出增益为 440 高斯*/
I2C_WriteByte(I2C_HMC5883L,HMC5883L_WRITE_ADDRESS,HMC58X3_R_MODE,0x00);
HMC58X3_writeReg(HMC58X3_R_MODE, 0);
HMC58X3_writeReg(HMC58X3_R_CONFA, 6 << 2);                          //75Hz
```

HMC5883L 磁力计也是采用 I2C 通信，它的地址为 0x3C，由于采集三轴数据(X，Y，Z)，并且每轴输出为 2 个字节(16 位)，因此需要通过 I2C 读取 6 次才能采集到完整的数据。以下为采集 HMC5883L 的三个原始值的程序：

```
void HMC58X3_getRaw(int16_t *x,int16_t *y,int16_t *z) {
    uint8_t vbuff[6] = {0};
    I2C_ReadBuffer(I2C_HMC5883L,HMC5883L_READ_ADDRESS,HMC58X3_R_XM,vbuff,6);
/* HMC5883L_READ_ADDRESS = 0x3C, HMC58X3_R_XM = 3 */
    HMC58X3_newValues(((int16_t)vbuff[0] << 8) | vbuff[1],((int16_t)vbuff[4] << 8) |
vbuff[5],((int16_t)vbuff[2] << 8) | vbuff[3]);
    *x = HMC5883_FIFO[0][HMC5883_FIFO_SIZE - 1];
    *y = HMC5883_FIFO[1][HMC5883_FIFO_SIZE - 1];
    *z = HMC5883_FIFO[2][HMC5883_FIFO_SIZE - 1];
}
```

任务执行程序如下：

```
void vTask2(void * pvParameters){
portTickType xLastWakeTime;
const portTickType xFrequency = 500;
xLastWakeTime = xTaskGetTickCount();
    while(1) {
        bsp_LedToggle(2);
        vTaskDelayUntil(&xLastWakeTime, xFrequency);       //设定任务执行周期
      HMC58X3_getRaw(&xr, &yr, &zr);                      //采集三轴数据
        printf("HMC5883L data:\n");                        //打印数据类型
        printf("x_r= %d \ny_r= %d \ny_r= %d \n",xr,yr,zr);          //打印三轴数据
    }
}
```

12.11.2 实验现象

如任务执行程序所示，STM32F4 处理器将通过串口给串口助手发送“HMC588L data:”之后是三轴的数据，如图 12-32 所示。

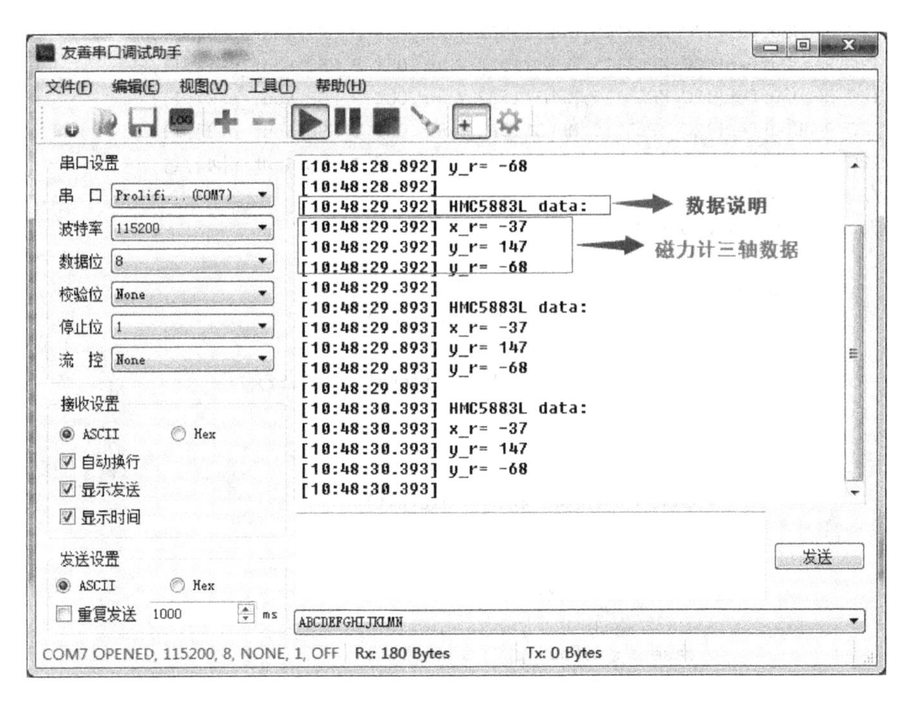

图 12-32　磁力计数据显示

12.12　FreeRTOS 操作气压计

12.12.1　软件设计

由于不同高度的气压是不相同的，因此气压计 MPL3115A 可以通过检测当前高度的气压来判定所处的高度。气压计 MPL3115A 与 STM32 之间的通信方式为 I2C 通信，因此在初始化方面与磁力计 MPU6050 陀螺仪加速度计类似，仅仅改变端口，以及修改 I2C 的通道与传感器工作模式的设定。

MPL3115A2 压力传感器可以提供高度精确的压力和高度数据，高达 128Hz 的可调采样速率，气压计 MPL3115A 初始化步骤：①IIC 接口初始化；②设置气压计的工作模式；③开启气压计标志位；④使能传感器。实现程序如下：

```
bsp_InitI2C(I2C_MPL3115,MPL3115A2_Addr,I2C_Speed);              //初始化 IIC
I2C_WriteByte(I2C_MPL3115,MPL3115A2_Addr,CTRL_REG1,0xB8);       //设置工作模式
I2C_WriteByte(I2C_MPL3115,MPL3115A2_Addr,PT_DATA_CFG,0x07);     //开启标志位
I2C_WriteByte(I2C_MPL3115,MPL3115A2_Addr,CTRL_REG1,0xB9);       //使能传感器
```

由于气压计 MPL3115A 采集的气压值包含小数位，所以最终结果需要将小数和整数部分合起来，合并程序如下：

```
void MPL3115_getValues(float * measured_altitude)
{
    uint8_t i,out_p[5] = {0}, bit_bit = 0x80;
    float result_fractional = 0;
```

```
        I2C_ReadBuffer(I2C_MPL3115,MPL3115A2_Addr,OUT_P_MSB,&out_p[0],1);
        I2C_ReadBuffer(I2C_MPL3115,MPL3115A2_Addr,OUT_P_CSB,&out_p[1],1);
        I2C_ReadBuffer(I2C_MPL3115,MPL3115A2_Addr,OUT_P_LSB,&out_p[2],1);
        I2C_ReadBuffer(I2C_MPL3115,MPL3115A2_Addr,OUT_T_MSB,&out_p[3],1);
        I2C_ReadBuffer(I2C_MPL3115,MPL3115A2_Addr,OUT_T_LSB,&out_p[4],1);
        //取出小数部分
        for(i = 0; i < 4; i ++)
        {
            switch(i){
                        case 0 : if(out_p[2] & bit_bit)
                                 {
                                     result_fractional += 0.5f;
                                     break;
                                 }

                        case 1 : if(out_p[2] & bit_bit)
                                 {
                                     result_fractional += 0.25f;
                                     break;
                                 }
                        case 2 : if(out_p[2] & bit_bit)
                                 {
                                     result_fractional += 0.125f;
                                     break;
                                 }
                        case 3 : if(out_p[2] & bit_bit)
                                 {
                                     result_fractional += 0.0625f;
                                     break;

                                 }
                        default: break;
                    }
            bit_bit = bit_bit >> 1;
        }
        * measured_altitude = (float)(((out_p[0]<< 8)|out_p[1]) + result_fractiona);
    }
```

在FreeRTOS操作系统每两次获取数据之间的时间差大于更新时间，执行任务的代码如下：

```
    float mygetqval[3];
    void vTask2(void * pvParameters){
    portTickType xLastWakeTime;
    const portTickType xFrequency = 10;                              //设置程序运行周期
    xLastWakeTime = xTaskGetTickCount();
    while(1) {
            bsp_LedToggle(2);
            vTaskDelayUntil(&xLastWakeTime, xFrequency);
            MPL3115_getValues(&mygetqval[0]);                         //采集数据
            printf("MPL--   %f \n",mygetqval[0]);                     //打印数据
        }
```

12.12.2　实验现象

根据任务执行函数可知该任务每秒钟执行一次，每次执行的时候采集一次气压传感器的数据，并把数据打印到串口助手的显示界面上，因此可以得到如图 12-33 所示的实验现象。

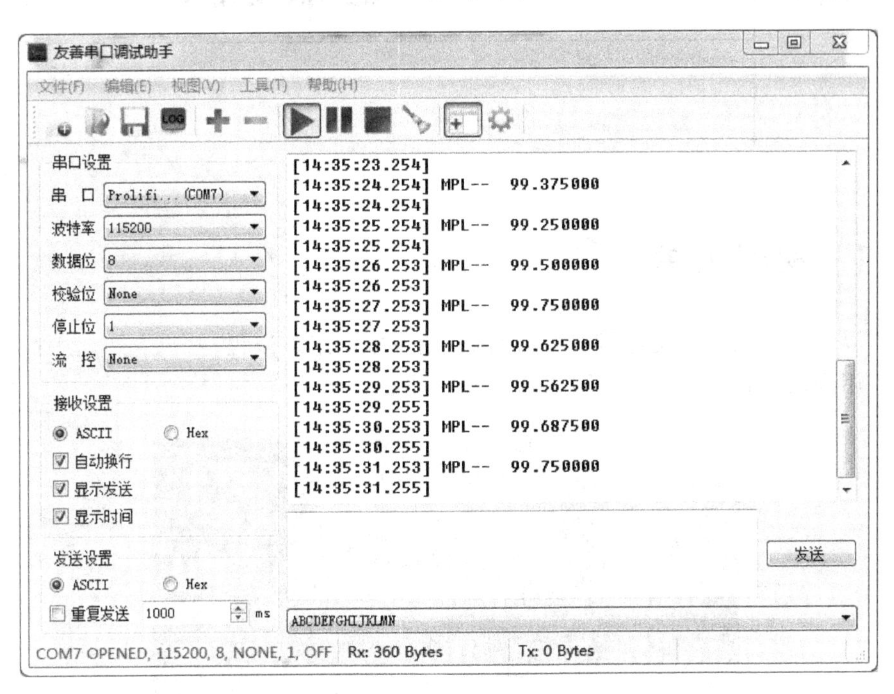

图 12-33　气压计数据显示

附录A F450 四旋翼飞行器 DIY 组装流程

CHAPTER A

A.1 材料清单

本节以常用的四旋翼飞行器 F450 为例介绍基本的组装流程。

需要用到的材料总览图如附图 A-1 所示。

附图 A-1 F450 整料一览

其中,机臂系列套件和电调套件如附图 A-2 所示。

(a) 机臂+上下板+内6角螺丝

(b) 电调套件

附图 A-2 机臂系列套件和电调套件

电机套件和遥控套件如附图 A-3 所示。

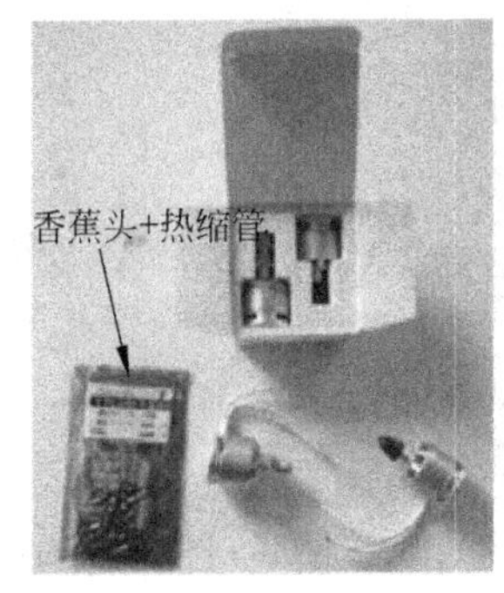

(a) 电机套件

(b) 遥控器+接收机+电池

附图 A-3　电机套件和遥控套件

桨叶和云台脚架如附图 A-4 所示。

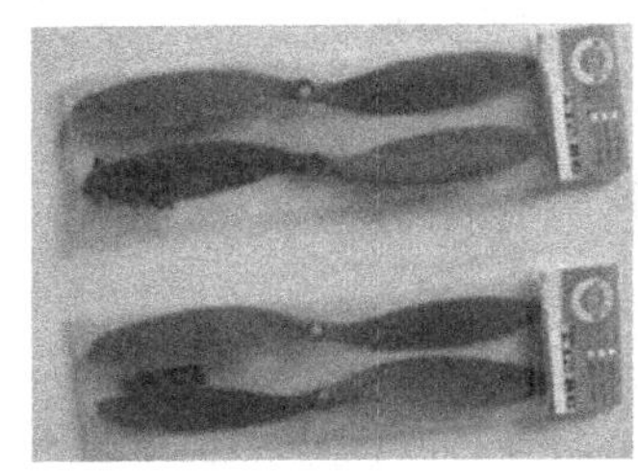

(a) 桨叶

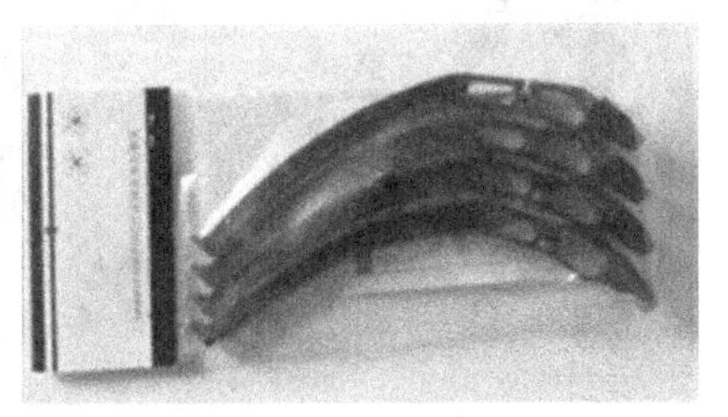

(b) 云台脚架

附图 A-4　桨叶和云台脚架

云台、相机和电池套件如附图 A-5 所示。

(a) 相机+云台+8G存储卡

(b) 电池+12V电源+平衡充

附图 A-5　云台、相机和电池套件

屏幕和图传如附图 A-6 所示。

数传与扎带如附图 A-7 所示。

T 插与螺丝如附图 A-8 所示。

飞控减震板和飞控板如附图 A-9 所示。

3P 插线和桨叶保护架如附图 A-10 所示。

雪花屏支架和 JLink 调试器如附图 A-11 所示。

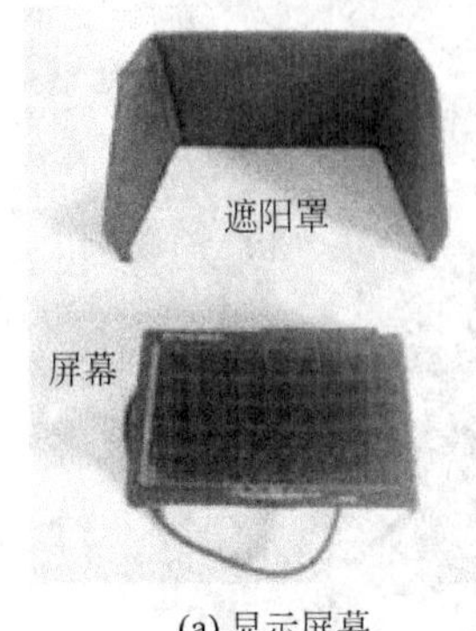

(a) 显示屏幕

(b) 图传接收机(左)+发射机(右)

附图 A-6 屏幕和图传

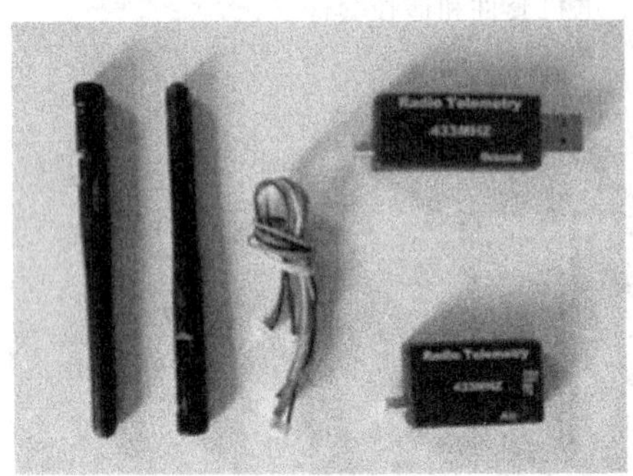

(a) 数传一套

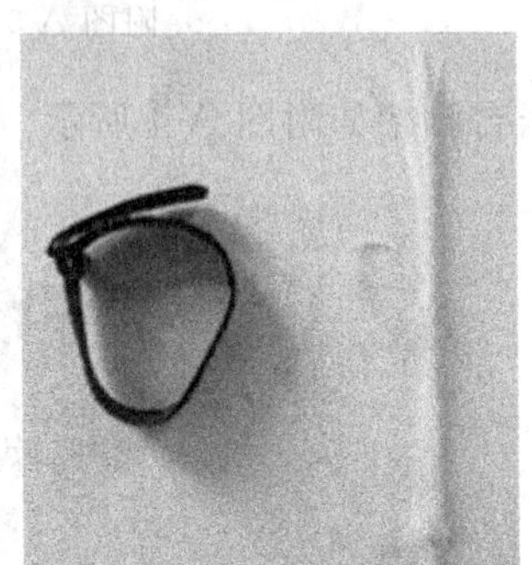

(b) 扎带

附图 A-7 数传与扎带

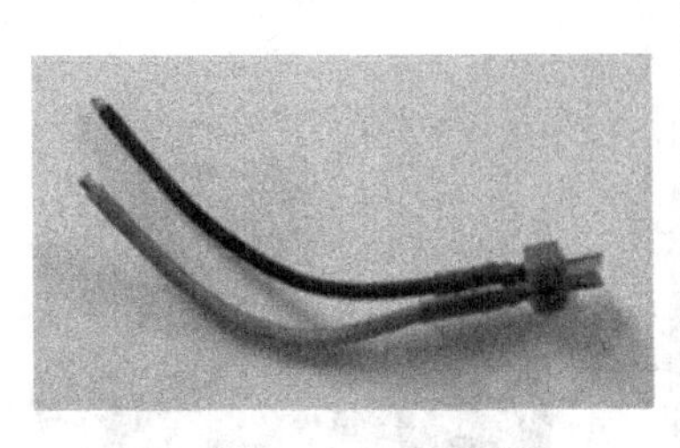

(a) 底板电源线

(b) 内六角螺丝(固定机臂)

附图 A-8 T 插与螺丝

(a) 飞控减震板

(b) 飞控板

附图 A-9 飞控减震板和飞控板

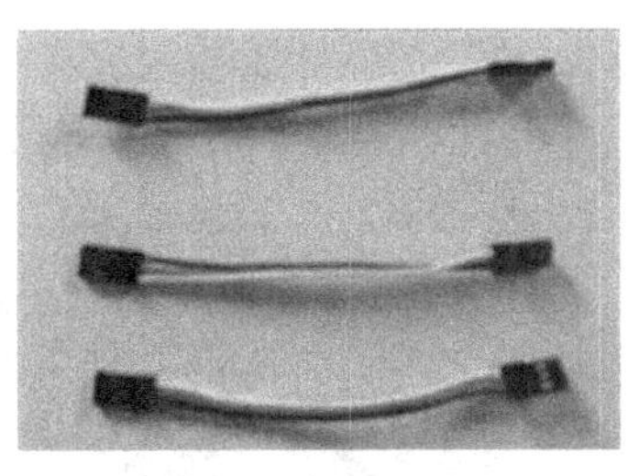
(a) 3P插线(遥控器接收机连飞控板)

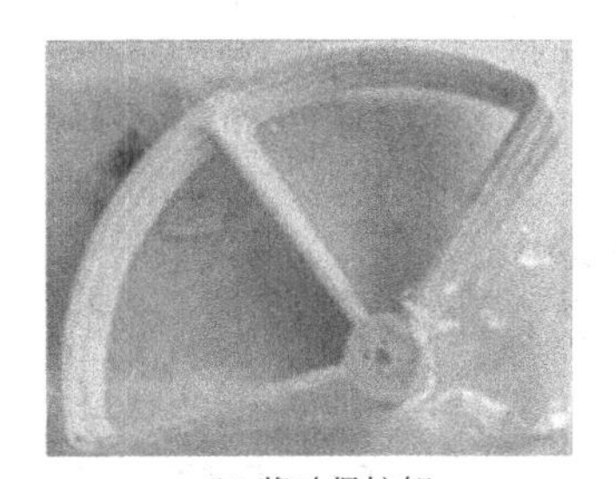
(b) 桨叶保护架

附图 A-10 3P 插线和桨叶保护架

(a) 雪花屏支架

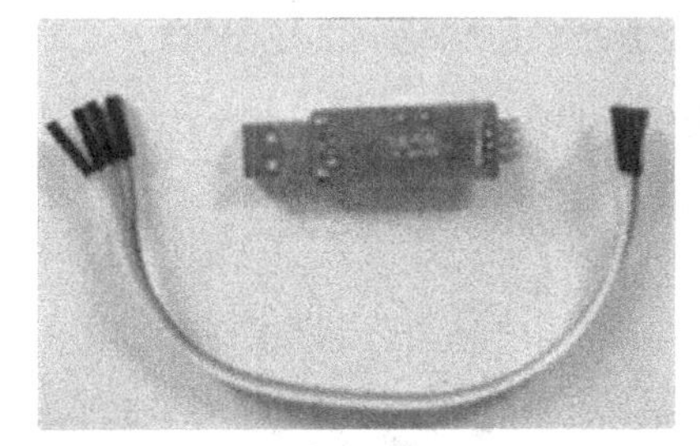
(b) JLink调试器

附图 A-11 雪花屏支架和 JLink 调试器

A.2 焊接电机

在附图 A-3(a)的电机套件里有一包香蕉头和热缩管,通常购买回来时是没有焊接在一起的需要自行焊接香蕉头,并用热缩管将焊接点包裹,如附图 A-12 所示。

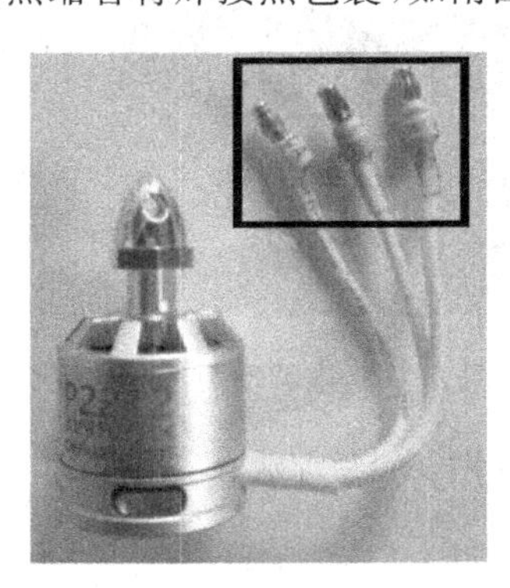
附图 A-12 焊接电机香蕉头接口

A.3 机架的安装

(1) 首先,将机臂通过内六角螺钉安装到机架上面板处,如附图 A-13 所示。

将四个机臂均安装完成(注意颜色定义方向,两个红色机臂为头),如附图 A-14 所示。

(2) 将下底板焊接电源 T 插(红色接“+”,黑色接“-”),如附图 A-15 所示。

(3) 把电调的动力电接口线焊接到底板上(红色接“+”,黑色接“-”),如附图 A-16 所示。

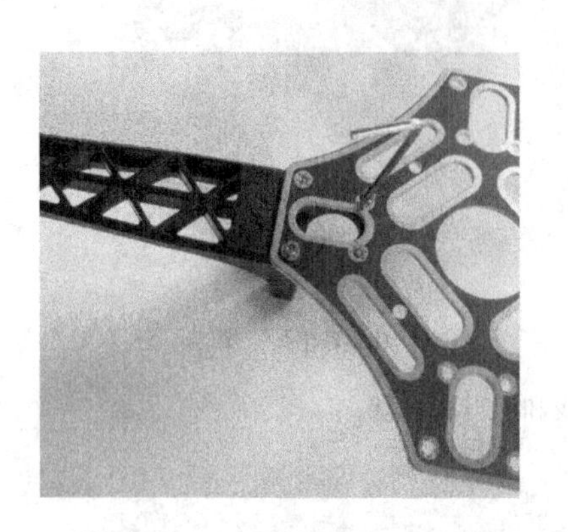

附图 A-13 连接机臂与上面板

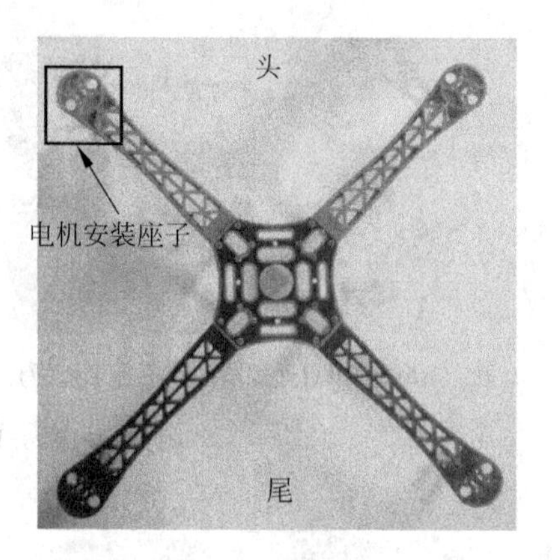

附图 A-14 四机臂连接上面板

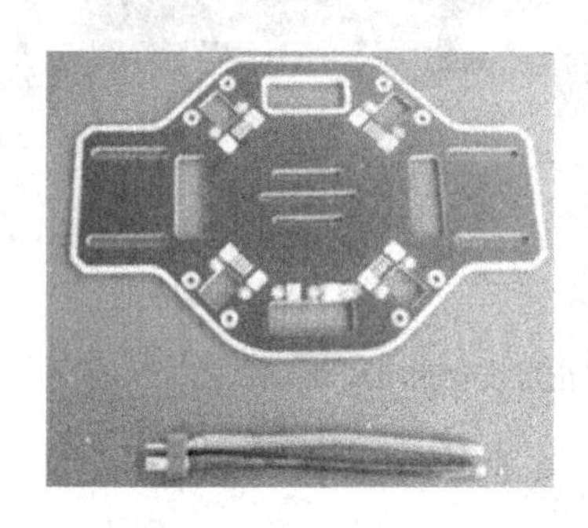

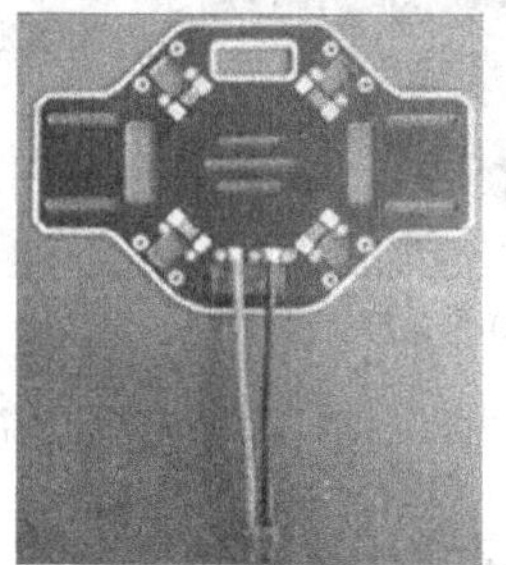

附图 A-15 底板焊接电源线

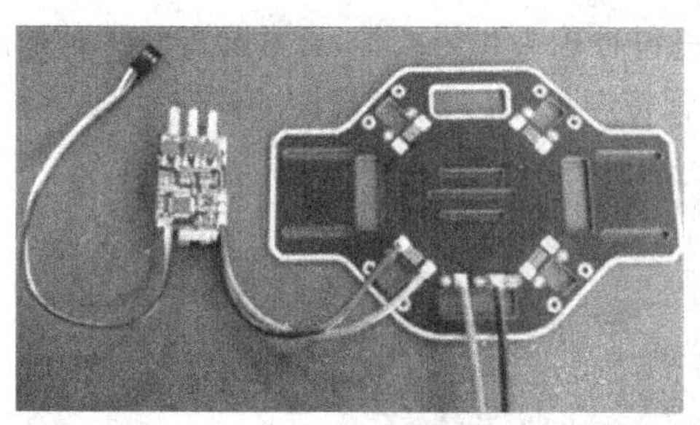

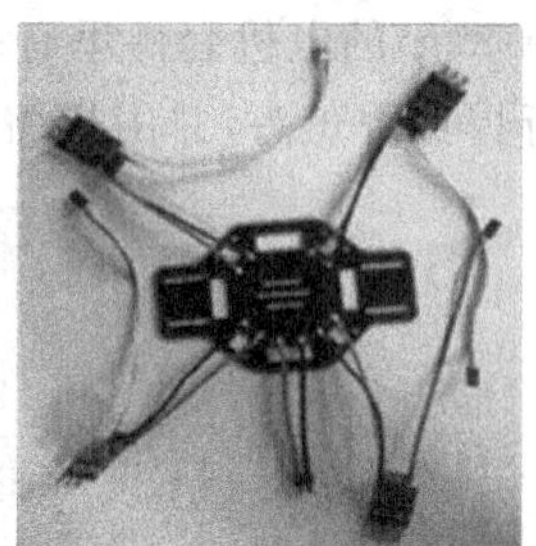

附图 A-16 电调动力线与底板焊接

连接后的电气拓扑结构如附图 A-17 所示。

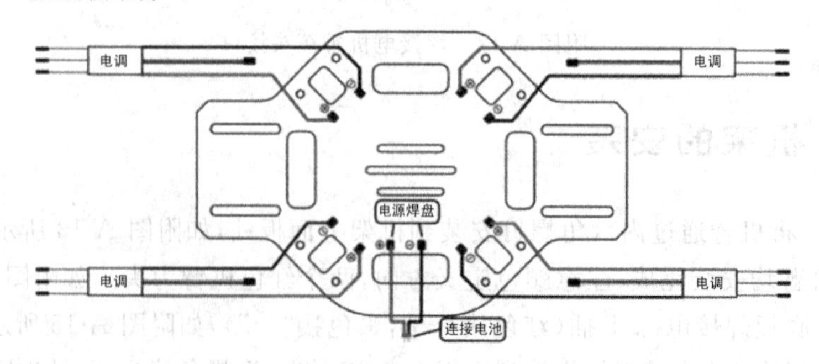

附图 A-17 底板电调焊接电气拓扑结构

(4) 焊接完电调后，如果计划安装摄像头云台，则还需要把云台的电源线接到底板上，由系统电源通过底板供电，要注意所使用的云台输入电压是否符合采用的系统电源供电电压。如附图 A-18 所示，可以直接将红色线焊接到下底板上面任一标有“＋”的焊盘上，将黑色线焊接到下底板任一标有“－”的焊盘上。

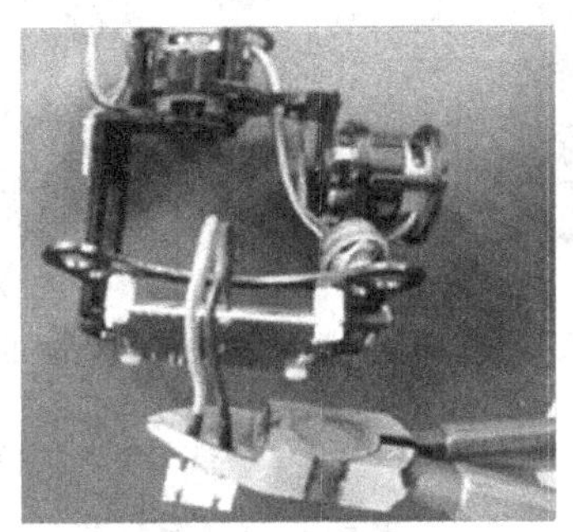

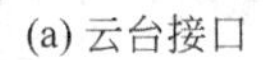

(a) 云台接口

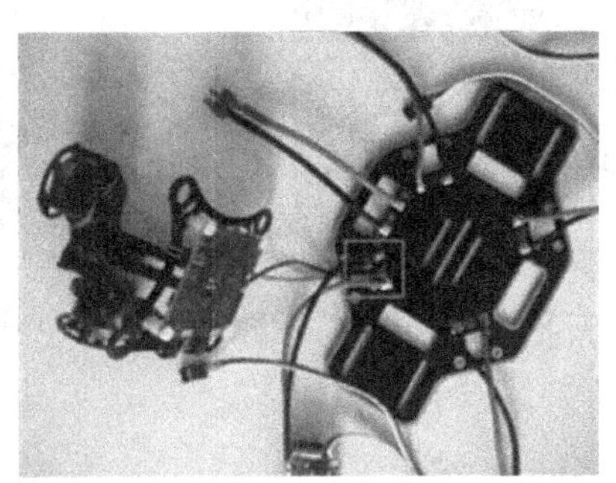

(b) 焊接云台电源接口

附图 A-18　云台电源接口的焊接

(5) 接下来就需把云台一起安装到底板上，如附图 A-19(a)所示，首先将减震球塞进安装孔，如附图 A-19(b)所示；再将铜柱固定在下底板上，如附图 A-19(c)所示；并将云台支架固定在铜柱上，如附图 A-19(d)所示。

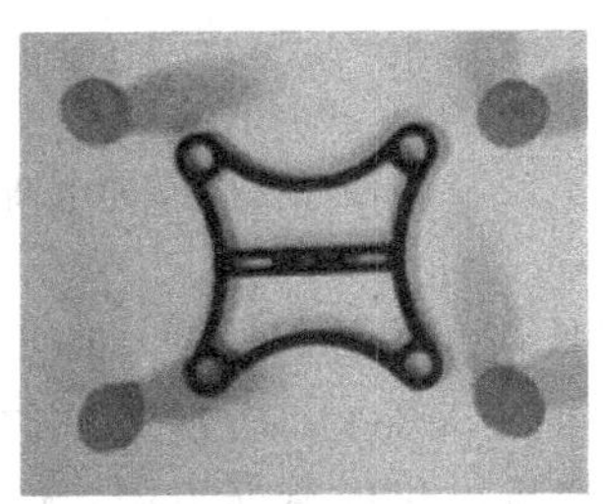

(a) 云台的减震球

(b) 安装云台的减震球

(c) 在底板上安装云台铜柱

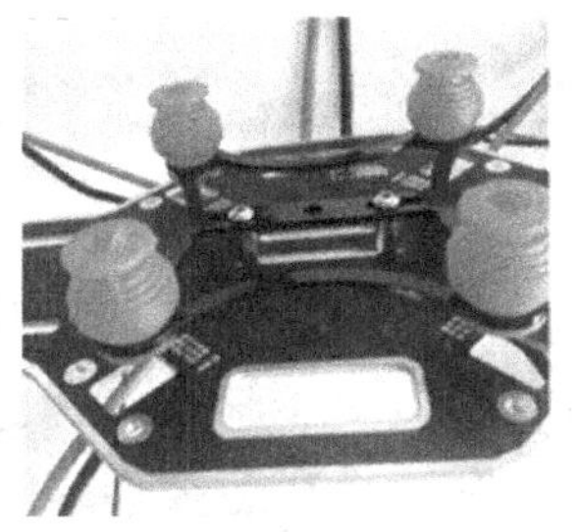

(d) 将云台底座固定在铜柱上

附图 A-19　云台底座与底板的连接

将减震球塞入云台安装孔(注意云台平衡方向)，如附图 A-20 所示。同时，把云台脚架安装上，连同底板固定到机架的四个机臂下端，如附图 A-21 所示。

将相机固定在云台上，如附图 A-22 所示。

(6) 接下来将电调用扎带固定在 4 个机臂上，如附图 A-23 所示。

附图 A-20 云台安装到减震球上

附图 A-21 安装脚架和底板到机架的机臂下端

附图 A-22 固定运动相机

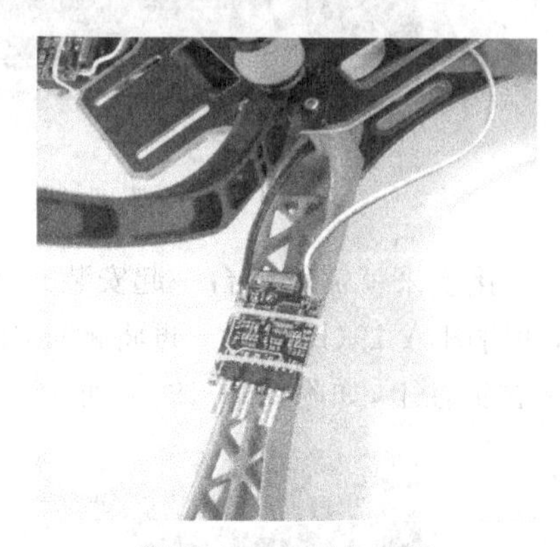

附图 A-23 固定电调

(7) 将电机装上机臂的顶端电机座上,下面需要使用4个螺丝以固定白色防护圈,如附图 A-24(a)所示,然后电机放置在白色防护圈上,如附图 A-24(b)所示,使用大一号的六角螺丝固定电机,如附图 A-24(c)所示(安装电机时需注意电机的旋转方向,选择安装正牙或是反牙电机)。

(a) 白色防护圈螺丝图

(b) 电机、防护圈安放位置

(c) 安装电机

附图 A-24 电机的安装过程

然后将电机的三根线分别接到电调上,如附图 A-25 所示,这时暂时不管顺序,先任意接上,届时如果电机转动的方向不对只需要调换任意两根线接的位置。

(8) 安装桨叶,将桨叶里面配有的垫片放在桨叶上的槽里,并使用桨夹固紧桨叶,如附图 A-26(a)所示。注意垫片的内径大小,选择略大一号的,否则拧不稳螺旋桨。将螺旋桨装在电机上面,注意桨叶的旋转方向,类似对角线安装。1号和2号电机逆时针旋转,3号和4

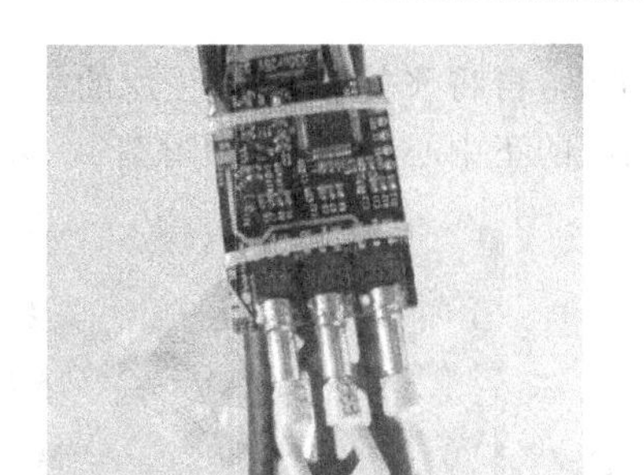

附图 A-25 电机固定安装

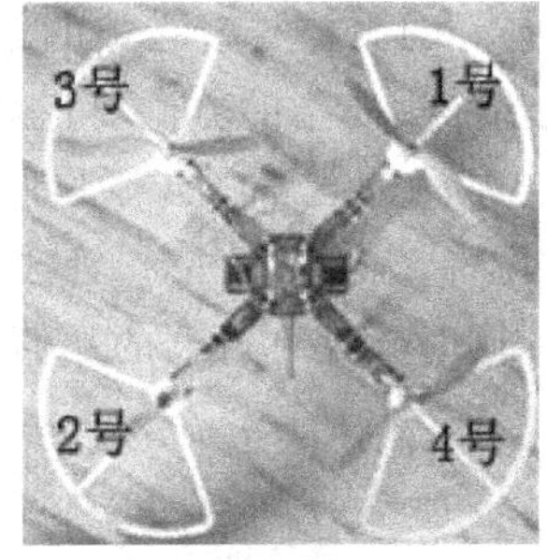

(a) 桨叶安装　　(b) 桨叶旋转方向

附图 A-26 桨叶的安装和注意事项

号电机顺时针旋转，如附图 A-26(b)所示。

A.4 飞控模块安装

(1) 飞控板的安装需要加上一个减震，以减少机体震动对飞控系统的噪声干扰影响。首先安装飞控板减震板架，如附图 A-27 所示。

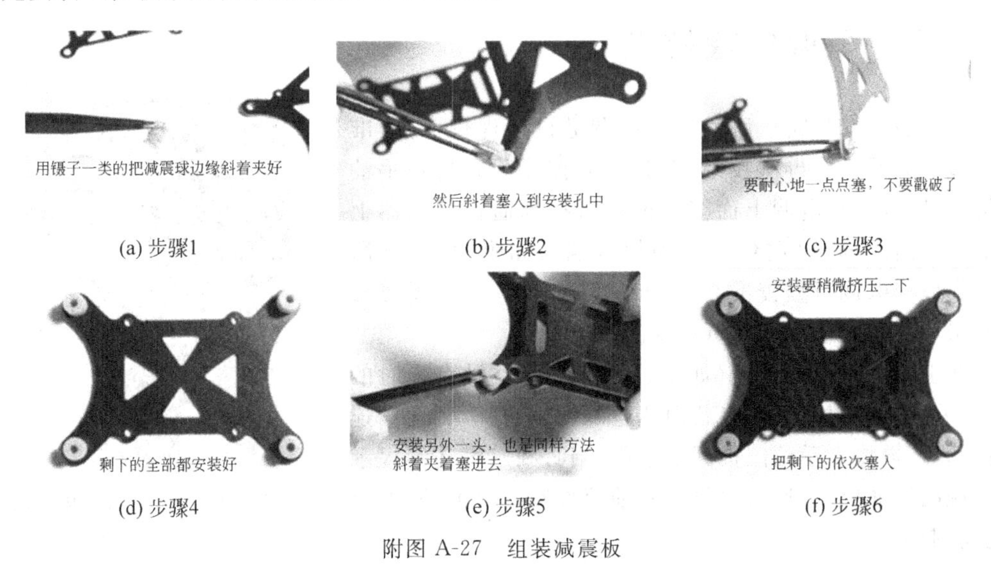

用镊子一类的把减震球边缘斜着夹好
然后斜着塞入到安装孔中
要耐心地一点点塞，不要戳破了
剩下的全部都安装好
安装另外一头，也是同样方法
斜着夹着塞进去
安装要稍微挤压一下
把剩下的依次塞入

(a) 步骤1　(b) 步骤2　(c) 步骤3

(d) 步骤4　(e) 步骤5　(f) 步骤6

附图 A-27 组装减震板

(2) 在减震上面粘上魔术贴，再将飞控板没有芯片的一面也粘上魔术贴，贴在减震上面，最后整体粘贴在机架上面板的正中心的位置，如附图 A-28 所示。

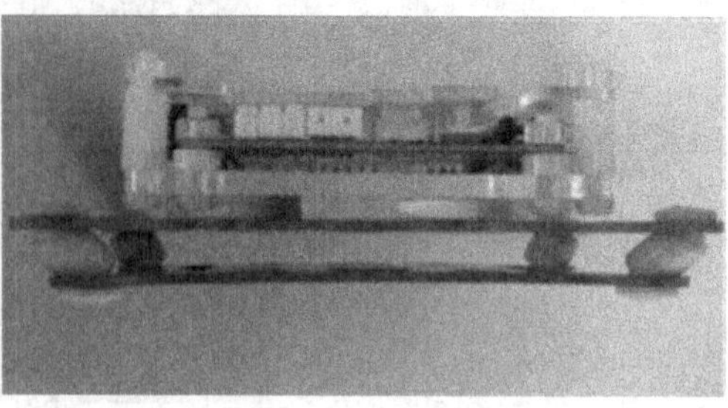

附图 A-28 飞控减震板安装

(3) 将组装好的飞控与减震板的结合体用 3M 胶固定在机架上面，安装飞控板时要注意飞控板上机头箭头所指的方向要正对前面安装时所定义的四轴的头的方向，如附图 A-29 所示的红色机臂为机头方向(具体与所采用的飞控平台有关，注意飞控板所标识的箭头)。注意飞控安装位置，需要尽可能保证飞控的 MEMS 传感器加速度计和陀螺仪位于飞行器的几何中心位置，同时确保飞行器的几何中心与重心重合。

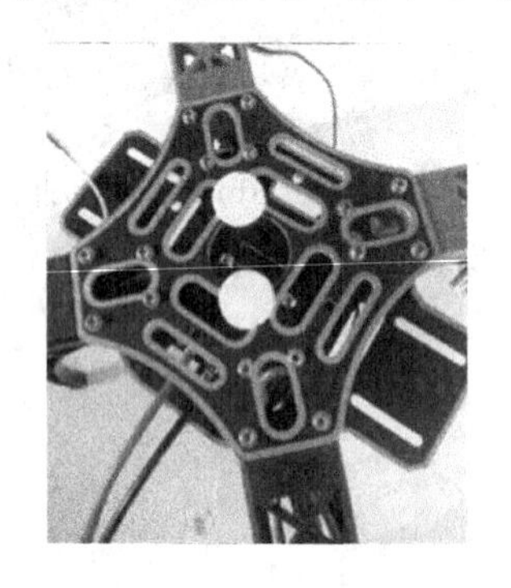
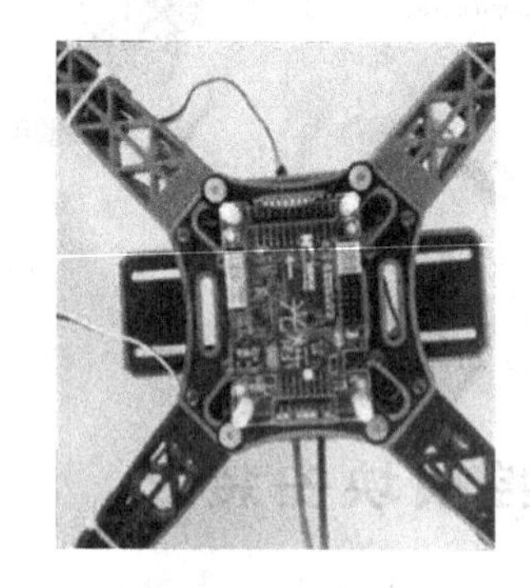

附图 A-29 安装飞控板

A.5 电调行程校准

所有器件安装完毕后就要对电调进行行程校准(校准一次过后就不需要再次校准)。打开遥控开关并将左手油门推到最上面，将电调上面接出的接口接到遥控接收器上面的 3 号油门通道(白色一端为信号端)，如附图 A-30 所示。具体的电调行程校准与不同厂家的电调有关，需要参阅所采用的实际电调厂家所提供的校准手册。

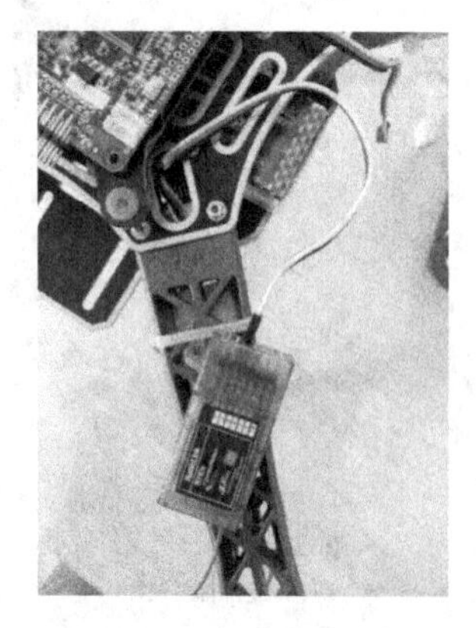

附图 A-30 校准连接(用油门通道校准)

接上四轴上面的电源(如果遥控和接收器没有配对的话，先要进行配对)，这里以新西达电调为例，当听到两声连续提示后，再将左手油门推到最下面，当听到三声连续提示后就说明校准成功，这时再将左手油门缓慢向上推动，电机就会转起来。

拔下电源，再依照上述方法将其余三个也校准，过程中如果发现电机转动的方向不对，只需要调整电机任意两个脚的接线。

A.6　电调、遥控接收机、数传模块与飞控的连接

飞控系统上最主要的接口就是遥控接收机的输入接口与电调输出接口。这两种接口一般都采用3线制的PWM信号标准，如附图A-31所示。正如1.5.6节所介绍的，也有飞控系统的遥控接收机接口采用S-bus协议，这时只需要将S-bus接入对应接口即可。

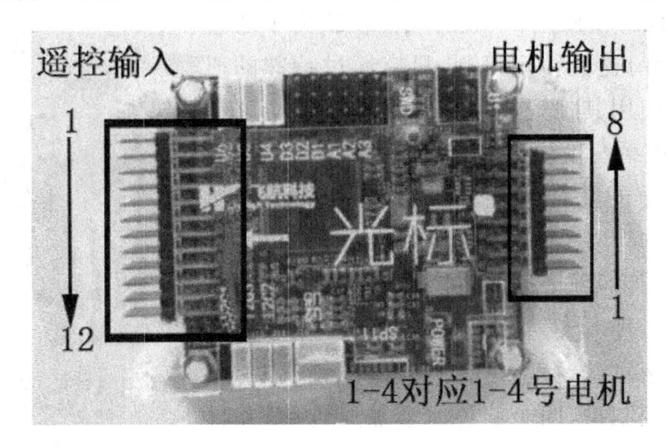

附图A-31　光标飞控的遥控输入与电机输出

附图A-31中右边为4个机臂电调输出信号接口，左边为12通道的遥控器接收机信号接口。将四个电调的3线制控制线分别与飞控系统输出端的4个通道相连接，注意机臂电调的序号与飞控输出通道相对应。

将遥控接收机的各个通道连接到飞控系统的遥控输入端，注意飞控系统各通道都需要与遥控接收机的序号对应。把遥控器接收机和飞控板相连接(接收机通道1～6连接到飞控板最上面那一排对应的1～6，第7个通道那一列用于供电，一列3个插针，对应插在剩下那几列的任意一列，接收机朝向通道标号那边，对应飞控板最上面的那排)，如附图A-32所示。

将数传模块连接到飞控板对应的数传接口U3上，如附图A-33所示。

附图A-32　遥控接收机与飞控系统连接

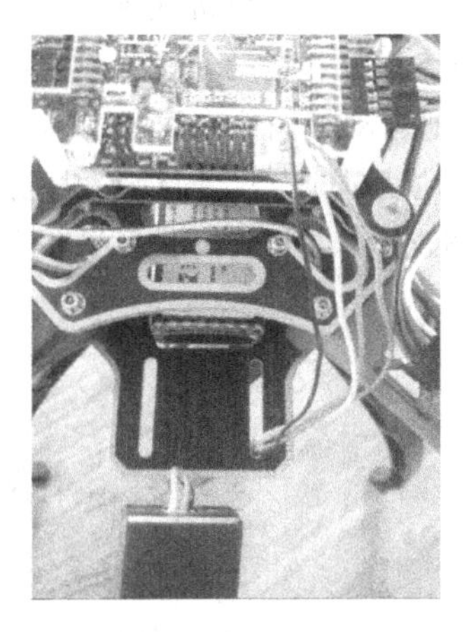

附图A-33　飞控系统与数传模块的连接

此外还需要连接各个外接传感器和接收机到飞控系统上，例如GPS接收机、超声波传感器和空速仪等，具体的连接需要参考所采用的飞控系统。

A.7 遥控操作说明

打开遥控器电源并连接上四轴的电源，等待四旋翼飞行器通过电调驱动电机发出连续两声提示后说明遥控链路连接成功。将左右两边的摇杆上下左右摇晃，确保摇晃到了各个方向的最大值，没有任何阻尼，然后松开摇杆，将左边的油门摇杆拨到最下面。

接下来进行遥控解锁控制，一般的飞控模块为了防止误操作，都提供了油门遥控锁定机制，只有通过特殊的遥控锁定和解锁才能使用其他遥控功能。具体上锁与解锁的方法与采用的飞控系统模块有关系，一般都是油门航向通道与俯仰横滚通道的几种组合方式。如附图A-34所示，锁定和解锁动作为将左手油门推到途中位置(右下角)。

附图A-34 锁定与解锁动作示例

解锁完毕后，飞控系统都会在四个旋翼上输出一个最低的怠速运行的占空比信号量，使得四个旋翼电机可以按预设的最低转速怠速运行，这也就说明解锁成功，此时再缓慢增加油门控制量，四个旋翼就会加速转动，并且随着油门继续增加，拉力大于重力时，F450就会慢慢离开地面飞起来。

注意事项：

(1) 使用时请注意安全，应在空旷无人的场地进行飞行，勿在大风天气中使用。

(2) 请勿给15岁以下少儿使用。

(3) 使用前一定要仔细阅读遥控器说明书，掌握控制上锁功能。

(4) 避免飞行器启动时意外接触到螺旋桨。

A.8 图传系统连接

如果需要将无人机机载摄像头的实时图像传输到地面上，则需要采用图传系统。这里以模拟图传系统和运动相机为例介绍图传系统的连接方式。

(1) 把运动相机输出线的视频信号线(AV+)和图传发射机的视频信号线连接，把相机输出线的地线(BT-)与图传发射机连接线的地线(图传发射机连接线有两根地线，连接其中一根)相连接(共地)。附图A-35是运动相机模拟信号线和图传发射机的信号定义。

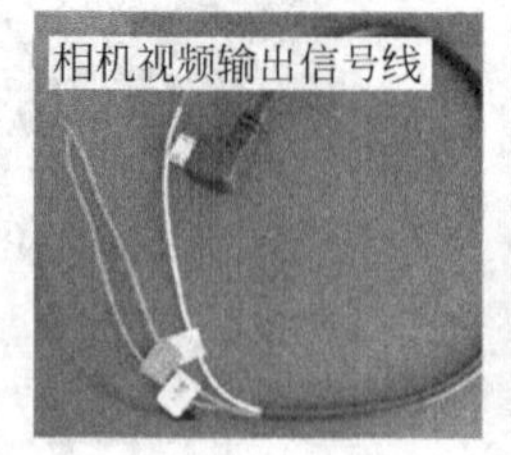

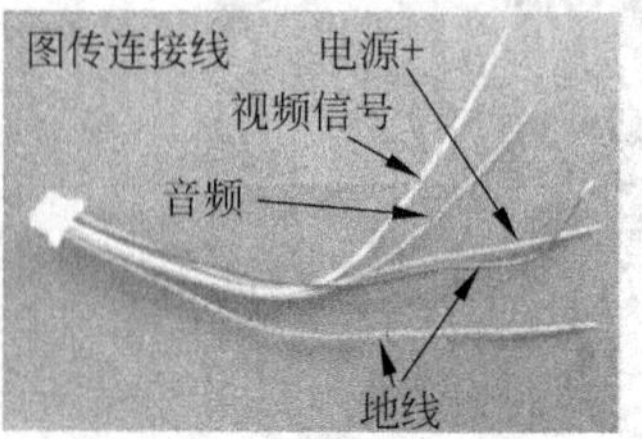

附图A-35 运动相机模拟信号线和图传发射机信号线

接下来需要将图传的电源和地(两根地线的另一根)连接到机架的下底板上面，正极连接标有“+”的焊盘，负极连接标有“-”的焊盘，以便飞行器的机载电池能够直接给图传发射模块供电，如附图 A-36 所示。并且图传和数传用扎带固定在底部，如附图 A-37 所示。

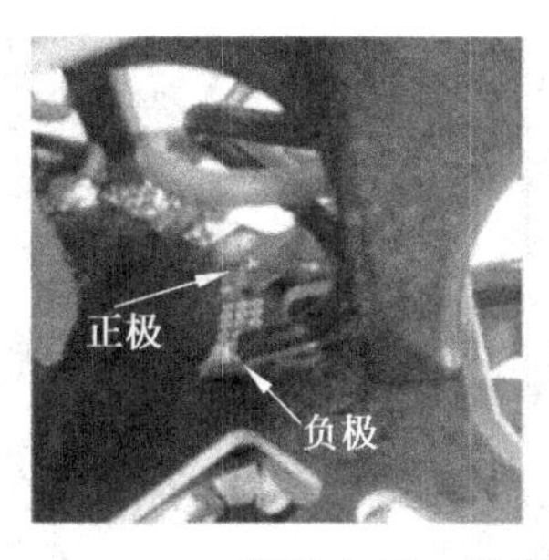

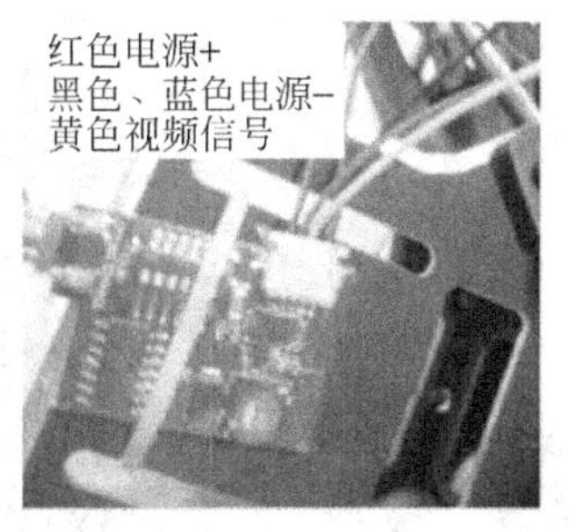

附图 A-36 图传发射机的电源焊接

至此，机载端设备都已经安装完成，如附图 A-38 所示。

附图 A-37 扎带固定图传发射机与数传机载模块

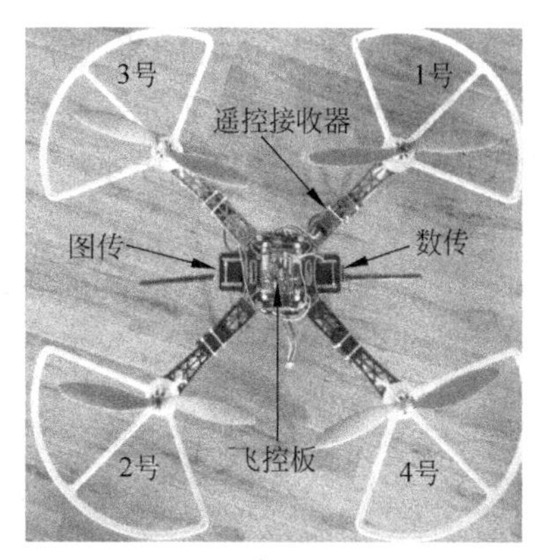

附图 A-38 机载端设备全图

(2) 安装遥控器雪花屏。为了方便在遥控无人机飞行的时候可以以第一人称视角观察机载图传系统的摄像头图像，可以直接将图传系统的地面接收机安装在遥控器上。为此遥控器都配有专门的雪花屏安装连接器。首先将雪花屏通过安装连接器固定在遥控器上，如附图 A-39 所示。

附图 A-39 雪花屏固定在遥控器上

(3) 将图传接收机的视频信号输出和雪花屏的视频信号输入相连接，雪花屏接线端子(出电源外有三个头子，两个音频，一个视频)如附图 A-40 所示。

(4) 图传接收机与雪花屏的供电信号,可以直接从遥控器的 PS2 接口取得。由于屏幕图传都能用 12V 供电,所以将图传的电源和屏幕的电源并联在一起,如附图 A-41 所示。有的一体机本身自带电池,则无须这一步(注意红线黑线不能反接)。

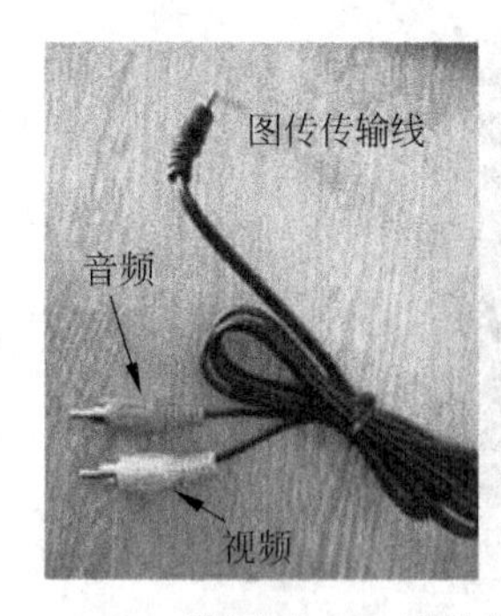

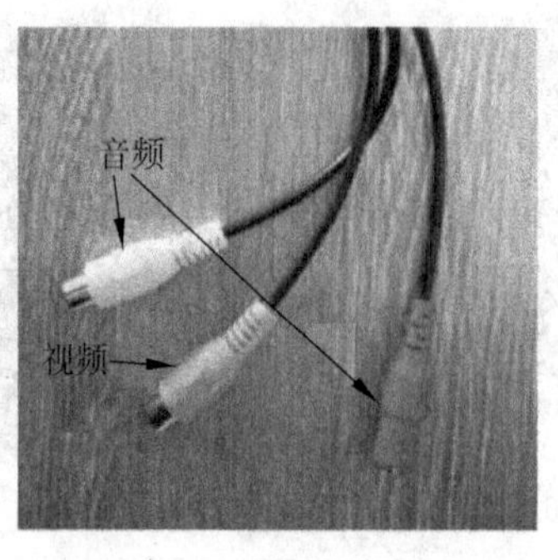

附图 A-40　图传接收机与屏幕连接信号线

附图 A-41　并联图传电源与雪花屏电源

(5) 制作电源接口,根据遥控器背后的 PS2 接口制作连接线,以便直接从遥控器取电。制作流程如附图 A-42 所示。将图中 PS2 节的地、电源信号、T 插母头的地和电源信号对应用线连接,当然也可以直接外挂一个 3S 的电池供电。

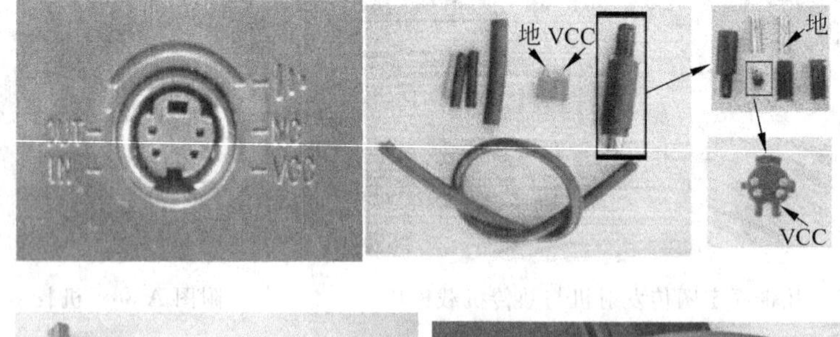

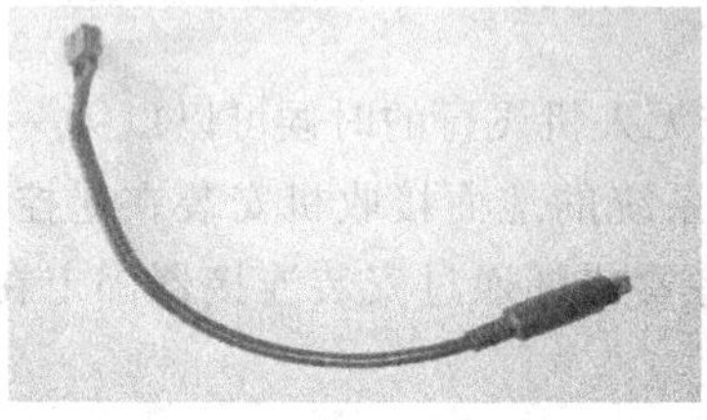

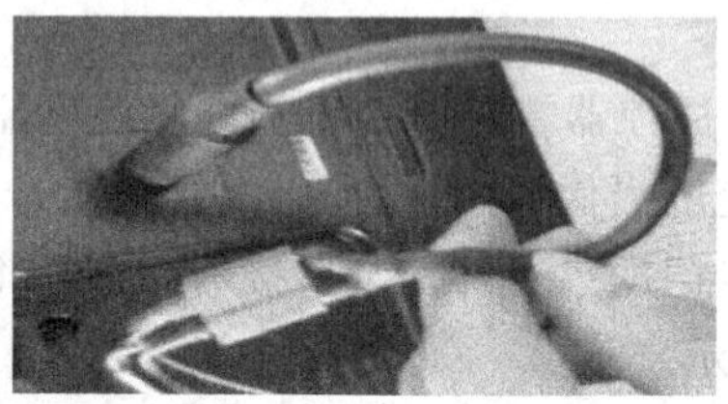

附图 A-42　制作图传地面接收系统电源接口

(6) 至此,地面部分全部安装完毕,如附图 A-43 所示。

附图 A-43　无人机系统全图

附录B 无刷电机与电子调速器介绍

CHAPTER B

B.1 无刷直流电机

无刷电机按转动方式可分为：内转子无刷直流电机和外转子无刷电机。

定子：定子是由硅钢片经过叠压和轴向冲压而成，每个冲槽内都有一定的线圈组成的绕组，每个绕组又由许多内部结合的钢片按照一定的方式组成。

转子：可分为内转子型和外转子型两种。内转子型的定子是几对永磁体按照N极和S极交替排列在转子周围；外转子型的定子是贴在转子内壁的。

内转子无刷直流电机结构如附图B-1所示。

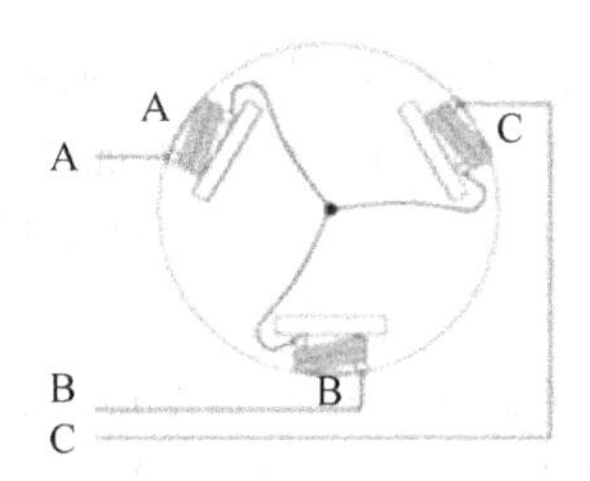

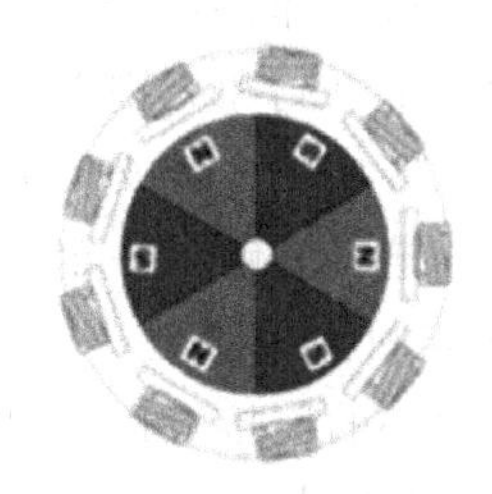

附图B-1　内转子无刷电机结构

内转子无刷电机的原理是将磁钢集成在了定子上面，当电机运行时，无刷电机的外壳是不动的，转动的是定子。给任意两端加上电压后，通过磁场切割磁感线触动定子转动。

外转子无刷直流电机结构如附图B-2所示。

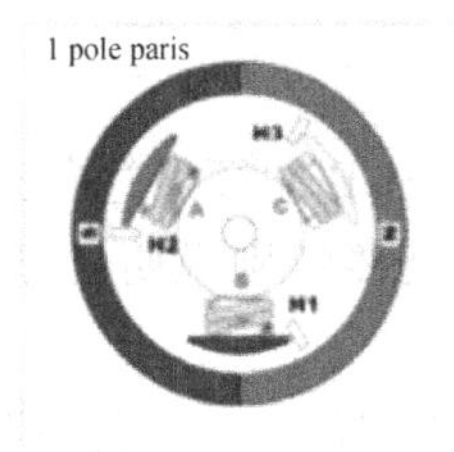

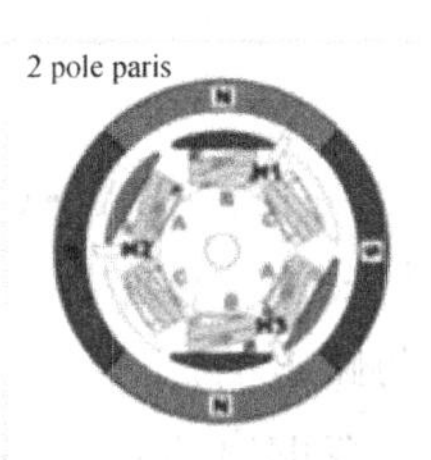

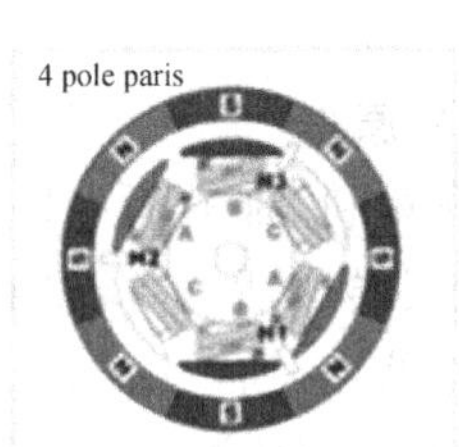

附图B-2　外转子无刷直流电机

外转子无刷电机的原理：其实外转子与内转子的区别在于外转子将原来内转子型的磁钢做成了很多小片，贴在了外壳上，当电机运行时，是无刷电机的外壳在转动，而中间的线圈定子是固定不动的。与内转子型的无刷电机相比，外转子转动惯性大，所以转速比内转子慢。

无刷电机 kV 值定义为转速/V，表示输入电压每增加 1V，无刷电机空转转速增加的转速值。例如，标称值为 1000kV 的外转子无刷电机，在 11V 的电压条件下，最大空载转速为 11000rpm（rpm 的含义是：转/分钟）。

对于同外形同尺寸的电机来说，绕线匝数越多，kV 值越低，最高输出电流越小，扭力越大；绕线匝数越少，kV 值越高，最高输出电流越大，扭力越小。

无刷直流电机选型：

在选择电机的时候要注意型号、重量、轴直径、kV 值、最大持续电流和全油门负载温度等参数。

由于所使用的机架不同，所以得选择适当重量的电机，并且计算转速所产生的拉力是否能够将机体正常拉升且最大持续电流要合适，最后根据轴直径选择桨叶。

B.2 电子调速器换相的相关知识

电调又称电子调速器，电子调速器有“电流增压”作用，电调内部电路有一套 FET 管（“增压管”），电流输入电子调速器，内部电路接收来自接收机的信号，根据信号把电流进行合适的增压，然后把“增压”后的电流输出到马达。至于控制部分，控制信号是一组方波信号，用于控制电调在单位时间内开关的次数。

电调一般分为有刷电调和无刷电调。有刷电调就是简单的直流输出，而无刷电调的基本原理就是把直流电转换成 3 相交流电。因此，无刷直流电调所实现的最重要的任务和功能就是保证所驱动的电机能够在一定的时刻提供换相电流，从而保持电机持续稳定地转动。

1. 内转子无刷电机换相原理

三个绕组通过中心的连接点以 Y 型的方式联结在一起。整个电机就引出三根线 A、B 和 C。当它们之间两两通电时，有 6 种情况，分别是 AB、AC、BC、BA、CA 和 CB。

在附图 B-3(a)中，AB 相通电，中间的转子(图中未画出)会尽量往绿色箭头方向对齐，当转子到达附图 B-3(a)中绿色箭头位置时，外线圈换相，改成 AC 相通电，这时转子会继续运动，并尽量往附图 B-3(b)中的绿色箭头处对齐，当转子到达附图 B-3(b)中箭头位置时，外线圈再次换相，改成 BC 相通电，以此类推。当外线圈完成 6 次换相后，内转子正好旋转一周(即 360°)。

2. 外转子无刷电机换相原理

不管外转子还是内转子电机，都遵循 AB→AC→BC→BA→CA→CB 的顺序进行通电换相。当然，如果想让电机反转的话，可以按倒过来的次序通电。此处要特别说明的是，由于每根引出线同时接入两个绕组，所以电流是分两路走的。

在 AB 相通电期间，只要一直监测电机的 C 引线的电压，一旦发现它低于 6V，就说明转子已转过 30°到达了 t0 和 t1 中间的位置，只要再等 30°就可以换相了。检测到了 C 相的过零点时，还要等转子转过 30°才可以换相。说明：一种比较简单的做法是近似认为转子转速在这 0°～60°的小范围区间内是基本恒定的，即从 AB 相开始通电到检测出 C 相过零的前半段时间，基本等于后半段的时间。所以只要记录前半段的时间间隔 T1，等过零事件出现后

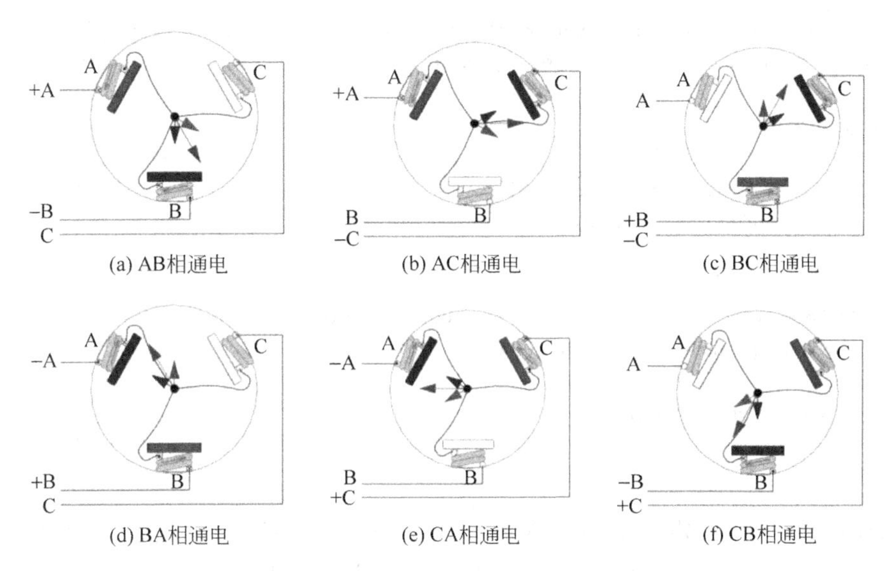

附图 B-3 内转子无刷电机的各个相位

再等待相同的时间，就可以换相了。

B.3 电调启动频率

电调一般的控制频率范围为 50～400Hz，只要是属于该范围的频率都能够正常控制电机，这个频率代表满占空比的周期值。但是当上电时，必须给电调一个初始频率（也就是输出初始脉宽），一旦所给的初始脉宽不合适，即没有在合适的范围内，那么将无法控制及解锁电调，将会使电机发出“嘟嘟嘟”的声响，并且无法控制电调（本书使用的电调初始脉宽为 750～900μs）。

下面的函数是“光标”飞控系统中的开源电调代码中的函数，在该中断函数中输入模式进行了脉冲宽度比较，也就是说当所给的电调初始频率不符合要求时就不能启动输入模式，pwmMinValue 和 pwmMaxValue 分别为最小脉宽和最大脉宽。

```
void PWM_IRQ_HANDLER(void)
{
uint16_t pwmValue;
uint16_t periodValue;
uint8_t edge;
edge = !(PWM_TIM->SR & TIM_IT_CC2);
periodValue = PWM_TIM->CCR1;
pwmValue = PWM_TIM->CCR2;

if (state == ESC_STATE_DISARMED && edge == 1 && (periodValue - pwmValue) > OW_RESET_MIN &&
(periodValue - pwmValue) < OW_RESET_MAX)
{
        owReset();
}
else if (inputMode == ESC_INPUT_PWM &&                          //PWM 输入模式
```

```
periodValue >= pwmMinPeriod && periodValue <= pwmMaxPeriod &&    //pa8 输入周期范围
pwmValue >= pwmMinValue && pwmValue <= pwmMaxValue               //脉宽长度
{
if (edge == 0)
{
            pwmValidMicros = timerMicros;
            runNewInput(pwmValue);
        }
    }
    //otherwise if already in OW mode, pass control to OW
    else if (inputMode == ESC_INPUT_OW)
    {
        owEdgeDetect(edge);
    }
}
```

下面的函数用于给需要的 pwmMinValue 和 pwmMaxValue 赋值。p[PWM_MIN_VALUE]=DEFAULT_PWM_MIN_VALUE，p[PWM_MAX_VALUE]=DEFAULT_PWM_MAX_VALUE，此处的 DEFAULT_PWM_MIN_VALUE 初始值为 750，DEFAULT_PWM_MAX_VALUE 初始值为 2250(由于电调 DEFAULT_PWM_MAX_VALUE 为 2250，也就是 2.25ms，所以设置的电调输入为 400Hz)。

```
void pwmSetConstants(void)
{
    float rpmScale = p[PWM_RPM_SCALE];
    pwmMinPeriod = p[PWM_MIN_PERIOD] = (int)p[PWM_MIN_PERIOD];
    pwmMaxPeriod = p[PWM_MAX_PERIOD] = (int)p[PWM_MAX_PERIOD];
    pwmMinValue = p[PWM_MIN_VALUE] = (int)p[PWM_MIN_VALUE]; //PWM 最小周期 timer1 ch2
    pwmMaxValue = p[PWM_MAX_VALUE] = (int)p[PWM_MAX_VALUE]; //PWM 最大周期 timer1 ch2
    pwmLoValue = p[PWM_LO_VALUE] = (int)p[PWM_LO_VALUE];
    pwmHiValue = p[PWM_HI_VALUE] = (int)p[PWM_HI_VALUE];
    pwmMinStart = p[PWM_MIN_START] = (int)p[PWM_MIN_START];
    if (rpmScale < PWM_RPM_SCALE_MIN)
        rpmScale = PWM_RPM_SCALE_MIN;
    else if (rpmScale > PWM_RPM_SCALE_MAX)
        rpmScale = PWM_RPM_SCALE_MAX;
    p[PWM_RPM_SCALE] = rpmScale;
}
```

附录C 无人机实验室研发调试设备

CHAPTER C

飞航科技针对无人机研发过程的不同阶段和领域提供了全套的研发系统平台，这里仅列出部分仪器和设备。主要包含FH550四旋翼无人机研发系统、应用级无人机系统、高级航拍模拟图传系统、高级航拍数字图传系统、便携式地面测控站系统、高级飞行器3自由度姿态算法验证系统、高级飞行器动力系统扭矩测量系统、高级飞行器动力系统拉力测量系统、微机电传感器测量校准平台和工业级数据处理中心。

C.1 FH550四旋翼无人机研发系统

FH550是飞航科技推出的中型四旋翼无人机研发系统，该系统为基于四旋翼模式无人机的飞行系统，采用全碳纤可折叠机器设计提供针对四轴飞行器的控制算法、遥测遥控、动力和平衡等课题的研究平台。四轴飞行器采用X字布局方式，使用四个旋翼直连电机的简单操作机构，系统采用全碳纤维折叠机臂架构，方便运输维护。由于简化了传统直升机的桨距控制机构，因此极大降低了飞行器的结构成本和控制复杂度。系统外观如附图C-1所示。

附图C-1　FH550四旋翼无人机系统

系统包含：

1）F550碳纤机架

机身重量≥400g，对称电机轴距为550mm，起飞重量为1500～2500g，螺旋桨为10寸桨（额外配4对备用桨叶）。机架配备标准高脚架，此外还配备若干必要的安装散配件。

2）动力系统

采用2212或3508外转子无刷电机，电压10～14V，电流14A，最大转速>6000rpm/m，推力>800g。

驱动电调：配备专业级无刷电调，输出能力持续电流30A，瞬时电流40A（不少于10秒），输入电压2～6S电芯，无BEC，输入频率50～432Hz，最高转速6级马达70000rpm，尺寸为55mm×25mm×12mm。

3）飞控开发板

飞控开发系统，采用ST公司STM32F407芯片作为主控CPU，32位ARM Cortex-M4内核，168MHz主频，直接驱动4路PWM，最多支持8路PWM，支持8路遥控通道输入，可实时记录飞行数据并回传。

飞控开发系统提供完整的软件源代码和实验例程。采用实时操作系统FreeRTOS，多线程调度运行，各任务模块软件独立分工，独立运行，协调工作，结构完整清晰。软件源代码包含操作系统、各模块驱动、飞行控制算法核心任务代码、定高模式代码算法、传感器驱动代码、传感器数据滤波器代码、遥控输入采样和控制电调代码、遥测任务和遥测通信协议代码。

板载9轴加速度/陀螺仪微机械传感器MPU6050及磁航向传感器HMC5883L，气压传感器MPL3115A2，此外集成了16Kb EEPROM AT24C16。开发板提供丰富外设接口，可以实现多种通用嵌入式开发实验，包括UART/I2C/SPI通信实验、LED实验、定时器实验、PWM输入输出实验和ADC实验等。

飞控板配备JLINK调试器和USB转串口调试器，可实现编程调试和下载。

4）电源系统

高能聚合物锂电池，规格为3～4S，供电电压11.1V，最小容量为2200mA·h，持续放电倍率25C，瞬时最大放电倍率45C，充电环境为0～45C。工作温度－10～80℃，重量为189.5g。

电池配备专用电源监测报警模块，可实时监测并显示电压，可实现低压状态声光报警。

配备充电器，2～6S充电器多路充电器，每6组无人机系统配一个多路充电器，输入电压11～18V，最大功率50W，可直接使用12V蓄电池及车载电源适配器，内置输入反接保护。

机载飞控设备采用专用配电模块，可实时监控系统供电参数，带有电平转换功能，可为机载数字系统提供高稳定低杂波的5V直流电源。

5）遥控系统

2.4GHz射频，带液晶显示，六通道及以上遥控器，开机自动检测通道并调频。接收机使用身份码可配对。重量小于1kg，射频频点2.4GHz，通信格式FHSS，供电4节AA电池。遥控距离无遮挡距离大于900m。

6）GPS系统

机载设备配备无人机专用高灵敏度GPS接收机（5p接口）。参数如下：

定位精度工作在双模模式下定位精度达1m，单模精度2.5m。

测速精度：0.1m/s。

最大高度：50000m。

最大速度：515m/s。

最大加速度：4G。

更新频率：18Hz。

灵敏度跟踪：−167dBm。

捕获：−163dBm。

冷启动：−151dBm。

热启动：−159dBm。

启动时间冷启动：26s。

热启动：1s。

供电电压 3.3VDC±5%，电流 50～55mA。

接口：GPS UART 接口。

波特率：1.2K/4.8K/9.6K/19.2K/38.4K/57.6K/112.5K。

地磁：I2C 接口。

7）高功率数传系统

500mW 高功率 433MHz 数传模块，兼容 3DR Radio Telemetry 接口。接收灵敏度约−118dBm，发射功率 500mW，传输接口模式支持 MAVLink 协议帧和状态报文。空中数据带宽 250kbps。采用调频扩展 FHSS 模式，全双工通信 2 路自适应时分多路复用 TDM。可校正高达 25%的数据位错误。数传接收模块位于便携地面站中。

C.2 应用级无人机系统

应用无人机系统主要面向一定的飞行任务。系统采用大尺寸 550mm 对称轴距可折叠四旋翼飞行器平台，搭载自稳云台及高清摄像头，用于有一定载重需求的应用场合，例如航拍领域，实现一定的飞行任务和演示任务。轻载荷情况下可续航 20～30 分钟。此外该级别无人机由于采用了开源飞控 Pixhawk，因此还提供了深入研究开源飞控 Pixhawk 的平台。系统外观如附图 C-2 所示。

附图 C-2 应用四旋翼无人机

系统包含：

1）FH550 碳纤机架

机身重量≥600g，可折叠，对称电机轴距为 550mm，起飞重量为 1500～2500g，螺旋桨为 12 寸桨，额外配 4 对备用桨叶，配备脚架。

2）动力系统

采用3508外转子无刷电机，电压10～14V，电流20A，最大转速>10000rpm/m，推力>800g。

驱动电调采用SKYWALKER-40A电调，重量37g，工作电流40A，最大电流55A，带BEC功能，输出5V，大于3A电流线性稳压模块。

3）飞控系统

采用光标第二代飞控系统，基于32位ARM Cortex-M4F内核的开源飞控，支持自稳、定高、定点和导航等多种飞行模式。采用双余度IMU系统，配备PC版地面站控制系统，可实时配置多种参数和飞行模式。核心MCU为180MHz/252DMPIS Cortex-M4F，14路PWM信号，8个舵机输出带失控保护，6个输入，支持高压舵机。配备UART、I2C和CAN等外设接口。多余度供电系统实现不间断供电，外置安全开关，集成MicroSD卡控制器，可进行高速数据记录。

4）电源系统

聚合物锂电池，规格3S，供电电压11.1V，最小容量5200mAh，持续放电倍率5C，配备充电器，7.4～11.1V 2S/3S锂电池平衡充电器，输入电压11～16V。

5）遥控系统

2.4GHz液晶显示9通道遥控器，开机自动检测通道并调频。接收机使用身份码可配对。重量小于1kg，射频频点2.4GHz，通信格式DSSS，信道带宽5.0MHz，发射功率小于100mW。遥控距离无遮挡距离约900m。

6）GPS系统

机载设备配备无人机专用U-Blox-M8n高灵敏度GPS接收机(5p接口)。参数如下：

定位精度工作在双模模式下定位精度达1m，单模精度2.5m。

测速精度：0.1m/s。

最大高度：50000m。

最大速度：515m/s。

最大加速度：4G。

更新频率：18Hz。

灵敏度跟踪：－167dBm。

捕获：－163dBm。

冷启动：－151dBm。

热启动：－159dBm。

启动时间冷启动：26s。

热启动：1s。

供电电压：3.3VDC±5%。

电流：50～55mA。

接口：GPS UART接口。

波特率：1.2K/4.8K/9.6K/19.2K/38.4K/57.6K/112.5K。

地磁：I2C接口。

7）高功率数传系统

500mW高功率433MHz数传模块，兼容3DR Radio Telemetry接口。接收灵敏度约

－118dBm，发射功率500mW，传输接口模式支持MAVLink协议帧和状态报文。空中数据带宽250kbps。采用调频扩展FHSS模式，全双工通信2路自适应时分多路复用TDM。可校正高达25％的数据位错误。

8）图传模块

采用高功率模拟图传收发系统，发射功率600mW，发射频率5.6～5.9G，输入模拟音视频AV信号，供电7～15V，电流260mA，工作温度－10～＋85℃，视频带宽8M，产品净重29g（不含天线），外形尺寸42.5mm×27.5mm×15.7mm，参考距离500～3000m。

图传接收机集成在地面站以及地面显示屏中。

9）运动相机

屏幕：1.5英寸高清液晶屏。

摄像头：1200万像素/170°广角。

录像分辨率：1920×1080p/1280×720p/848×480p/640×480p。

视频格式：1080p、720p、WVGA。

电源接口：USB2.0 DC5V 1A。

照片分辨率：12M/10M/8M/5M/3M/2M/VGA/1.3M。

电池：900mAh 3.7V聚合物锂电池。

储存卡接口：支持TF卡，配16GClass10高速microSD卡。

10）无刷云台

配备减震橡胶接口。

轴数：两轴。

重量：＜300g。

供电：11～13V，3S电池。

11）旗舰版7寸5.8G图传FPV一体机显示器

7寸FPV地面雪花高清高亮显示屏，带5.8G图传接收一体机，屏幕比例为16∶9，2路视频信号输入，制式为PAL/NTSC自动转换。分辨率为800×480，屏幕为TFT LCD液晶显示屏。

额定电压为DC12V，额定功率为7.5W，屏幕尺寸为7寸，亮度为450cd/m^2，配备遮光罩，高度28mm，重量为500g。

内置真分集无线接收，自动选频，真分集无线接收输出，可同时接收2路RF信号，四个频率组，32个频道，涵盖大部分5.8GHz无线设备，一键信号搜索，内置电池，方便携带和户外使用。

12）FPV显示器支架

轻型万向通用FPV显示器支架，铝合金材质。

C.3 高级航拍数字图传系统

采用运动摄像机作为视频拍摄源，可获得高清影像并本地存储。该系统主要用于安装在型号FK4-F450-ST1-001-S或FK4-F550-PX4-001-S等450以上轴距的四旋翼无人机系统。

采用摄像机数字图像接口，连接数字图传设备，可以通过图传模块将视频信号实时传输至地面接收设备。接收设备可选择接入客户的手机平板等设备，或者采购的地面站系统中。

(1) 数字图传的性能和技术指标如下：

频段 1430～1444MHz 可定制。

默认工作频点：1.430～1.444GHz，符合国家无人驾驶航空器系统频率使用规定。

配置单收单发天线。

一路网络摄像头输入，10/100/1000MHz 自适应以太网接口。

一路 USB2.0 接口(OTG 模式)。

一路串口。

支持 TF 卡扩展：用于视频数据录存等。

面板指示灯：电源正常指示，链路连接正常指示灯。

频率误差：≤±1ppm。

信号带宽：2～20MHz 可调(1.44GHz)。

传输距离：非视距 2km，视距 5km。

传输延时：小于 200ms。

调制方式：支持 BPSK/QPSK/16QAM/64QAM。

(2) 设备发射性能指标如下：

输出功率 0.1～1W 可调。

谐波抑制：≥70dBc。

杂散抑制：≥70dBc。

宽带噪声：≤－130dBm/Hz，偏离中心频率±10%。

支持最大峰均比(PAR)：6dB。

EVM：≤6%。

邻信道功率抑制比：≥45dBc。

具有天线开、短路保护功能。

具有温度、过压、过流和短路保护功能。

连续工作 4 小时发射性能指标不下降。

(3) 设备接收性能指标如下：

数字接收灵敏度：信号带宽 20MHz，接收机输出最大比特误码率为 1×10^{-5} 时，输入射频信号功率不大于－90dBm。

动态范围：－90～0dBm。

输入电路保护：输入工作频率信号功率大于 20dBm 时，不应引起接收机性能永久下降。

C.4 便携式地面测控站系统

本系统是用于无人机地面维护控制人员实时监测无人机飞行状态等信息的平台。通过 USB 连接计算机，提供计算机电脑软件，可以实时显示并记录飞行的重要参数，也可用于飞行后的数据分析研究使用。系统如附图 C-3 所示。

带有USB接口，内部集成大功率433MHz数传模块，大功率5.8GHz模拟图传模块，支持模拟视频PAL/NTSC制式。通过USB接口把图像数据和遥测数据解码传输到计算机系统中。

内置GPS接收机，可提供地面站定位基准。图传支持自动信号频道搜索功能。配备专用地面站软件，运行在Windows操作系统中。软件支持Win7以上版本的Windows操作系统。内部集成7.4V大容量充电电池组，容量2200mA・h，可持续电流2A，过流保护为5A，配备专用充电器。

附图 C-3 便携式地面测控站

C.5 高级飞行器3自由度姿态算法验证系统

高级飞行器3自由度姿态算法验证系统为大型高级飞行器调姿验证平台，其目的在于可以实现飞行器的3自由度旋转算法验证和调参实验。系统外观图如附图C-4所示。

附图 C-4 高级飞行器3自由度姿态算法验证系统

系统带有保护罩，最大限度保护试验人员安全。系统尺寸：高为1.25m，长为1m，宽为1m。航向自由度90°，俯仰自由度±10°，横滚自由度±10°。悬臂带有角度传感器，可将实时采集姿态信息显示在系统外框显示屏上，同时通过总线把采集实验数据发送到工控上位机显示并记录，在工控上位机可实时显示还原飞行器内部数据和状态，并存储数据供后续分析使用。测试系统为初始中性稳态系统，最大程度还原实际飞行情况，最大限度实现与自由飞行状态的无差别3自由度还原。

C.6 高级飞行器动力系统扭矩测量系统

本系统为高级电机系统旋转扭矩建模测量系统，用于对四旋翼动力电机系统的旋转扭距进行测量，测量数据可以用于对四旋翼动力系统建模仿真应用。系统的外观图如附图C-5所示。

系统根据电机系统合扭矩为零的原理，采用特殊结构实现电机旋转反向扭矩测量。系统带有转速传感器，可以测量电机转速，实时输出扭力数据和转速测量信息。通过接口总线将测量扭矩数据实时传输到上位工控机进行数据显示、存储和后处理。通过动力系统扭矩测量系统可以测量输出PWM-转速曲线、转速-扭矩曲线和转速-电流曲线。

附图 C-5 高级电机系统旋转扭矩建模测量系统

C.7 高级飞行器动力系统拉力测量系统

本系统为高级电机和旋翼动力系统拉力测试系统，可以用于对实际的电机、旋翼、电调和动力电池进行拉力测试，测试结果用于系统仿真建模参数获取，以及校准动力系统参数。系统外观如附图 C-6 所示。

附图 C-6 高级飞行器动力系统拉力测量系统

系统实时测量动力系统拉力，带有转速传感器，可以测量电机转速，实时输出转速与控制拉力曲线，采集的数据用于四旋翼动力系统建模仿真的输入建模参数。通过接口总线将测量扭矩数据实时传输到上位工控机进行数据显示、存储和后处理。通过动力系统拉力测量系统可以测量输出 PWM-转速曲线、转速-拉力曲线和转速-电流曲线。

C.8 微机电传感器测量校准平台

微机电传感器测量校准平台系统用于检验测量校准飞控开发板板载的 MEMS 微机械传感器元件的输出数据，从而能够获取传感器数据的校准系数以及噪声特性分析。系统外观图如附图 C-7 所示。

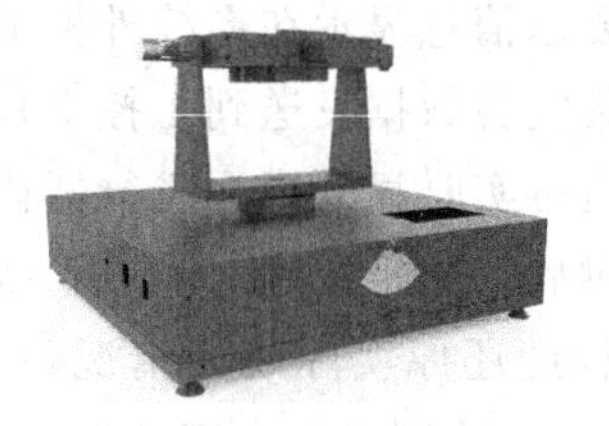

附图 C-7 微机电传感器测量校准平台系统

支架、平台和飞控板安装在平台上，万向轴头可以全方位自由度调整平台，能够物理调整飞控板与大地水平，误差为±0.1°，俯仰和横滚方向各有角度标尺和铅垂线。

带有 3 自由度电机，软件可控制平台进行 3 自由度转动。数据后处理通过 G-GK-DTCT-001 工业级数据处理中心来获取。

本系统用于校准飞控板的板载传感器加速度计和陀螺仪。采集的数据可以通过控制器接口传送到上位工控数据处理中心，对传感器数据进行采集并处理分析，可以得到微机械传感器输出数据的偏移和比例，从而得到传感器原始数据的校准矩阵。通过该系统，可以得到传感器校准及噪声参数。

C.9 工业级数据处理中心

工业级数据处理中心系统为基于工业计算机的工控处理中心，可以实现各采集和动作设备系统数据的收集、显示、存储和后处理分析。系统采用工控机机架和机体，22U 上架式机箱，具有导轨和助拔装置。ATX 母板，集成 1 个千兆网卡，集成 2 个 COM 口，支持 10 个 USB2.0，1 个 VGA 接口，1 个 PICE×16 插槽，1 个 PCIE×4 插槽，5 个 PCI 插槽。机箱强度增强，开盖方便。机箱尺寸 IPC-810E，400W 服务器级别电源。配备 17 寸导轨式一体屏。配备 RS485/RS422 总线通信卡。系统外观图如附图 C-8 所示。

系统配备专用数据分析软件，用来采集并分析 G-TZ-4-002、G-TQ-MOT-001、G-TH-

附图 C-8 工业级数据处理中心系统

MOT-001 和 G-CAL-MEMS-001 等系统的各种飞行器数据。研究人员还可以使用原始数据进行多种自定义自开发的系统仿真及数据处理,适用于算法研究及科研用途。

附录 D 电子罗盘椭球校准算法代码实例

CHAPTER D

```
/*********************************************************************
*      本代码实现椭球校准算法对三轴电子罗盘进行磁场校准
*      具体过程可参考第 5.7 节相关内容
*      本代码编辑整理自网络资源
*********************************************************************/
#include "stdafx.h"
#include "string.h"
#include "math.h"
#define MATRIX_SIZE 7
#define u8 unsigned char

double m_matrix[MATRIX_SIZE][MATRIX_SIZE + 1];
int m = MATRIX_SIZE;
int n = MATRIX_SIZE + 1;
double m_result[MATRIX_SIZE];

double Abs(double a)
{
    return a<0 ? -a : a;
}

u8 Equal(double a,double b)
{
    return Abs(a-b) < 1e-6;
}

void ResetMatrix(void)
{
    int row, column;
    for(row = 0; row<m; row++){
        for(column = 0; column<n; column++)
            m_matrix[row][column] = 0.0f;
    }
}
void CalcData_Input(double x, double y, double z)
{
```

```
    double V[MATRIX_SIZE];
    int row, column;

    V[0] = x * x;
    V[1] = y * y;
    V[2] = z * z;
    V[3] = x;
    V[4] = y;
    V[5] = z;
    V[6] = 1.0;

    //构建 VxVt 矩阵(Vt 为 V 的转置),并进行累加
    for(row = 0; row < MATRIX_SIZE; row++){
        for(column = 0; column < MATRIX_SIZE; column++){
            m_matrix[row][column] += V[row] * V[column];
        }
    }
}

void SwapRow(int row1, int row2)
{
    int column;
    double tmp;

    for(column = 0; column < n; column++){
        tmp = m_matrix[row1][column];
        m_matrix[row1][column] = m_matrix[row2][column];
        m_matrix[row2][column] = tmp;
    }
}

void MoveBiggestElement2Top(int s_row, int s_column)
{
    int row,column;

    for(row = s_row + 1; row < m; row++){
        if(Abs(m_matrix[s_row][s_column]) < Abs(m_matrix[row][s_column])){
            SwapRow(s_row, row);
        }
    }
}

//高斯消元法,求行阶梯型矩阵
u8 Matrix_GaussElimination(void)
{
    int row,column,i,j;
    double tmp;

    for(row = 0,column = 0; row < m - 1 && column < n - 1; row++,column++){
        //将当前列最大的一行移上来
        MoveBiggestElement2Top(row, column);
```

```
            //整列都为 0
            if(Equal(m_matrix[row][column],0.0f)){
                printf("qiyi matrix: %d %d\r\n", row, column);
                //DispMatrix();
                //return 0;
                row--;
                continue;
            }

            //高斯消元
            for(i = row + 1; i < m; i++){
                if(Equal(m_matrix[i][column],0.0f))
                    continue;                       //为 0,无需处理

                tmp = m_matrix[i][column]/m_matrix[row][column];

                for(j = column; j < n; j++){
                    m_matrix[i][j] -= m_matrix[row][j] * tmp;
                }
            }
        }

        return 1;
    }

    //求行最简型矩阵
    int Matrix_RowSimplify(void)
    {
        int c = n;                                  //返回值,表示解的任意常量数 + 1
        //
        int row,column,k,s,t;
        double tmp;
        //
        for(row = 0,column = 0;row < m && column < n;row++,column++)
        {
            if(Equal(m_matrix[row][column],0))      //平移,找出本行第一个非零
            {
                row--;
                continue;
            }
            c--;                                    //少一个常量
            //化 a[i][j]为 1;
            tmp = 1 / m_matrix[row][column];
            for(k = column;k < n;k++)               //前面的"0"就不处理了
                m_matrix[row][k] * = tmp;

            //化 a[s][j]为 0
            for(s = 0;s < row;s++)                  //下面的 0 也不用处理;
            {
                if(Equal(m_matrix[s][column],0))
                    continue;                       //已经为 0;
```

```
            tmp = m_matrix[s][column] / m_matrix[row][column];
            for(t = column;t < n;t++)
                m_matrix[s][t] -= m_matrix[row][t] * tmp;
        }
    }
    return c;
}

void Matrix_Solve(double * C, double * sol)
{
    int row,column,i;
    int any_sol[MATRIX_SIZE];

    //找出任意解的位置
    memset(any_sol, 0, MATRIX_SIZE);
    for(row = 0,column = 0; row < m && column < n - 1; row++,column++){
        if(Equal(m_matrix[row][column], 0.0f)){
            any_sol[column] = 1;                //记录任意解的位置
            row -- ;                            //右移 1 列
        }
    }

    //求解
    row = 0;
    for(column = 0; column < n - 1; column++){
        if(any_sol[column] == 1){               //任意解
            sol[column] = C[column];
        }else{
            sol[column] = m_matrix[row][n - 1];
            //加上任意解
            for(i = column + 1; i < n - 1; i++){
                if(any_sol[i] == 1 && !Equal(m_matrix[row][i],0.0f)){
                    sol[column] -= m_matrix[row][i] * C[i];
                }
            }
            row++;
        }
    }
}

void Calc_Process(double radius)
{
    double C[MATRIX_SIZE];
    double Res[MATRIX_SIZE];
    int i;
    double k;

    ResetMatrix();

    //输入任意个数磁场测量点坐标,应尽量保证在椭球上分布均匀
    CalcData_Input(7, -7, -2);
```

```
    CalcData_Input( - 1, - 7, - 2);
    CalcData_Input(3, 3, - 2);
    CalcData_Input(3, - 17, - 2);
    CalcData_Input(3, - 7, 4);
    CalcData_Input(3, - 7, - 8);

    Matrix_GaussElimination();
    Matrix_RowSimplify();

    //赋值任意解参数值
    for(i = 0; i<MATRIX_SIZE; i++){
        C[i] = 1.0f;
    }

    Matrix_Solve(C, Res);

    printf("a: %.2f b: %.2f c: %.2f d: %.2f e: %.2f f: %.2f g: %.2f\r\n", Res[0],Res[1],
Res[2],Res[3],Res[4],Res[5],Res[6]);

    k = (Res[3] * Res[3]/Res[0] + Res[4] * Res[4]/Res[1] + Res[5] * Res[5]/Res[2] - 4 *
Res[6])/(4 * radius * radius);

    m_result[0] = sqrt(Res[0] / k);
    m_result[1] = sqrt(Res[1] / k);
    m_result[2] = sqrt(Res[2] / k);
    m_result[3] = Res[3] / (2 * Res[0]);
    m_result[4] = Res[4] / (2 * Res[1]);
    m_result[5] = Res[5] / (2 * Res[2]);

    printf("Xo: %f Yo: %f Zo: %f Xg: %f Yg: %f Zg: %f k: %f\r\n", m_result[3],m_result[4],m_
result[5],m_result[0],m_result[1],m_result[2],k);
}
int main(int argc, char * argv[])
{
    Calc_Process(2.0);
    return 0;
}
```

参考文献

[1] Bohorquez. Rotor hover performance and system design of an efficient coaxial rotary wing micro air vehicle[D]. University of Maryland College Park, USA, 2007.

[2] 秦永元. 惯性导航[M]. 北京：科学出版社，2006.

[3] 陈怀琛. 数字信号处理教程——MATLAB 释义与实现[M]. 北京：电子工业出版社，2004.

[4] Sanjit K. Mitra. 数字信号处理——基于计算机的方法[M]. 4 版. 北京：电子工业出版社，2012.

[5] 邹佳池. 罗盘和加速度计校正方法. 微信公众号"知控制".

[6] 王维平，刘娟. 无人飞行器航迹规划方法综述[J]. 飞行力学，2010，02：6-10+15.

[7] 杜萍，杨春. 飞行器航迹规划算法综述[J]. 飞行力学，2005，02：10-14.

[8] 唐强，张翔伦，左玲. 无人机航迹规划算法的初步研究[J]. 航空计算技术，2003，01：125-128+132.

[9] 沈林成，陈璟，王楠. 飞行器任务规划技术综述[J]. 航空学报，2014，03：593-606.

[10] 黄国强，陆宇平，南英. 飞行器轨迹优化数值算法综述[J]. 中国科学：技术科学，2012，09：1016-1036.

[11] 陈功，傅瑜，郭继峰. 飞行器轨迹优化方法综述[J]. 飞行力学，2011，04：1-5.

[12] 张超杰. 基于微分平坦理论的飞行器轨迹规划方法研究[D]. 长沙：国防科学技术大学，2010.

[13] 李大川. 复杂封闭环境下微型无人机自主轨迹规划与导航研究[D]. 北京：清华大学，2014.

[14] 丁明跃. 无人飞行器航迹规划[M]. 北京：电子工业出版社，2009.

[15] 刘建业，曾庆化，赵伟等. 导航系统理论与应用[M]. 西安：西北工业大学出版社，2010.

[16] 罗建军，马卫华，袁建平等. 组合导航原理与应用[M]. 西安：西北工业大学出版社，2012.

[17] 王新龙，李亚峰，纪新春. SINS/GPS 组合导航技术[M]. 北京：北京航空航天大学出版社，2015.

[18] http://blog.csdn.net/u012814946/article/details/53040048.

[19] 方群，袁建平，郑谔. 卫星定位导航基础 [M]. 西安：西北工业大学出版社，1999.

[20] 李宇波，朱效洲，卢惠民等. 视觉里程计技术综述[J]. 计算机应用研究，2012，08：2801-2805+2810.

[21] 王顺利. 微小型无人飞行器室内三维 SLAM 算法的研究与实现[D]. 北京：北京航空航天大学，2014.

[22] 林辉灿，吕强，张洋等. 稀疏和稠密的 VSLAM 的研究进展[J]. 机器人，2016，05：621-631.

[23] Mur-Artal R, Montiel J M M, Tardos J D. ORB-SLAM: A Versatile and Accurate Monocular SLAM System[J]. IEEE Transactions on Robotics, 2015, 31(5): 1147-1163.

[24] Engel J, Schöps T, Cremers D. LSD-SLAM: Large-Scale Direct Monocular SLAM[J]. Computer Vision-ECCV 2014，2014：834-849.

[25] Engel J, Stückler J, Cremers D. Large-scale direct SLAM with stereo cameras [C]. Ieee/rsj International Conference on Intelligent Robots and Systems，2015.